U0241261

作者简介

刘建新　浙江大学特聘教授，博士研究生导师；现任浙江大学农业生命环境学部副主任，生物饲料安全与污染防控国家工程实验室主任，国家奶牛产业技术体系营养与饲料功能实验室主任。主要从事奶牛营养、泌乳生理、瘤胃微生物与发酵调控、饲料资源开发与利用等教学及科研工作；承担国家重点基础研究发展计划（"973 计划"）项目、国家杰出青年基金、国家自然基金、支撑计划课题、国际合作重点项目等多项国家级、省部级科研项目。1999 年获得著名的德国洪堡基金，2002 年入选教育部"跨世纪优秀人才培养计划"，2003 年获得国家杰出青年基金，2009 年获得浙江省教学名师称号，2018 年获得浙江省优秀教师称号。作为负责人和主要完成人获国家科学技术进步奖二等奖 1 项，浙江省科学技术奖二等奖 3 项；获国际科学基金会银庆奖。发表学术论文 400 余篇，其中 SCI 收录近 200 篇，获得国家授权专利 8 项。现担任 5 个 SCI 收录刊物编委；曾留学日本、英国、德国，与美国、日本、澳大利亚、德国、英国、加拿大、泰国等国家的学者有密切的合作交流。主持"动物营养学"国家精品课程、高等学校动物科学特色专业等建设项目，先后培养博士后 10 余名，博士研究生和硕士研究生 100 多名，为我国动物营养领域培养了一大批人才。

内容简介

　　牛、羊等反刍动物是我国畜牧业的重要组成部分，近年来得到快速发展。由于其独特的消化与代谢系统，反刍动物能够降解饲料纤维物质为宿主提供能量，并利用非蛋白含氮化合物合成优质菌体蛋白为宿主提供氨基酸。因此，充分了解其消化、代谢等生理过程，对于牛羊等反刍动物的科学养殖十分重要。本书主要介绍了反刍动物采食机制与调控、瘤胃微生态及其功能，阐述了反刍动物胃肠道养分吸收过程与机制、养分在反刍动物体内的代谢和利用、反刍动物的繁殖与泌乳生理等内容。同时，从营养与健康、环境与营养等关系上，介绍了反刍动物免疫与代谢障碍、环境污染与防控等问题。最后，从肉、奶等产品的营养方面，阐述了反刍动物与人类健康的关系。本书可为从事反刍动物营养与生理研究的科技工作者和从事牛羊生产管理的从业人员提供参考。

国家出版基金项目
NATIONAL PUBLICATION FOUNDATION

"十三五"国家重点图书出版规划项目

当代动物营养与饲料科学精品专著

反刍动物营养生理

刘建新◎主编

中国农业出版社

北　京

图书在版编目（CIP）数据

反刍动物营养生理 / 刘建新主编．—北京：中国
农业出版社，2019.12
当代动物营养与饲料科学精品专著
ISBN 978-7-109-26219-5

Ⅰ．①反…　Ⅱ．①刘…　Ⅲ．①反刍动物－营养生理
Ⅳ．①S823

中国版本图书馆 CIP 数据核字（2019）第 244578 号

中国农业出版社出版

地址：北京市朝阳区麦子店街 18 号楼
邮编：100125
策划编辑：周晓艳
责任编辑：弓建芳　黄向阳　文字编辑：张庆琼
版式设计：王　晨　责任校对：沙凯霖
印刷：北京通州皇家印刷厂
版次：2019 年 12 月第 1 版
印次：2019 年 12 月北京第 1 次印刷
发行：新华书店北京发行所
开本：787mm×1092mm　1/16
印张：15.5　插页：1
字数：400 千字
定价：158.00 元

杨在宾（教　授，山东农业大学动物科技学院动物医学院）

李光玉（研究员，中国农业科学院特产研究所）

李军国（研究员，中国农业科学院饲料研究所）

李胜利（教　授，中国农业大学动物科学技术学院）

李爱科（研究员，国家粮食和物资储备局科学研究院粮食品质营养所）

吴　德（教　授，四川农业大学动物营养研究所）

呙于明（教　授，中国农业大学动物科学技术学院）

佟建明（研究员，中国农业科学院北京畜牧兽医研究所）

汪以真（教　授，浙江大学动物科学学院）

张日俊（教　授，中国农业大学动物科学技术学院）

张宏福（研究员，中国农业科学院北京畜牧兽医研究所）

陈代文（教　授，四川农业大学动物营养研究所）

林　海（教　授，山东农业大学动物科技学院动物医学院）

罗　军（教　授，西北农林科技大学动物科技学院）

罗绪刚（研究员，中国农业科学院北京畜牧兽医研究所）

周志刚（研究员，中国农业科学院饲料研究所）

单安山（教　授，东北农业大学动物科学技术学院）

孟庆翔（教　授，中国农业大学动物科学技术学院）

侯水生（研究员，中国农业科学院北京畜牧兽医研究所）

侯永清（教　授，武汉轻工大学动物科学与营养工程学院）

姚军虎（教　授，西北农林科技大学动物科技学院）

秦贵信（教　授，吉林农业大学动物科学技术学院）

高秀华（研究员，中国农业科学院饲料研究所）

曹兵海（教　授，中国农业大学动物科学技术学院）

彭　健（教　授，华中农业大学动物科学技术学院动物医学院）

蒋宗勇（研究员，广东省农业科学院动物科学研究所）

蔡辉益（研究员，中国农业科学院饲料研究所）

谭支良（研究员，中国科学院亚热带农业生态研究所）

谯仕彦（教　授，中国农业大学动物科学技术学院）

薛　敏（研究员，中国农业科学院饲料研究所）

瞿明仁（教　授，江西农业大学动物科技学院）

审稿专家

卢德勋（研究员，内蒙古自治区农牧业科学院动物营养研究所）

计　成（教　授，中国农业大学动物科学技术学院）

杨振海（局　长，农业农村部畜牧兽医局）

本书编写人员

主　　编　刘建新

编写人员（以姓氏笔画为序）

王　翀　王迪铭　王佳堃　毛胜勇

任大喜　刘红云　刘建新　沈向真

常广军

丛书序

经过近 40 年的发展，我国畜牧业取得了举世瞩目的成就，不仅是我国农业领域中集约化程度较高的产业，更成为国民经济的基础性产业之一。我国畜牧业现代化进程的飞速发展得益于畜牧科技事业的巨大进步，畜牧科技的发展已成为我国畜牧业进一步发展的强大推动力。作为畜牧科学体系中的重要学科，动物营养和饲料科学也取得了突出的成绩，为推动我国畜牧业现代化进程做出了历史性的重要贡献。

畜牧业的传统养殖理念重点放在不断提高家畜生产性能上，现在情况发生了重大变化：对畜牧业的要求不仅是要能满足日益增长的畜产品消费数量的要求，而且对畜产品的品质和安全提出了越来越严格的要求；畜禽养殖从业者越来越认识到养殖效益和动物健康之间相互密切的关系。畜牧业中抗生素的大量使用、饲料原料重金属超标、饲料霉变等问题，使一些有毒有害物质蓄积于畜产品内，直接危害人类健康。这些情况集中到一点，即畜牧业的传统养殖理念必须彻底改变，这是实现我国畜牧业现代化首先要解决的一个最根本的问题。否则，就会出现一系列的问题，如畜牧业的可持续发展受到阻碍、饲料中的非法添加屡禁不止、"人畜争粮"矛盾凸显、食品安全问题受到质疑。

我国最大的国情就是在相当长的时期内处于社会主义初级阶段，我国养殖业生产方式由粗放型向集约化型的根本转变是一个相当长的历史过程。从这样的国情出发，发展我国动物营养学理论和技术，既具有中国特色，对制定我国养殖业长期发展战略有指导性意义；同时也对世界养殖业，特别是对发展中国家养殖业发展具有示范性意义。因此，我们必须清醒地意识到，作为畜牧业发展中的重要学科——动物营养学正处在一个关键的历史发展时期。这一发展趋势绝不是动物营养学理论和技术体系的局部性创新，而是一个涉及动物营养学整体学科思维方式、研究范围和内容，乃至研究方法和技术手段更新的全局性战略转变。在此期间，养殖业内部不同程度的集约化水平长期存在。这就要求动物营养学理论不仅能适应高度集约化的养殖业，而且也要能适应中等或初级集约化水平长期存在的需求。近年来，我国学者在动物营养和饲料科学方面作了大量研究，取得了丰硕成果，这些研究成果对我国畜牧业的产业化发展有重要实践价值。

"十三五"饲料工业的持续健康发展，事关动物性"菜篮子"食品的有效供给和质量安全，事关养殖业绿色发展和竞争力提升。从生产发展看，饲料工业是联结种植业和养殖业的中轴产业，而饲料产品又占养殖产品成本的70%。当前，我国粮食库存压力很大，大力发展饲料工业，既是国家粮食去库存的重要渠道，也是实现降低生产成本、提高养殖效益的现实选择。从质量安全看，随着人口的增加和消费的提升，城乡居民对保障"舌尖上的安全"提出了新的更高的要求。饲料作为动物产品质量安全的源头和基础，要保障其安全放心，必须从饲料产业链条的每一个环节抓起，特别是在提质增效和保障质量安全方面，把科技进步放在更加突出的位置，支撑安全发展。从绿色发展看，当前我国畜牧业已走过了追求数量和保障质量的阶段，开始迈入绿色可持续发展的新阶段。畜牧业发展决不能"穿新鞋走老路"，继续高投入、高消耗、高污染，而应在源头上控制投入、减量增效，在过程中实施清洁生产、循环利用，在产品上保障绿色安全、引领消费；推介饲料资源高效利用、精准配方、氮磷和矿物元素源头减排、抗菌药物减量使用、微生物发酵等先进技术，促进形成畜牧业绿色发展新局面。

动物营养与饲料科学的理论与技术在保障国家粮食安全、保障食品安全、保障动物健康、提高动物生产水平、改善畜产品质量、降低生产成本、保护生态环境及推动饲料工业发展等方面具有不可替代的重要作用。当代动物营养与饲料科学精品专著，是我国动物营养和饲料科技界首次推出的大型理论研究与实际应用相结合的科技类应用型专著丛书，对于传播现代动物营养与饲料科学的创新成果、推动畜牧业的绿色发展有重要理论和现实指导意义。

李德发

2018.9.26

前　言

　　近年来，随着人民生活水平提高和畜牧业结构调整力度加大，牛羊肉产业与奶业生产得到了快速发展。由于反刍动物营养代谢的复杂性，人们对其营养生理的认识滞后于单胃动物。反刍动物有着独特的消化与代谢系统，其瘤胃内栖息着种类繁多数量巨大的微生物，包括细菌、原虫、真菌等。这些微生物能够降解猪等单胃动物不能消化的纤维性物质，为宿主提供能量；能够利用非蛋白含氮化合物合成菌体蛋白，为宿主提供氨基酸；还能合成维生素 K 和 B 族维生素。充分利用反刍动物的这些特性，对我国畜牧业可持续健康发展具有重要意义。

　　现代分子生物学技术为反刍动物营养生理的研究提供了全新的技术手段，使人们对反刍动物营养生理有了越来越清晰的认识。浙江大学动物科学学院反刍动物营养研究室 30 多年来一直致力于反刍动物生理代谢、饲料资源开发、产品质量与安全、营养与减排等方面的应用基础与技术开发研究，在奶牛、肉羊等反刍动物的采食机制与调控、瘤胃微生物与功能、泌乳生理与调节机制、乳肉品质形成及其调控等方面取得了重要的进展。本书由浙江大学与南京农业大学的学者共同撰写而成，共分为八章，分别是反刍动物采食量及其调控、瘤胃微生态与功能、反刍动物胃肠道吸收机制、反刍动物机体内代谢、反刍动物繁殖与泌乳生理、营养免疫与代谢障碍、环境与营养、反刍动物产品与人类健康。

　　感谢在本书编写过程中提供帮助与支持的相关专家、学者与工作人员。因编者水平有限，书中错误和不足之处在所难免，敬请读者批评指正。

编　者

2019 年 5 月

目　录

第一章
反刍动物采食量及其调控

第一节　反刍动物采食量的内源调控

　　和单胃动物相比，反刍动物的消化与代谢具有较大差异，其采食量的调控机制也更复杂。消化道、肝脏和神经系统是其采食量调节的主要内源调控系统。

一、消化道代谢调控

　　影响反刍动物采食的消化道因素有物理、化学和生物活性物质三类。

（一）物理反馈调控

　　物理反馈调控是一种基于消化道中压力感受器的反馈调控机制，这种由消化道压力感受器引起的采食调控机制广泛存在于反刍动物体内，对反刍动物的采食量进行短期调控。消化道物理填充可显著影响奶牛的采食量，如增加饲料颗粒的粒度可加快瘤胃排空速度、提高奶牛采食量。又如，物理有效中性洗涤纤维（physically effective neutral detergent fiber，peNDF）代表日粮中粗饲料纤维含量、颗粒大小等物理性质，peNDF 可通过影响奶牛咀嚼活动和瘤胃固液两相内容物分层对奶牛采食量进行调控。

（二）化学因子调控

　　化学因子是消化道对动物采食量产生影响的另一种重要因素。奶牛对日粮营养物质的摄入，特别是能量和蛋白质的摄入有较高要求。同时奶牛趋向于平衡其脂肪代谢，即稳定其体脂储率。对代谢正常的奶牛而言，营养物质需求取决于其代谢摄入日粮的能力；而日粮代谢能力取决于其体型、生理阶段和环境。日粮中特定营养物质的缺乏可导致奶牛通过采食日粮供给之外的食物，以补充缺乏的营养物质；或降低采食量，以保持各营养物质比例的均衡。例如，奶牛的蛋白质摄入量和能量摄入量高度相关，蛋白质和能量的摄入平衡可调节奶牛体内的与采食相关代谢产物的分泌，进而调节采食量；若限制奶牛蛋白摄入量，奶牛的总采食量和能量摄入量均会降低，其原因是在蛋白质摄入不足的情况下，体内采食相关代谢产物抑制能量代谢过程，进而导致能量摄入量和总采食量均下降。相反，若给奶牛饲喂高蛋白质日粮，一部分蛋白质可转化为能量，从而平衡体内能氮水平。

另外，目前对物理反馈调控和化学因子调控的研究通常是分开进行的，但两者对采食量的调控作用均通过中枢神经系统的采食中枢实现。进一步研究发现奶牛的采食量是物理反馈调控与化学因子调控共同作用的结果，而物理反馈调控本身对采食量无显著调节作用。研究发现，物理反馈调控和化学因子调控可对奶牛采食量进行综合调节。

（三）生物活性物质调控

反刍动物可通过分泌相关激素，调控消化道的排空速率和消化速率，进而影响其采食量。胆囊收缩素（cholecystokinin，CCK）是十二指肠黏膜内分泌细胞分泌的一种抑制采食的激素，当饲料进入消化道接触其受体时，引起 CCK 的释放，并在 15～30 min 达到分泌高峰。CCK 是终止进食的反馈信号，研究发现，外周注射外源性 CCK 可显著降低动物采食量，且其抑制作用具有剂量依赖性；另外，CCK 通过减少胃排空而抑制动物采食，而胃的扩张也确实可以引起 CCK 的释放。CCK 的分泌主要通过它的两类受体（CCK-A 和 CCK-B）实现，CCK-A 受体主要存在于外周，如胃和胰腺，孤束核也存有该受体；而 CCK-B 受体主要分布于中枢，包括侧孤束核、下丘脑腹内侧核以及侧脑室的神经核。目前大部分研究认为，在消化道中 CCK-A 受体是 CCK 发挥作用的主要参与者。γ-氨基丁酸（γ-aminobutyric acid，GABA）又称氨酪酸，是谷氨酸（glutamate acid，Glu）在谷氨酸脱羧酶（glutamic acid decarboxylase，GAD）作用下经 α-脱羧反应获得的产物。GABA 是中枢神经系统中重要的抑制性氨基酸类神经递质，亦是消化道中调控采食量的重要机制，消化道中存在 GABA-A 受体和 GABA-B 受体，形成了消化道 GABA 能系统（GABAergic 系统）。该系统通过与消化道 CCK 系统的配合，对反刍动物的采食量进行综合调控。研究发现，在日粮中添加 GABA 可提高奶牛和湖羊的采食量，进而优化其产奶量/日增重。

二、肝脏代谢调控

肝脏是营养物质的加工场所和分配中心，肝脏在采食量调控方面具有重要作用，肝脏氧化理论（hepatic oxidation theory，HOT）是目前为止对化学反馈机制进行研究中的一个重要组成部分。

动物采食后，能量物质经消化和吸收后进入肝脏；在肝脏细胞内线粒体中，这些物质通过氧化释放能量，提高胞内腺苷三磷酸（ATP）含量和肝细胞能量水平；高浓度 ATP 可通过提高钠/钾离子泵活性和（或）打开钙离子通道降低肝细胞膜电位，进而引起缝隙连接间离子流量和信号分子释放量降低，再引起肝迷走神经传入神经点燃率降低，从而导致孤束核兴奋性下降和下丘脑采食中枢抑制，最终降低动物的采食量。营养或非营养性物质可对 HOT 过程进行调控，从而影响反刍动物采食量。

三、神经系统调控

神经系统在反刍动物采食量调控过程中起决定性作用，是消化道和肝脏等采食量调控系统的"指挥官",神经系统对反刍动物采食量的调控主要分为脑-肠轴机制和食后反馈调节机制。

(一)脑-肠轴机制

脑-肠轴机制是反刍动物神经内分泌调节的主要组成部分,是将大脑中枢神经系统和胃肠道联系起来的神经内分泌网络,是中枢神经系统与肠神经系统间的双向整合系统,包括神经回路(如迷走神经、交感神经和脊神经等)和体液回路(细胞因子、激素神经肽等),具有多种生理功能。在脑-肠轴系统运行过程中,下丘脑和脑干是主要的调节摄食和能量稳态的中枢神经系统,这些脑部区域接受外周神经和胃肠激素的刺激信号参与对摄食的调节。下丘脑腹内侧核(VMH)和外侧区(lateral hypothalamic area,LHA)分别被称为饱食中枢和摄食中枢,而下丘脑弓状核(hypothalamic arcuate nucleus,ARC)对食物的摄取也起着重要的调节作用。ARC包含2个中枢食欲调节的关键区域,对食物的摄取起着不同的作用,内侧的神经肽Y/刺鼠相关蛋白(NPY/AgRP)为促食欲神经元,外侧的阿片-促黑色素细胞皮质素原/可卡因-苯丙胺调节转录肽(POMC/CART)为抑制食欲神经元。动物机体借助脑-肠轴间的神经内分泌网络调节胃肠功能是通过信号的传导而实现的,而这种信号传导因子是活性肽类。这种活性肽存在于脑和外周神经组织中,同时也存在于消化道中,此类双重分布的活性肽被称为脑-肠肽,脑-肠肽兼有神经递质和激素的双重作用。

动物食欲调节包括长期和短期调节,长期食欲调节反映了机体的能量稳态,短期食欲调节是由胃肠道分泌的脑-肠肽传递信号给下丘脑和脑干,通过交互作用来调节动物摄食开始或结束。脑-肠肽分为促进摄食型脑-肠肽(生长激素释放肽、NPY和食欲肽等)和抑制摄食型脑-肠肽(胰高血糖素样肽1等)。

生长激素释放肽是一种主要分泌于胃的脑-肠肽,具有促进生长激素释放和调节食欲等重要的生物学功能。生长激素释放肽主要由胃内分泌,在下丘脑、肠道、肾和胎盘等也有少量分泌。生长激素释放肽在奶山羊体内以皱胃黏膜内最多,沿着小肠各段逐渐减少,瘤胃、网胃和瓣胃内生长激素释放肽免疫阳性细胞最少。生长激素释放肽促进摄食的作用机制是通过中枢和外周食欲调节网络实现的,激活生长激素受体(GH-R),促进NPY和AgRP的释放,刺激食物的摄入。生长激素释放肽及其受体也表达在动物的迷走传入神经元。向大鼠腹腔内注射生长激素释放肽发现,其摄食量增加,可能的机制是生长激素释放肽选择性刺激膈下迷走神经,通过迷走神经将神经信号传入大脑从而导致大鼠摄食量增加。

NPY广泛存在于中枢神经系统和外周组织,产生于下丘脑弓状核,并通过轴突传递到室旁核,室旁核中的NPY与其Y1或Y5受体结合,产生的信号抑制交感神经兴奋,从而提高食欲,增加采食量。研究发现,动物机体空腹时下丘脑中NPY的表达量增加,NPY释放量增多,而进食后减少。因此,NPY被认为是一种重要的摄食调节因子。下丘脑弓状核中NPY/AgRP神经元对促食欲的调节起重要作用,研究表明,选择性地去除NPY/AgRP神经元,可显著地降低小鼠的采食量。因此NPY/AgRP神经元对小鼠机体健康不可缺少。另一些研究表明,向脑室内注射NPY可显著增加动物的摄食量并抑制交感神经活性，降低能量消耗，引起动物体重增加。在哺乳动物体内 NPY 和 CCK 等脑-肠肽共同参与对食物摄取的调节，这说明脑-肠调控系统和消化道系统在动物采食量调控中具有相互作用。

食欲肽是下丘脑分泌的一种促食欲神经肽，分为食欲肽-A 和食欲肽-B，食欲肽及其受体在各种动物的脑及其他组织中均有分布，然而不同种属动物的食欲肽及其受体的分布也不同。研究发现，食欲肽在猪、犬和牛的胃肠道神经系统均有分布，而在反刍动物体内食欲肽主要分布于肠道黏膜下层和肌层。研究表明，食欲肽具有促进哺乳动物对食物摄取的作用，给大鼠脑室内注射食欲肽后激活其促采食神经元，并呈剂量依赖性促进大鼠进食。食欲肽促食欲的作用机制主要是激活 G-蛋白耦联的细胞表面受体——食欲素受体（受体 1 和受体 2），进而参与机体对摄食行为的调节。

（二）食后反馈调节机制

食后反馈调节主要是指反刍动物通过先天形成的嗅觉、味觉和触觉，区分并选择性采食（抛弃）具有特殊营养（毒性）的饲料成分，从而对自身采食行为进行调节的一种反馈调节机制。反刍动物只能用嗅觉、味觉和触觉的手段判定对食物的喜好性，而不能判定其营养性（毒性）。但对于绝大部分植物而言，生物进化过程使富含营养物质的植物具有较好的嗅觉、味觉和触觉；相反，具有毒性的植物的嗅觉、味觉和触觉较差。故动物可通过嗅觉、味觉和触觉器官对植物喜好性判定来基本确定所接触植物的营养性（毒性）。反刍动物对植物喜好性的判定是一种心理学现象，却对其采食性能起决定性的作用。

第二节　反刍动物采食量的外源调控

反刍动物的采食量和生产性能受环境因子的影响，较舒适的环境可有效改善其采食行为，并进一步优化其生产性能；反之，当环境质量恶化时，其采食量和生产性能均可能下降。

一、温湿度应激

反刍动物对温度的变化十分敏感。热应激是反刍动物对不利于生理活动的高温环境产生的一种非特异性应答反应，也是影响反刍动物夏季生产与繁殖的一种重要的应激代谢疾病。近年来，国内外学者对反刍动物热应激进行了大量研究。相反，在冬季低温条件下，奶牛易发生冷应激，导致奶牛免疫力降低，产奶量下降，饲料成本提高，并易发生骨折和流产，需采取防寒措施来保障奶牛健康与高产。

（一）热应激

1. 研究反刍动物热应激的意义　随着全球气候变暖，热应激已经成为危害畜牧生产的重要因素之一，也成为世界范围内很热门的研究领域。以奶牛为例，热应激定义为：①奶牛体温高于 38 ℃；②呼吸次数＞80 次/min；③采食量降低 10％～15％；④产奶量降低 10％～20％；⑤相对湿度＞72％。我国饲养的奶牛以荷斯坦奶牛为主，其特点是体型较大，单位体重的表面积较小，体表被毛及体组织的保温性能好，但汗腺不发达，导致皮肤蒸发的散热量少。刘文忠等研究发现，奶牛瘤胃内饲料发酵和产乳的生理过程可产生大量的代谢热，这些代谢特征让奶牛对温度变化特别是夏季高温极其敏感。因此，热应激对产奶量、乳品质和生理生化指标都可产生显著影响，探索行之有效的调控方法，对缓解奶牛热应激具有重要意义。

2. 热应激对反刍动物生理代谢的影响　热应激影响奶牛生理代谢的一个重要原因是采食量下降，进而造成营养不足和产奶量下降。为精确研究热应激对经产奶牛生产性能的影响，研究人员将 34 头经产母牛饲喂在环境舱中，日粮为全混合日粮，试验分两个时期：①适宜的温度（20 ℃），自由采食 9 d；②之后将 16 头母牛进行热应激处理，将环境温度从 29.4 ℃调整为 38.9 ℃递增循环，同时另外 18 头母牛继续按①的处理方法作为对照。在这个研究中，热应激使奶牛的采食量下降，产奶量降低约 29％。

当奶牛发生热应激时，采食量下降，营养摄入不足，迫使奶牛开始动用机体物理、生化和生理过程进行调节，以维持热平衡、正常体温以及正常代谢过程。泌乳奶牛的热应激反应很多，包括粪尿中水分排出减少、排汗增加、唾液分泌增加、直肠温度升高、饮水量增加、采食量和产奶量下降、呼吸频率和心率增加；如果持续受到热应激影响，心率会降低，甚至发生死亡。当温湿指数（temperature humidity index，THI）在 70～80 时，奶牛死亡率开始增加；在 81～87 时，奶牛死亡率将会达到最大，在此条件下提供紧急干预措施和缓解措施，以保证奶牛生存，对降低由于热应激造成奶牛死亡所带来的损失具有重要意义。

奶牛对热应激的反应首先表现为食欲降低，采食量减少，从而造成机体营养摄入量不足。研究发现，对奶牛和犊牛而言，随着直肠温度升高，其采食量呈现逐渐下降的趋势，使其处于能量负平衡状况。热应激发生时，奶牛体内葡萄糖的消耗增加以补偿机体能量的损失。Martello 等发现，直肠温度、呼吸频率与奶牛身体不同部位的温度极显著相关，提示不同部位的体温可表征奶牛热应激发生。另据报道，奶牛在夏季的呼吸频率显著高于冬季，夏季直肠温度（39.8 ℃）也显著高于冬季（38.9 ℃）。奶牛通过增加呼吸频率和出汗而进行的蒸发散热是保持牛体核心温度不变的一种有效方式。

血液生化指标及内分泌状态是反映动物营养状况的重要指征参数。当奶牛发生热应激时，采食量下降，其机体新陈代谢都会发生变化。此时，机体反馈热应激的防御系统被激活，表现为开始储存热量和散热增加；如果持续高温，内分泌系统将会做出一定的调节，促使奶牛适应这种变化。内分泌系统是调节环境应激、机体生长及新陈代谢的重要机制。内分泌细胞将其产生的高能效物质——激素分泌进体液，它们随血液和细胞间液被传送到机体的各部位，对所作用的靶细胞的生理活动起着兴奋性或抑制性作用。激素水平的改变会对细胞内的热应激反应产生一定影响，如褪黑激素和泌乳刺激素对泌乳上皮细胞的热应激蛋白基因表达有正向调控作用，而瘦素对这种基因表达有负调节作用。热应激使奶牛代谢激素发生明显变化，主要表现为皮质醇分泌量增加，孕酮和雌激素水平降低，以及血清中钾、钠、镁、磷、硫和铜等离子浓度的降低。据报道，热应激能够降低基础循环中的葡萄糖浓度，增加血浆胰岛素浓度，但对血浆中游离脂肪酸的浓度却没有影响。热应激可以增加血浆中尿素氮浓度，同时增加机体血液中胰岛素浓度来改变碳水化合物的代谢。研究发现，相对冬季温度条件下，夏季热应激时奶牛血液中葡萄糖、胰岛素样生长因子-1（IGF-1）、总胆固醇的浓度显著下降，但血液中游离脂肪酸、尿素的浓度却显著上升；热应激能加重高产奶牛的能量负平衡，并使体况评分下降，同时降低优势卵泡直径及改变优势卵泡液中生化物质的浓度，可使卵母细胞和颗粒细胞品质降低，从而使其生育能力降低。上述研究提示，热应激条件下奶牛采食量的下降，可通过采食量调控激素对奶牛体内细胞的代谢进行调控，从而影响内分泌状态。

（二）冷应激

相对于热应激，反刍动物冷应激的研究较少。环境温度在 8～20℃时奶牛才能发挥最佳生产性能。当环境温度低于 5℃时，随着温度的降低，奶牛将进入冷应激状态。

冷应激可显著提高奶牛采食量，但冷应激条件下能量大部分以热能的形式散失。同时，由于抗氧化应激方面的能量分配不足，冷应激可导致奶牛免疫力降低，其疾病易感性增强，乳腺炎等发病率显著提高。因此，在冬季因饲料单一和粗饲料品质下降，经常造成奶牛日粮营养不平衡，使乳腺炎发病率上升，严重的可造成乳头冻伤，从而影响产奶量。

二、有害气体

近年来，空气雾霾越来越严重，大气中各种悬浮颗粒物（大气微粒）。尤其是 PM2.5（空气动力学 0.1 μm＜直径≤2.5 μm 的颗粒物，称为细颗粒物）被认为是造成雾霾天气的"元凶"。目前较多研究证明大气微粒对人类健康造成了很大危害，同时，有关大气微粒对动物，特别是对牛、羊等反刍动物的采食量、繁殖机能和生产性能的影响已有部分研究。

（一）氨气

氨气广泛存在于自然界中，是所有生物体内都存在的重要小分子化合物，它对几乎所有的生物体都有重要意义。氨气是大气中碱性气体的主体，是活性氮的主要组成部分，它对机体维持正常的酸碱环境起到重要作用。动物机体每时每刻都在产生氨气，大部分氨气由组织/器官代谢活动产生，少部分可能是由寄生在肠道的微生物产生。在生理条件下，氨气主要以氨根离子存在于血液中，是氨基酸合成的前体，也是蛋白质和氨基酸代谢的重要产物。大气中氨气最主要来源是农业生产，包括养殖场排放和农作物化肥释放等。在过去的几十年中，氨气排放量逐渐增加，从而对大气微粒形成和空气能见度的变化产生了重要影响。

几十年前，人们已经意识到氨在生殖系统中可能发挥重要作用。研究发现，牛舍中氨气浓度过高，可导致奶牛采食量和生产性能显著降低，并显著降低乳品质；同时，采食量不足诱发的营养不良会导致奶牛生殖力降低和孕酮水平降低。另外，高蛋白质饲料会导致奶牛生殖力下降，这可能因为高蛋白质饲料经过代谢会在体内产生高浓度的氨。不同大小的牛卵泡液中氨含量随卵泡体积的增大而降低，且卵泡液中氨浓度显著高于血液中的氨浓度。奶牛血清中高尿素氮含量和排卵前卵泡液中的氨存在显著的正相关性，高含量的氨可能会降低动物繁殖力，且对胚胎发育造成危害。

（二）硫化氢

硫化氢是无色有臭味的有毒气体，其主要来源包括天然气、火山喷发物、化工副产品、沼气和动物养殖场等。近期研究发现，硫化氢在生物体内发挥着重要的生理功能。因此，硫化氢具有两面性：一方面在低浓度（生理浓度）下参与调节细胞增殖与凋亡，从而影响神经等系统的生理活动；另一方面，在非生理浓度下可对疾病的发生和发展起到一定的作用，例如，长期暴露于硫化氢环境中可能会导致呼吸疾病、眼病以及神经疾病。此外，生物体内硫化氢还具有调节氧化还原平衡和一氧化氮代谢等作用。体内主要是存在吡哆醛磷酸盐的情况下含硫的氨基酸经胱硫醚合成酶和胱硫醚溶酶的作用而生成硫化氢。胱硫醚合成酶存在于脑、外周神经系统、肝脏、子宫和肾脏里，这些器官都可以产生硫化氢。硫化氢的降解主要通过金属蛋白酶或含二硫键的蛋白酶的作用被氧化。研究结果提示，硫化氢在机体代谢中具有重要调控作用。

养殖场空气中的硫化氢浓度与动物采食量以及生产性能具有重要关联。一些肉牛方面的研究发现，当牛舍空气中的硫化氢浓度过高时，肉牛的采食量、日增重和肉品质均下降。硫化氢诱导的采食量不足是其影响生殖系统功能的重要原因。在灵长类动物实验中发现，向阴茎海绵体内注射硫化氢供体（NaSH）可增加阴茎长度和阴茎海绵体内压，并调节精子生成速率。另外，胱硫醚溶酶在卵巢的各类体细胞中都有表达，且各级卵泡中表达水平都较高，但是卵母细胞中不表达。胱硫醚溶酶敲除的雌性小鼠的正常发育卵泡减少，发情周期不规律。这些结果提示硫化氢可能通过降低采食量从而危害动物的繁殖机能。

三、空气洁净度与养殖密度

（一）空气洁净度

畜舍空气的清洁度主要包含洁净度和清新度，其中空气洁净度是指空气中所含悬浮粒子量多少的程度，而空气清新度则是指空气中各气体的比例，如畜舍的空气主要由二氧化碳、氮气、氧化、硫化氢和氨气等气体组成，清新度是指这些气体的比例。可按照空气中所含悬浮物的多少或者相关气体的比例来给空气的清洁度划分等级。对反刍动物而言，空气洁净度是影响采食量和生产性能的重要因素。研究发现，环境富集和适宜饲养密度可以极显著改善空气清洁度指数，显著改善湖羊后膝、后臀的清洁度指数，并显著降低第37天血清皮质醇浓度，最终改善湖羊采食量和日增重。研究结果提示环境富集和饲养密度能在一定程度上提高绵羊福利。有关肉牛的研究发现，提高空气洁净度可显著抑制肉牛的应激状态，提高其日增重，并优化肉牛舒适度。

（二）养殖密度

饲养密度是畜牧业生产者的重要关注点，饲养密度过小会降低单位面积内动物饲养数量，影响养殖经济效益；密度过大则会影响动物生产性能。目前，国内外对反刍动物饲养密度的研究并不多，且主要集中在研究行为学上。国外研究的主导方向为高密度养殖条件下奶牛激素水平和舒适度水平。奶牛饲养密度和奶牛起卧频率呈负相关，与躺卧时间呈正相关，提示奶牛饲养密度是影响奶牛行为的重要因素，但是否对生产性能和健康状况产生影响，并未有研究报道。相关的研究在奶牛和湖羊等反刍动物上较少，亟待研究解决。另外，过高的养殖密度可导致动物机体产生氧化应激，而机体氧化应激能进一步导致消化道微生物群落区系的变化，但机体氧化应激状态是否影响消化道微生物和营养物质消化率，仍然不清楚。

四、光照和声音

（一）光照

反刍动物是对光极为敏感的动物，其光谱感应范围较人类更广，同时光谱敏感性较强。这主要是由于它们的视网膜上有视杆细胞和视锥细胞两种视觉感光细胞。两种视觉细胞在不同光照环境下起作用，视杆细胞不能够区分颜色，但对弱光较为敏感，而视锥细胞能够区分颜色，并能在强光下起作用。目前已有的研究发现，通过调控光照度、光照节律和光照时间，奶牛、羊等反刍动物的采食量和生产性能均可被调控。李云甫等研究发现，将奶牛每天的光照时间分别由自然光照的 9.5 h 增加到 15 h 和 18 h，当光照时间为 15 h 时，奶牛采食量显著增加；另一试验发现，改变母羊每天的光照时间，其排卵发情行为发生显著改变。这些研究结果提示，光照对反刍动物的繁殖性能和生产性能都有重要影响，其主要途径是通过影响中枢神经系统，进而调节反刍动物采食量。

促黄体素是由脑垂体分泌的一种促性腺激素，可促使卵巢血流加速，并加速卵泡排卵和促进黄体的形成。促黄体素可刺激牛、羊等反刍动物的黄体释放孕酮。研究发现，增加绵羊光照时间，可显著提升血浆促黄体生成素水平。另有一些研究发现，在长日照条件下，绵羊血浆促黄体生成素水平下降，结果提示长日照可抑制垂体对促黄体生成素的释放。另外，与黄体生成素一样，促卵泡激素亦具有促进卵泡发育成熟的作用，并可与黄体生成素一同促进雌激素分泌。研究发现，在配种季节早期摘除卵巢的绵羊中，长日照可显著降低促卵泡激素分泌。而另一个研究中，每天给予 8 h 光照，发情中期母羊的血浆促卵泡激素水平显著高于正常日照条件下的母羊血浆，故认为血浆促卵泡激素水平的变化与排卵的发生有关。同时，光照诱导的奶山羊激素分泌变化导致其体内能量代谢状态的变化，可显著提高奶山羊的采食量。

催乳素是一种由垂体前叶腺嗜酸细胞分泌的蛋白质激素，其主要作用是促进反刍动物乳腺发育生长，刺激并维持泌乳。光照对母羊血浆催乳素水平有着明显的刺激作用。研究发现，在晚上和黎明时增加光照时间，较白天增加光照时间更能提高母羊血浆催乳素水平，结果提示光照刺激泌乳素具有光敏感时间的特异性。对奶牛而言，催乳素对光照变化很敏感，增加光照时间可显著提升奶牛血清中催乳素浓度，提高奶牛采食量，并增加产奶量。另外，光照刺激还可通过松果体和下丘脑释放促甲状腺激素释放激素，并提高垂体对促甲状腺激素释放激素的反应性，从而引起体内内分泌系统变化，刺激泌乳并提高产奶量。

（二）声音

音乐已成为当代人类生活必不可少的一部分，是人类精神生活的营养品。目前，音乐已被开发成人类疾病治疗（音乐治疗）的精神药物，也是提高动物生产性能的精神食粮；而噪声由发音体不规则的振动产生，对动物生产性能和繁殖性能具有负向效果。一些动物营养学家和动物福利学家发现，音乐在提高动物采食量、生产性能和繁殖性能方面具有重要作用。近年来，随着反刍动物福利学科的不断发展，音乐及噪声对反刍动物生产性能和繁殖性能影响方面的研究也在日益增加。

相对于节奏缓慢的民族音乐，轻音乐可显著提高奶牛产奶量，其原因可能是：节奏缓慢的民族音乐，作为有规律的声音振动，其频率可能与奶牛微振自主节律不一致，导致奶牛机体内呼吸系统、消化系统、神经内分泌系统等脏器的代谢紊乱，从而影响奶牛的采食量和产奶机能。曲调忧郁可能是民族音乐降低奶牛产奶量的另一个原因。相反，节奏轻快的轻音乐，其振动频率可能与奶牛机体内的微振吻合，奶牛易产生共鸣。奶牛机体内存在病变和代谢紊乱的组织会在共鸣产生的谐振作用下，调整至正常状态，优化奶牛机体内各系统间的相互协作，提升奶牛产奶机能，进而提高奶牛采食量和产奶量。此外，长时间听取固定曲目产生的听觉疲劳也会使乐音转变成噪声。这些噪声会导致奶牛听力减退、噪声性耳聋、烦躁不安、食欲减退、妊娠母牛流产和牛奶酸度增高等一系列严重危害，最终降低奶牛的产奶性能，结果提示在牛场播放音乐的频率需要进一步评估和把握，以达到最优水平。有研究表明，当噪声达到 68～74 dB 时，可导致奶牛产奶量减少，且如果噪声污染时间过长，则产奶机能难以恢复。流行音乐对奶牛产奶量的影响作用有限，且使用不当会造成噪声污染。因此，给奶牛播放音乐应慎用流行音乐。

第三节　反刍动物采食量的营养调控

一、碳水化合物

碳水化合物是奶牛的重要营养物质，是奶牛能量和脂肪储备的主要原料。奶牛日粮碳水化合物的物理特性［有效中性洗涤纤维（effective neutral detergent fiber，eNDF）和物理有效中性洗涤纤维（peNDF）］与化学组成［非结构性碳水化合物（nonstructural carbohydrates，NSC）和结构性碳水化合物（structural carbohydrates，SC）］对反刍动物的采食量和生产性能具有重要的调控功能。

（一）非结构性碳水化合物（NSC）和结构性碳水化合物（SC）

在分析细胞壁物质及其他营养物质的基础上，研究者们提出了不同的表示易消化碳水化合物的指标，并给以不同定义，以便研究碳水化合物组成变化对反刍动物采食量、瘤胃代谢状况、营养物质消化率和生产性能的影响，并从中筛选出最佳比例，用于指导生产实践。Hristov 等用公式计算出了 NSC 的含量：NSC＝100－CP－（NDF－NDFN）－灰分－EE，式中，CP 为粗蛋白质；NDF 为中性洗涤纤维；NDFN 为中性洗涤纤维所含氮；EE 为粗脂肪。NSC 主要包括糖、淀粉、有机酸和其他储存性碳水化合物（果聚糖等），淀粉在 NSC 中的含量常超过 80%，甚至更高，因此目前在 NSC 中研究最多的是淀粉。淀粉易于被动物消化吸收，可以提高日粮的能量浓度，且利用效率高，它是谷物饲料中的主要能量物质，受到人们的广泛关注。研究结果表明，常用谷物饲料中玉米的可溶性淀粉含量约为 30%，在瘤胃中的消化率较低，而麦类饲料的可溶性淀粉含量约为 65%，在瘤胃中的消化率较高。

研究发现，日粮中 NSC 与 SC 的比值可影响动物干物质采食量，进而影响瘤胃发酵状况和营养物质消化率，最终使产奶量和乳成分发生变化。反刍动物瘤胃与网胃的胃壁上分布着许多连续的接触性受体，这些受体随着食糜重量增多和体积增大的刺激，可反射性地抑制动物的采食行为，限制其干物质采食量。日粮精粗比不同则其消化率不同，食糜通过瘤胃和消化道的速率改变，从而影响干物质采食量。当以粗饲料作为日粮主要组分时，瘤胃的充满程度是干物质采食量的限制因素。同时，干物质采食量还受制于粗饲料的质量、物理形态、类型和精饲料的消耗量。在高精饲料采食量的条件下，每单位精饲料干物质采食量增加所引起的粗饲料干物质采食量的下降，显著高于低精饲料采食量的情况。在精粗比为 0∶100 到 10∶90 的日粮中，随着谷物精饲料的加入，粗饲料干物质采食量将会增加；当谷物精饲料的比例从 10% 增加到 70%，粗饲料干物质采食量反而随着精饲料的增加而下降。

日粮中精粗比或 NSC 和 SC 的含量不同，营养物质，如干物质、NDF、酸性洗涤纤维（ADF）的动态降解率、瘤胃发酵模式、食糜流通速率及后肠内消化代谢状况也就不同。研究发现，当奶牛日粮中 NSC 比例上升到 75% 时，干物质和 NDF 的消化率显著下降。当日粮中易消化碳水化合物比例超过 32% 时，就会显著降低纤维素的消化率。另有研究显示，与精粗比为 75∶25 的日粮比较，饲喂精粗比为 50∶50 的日粮，可使奶牛瘤胃液 pH 从 5.7 升至 6.8，瘤胃氨态氮（NH_3-N）浓度和（乙酸＋丁酸）/丙酸比值显著升高，但对干物质、粗蛋白质和 NDF 的消化率无影响。上述研究结果提示，NSC 和 SC 比例是影响瘤胃营养物质的降解速率的重要因素。

另一些研究显示，碳水化合物在瘤胃内降解与释放能量的速率是影响奶牛采食量的重要因素。日粮碳水化合物在瘤胃内降解与释放能量的速率是影响微生物生长与活性的主要因素，且总碳水化合物的消化速率与日粮中淀粉、果胶和糖的比例直接有关。研究发现，在 4 种葡萄糖（501～2 160 mg/d）水平下，微生物的合成效率差异不显著。另一些研究则认为，碳水化合物的结构和发酵速度会影响微生物对能量的利用效率。但以单位可消化碳水化合物合成微生物氮的重量表示瘤胃微生物效率时，碳水化合物来源不影响瘤胃微生物效率。进一步研究发现，当日粮干物质中含有较高比例 NSC 时，瘤胃中生成的微生物蛋白就较高。日粮中淀粉含量和种类对氮代谢也有重要的影响，研究发现，可发酵碳水化合物的结构和发酵速度不同，对饲料能量利用效率影响较小；但与 SC 相比，NSC 每天合成瘤胃微生物的合成绝对量更多。同时，瘤胃内能量和氮释放的同步性对能量利用效率起重要作用，在氮源充足时，微生物蛋白的产量取决于可消化有机物质或能量水平；当瘤胃缺乏氨时，日粮氮水平或含氮物来源受到限制会抑制微生物蛋白的合成量和生产效率。瘤胃微生物蛋白合成效率不仅取决于瘤胃中 NSC 数量和蛋白质降解率，也受有机物采食量和瘤胃外流速度的影响。研究发现，当提高瘤胃外流速度时，可提高瘤胃微生物蛋白产量；但外排速度过快，食糜停留在瘤胃中时间过短，也影响瘤胃微生物增殖，反而降低微生物蛋白产量。

除了碳水化合物在瘤胃中的释放速率，瘤胃自身的发酵状态亦是影响反刍动物采食量的重要因子。日粮 SC 与 NSC 的比值是影响瘤胃液 pH 的重要因素之一，随着日粮中 SC 与 NSC 的比值升高，瘤胃液的 pH 逐渐升高。研究表明，当乳牛日粮中 NSC 含量分别为 24%、31% 和 38% 时，NDF 瘤胃消化率以饲喂日粮 NSC 含量为 31% 的奶牛最高。另一个试验证实，日粮的 SC 水平为 30% 时，自由采食的绵羊的干物质和 NDF 消化率达到最高。进一步研究发现，高精饲料水平会明显降低奶牛瘤胃 pH 和乙酸浓度，增加丙酸浓度，但不影响 NH_3-N 和总挥发性脂肪酸（volatile fatty acid，VFA）浓度。有学者利用食糜标记技术，研究在不同 SC 和 NSC 来源（分别以小麦秸、玉米淀粉为 SC 和 NSC 的来源）与水平（3.52:1、3.32:1、2.86:1、2.40:1、1.88:1）的半合成日粮条件下，生长绵羊瘤胃内纤维性物质动态降解参数的动态变化，发现当 SC 与 NSC 的比值为（2.40~2.64）:1（相当于 NSC 占整个日粮的 27.5%~29.4%）时，粗饲料细胞壁碳水化合物瘤胃中的发酵活力提高，且能提高纤维物质的后肠消化率，最终提高营养物质在全消化道中的消化率。当营养水平较高时，日粮中添加玉米淀粉不影响瘤胃内 pH 和 NH_3-N 浓度，但改变了瘤胃内 VFA 的合成模式，使之有利于瘤胃微生物降解和发酵纤维物质。

研究发现，瘤胃微生物蛋白合成效率，不仅取决于瘤胃中 NSC 数量和蛋白质降解率，也受有机物采食量和瘤胃外流速度的影响。一项研究发现，当日粮干物质中含有较高比例 NSC 时，瘤胃中生成的微生物蛋白含量较高。同时，日粮中淀粉含量和种类对氮代谢也有影响，当反刍动物处于高饲养水平条件下时，提高 NSC 可显著降低瘤胃液 pH，从而抑制瘤胃内微生物活性，使得微生物发酵降解粗饲料纤维能力减弱，此时，瘤胃内 VFA 组成以丙酸为主，乙酸与丙酸的比值降低，多糖酶对碳水化合物适应性增强，可能导致粗饲料中的纤维物质过瘤胃数量增加，影响纤维物质在反刍动物瘤胃内的发酵与降解。相应地，在中等或者偏低的饲养水平条件下，若日粮中具备了合理而足够的氮源，同时提供适宜的 NSC，保证瘤胃内微生物的能量供给和活性，则有利于瘤胃微生物对粗饲料中纤维物质的发酵与降解。

（二）有效中性洗涤纤维（eNDF）和物理有效中性洗涤纤维（peNDF）

奶牛对日粮中 eNDF 水平的反应是乳脂率变化，而对日粮 peNDF 水平的反应是其咀嚼活动。eNDF 和 peNDF 水平对奶牛咀嚼活动、采食量及营养物质在瘤胃的消化率均具有重要调控功能，并通过影响采食量这一关键营养学参数，对奶牛生产性能和健康状况进行调控。

eNDF 和 peNDF 是奶牛日粮物理特征的两个重要参数。eNDF 是指有效维持乳脂率稳定总能力的饲料特性，亦即它必须是所测定的某种饲料替代干草或粗饲料在日粮中的总能力，而且这种替代不会引起乳脂率和瘤胃 pH 的改变；peNDF 指的是与纤维的物理性质（主要是指碎片大小，多指长度）有关的，刺激动物咀嚼活动和建立瘤胃内容物两相分层的能力，饲料 peNDF 总是低于其 NDF 含量，eNDF 既可以低于也可以高于 NDF 含量。

奶牛的生产性能、反刍行为和瘤胃发酵与日粮纤维的数量和物理组成直接相关。有效纤维最初表示的是维持一定乳脂率时纤维的最小需要量，有效纤维值是以乳脂率改变为基础的。但是，当只采用乳脂率作为评定指标时，日粮 NDF 含量对动物咀嚼、唾液分泌、瘤胃缓冲和瘤胃 VFA 产生的物理有效性通常会和由饲料不同化学成分所造成的代谢效应相混淆。

NDF、eNDF、peNDF 3 个指标之间有区别，但又存在关联（图 1-1）。尽管 eNDF 和 peNDF 的关系十分紧密，但是对于纤维来说，能够刺激动物咀嚼活动和影响乳脂率的有效性是不同的。peNDF 仅仅与纤维的物理性质有关，而 eNDF 则是一个更宽泛的概念，它表示一种饲料可以维持乳脂率稳定的所有特征，除与 peNDF 相关的纤维因素外，它其中也包含了与内源缓冲能力或中和酸能力有关的饲料特性、脂肪含量与组成、可溶性碳水化合物、蛋白质含量和 VFA 比例与产量等众多因素。相比于 eNDF，peNDF 作为保证奶牛采食量和动物健康的指标更敏感。研究表明，日粮中 peNDF 浓度与奶牛 NDF 消化率、咀嚼次数、唾液分泌量、瘤胃 pH 以及乙酸/丙酸存在明显的正相关。

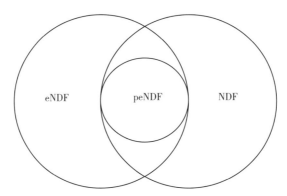

图 1-1　NDF、eNDF、peNDF 间的关系

peNDF 是可测定的指标，饲料 peNDF ＝饲料 NDF 含量×该饲料的物理有效因子（physical effectiveness factor，pef），pef 变化范围可从 0（NDF 不能刺激咀嚼活动）到 1。测定 peNDF 的方法主要有动物生理反应法、宾州筛法和 Z·BOX 法 3 种。peNDF 是指粗饲料长短等物理性质对纤维有效性影响的部分。动物的咀嚼时间与粗饲料 peNDF 具有很强的相关性。因为 peNDF 与饲料纤维含量、碎片大小和饲料颗粒在瘤胃中变小有关，是决定大颗粒饲料在瘤胃中的选择性滞留、刺激反刍和瘤胃蠕动以及瘤胃发酵动态和食糜排空等的重要因素。peNDF 通过它与唾液缓冲液分泌和瘤胃 pH 的关系来影响动物的健康和乳脂率。Mertens 根据咀嚼活动的方法，提出利用回归分析来计算 peNDF 的 pef，日粮

pef 表示为所食该日粮的咀嚼时间与当反刍家畜饲喂长干草时的咀嚼时间的比值。长干草的 pef 设定为 1，粗切碎的禾本科牧草、玉米青贮和苜蓿青贮的 pef 为 0.9～0.95；细切碎的牧草的 pef 为 0.7～0.85。

宾州筛法，又称为宾州颗粒度分级筛法（Penn State particle size separator，PSPS）是目前分析日粮颗粒大小的快速有效的方法，也是应用于奶牛和肉牛 peNDF 测定的主要工具。宾州筛由 3 层筛网组成，这种分级筛能够将日粮中的颗粒度分为 3 类（即＞19 mm，8～19 mm，＜8 mm，见表 1-1）。同时，Mertens 提出了计算 peNDF 的另一种方法，即某种饲料的 pef 等于经垂直振动后保留在 1.18 mm 孔径筛上物的干物质（或 NDF）占总干物质（或 NDF）的比例。这个改进方法在之后的研究中得到了验证，Lummers 测定了 3 种孔径范围的粗饲料的长度分布（＞19 mm，8～19 mm，＜8 mm）和每种分布内 NDF 含量，发现利用最小孔径为 4 mm 和 6 mm 的筛孔，得到的筛上物残留比例与通过咀嚼活动测得的玉米青贮和牧草青贮的 pef 相一致。

表 1-1 颗粒分级筛对日粮颗粒度的分类

筛网	颗粒大小	生物学意义
顶层	＞19 mm	瘤胃草垫层和刺激反刍以及唾液分泌的物质
中层	8～19 mm	能够被适度消化的物质
底层	＜8 mm	被迅速消化或者是能够从瘤胃流出的物质

另一种计算饲料 pef 值的系统称为 Z·BOX，与宾州筛法相似，均是通过饲料颗粒大小来对饲料 peNDF 进行判断的方法。该系统由日本国家农业合作委员会与矿工协会联合研发，它是一个 21 cm×21 cm×11 cm 的塑料盒，一边可打开用于取放筛子，其由筛网孔径为 1.14 mm、2.38 mm、3.18 mm、4.76 mm 和 9.53 mm 5 种规格的筛组成。操作与宾州筛法操作程序相似。通过对玉米青贮、牧草青贮和全混合日粮样品的测试，Z·BOX 系统测定粗饲料和全混合日粮的 pef 值的操作步骤较宾州筛复杂，但结果与宾州筛法所得结果较为一致。但相较于宾州筛法，Z·BOX 系统可依据饲料类型选择筛网，使饲料物理有效性更具有准确性和精密性。

peNDF 对奶牛具有重要的调控功能，主要包括咀嚼活动、采食量、瘤胃发酵参数、营养物质消化率和产奶量等，其中其对咀嚼活动、消化率和采食量的调控是最关键的步骤。

日粮中大颗粒牧草可提高咀嚼活动和唾液分泌，能缓冲瘤胃液酸度，故日粮中牧草颗粒长度和大量的纤维会影响瘤胃的 pH（通过唾液分泌的缓冲物）。奶牛通过较长时间反刍大颗粒牧草，可提高瘤胃唾液缓冲流通率。若日粮的物理特征缺乏，牧草过长或过粗都会影响采食量和消化率，从而影响动物的能量平衡。研究表明，peNDF 会影响奶牛咀嚼活动和瘤胃 pH。然而，另一些研究发现，减少日粮 peNDF 的含量会显著降低奶牛的咀嚼次数及反刍时间、次数，从而增加了瘤胃酸中毒的风险。另外有学者研究指出，peNDF 摄入量与咀嚼活动和瘤胃 pH 相关性较小，咀嚼活动的增加能增加摄入量，但饲料 peNDF 没有提高瘤胃 pH，尤其是饲料含有较高的发酵糖类。其他研究结果表明，日粮 peNDF 浓度过低或者全混合日粮（total mixed ration，TMR）粉碎过细时，粗饲料颗粒大小对动物的咀嚼时间、瘤胃 pH 和纤维的消化率有明显影响；而纤维消化率比淀粉、糖的消化率低，包括日粮纤维可降低饲料瘤胃消化比例。饲喂长颗粒纤维可以改变从瘤胃到小肠的淀粉消化率，也可降低瘤胃酸中毒现象。随着干物质采食量、纤维消化率和瘤胃微生物产量的提高，乳脂率、蛋白质转化率将会下降，瘤胃 pH 也会降低，最终导致产奶量减少、繁殖性能降低和动物体况变弱。一项研究发现，降低日粮中 peNDF 浓度可增加奶牛对干物质和 NDF 的摄入量。研究发现，当 peNDF 的含量占日粮 15.6%～18.4% 时，随日粮 peNDF 水平上升，奶牛咀嚼次数和总咀嚼时间（采食时间和反刍时间之和）呈线性增加趋势。研究结果提示 peNDF 主要通过调控奶牛的咀嚼行为对采食量进行调控。

peNDF 调控采食量的另一种机制是对消化率调控。奶牛瘤胃中日粮有机物质（organic matter，OM）发酵率将会影响奶牛纤维需要量及奶牛在日粮中需要的 NDF 的最小浓度。若日粮 OM 在瘤胃内消化率提高，将会使 VFA 大量产生。因此，peNDF 的产量必须足够缓冲瘤胃内容物来平衡瘤胃 VFA 浓度。研究表明，总肠道的干物质、OM、NDF、ADF 和氮消化率都随着日粮中 peNDF 浓度的增加而增加，随着日粮中 peNDF 浓度的增加，过瘤胃总非纤维性碳水化合物含量增加，总干物质消化率也随之提高，但 NDF 的消化率却没有明显变化；而日粮中 peNDF 的浓度是否影响 NDF 的消化率还应取决于日粮中 peNDF 的浓度，当日粮中 peNDF 浓度降低到 7.2% 以下时，NDF 的消化率随 peNDF 的浓度的下降而下降，同时消化道的排空速率降低；但当 peNDF 的浓度降低到 9.5% 时，NDF 的消化率并不随 peNDF 的浓度的改变而改变。另外，peNDF 对促进瘤胃固液两相分层、刺激瘤胃蠕动和唾液分泌来中和瘤胃发酵产生的酸性物质有重要作用，通过刺激瘤胃蠕动，可显著提高瘤胃及消化道的排空速率，而消化道的排空速率与奶牛的采食量具有重要的关联。由此可见，提高营养物质消化率并促进消化道排空速率，是 peNDF 调节奶牛采食量的另一种机制。由于 peNDF 在反刍动物瘤胃发酵状态、消化率和采食量中具有重要作用，其对反刍动物生产性能的影响亦被广泛研究。另一些研究发现，不同精粗比条件下改变青贮苜蓿切割长度对产奶量和 4% 脂肪矫正乳（FCM）无显著影响，乳脂率、乳糖不受日粮 peNDF 含量影响，但乳蛋白含量随 peNDF 含量增高而呈下降趋势。

（三）葡萄糖

反刍动物的能量来源主要是脂肪酸（乙酸和丙酸），其中丙酸在反刍动物肝脏糖异生过程中起主要供能作用（70% 左右肝脏糖异生来源），而乙酸在乳脂合成和乳腺合成功能中起主要供体的作用。由丙酸糖异生合成的葡萄糖被称为内源葡萄糖。同时，进入小肠的过瘤胃淀粉在 α-淀粉酶作用下，分解产生并被肠道上皮所摄取的葡萄糖，被称为外源葡萄糖。

在绝大部分情况下，反刍动物肝脏糖异生能力都能得到保障，但在某些特殊时期（如围产期），其生理代谢较复杂。在围产期阶段的反刍动物，干物质采食量下降明显，处于能量负平衡状态，还遭受分娩、泌乳、日粮转换等应激，严重威胁其健康和高效生产。为满足围产期奶牛能量需要和缓解能量负平衡，常通过添加脂类提高日粮能量水平，但其中的不饱和脂肪酸（unsaturated fatty acid，UFA）易被氧化，从而加剧奶牛氧化应激。为此，在此阶段为反刍动物添加外源葡萄糖，是保证围产期葡萄糖供应，提高其利用率，并缓解采食量不足给围产期反刍动物带来的影响，解决反刍动物负能量平衡和降低氧化应激的新思路。

调控围产期反刍动物葡萄糖供给和效率的方法主要分三方面：一是添加淀粉；二是促进淀粉酶分泌；三是调控乳腺葡萄糖转运载体和相关酶活性。淀粉是葡萄糖的一种多糖聚合物，其在反刍动物瘤胃和小肠中的主要降解产物分别是丙酸和葡萄糖。适量过瘤胃淀粉可为奶牛提供大量外源性葡萄糖，降低糖异生途径合成葡萄糖的能量损失，节约生糖氨基酸，提高反刍动物生产性能。与泌乳期相比，奶牛围产后期采食量急剧下降，引起奶牛能量负平衡及低血糖症，而提高小肠葡萄糖供应量是解决这一问题最有效的策略。通过增加采食量来解决能量负平衡及低血糖症等问题在理论上可行，但实际生产中提高围产后期的干物质采食量难度很大，短期内不易实现，因此，如何通过合理供应过瘤胃淀粉对围产期反刍动物进行能量代谢调控已成为研究重点。

目前，大量研究聚焦于过瘤胃淀粉的制备方法。研究发现，不同的物理或化学方法处理谷物类饲料均可显著提高淀粉的过瘤胃率及其小肠消化率。过瘤胃淀粉水平影响机体葡萄糖代谢及相关激素的分泌，过瘤胃淀粉水平越高，血浆胰岛素水平越高，而胰高血糖素水平越低，这表明适当增加日粮过瘤胃淀粉可促进葡萄糖吸收，促进葡萄糖的高效利用。在围产期奶牛日粮中，用玉米（高过瘤胃淀粉）替代黑小麦（低过瘤胃淀粉），进而研究其对奶牛机体代谢、泌乳性能和繁殖性能的影响，发现玉米淀粉更适宜作为围产期奶牛的能量来源。

提高葡萄糖前体物的供应量是提高机体葡萄糖吸收量的重要途径，而提高相关消化酶活力是另一个优化葡萄糖利用效率的方法。研究发现，胰腺 α-淀粉酶分泌不足限制过瘤胃淀粉的小肠消化率，不仅造成能量浪费，还会造成后肠道酸中毒。因此，通过调控技术促进 α-淀粉酶分泌理论上可提高过瘤胃淀粉的小肠消化率，优化葡萄糖供应量，满足机体葡萄糖需要。研究发现，短期灌注苯丙氨酸不影响胰液分泌量和 α-淀粉酶、脂肪酶、胰蛋白酶的活性，而长期灌注则会促进 CCK 和 α-淀粉酶分泌（$P<0.05$），且其效果存在剂量效应。过瘤胃淀粉水平亦影响胰腺 α-淀粉酶分泌和活性，适当提高日粮过瘤胃淀粉水平可提高胰腺 α-淀粉酶分泌水平，但过度添加过瘤胃淀粉反而降低 α-淀粉酶分泌量。研究显示，十二指肠灌注亮氨酸可剂量依赖性地通过雷帕霉素靶蛋白信号通路调控荷斯坦青年奶牛胰腺外分泌功能。有关反刍动物葡萄糖利用效率的调控机制需要进一步探索。

调控葡萄糖转运载体的表达量和葡萄糖代谢相关酶类是调控葡萄糖代谢的直接方式。葡萄糖跨膜转运是葡萄糖高效利用的限速步骤，而这一过程由两类葡萄糖转运载体，即葡萄糖转运体（GLUT-s）和钠-葡萄糖协同转运蛋白（SGLT-s）共同完成。故调控葡萄糖转运载体的数量和活性，增强葡萄糖转运能力，也是保证围产期能量供应、维持代谢状态和缓解围产期反刍动物采食量不足的有效思路。胰岛素和胰高血糖素是维持机体血糖平衡，调控糖类代谢的重要激素，其对葡萄糖代谢调控也必然伴随着葡萄糖转运载体表达量的时空变化。

例如，GLUT-4是胰岛素依赖型葡萄糖转运载体，胰岛素水平可影响GLUT-4的表达及其转运能力。葡萄糖供应量决定了肠道对葡萄糖吸收过程是否需要GLUT-4的参与。另外，小肠可吸收葡萄糖的量可促进GLUT-s和SGLT-s的表达量，可有效促进肠道葡萄糖的吸收和转运。研究结果提示，过瘤胃淀粉本身具有刺激葡萄糖转运载体表达量的功能，增强围产期奶牛肠道葡萄糖吸收能力。据报道，SGLT-s是Na^+依赖型葡萄糖转运载体，其转运过程需要Na^+协同才能完成，该研究证实肠道和血液Na^+浓度可影响机体葡萄糖吸收及乳腺葡萄糖摄取。

己糖激酶、丙酮酸激酶和葡萄糖-6-磷酸脱氢酶是细胞葡萄糖代谢的限速酶，它们通过反馈机制调节动物机体对葡萄糖的摄取，目前研究最多的是己糖激酶。反刍动物己糖激酶共有4种，即己糖激酶1、己糖激酶2、己糖激酶3和己糖激酶4。己糖激酶的作用是将摄取进入细胞的葡萄糖磷酸化为6-磷酸葡萄糖，作为多种代谢过程的共同底物，此机制也可防止其反复出入细胞，维持细胞内外的葡萄糖浓度梯度。在牛输卵管细胞上的一项研究显示，己糖激酶活性与丙酮酸浓度高度相关，而丙酮酸是葡萄糖代谢的中间产物之一，证实了己糖激酶在葡萄糖代谢中的重要作用。因此，己糖激酶调控围产期反刍动物葡萄糖吸收的研究，为处于围产期的反刍动物能量平衡调控找到了一个新的突破口。

（四）丙二醇

酮病是奶牛围产期和泌乳盛期的常发疾病，是由于采食饲料能量不能满足泌乳的需要，高产奶牛处于能量负平衡而引起的一种代谢性疾病。为此，生产中常添加一些生糖物质等来克服奶牛采食量的下降。丙二醇就是其中一种常见的添加物。丙二醇是一种无色、无味的黏稠状液体，具有很强的吸湿性，可与水、乙醇及多种有机溶剂混溶。在动物营养与医学领域，常用的类型为1，2-丙二醇，是一种糖异生作用的前体物质。研究表明，丙二醇可以减轻因采食量所致的能量负平衡以及缓减奶牛酮病与脂肪肝综合征。同时，丙二醇可以有效提高血浆葡萄糖和胰岛素浓度，同时降低血中游离脂肪酸和β-羟丁酸浓度，最终达到减缓围产期反刍动物能量负平衡的效果。

丙二醇可通过调控瘤胃发酵状态和消化率调控反刍动物的采食量，影响其生产性能和繁殖性能。研究表明，给绵羊和母牛灌服丙二醇后，50%的丙二醇会在2h内从瘤胃中消失，而3h后消失的丙二醇达到80%～90%；且奶牛粪便中仅能检测到小于0.1%的丙二醇，提示丙二醇在体内完成了代谢。有研究对瘤胃中丙二醇去向做了分析，可能有3种：①瘤胃壁直接吸收至血液。②瘤胃微生物将其降解并用于发酵。③丙二醇过瘤胃后达到小肠并被吸收。进一步研究发现，丙二醇在绵羊瘤胃液中发酵产物是丙醇和丙酸，而在奶牛上的研究发现，丙二醇发酵产物主要是丙酸，且丙二醇发酵为丙酸的产量受到日粮类型的影响。丙二醇可调控瘤胃内丙酸的生成量，进而降低乙酸/丙酸比例，改变瘤胃发酵模式。除促进瘤胃发酵的影响外，日粮中添加丙二醇还可提高反刍动物营养物质的消化率。研究发现，丙二醇可以为瘤胃微生物提供能量，能够促进纤维分解菌的生长与繁殖，提高了纤维分解菌的活力，使纤维物质的瘤胃有效降解率提高。同时发现，补充丙二醇后奶牛的饲料转化效率显著提高，并改善了泌乳早期奶牛能量平衡状态。研究结果提示丙二醇可以提高日粮消化率，维持能氮平衡。

丙二醇能值含量高，故具有提高干物质采食量的潜能。但丙二醇适口性不好，若混合到全混合日粮中会导致干物质采食量下降。研究发现，在泌乳中期奶牛中，通过口服、使用调味剂或者将丙二醇混合到含适口性好原料的混合精饲料中就不会影响采食量。但在奶牛泌乳盛期日粮中补充丙二醇，没有提高奶牛干物质采食量，可能的解释是补充丙二醇的剂量不足以提高能量浓度而引起干物质采食量增加；另一种可能的原因是，泌乳早期奶牛干采食量也受到代谢因素的影响，添加丙二醇后血中胰岛素显著提高，对干物质采食量调节中枢产生了较强的负反馈调节作用。

二、蛋白质和氨基酸

（一）蛋白质

反刍动物的瘤胃如同一个大的发酵罐，可以降解蛋白质等营养物质，产生小肽、氨基酸和氨，这些降解物被微生物合成微生物蛋白。反刍动物小肠可吸收的氨基酸分为 3 个来源部分，即瘤胃微生物、过瘤胃蛋白质和内源蛋白质。其中，微生物蛋白是小肠吸收氨基酸的重要来源。饲料中的真蛋白平均有 35％通过瘤胃，剩下的 65％则被瘤胃微生物降解，使得流入小肠内的蛋白质不能满足高产反刍动物营养需要，因此，蛋白质的过瘤胃率是评定反刍动物饲料营养价值的重要指标。过瘤胃蛋白质是指日粮蛋白质中未在瘤胃内被发酵和降解，从而直接进入小肠进行消化、利用的蛋白质。过瘤胃蛋白技术是指将蛋白质经过多种方法的加工处理，减少蛋白质在瘤胃内被发酵和降解，增加在小肠中消化利用的蛋白质的综合技术。因此，通过研究过瘤胃技术来提高饲料利用效率，可通过提高小肠获得可代谢蛋白质的总量，从而提高奶牛乳腺氨基酸的流量，提高乳腺乳蛋白的合成量，最终充分发挥高产奶牛的生产潜力。

另一些研究发现，奶牛过瘤胃蛋白质与瘤胃降解蛋白质的比值可显著影响奶牛采食量。研究显示，给奶牛饲喂瘤胃非降解蛋白质（RUP）含量分别为 11.3％、10.1％、8.8％和 7.6％的日粮时，奶牛采食量随 RUP 含量降低而降低。因此，研究蛋白质过瘤胃技术，是在同等日粮蛋白质水平条件下，提高反刍动物采食量的重要手段。

提高日粮蛋白质过瘤胃率主要包含热处理、单宁处理、甲醛处理和包被处理几种方式。蛋白质在瘤胃中的降解速率差异主要因为：①分子内和分子间的化学键差异。②蛋白质本身的三维结构差异。③细胞壁惰性屏障和抗营养因子的存在。饲料加热处理主要利用蛋白质高温变性且不能还原的特性，在分别对饲料进行干热、焙炒、高压加热、蒸汽加热等处理后，使蛋白质分子的疏水基团更充分地暴露于分子表面，在降低蛋白质的溶解度的同时增加蛋白质的过瘤胃率。研究发现将豆粕进行热处理，随着加热温度逐渐增高，蛋白质溶解度、瘤胃降解率显著下降，提示热处理有效降低豆粕中蛋白质在瘤胃的降解率，从而起到过瘤胃保护的效果。饲料在经过瘤胃后未被降解的蛋白质到达后段消化道，其蛋白质与氨基酸的利用率与饲料的热处理密切相关。蛋白质包被技术是近十几年来兴起的反刍动物饲料科学领域的重要技术，脂肪是最常用的过瘤胃包被材料。研究发现，包被处理可有效降低豆粕蛋白质在瘤胃的降解率，提高 RUP 小肠消化率，这种方法是提高小肠消化蛋白质供应量的有效措施。

（二）功能性氨基酸

除过瘤胃蛋白质与瘤胃降解蛋白质的比值之外，许多氨基酸不仅可以作为乳蛋白合成的前体物，其本身亦具有功能性，其中部分功能性氨基酸对奶牛采食量具有重要的调控作用。

1. 色氨酸　属于芳香族氨基酸，是哺乳动物的必需氨基酸之一。色氨酸具有一个吲哚基团，是一种具有生理代谢活性的氨基酸，是 5 -羟色胺（5 - HT）、烟酰胺腺嘌呤二核苷酸（NAD）、烟酰胺腺嘌呤二核苷酸磷酸（NADP）、烟酸等物质的前体物。色氨酸在单胃动物和禽类中的研究报道较多，色氨酸在动物体内有 3 条代谢途径：可通过脱氨基和脱羧基作用最终转化为吲哚乙酸并排出；也可以先羟化再脱羧而形成 5 - HT；还可以经过氧化形成烟酸。反刍动物方面，色氨酸调控采食量的报道并不多。研究发现，口服色氨酸可增加犊牛采食量，而静脉灌注却不影响采食量；而口服色氨酸可促进犊牛十二指肠中生长激素释放肽基因的表达量，生长激素释放肽是一种由胃部分泌的多肽，具有促进生长激素分泌，调节采食和肠道功能的作用。在成年牛的研究中也发现，注射 L -精氨酸可以刺激 5 - HT 分泌，进而提高生长激素的分泌，而生长激素的分泌并非通过牛垂体，而可能是通过被激活的脑羟色胺能神经元。

2. 亮氨酸　亮氨酸是动物的必需氨基酸之一，是体内唯一的生酮氨基酸，属于支链氨基酸，支链氨基酸（branched-chain amino acid，BCAA）包括亮氨酸、异亮氨酸和缬氨酸。在体内支链氨基酸转氨酶的作用下，亮氨酸可在肌肉细胞的细胞质或线粒体中生成酮基异己酸（KIC）。KIC 氧化主要发生于动物肝脏中，分为两条支路：KIC 在支链酮酸脱氢酶的作用下被不可逆氧化成异戊酰，最终生成乙酸乙酯和乙酰- CoA；在另外一条代谢途径中，KIC 在 KIC 双加氧酶的作用下在肝脏及其他器官细胞的细胞质中生成 β -羟基-β -甲基丁酸（HMB），这个反应需要氧分子的参与。

HMB 在肌肉代谢上的最直接作用是降低蛋白质分解速率，同时提高肌肉蛋白质合成速率。有学者以羊淋巴细胞为材料检测亮氨酸及其代谢产物对羊淋巴细胞胚细胞转变的影响，结果发现 HMB 可以显著提高羊淋巴细胞胚细胞转变的效率，提示 HMB 可提高羊免疫细胞功能。另外一些研究发现，HMB 对牛淋巴细胞的胚细胞转变效率也有促进作用。KIC 是亮氨酸的代谢产物。体外试验发现，KIC 具有降低蛋白质分解率、提高蛋白质合成效率的功能；试验发现，添加亮氨酸不会影响体蛋白质分解率，而添加 KIC 会显著降低体蛋白质分解率。其主要原因在于肝脏中的支链氨基酸转氨酶活性较低，亮氨酸在消化道中被吸收后主要在机体周边组织进行代谢，在肝脏中参与代谢的较少；而肝脏中支链氨基酸脱氢酶和 KIC 双加氧酶活性较高，80% 左右的 KIC 在脏器中进行代谢。所以 KIC 在肝脏内可显著降低蛋白质降解率，而亮氨酸在周边组织进行分解代谢，无法影响蛋白质代谢率。研究发现，在羔羊日粮中添加 KIC 可以提高羔羊采食量和日增重，降低脂肪沉积，并影响羔羊体蛋白质分解率。

3. 精氨酸　对于哺乳动物来说，精氨酸是一种条件性必需氨基酸，精氨酸在哺乳动物体内具有多种功能：除合成乳蛋白外，其还是哺乳动物体内一氧化氮（NO）合成的唯一底物，哺乳动物体内许多细胞，如肠细胞等，均可由 L-精氨酸通过结构酶或诱导酶来脱氨基生成具有生物活性的 NO，并且细胞液中 L-精氨酸的浓度是限制 NO 合成的关键因素。NO 能调节机体免疫，对免疫细胞及其细胞表达的免疫因子都有影响；在维持血管紧张性、减少胃肠道黏膜的损害中起到了一定的作用；可通过促进胰岛素、生长激素、泌乳素和类胰岛素生长因子等内分泌激素的分泌而介导对机体免疫功能的调节。

精氨酸在哺乳动物体内主要参与鸟氨酸循环，在细胞质中脱胍基生成尿素和鸟氨酸，并进入线粒体；在线粒体中，二氧化碳、氨气和水在氨基甲酰磷酸合成酶-Ⅰ（carbamoyl phosphate synthase-Ⅰ，CPS-Ⅰ）的作用下合成氨甲酰磷酸，氨甲酰磷酸为鸟氨酸转化为瓜氨酸反应的中间体，瓜氨酸进入细胞液，在精氨酸代琥珀酸合成酶的催化下，与天冬氨酸反应生成精氨酸代琥珀酸，最后在精氨酸代琥珀酸裂解酶作用下，精氨酸代琥珀酸在细胞液中裂解成精氨酸及延胡索酸。其中 N-乙酰谷氨酸（N-acetylglutamate，NAG）是 CPS-Ⅰ 的变构催化剂，因此，NAG 是精氨酸合成途径和氨转化为尿素过程中内源性的必需辅助因子。N-氨甲酰谷氨酸（N-carbamylglutamate，NCG）的分子式为 $C_6H_{10}N_2O_5$，相对分子质量为 190.058 97。研究发现，NCG 是尿素循环中鸟氨酸生成瓜氨酸的中间体 NAG 的类似物，可以激活尿素循环中的第一个酶 CPS-Ⅰ，也是在肠上皮细胞合成精氨酸过程中的一个关键的酶，NCG 可以直接进入线粒体发挥其作用。

精氨酸及其衍生物在反刍动物和单胃动物中均得到了较广泛的应用。前人研究表明，在犊牛日粮中按每千克体重添加 L-精氨酸 500mg 可提高奶牛血液精氨酸和尿素浓度，提高犊牛日增重以及总免疫球蛋白 G（IgG）的浓度，但未提高血液中生长激素浓度；在泌乳奶牛中以静脉注射方式补充精氨酸可提高某些激素（如生长激素）在血液中的浓度，提高奶牛采食量和生产性能。另据报道，分别通过静脉注射和皱胃灌注两种方式给泌乳中期荷斯坦奶牛提供 L-精氨酸可短暂提高血液中精氨酸、鸟氨酸、生长激素和胰岛素的浓度，并提高泌乳中期奶牛的生产性能。

4. γ-氨基丁酸（GABA）　是一种非蛋白质氨基酸，分布非常广泛，在动物、植物和微生物中均有存在。

哺乳动物体内的 GABA 分布广泛，其中脑内和 GABA 能神经中含量较高，肾脏、肝脏和血管等器官和组织中含量较低。哺乳动物体内的 GABA 主要由谷氨酸脱氢酶催化生成，继而在 γ-氨基丁酸转氨酶（γ-aminobutyric acid transaminase，GABAT）作用下生成琥珀酸半醛后再转化为琥珀酸进入三羧酸循环这一"GABA 旁路"而进行代谢。哺乳动物的 GABA 受体可分成 GABA-A、GABA-B 和 GABA-C 亚型。

GABA 调控采食的机制十分复杂，目前尚未研究清楚。研究显示，将 GABA 或 muscimol（GABA-A 受体激动剂）注入山羊视前和下丘脑视旁区域，可提高山羊采食量。而将 muscimol 和 baclofen（GABA-B 受体激动剂）注入中枢（nucleus accumbens shell）可引起饱食大鼠摄食量的显著增加，且由 muscimol 诱导的摄食行为可被同时注入的 bicuculline（GABA-A 受体拮抗剂）所阻断，而 saclofen（GABA-B 受体拮抗剂）则不能阻断摄食行为；同样，baclofen 诱导的摄食可被 saclofen 抑制，而对 bicuculline 不敏感，此现象提示，GABA-A 受体 GABA-B 受体可通过两种不同的机制起到促进摄食作用。

研究表明：中枢注射神经肽 Y（NPY）可引起多种动物强烈的摄食行为，定位于下丘脑弓状核（ARH）及脑干的 NPY 已被证明可在下丘脑室旁核（para-ventricular nucleus，PVN）及周围区域发挥促食功能，证实 NPY 参与了 GABA 对采食调节的生理过程，而其参与调节的过程较复杂：研究表明，给予中枢 muscimol，室周部位（PA）大部分的食欲肽神经元被激活，NPY 的活性则有激活的趋势，而将同样剂量的 muscimol 与 NPY 共同注入大鼠的 PVN 中，所引起的摄食反应显著大于这两种物质分别注射时各自引起的摄食反应，提示在 GABA 与 NPY 调节摄食的机制中，可能有共同的信号转导途径。

除了在中枢神经系统的复杂调控作用外，GABA 还能通过调节消化系统来调节动物的采食量与消化率。GABA 可调节胃肠道的物理与化学感受器的敏感性，进而抑制生长抑素分泌，提高胃泌素水平，减少中枢神经系统 CCK 释放，最终促进养分消化吸收，减弱消化道食糜对动物摄食行为的负反馈作用，增加采食量。

由于 GABA 在瘤胃内会被瘤胃微生物降解，从而限制了其作为奶牛饲料添加剂的推广和应用。目前随着过瘤胃包被技术的发展，越来越多的添加剂被包被并用于反刍动物饲料工业中。研究发现，在泌乳盛期和泌乳中期奶牛日粮中添加过瘤胃包被 GABA，可提高奶牛干物质采食量，并提高奶牛产奶量和乳蛋白产量，同时可改善奶牛健康状况。进一步研究发现，过瘤胃包被 GABA 在反刍动物中对采食量调控作用的机制可能与十二指肠 CCK 代谢有关。另外，在日本黑牛犊牛的自动喂奶机中每天添加 5 g GABA 制剂（GABA 量为每天 50 mg），可显著缩短群养黑牛犊牛的医疗时长，改善犊牛的健康状况。

三、脂肪与脂肪酸

（一）VFA

VFA 一般指乙酸、丙酸、丁酸、异丁酸、戊酸和异戊酸。这些 VFA 在瘤胃发酵过程中生成并被吸收，进而在体内合成相关物质。其中，丙酸是糖异生重要的前体物质，是奶牛采食量调控的重要因素。奶牛肝脏吸收丙酸门静脉净流量的 93%。然而，内脏中丙酸的净流量随门静脉的吸收增加而增加。丙酸是反刍动物生成葡萄糖的底物，且丙酸吸收的突然增加可能不仅为生酮作用提供底物，而且通过从肝脏到外周组织转变丙酸的代谢也影响葡萄糖的动态平衡。肝脏葡萄糖的产量与饲料采食量和产奶量有关。然而，丙酸肝脏吸收量并不直接反映出肝脏葡萄糖的产量。给去势牛饲喂丙酸钠，发现所增加的葡萄糖有不能挽回的损失率，虽然丙酸可通过生糖作用产生大量琥珀酸，但其生成葡萄糖效率仅有 40%。大量研究报道，甚至当丙酸可利用性在处理间的差异与肝脏葡萄糖释放量相当时，绵羊、去势牛或奶牛灌注或饲喂丙酸并不影响肝脏葡萄糖释放或葡萄糖不可挽回的损失。肝脏中丙酸吸收量增加并不影响生糖氨基酸的吸收，肝脏糖库的变化也不能对此做出解释。故丙酸和葡萄糖代谢平衡在反刍动物采食量的调控中如何发挥作用，仍有待进一步研究。

（二）脂肪

近年来，随着人们对脂肪营养和生理功能认识的深入，以及奶牛自身产奶量的提高，越来越多的脂肪产品被添加在高产奶牛日粮中，用于提高日粮营养浓度，降低能量负平衡，提高奶牛采食量、生产和繁殖性能，改善产品质量，促进奶牛健康，提高饲料利用率，减少饲料成本。大量试验结果表明，日粮中添加脂肪对奶牛采食量和瘤胃消化具有一定影响。

饲料脂肪包括半乳脂、甘油脂肪和磷脂。在瘤胃微生物酶的作用下，半乳脂分解成半乳糖和甘油，甘油脂肪分解成脂肪酸和甘油，磷脂分解成脂肪酸和甘油或半乳糖等；微生物继续将半乳糖和甘油降解为VFA，用于合成微生物脂肪，甘油用作提供瘤胃微生物活动所需的能量或被瘤胃壁吸收；饱和脂肪酸在瘤胃内稳定，可直接通过瘤胃到达皱胃和小肠；不饱和脂肪酸一部分被瘤胃微生物氢化成饱和脂肪酸，另一部分被同分异构形成异位脂肪酸或共轭亚油酸，少量不饱和脂肪酸可能通过瘤胃直接进入皱胃和小肠。一般的天然脂肪，均含有大量不饱和脂肪酸。过量添加时，由于不饱和脂肪酸在瘤胃未被完全氢化，对瘤胃微生物具有毒性，从而降低粗纤维的消化。

日粮中添加脂肪对奶牛脂肪采食量和瘤胃消化代谢有明显影响。大量试验结果表明，日粮中添加脂肪后，奶牛的脂肪酸采食量、流入后消化道脂肪量、瘤胃脂肪酸消失率、瘤胃不饱和脂肪酸稳定态淤积量和脂肪酸浓度均明显增加，但脂肪的总消化率有所降低，脂肪酸的氢化率变化较小。在奶牛日粮中分别添加约5%的半饱和动物油脂、动物油脂，以及动物油脂与植物油混合物代替日粮中的玉米，结果发现添加半饱和动物油脂、动物油脂和混合油脂的处理组奶牛日采食量显著高于对照组，流入后消化道的脂肪、瘤胃脂肪酸的消失率以及瘤胃不饱和脂肪酸的稳定态淤积量亦显著高于对照组，但各处理组的脂肪总消化率显著低于对照组，提示日粮中添加脂肪可显著影响反刍动物的采食量，且这种作用与瘤胃发酵状态和日粮营养素消化率的改变有关。虽然大量研究已经开展，但奶牛日粮中添加脂肪后，其脂肪采食量和瘤胃消化代谢变化形成机制的解释尚无定论。有学者认为日粮中添加脂肪后，其他营养采食量减少，补偿性增加了脂肪酸的采食量，采食的脂肪在瘤胃被分解为甘油和脂肪酸，而瘤胃微生物将半乳糖和甘油降解为VFA，绝大部分脂肪酸被氢化后送入后消化道，同时由于瘤胃脂肪酸浓度增大，代谢速度加快，因此，日粮中添加脂肪后脂肪酸的采食量明显增加，瘤胃脂肪酸的消失率和流入后消化道的脂肪也明显增加。另一种观点认为，瘤胃脂肪酸的消失率增加与测定误差及瘤胃吸收有关，或由瘤胃上皮细胞代谢变化所致。其他研究认为瘤胃不饱和脂肪酸的稳定态淤积量和十八碳不饱和脂肪酸采食量呈正相关，与瘤胃脂肪酸的降解率和通过率呈负相关，虽然日粮中添加脂肪后奶牛的脂肪酸降解率和通过率均提高，但由于采食量增加更显著，因此瘤胃不饱和脂肪酸的稳定态淤积量明显增加。

日粮中添加脂肪后，奶牛的干物质采食量在放牧生产系统与全混合日粮生产系统中存在差异。一般认为日粮中添加脂肪后，在全混合日粮饲养系统中，奶牛的干物质采食量降低，采食量的降低程度可能与日粮脂肪的添加量有关，但总能的采食量增加，有机物的消化率略有降低。在奶牛放牧生产系统中，日粮中添加脂肪后干物质采食量的变化规律较为复杂，主要与放牧条件、产奶量及奶牛喜好密切相关。研究发现，给奶牛添加5%片状低碘价动物脂肪、粒状低碘价动物脂肪、粒状中碘价动物脂肪或精制高碘价动物脂肪时，奶牛的干物质采食量显著高于不添加脂肪的对照组的奶牛。而当奶牛日粮中分别添加4.85%的半饱和动物油脂、动物油脂和动物油脂与植物油混合物时，其采食量与对照组奶牛无显著差异，有机物瘤胃表观消化率、真实消化率、全消化道有机物表观消化率却降低了。另据研究报道，奶牛饲喂精饲料为主的日粮与饲喂粗饲料为主的日粮时的随意采食量调控模式不同，饲料营养浓度高时，奶牛主要通过代谢调节采食量，而饲料营养浓度低时，奶牛主要通过消化道压力感受器调节采食量。当日粮精饲料的比例超过50％时，奶牛的随意采食量和单胃动物一样决定于动物本身对营养素的代谢能力。饲喂粗饲料为主的日粮时，反刍动物随意采食量调控模式主要是物理调节模式，即在随意采食以粗饲料为主的日粮时，随意采食量决定于反刍动物瘤胃单位时间内所能容纳的饲料体积及其排空速率。饲料中添加脂肪后，不同试验报道奶牛干物质采食量的差异可能主要是由于饲料类型所致。

另外，添加脂肪对奶牛碳水化合物采食量亦具有重要的调节作用。日粮中添加脂肪后，奶牛碳水化合物的采食量可显著降低，碳水化合物和粗纤维的消化率亦有不同程度降低。研究发现，在奶牛日粮中添加饱和脂肪酸、饱和脂肪酸与不饱和脂肪酸混合物及部分不饱和脂肪酸，NDF 的采食量显著低于对照组，而 NDF 的消化率则显著高于对照组，提示脂肪酸可显著影响 NDF 的消化和代谢特性。

大量试验报道，日粮中添加脂肪后对奶牛粗蛋白质的采食量和消化率具有抑制效果，但对微生物合成蛋白质的效率略有提高。研究发现，相较于对照组，以焙烤压扁大豆、焙烤磨碎大豆、焙烤整粒大豆或整粒生大豆为蛋白质来源的日粮，其采食量无显著差异，但消化率显著降低。在奶牛日粮中分别添加约 5％的半饱和动物油脂、动物油脂和动物油脂与植物油混合物时，其采食量与对照组无显著差异，而瘤胃微生物蛋白的表观合成量较对照组显著提高。另一些学者则认为，日粮中添加脂肪可显著影响奶牛粗蛋白质采食量，认为是由于奶牛干物质采食量和饲料组成的变化所致，而对消化率的影响是由于奶牛碳水化合物和 NDF 的采食量和消化率的降低减少了对微生物的能量供应，影响了微生物的生长效率，最终影响瘤胃粗蛋白质的消化率。

四、微量元素

微量元素的阴离子和阳离子形成的浓度差即日粮阴阳离子差（dietary cation anion difference，DCAD）是指日粮中或干物质中所含阴阳离子毫摩尔之差。此概念由 Sanchez 和 Beede 于 1991 年创建，最初主要用于评估降低围产期奶牛产乳热的发病率，随着研究的深入，众多反刍动物营养学家发现 DCAD 可调节泌乳牛采食量和产奶量，并能在一定程度上影响乳品质。可见，DCAD 不仅关注单一元素的缺乏补充，更强调补充元素之间的整体平衡。DCAD 表达式多种多样，较为常用的有以下几种：

（1）DCAD＝（Na/0.023）＋（K/0.039）－（Cl/0.035 5）

（2）DCAD＝（Na/0.023）＋（K/0.039）－（Cl/0.035 5）－（S/0.016）

日粮中的 DCAD 水平是影响反刍动物采食量的重要因素。研究表明，添加 1.7％的 $NaHCO_3$ 使日粮 DCAD 从对照组的 168 mmol/kg 增加到 320 mmol/kg 时，奶牛的干物质采食量显著提高；而添加 2.3％的 $CaCl_2$ 使 DCAD 降为－191 mmol/kg 时，奶牛干物质采食量降低 29.4％。对娟姗牛和荷斯坦奶牛的研究表明，DCAD 从－79 mmol/kg 增至 47 mmol/kg 和 167 mmol/kg 时，干物质采食量分别提高 17％和 45％；但当 DCAD 继续增至 324 mmol/kg 时，干物质采食量不再上升。

随着 DCAD 水平变化，反刍动物采食量不断变化，进而引起其生产性能的不断变化。

奶牛产奶量的高低与其乳腺泡、乳导管形成及其发育密切相关，而乳腺泡、乳导管的形成和发育受雌二醇和孕酮的调节。大量研究认为，DCAD 可使奶牛雌激素的合成和分泌增加，促进奶牛乳腺的形成和再生，提高产奶量。在生产实践中，当日粮 DCAD 从 −100 mmol/kg 渐增至 200 mmol/kg 时，荷斯坦奶牛的产奶量呈显著的线性增长。而在热应激条件下，DCAD 从 −79 mmol/kg 增加到 324 mmol/kg 时，奶牛的产奶量增加幅度为 11%～22%，4% FCM 产量的增加率为 10%～26%，并且乳脂率增长幅度为 0.12%～0.19%，提示 DCAD 水平是影响采食量和产奶量的重要因素。

五、维生素

近几年来，随着我国奶牛业的发展，奶牛饲料添加剂的开发和应用发展迅速。维生素是哺乳动物重要的非营养功能性物质，研究发现，在反刍动物日粮中添加一定量的维生素 A、维生素 D、维生素 E，不仅可提高奶牛的采食量、生产性能，而且可增强其免疫力，减少乳体细胞数，增强牛奶的抗氧化性，并延长其保质期。同时，大量研究发现，日粮中添加 B 族维生素对反刍动物的瘤胃发酵参数、采食量和生产性能均具有重要调控作用，这提示天然饲料中存在的 B 族维生素是不足的，需要在天然饲料基础上进行合理添加，使动物达到高产和高效。

（一）脂溶性维生素

1. 维生素 A　维生素 A 有许多功能，包括对上皮细胞和视力的保护，对功能基因调控、免疫细胞功能和动物生长均有重要作用。从目前 NRC 标准来看，每头成年奶牛每天的维生素 A 需要量是每千克体重 76 IU，每头生长牛每天的维生素 A 需要量是每千克体重 42 IU。目前，反刍动物大部分基础日粮中不含维生素 A，但含有大量 β-胡萝卜素（维生素 A 前体物），干草和牧草青贮的 β-胡萝卜素含量平均为 3.7 mg/kg，玉米青贮平均为 1.6 mg/kg，按奶牛平均每日 20 kg 干物质采食量（20% 饲草），其每天可获得维生素 A 4 000～400 000 IU（估测值）。

研究发现，从产前 60 d 到产后 42 d，饲喂维生素 A 可显著提高奶牛采食量，并进一步优化奶牛产奶量和健康状况。围产期血浆维生素 A 和 β-胡萝卜素的浓度非常低。据文献报道，在干奶期和泌乳前期饲喂大致高出 NRC 需要量 3 倍的维生素 A，结果表明乳腺感染和临床乳腺炎没有受影响，维生素 A 高量组的产奶量增加，围产期所有处理组的血浆 β-胡萝卜素和维生素 A 浓度都低。围产期维生素 A 与 β-胡萝卜素的添加量：每日补充维生素 A 120 000 IU 和 β-胡萝卜素 600 mg，产后中性粒细胞功能增强；每天补充 β-胡萝卜素 600 mg，淋巴细胞功能一般增强，提示日粮中添加维生素 A 有利于奶牛奶产量和免疫功能的保持。

2. 维生素 D　对反刍动物而言，维生素 D 主要参与钙、磷代谢和免疫功能调控。例如，犊牛缺乏维生素 D 时，四肢姿势不正、关节肿大、胃肠机能紊乱；妊娠母牛则表现为神经兴奋性提高、牙齿松动、经常换足站立、后肢患病等。当围产期奶牛血浆维生素 D 浓度小于 5 μg/mL，表明维生素 D 缺乏，20～25 μg/mL 是维生素 D 的适宜生理水平。但是由于维生素 D 的成木低，又具有增加采食量和产奶量的功能，因此建议实际中以 NRC 需要量的 1.8 倍用量饲喂。研究发现，连续 7 d 给娟姗牛皮下注射 50 μg 的 1,25 - $(OH)_2$ - D_3，可提高奶牛的采食量，并增强淋巴细胞的分化与增殖，推测与缓解奶牛的氧化应激有关。

3. 维生素 E 维生素 E 是一种不可缺少的动物非营养性添加剂，在畜牧生产中特别是奶牛生产中得到广泛应用，成为奶牛采食量和产奶量的重要调控手段。奶牛维生素 E 的 NRC 需要量为每千克采食量 15～40 mg，即约等于干奶牛每天 150 IU 和产奶牛每天 300 IU 的采食量。研究发现，奶牛繁殖失调（最突出的是胎衣不下）和乳腺炎的发生率与维生素 E 的摄入量有关。当补充硒适当时，干奶牛每天补充维生素 E 1 000 IU，能减少胎衣不下的发生率。

（二）B 族维生素

随着当代奶牛生产水平不断提高，必须在日粮中添加 B 族维生素，以维持奶牛的生产性能和健康状况。过去认为，瘤胃微生物可通过典型牧草和日粮原料合成适量的水溶性维生素，但是随着奶牛生产水平的提高，奶牛日粮中仍需添加 B 族维生素，尤其应注重烟酸、维生素 B_{12}、胆碱和生物素等的添加。反刍动物瘤胃微生物合成的烟酸可以满足自身代谢和生产的需要。但随着我国奶牛单产的不断提高，日粮中精饲料比例的增加或亮氨酸、精氨酸与甘氨酸过量，饲料加工过程对饲料中烟酸的破坏和体内可以合成烟酸的色氨酸被破坏，导致奶牛缺乏烟酸。泌乳早期的体脂代谢量很大，这时泌乳所需能量最多。研究发现，每日给处于泌乳早期的奶牛补饲 6 g 烟酸，采食量和产奶量均可得到显著提高。

生物素又称维生素 H，是水溶性维生素。生物素在保证反刍动物蹄部健康所需的表皮组织的变异方面起着极其重要的作用。高谷物采食量引起的瘤胃酸度会抑制瘤胃生物素的合成。在实际生产条件下进行的研究发现，每天给奶牛口服 10～20 mg 生物素，提高了蹄部角质层的厚度和抗张强度，增加了采食量和产奶量，并使空怀时间减少。奶牛对补饲生物素的反应，受其生产潜力、生理状况、日粮组分（如蛋白质、不饱和脂肪酸）与生物素拮抗物的含量及加工储藏条件等因素的影响。研究发现，奶牛每日补饲 2 mg、6 mg 或 10 mg 用脂肪酸微胶囊化保护或未保护生物素后，与对照组相比，补饲 10 mg 或 6 mg 保护或 10 mg 未保护生物素的奶牛均减少了普通疾病的发生率，并提高了采食量和奶产量。

第四节　反刍动物采食行为及采食量测定

一、反刍动物采食行为学

采食行为属于动物行为学研究的一个方面，它是动物获得自身营养物质的最重要的一种行为，也是其他生理行为开展的保障性行为。反刍动物的采食行为主要包括采食和反刍两个过程，采食量是检验日粮配置合理与否的关键指标，而反刍行为是监测奶牛瘤胃与机体健康状况的标志之一。目前，大量研究报道都将采食和反刍行为的研究结果作为辅助生产实践中的饲养管理的关键依据，因而对奶牛采食行为进行深层次研究具有重要意义。

（一）成年牛的采食行为学研究

粗饲料、产犊、冷热应激及挤奶和饲喂频率是影响采食行为的最关键因素。全混合日粮技术是根据奶牛在不同生长发育时期和泌乳阶段的营养需要，依照科学的日粮配方，对日粮成分进行一系列操作，包括搅拌、切合、混合和饲喂。研究发现，粗饲料来源及粗饲料长度等因素都会对奶牛的采食行为产生影响；奶牛的采食量、咀嚼频率和反刍频率受粗饲料长度的影响。咀嚼是奶牛调控瘤胃微生态的重要方式，奶牛可以通过咀嚼活动分泌大量唾液，进而中和瘤胃内因日粮发酵产生 VFA 而导致 pH 的下降，最终有效降低日粮颗粒大小，并促进内容物的排空。研究发现，羊草切割长度为 2～10 cm 且日粮 NDF 水平为28％和30％时，奶牛对干物质采食量不受日粮羊草长度的影响；但当 NDF 水平上升为36％时，随着羊草长度的增加，奶牛的干物质采食量显著降低。另据报道，羊草和玉米青贮长度的增加会显著增加反刍时间、单位干物质采食量的反刍时间及单位 NDF 的反刍时间，其原因是较长粗饲料在瘤胃发酵过程中的浮力大，不容易被消化，瘤胃和网胃通过率较低，导致反刍时间增加。

粗饲料来源对奶牛采食量影响亦有大量报道，其结果相对一致。研究发现，以较高消化率的褐色中脉玉米青贮作为粗饲料来源时，粗饲料纤维的可消化能力越高，其物理脆性越大，则其在瘤胃内的降解速率越快，消化道的充盈程度越小，对干物质采食量的限制作用较小。另一些学者认为，与饲喂低消化率日粮的奶牛相比，饲喂高消化率日粮的奶牛每天多消耗 0.6 kg 干物质用于消化代谢的所需能量。国内学者将羊草和燕麦作为主要粗饲料来源，分别对 100％羊草组、60％羊草＋40％燕麦组、40％羊草＋60％燕麦组、100％燕麦组的饲喂效果进行评价，发现燕麦比例较高的，奶牛干物质采食量显著高于羊草比例较高的奶牛，但不影响其消化率。另据报道，高燕麦比例组奶牛的采食时间、每千克干物质的采食时间以及每千克 NDF 的采食时间显著低于高羊草比例组，而粗饲料中羊草和燕麦比例的变化对奶牛每天的反刍时间和总咀嚼时间、每千克干物质的反刍时间、每千克NDF 的反刍时间和总咀嚼时间没有显著影响。粗饲料来源与咀嚼活动之间的具体关系还有待进一步探究。

挤奶频率也可以对奶牛采食行为产生重要影响。当将挤奶频率由 2 次增加到 3 次，奶牛的采食行为发生显著改变，其中头胎牛采食频率显著增加，但每次干物质采食量减少，最终其每天的干物质采食量显著提高；而经产牛采食速率显著降低，但单次干物质采食量增多，最终其每天的干物质采食量无显著改变。采食时间与反刍时间亦存在一些关系，研究发现，随着产奶量的增加，奶牛在站立时的反刍时间增加而躺卧时的反刍时间减少；同时为了维持一定的产奶量，奶牛会花费更多时间进行采食来满足新陈代谢的需要。这些结果提示养殖场在制定挤奶相关管理细则时需要综合考虑其对奶牛采食行为的影响，以使生产达到最优化。

与大规模集成式的反刍动物养殖场相比，放牧形式的反刍动物养殖模式在全世界范围内仍是一种重要的养殖模式。草食家畜的牧食行为是反映草地状况的一个综合指标。不同的放牧模式和放牧率会影响草地质量，最终影响动物采食行为。采食和反刍是反刍动物两大主要牧食行为。然而，采食行为起决定性的作用。许多研究表明反刍动物的牧食行为受到植物组成、草地质量、牧草高度和放牧压力的影响。草层高度对日采食量有一定的影响，当草层高度达6 cm左右时，日采食量变化较小，且动物日采食量达到最大或接近最大水平。对于反刍动物来说，相对于在以非喜食物种为优势种的草地，在以喜食物种为主的草地上采食效率更高、时间更长。在自然条件下，喜食性总是根据草丛结构、优良牧草和植物部分的可利用性的变化而改变。草地越广阔，变化越多，反刍动物选择的机会也越多，这主要是因为植物种类丰富，而且放牧压力降低。因此，放牧条件下，草场特征对放牧采食影响极大。

（二）犊牛的采食行为

对犊牛而言，由于其消化系统尚未发育完全，所以其具有特殊的采食行为，在断奶之前犊牛主要采食母乳或代乳粉乳液，并在个体生长过程中，逐渐学会采食固体饲料和干草，其采食行为也略微有些变化。

母牛在舔舐新生犊牛的过程中掌握了许多识别犊牛的本领，母牛的舔舐促使犊牛对自己的母亲产生初始的兴趣，犊牛出生后2~5 h开始出现哺乳行为。在初生犊牛的吮乳过程中，母性行为发挥着重要的作用，而后天的经验和学习可以强化其固有的本能，随着犊牛年龄的逐渐增大，经验的积累和学习能力增强会使它们能更有效地进行采食、吮乳等活动。利用犊牛的探究行为，在食槽中放入干草，犊牛在探究无害后就会用舌头摄取、吞食、咀嚼，适应一段时间后就逐渐学会采食干草。经过一段时间，犊牛的瘤胃发育到一定程度，就形成了强大的瘤胃发酵系统。

采食动机是由空腹或血糖降低所导致的采食欲望，是犊牛为满足其生理需要而进行的生理活动，采食动机主要由内部因素（饥饿）和外部刺激（食物或采食等）以极复杂的方式形成和维持，此方面的测定方法包括测定自由采食量和采食速度以及条件反射量化指标等技术，自由采食量和进食速度受到的影响因素多，必须规范或量化指标才能得出合理的参数。

二、反刍动物采食量估测方法及测定仪器

（一）反刍动物采食量测定方法

在反刍动物采食量的测定方法研究上，国内外许多学者倾注了大量心血，进行了长期、大量的研究，总结了几种测定采食量的方法。这些方法归纳起来大致可分为3类，即直接测定法、间接测定法和经验法。直接测定法基于牧草测定，在放牧小区分别在牧前、牧后取样称重。除非把反刍动物在封闭小区内单独放牧，否则用直接方法不能测定单个反刍动物的牧草采食量。间接测定法基于反刍动物测定，包括记录采食行为差异，记录反刍动物生产性能差异和粪便收集技术。经验法是基于以往的基础数据来计算和估测反刍动物的采食量。当然这些方法对于一般家畜也是适用的。

模拟采食法是用于估测草地生产力和以草地管理为目的而开发形成的采食量测定方

法。采食量计算方法如下：

$$I = IR \times W \times T$$

式中，I 为采食量（g）；IR 为采食速度（g/min）；W 为采食口数；T 为全天采食时间（min）。在该方法中，一般选择 5 头（只）反刍动物，记录其在放牧期间的行为活动，包括反刍动物的游走、采食、反刍卧息和站立时间。在反刍动物稳定采食时，观察其单位时间内采食口数以及每种牧草的采食口数，一般每天测定采食速度 5 次左右，每次测定延续 10 min。测定牧前、牧后反刍动物体重的变化并加以校正。模拟采食法被认为是测定反刍动物采食量最简单的一种方法，即采集放牧条件下反刍动物的粪便日排泄量以及在实验室条件下测定饲草的消化率。粪便收集法可以测定放牧反刍动物（1 周内的）采食量的平均值。

另一种采食量估测方法为指示剂法。每天饲喂反刍动物一定数量的外源指示剂，使其在消化道内与食物充分混合，当粪便排出时可抽取粪样，测定这一指示剂在粪中所占的百分数，推算出每日畜粪的排出量。硅、木质素、酸不溶灰分（AIA）和色原体常被用作内源指示剂。选择反刍动物若干，带上特制不透水的集粪袋，收集反刍动物排粪量，并测定其干物质含量。然后分别测定牧草与粪便中的内源指示剂含量，测定出干物质的消化率，然后计算采食量。用指示剂法测定放牧反刍动物的采食量，属于间接估测法，若能适当增加测试反刍动物的数目、预先测试期天数与正式测试期天数，估测效果会更加具有代表性。

（二）反刍动物采食量测定仪器

反刍动物的采食量直接影响其身体发育以及动物产品产出，持续地保持反刍动物较高的采食量，不仅能使其获得全面、丰富的营养元素，正常地生长发育，还可以实现理想的生产性能和经济效益。目前，大部分反刍动物采食量测定仪集中在奶牛上，准确地检测和计算奶牛的实时采食量，是科学制定奶牛营养方案的基础。目前，奶牛采食量实时检测的主要问题是检测精度较低，主要是以群体奶牛为对象，并且有的检测方法还影响奶牛的采食行为和采食量。若能对个体奶牛的采食量进行准确测定，对整个畜牧业来说将具有重要的现实意义。目前奶牛采食量测定仪主要分为 3 种：单片机、LabWindows/CVI 虚拟仪器、ZigBee 网络数据传输系统。

基于单片机系统的奶牛采食量测定仪，准确地测量并计算出奶牛的吞咽次数，然后根据奶牛吞咽时食团质量的大小计算出奶牛的采食量。奶牛在采食、反刍或吞咽时，其眼角偏上方的颞窝部会随着奶牛的采食行为的不同（反刍、咀嚼或者吞咽）做出不同规律的振动。经初步研究发现，奶牛在采食时的咀嚼频率与次数和反刍时的咀嚼频率与次数不同，其在采食时的吞咽频率与次数和反刍时的吞咽频率与次数也不同，因此奶牛的颞窝部的振动频率会因采食、反刍和吞咽的改变而发生改变。通过该检测仪可以将奶牛在采食过程中颞窝部的振动特性转化为相应的方波脉冲信号，并将此方波脉冲信息记录并保存。脉冲信号的信息包括：奶牛采食的日期及时间、脉冲的次数、脉冲高电平持续的时间。这种检测仪主要由键盘控制系统、显示系统、数据存储系统、时钟系统、信号检测系统、通信控制系统、信号调理系统以及单片机中央处理器等组成。

基于 LabWindows/CVI 虚拟仪器的采食量测定仪指根据奶牛采食行为特征，采用压电式传感器获取奶牛采食信号，对这些信号进行采集，并在上位机虚拟仪器平台上完成信号的再次处理，最终检测奶牛采食量的成套设备。这套设备的优势是充分利用了电脑资源，使用方便，结果准确。据初步试验研究发现，奶牛的采食量与其吞咽次数呈一定的线性关系，而奶牛眼角偏上方的颞窝位置会随着奶牛的采食行为的不同（反刍、咀嚼或者吞咽）做出不同频率的振动。通过检测奶牛颞窝位置的振动，可以检测出奶牛在采食过程中的咀嚼次数、反刍次数以及吞咽次数，并且能够记录其采食规律。同一头奶牛在一定生长期内采食时吞咽的食团质量大小基本相同，而且奶牛的反刍、咀嚼速度，每个食团咀嚼次数、时间和逆呕时间等变异系数较小，表明对于特定奶牛来说这几个行为是基本稳定的。因此，通过测量奶牛的吞咽次数，就可以得到奶牛吞咽的食团个数，然后根据食团的质量就可以计算出奶牛的采食量。

相对于前两种系统通过奶牛采食时颞窝位置的振动和食团大小来计算采食量，ZigBee 的奶牛采食量自动记录仪则通过采集奶牛采食前后饲料的变化量来得到奶牛的采食量，并将数据通过 ZigBee 网络传输给电脑进行显示、处理和保存，利用 ZigBee 短距离无线通信技术进行数据传输，这样不但大大地减少了系统的设备量，而且使系统安放灵活，便于移动。在奶牛左侧耳朵上打上耳标，设计只能容许 1 头奶牛进出的采食区域，并在采食区域安装精确的计重仪器，每个耳标中都存储有奶牛的编号和相关信息。当奶牛到达采食区域采食时，传感器将采集到奶牛耳标中的信息，并将奶牛采食开始和结束时饲料的重量、开始和结束的时间等通过 ZigBee 网络发送给 ZigBee 基站，再由 ZigBee 基站将数据由串口传送给电脑进行相应的数据处理和记录。

（王迪铭　撰稿）

◉参考文献

Abel H J, Immig I, Da Costa Gomez C, et al, 2001. Research note: effect of increasing dietary concentrate levels on microbial biotin metabolism in the artificial rumen simulation system (RUSITEC) [J]. Archives of Animal Nutrition, 55: 371 – 376.

Agenäs S, Burstedt E, Holtenius K, 2003. Effects of feeding intensity during the dry period. 1. Feed intake, body weight, and milk production [J]. Journal of Dairy Science, 86: 870 – 882.

Allen M S, 1996. Physical constraints on voluntary intake of forages by ruminants [J]. Journal of Animal Science, 74: 3063 – 3075.

Barham D, Trinder P, 1972. An improved color reagent for the determination of blood glucose by the oxidase system [J]. Analyst, 97: 142 – 145.

Baumont R, Seguier N, Dulphy J P, 1990. Rumen fill, forage palatability and alimentary behaviour in sheep [J]. Journal of Agricultural Science, 115 (2): 277 – 284.

Beauchemin K A, Yang W Z, Rode L M, 2003. Effects of particle size of alfalfa based-dairy cow diets on chewing activity, ruminal fermentation, and milk production [J]. Journal of Dairy Science, 86: 630 – 643.

Beauchemin K A，Yang W Z，2005. Effects of physically effective fiber on intake，chewing activity，and ruminal acidosis for dairy cows fed diets based on corn silage [J]. Journal of Dairy Science，88：2117-2129.

Bentley O G，Johnson R R，Vanecko S，et al，1954. Studies on factors needed by rumen microorganisms for cellulose digestion in vitro [J]. Journal of Animal Science，13：581-593.

Bradford B J，Allen M S，2007. Depression in feed intake by a highly fermentable diet is related to plasma insulin concentration and insulin response to glucose infusion [J]. Journal of Dairy Science，90：3838-3845.

Briggs D，2003. Environmental pollution and the global burden of disease [J]. British Medical Bulletin，68：1-24.

Brossard L，Martin C，MichaletDorau B，2004. Protozoa involved in butyric rather than lactic fermentative pattern during latent acidosis in sheep [J]. Reproduction Nutrition Development，44：195-206.

Brothwood M，Wolke D，Gamsu H，et al，1986. Prognosis of the very low birthweight baby in relation to gender [J]. Archives of Disease in Childhood，61 (6)：559-564.

Casse E A，Rulquin H，Huntington G B，1994. Effect of mesenteric vein infusion of propionate on splanchnic metabolism in primiparous Holstein cows [J]. Journal of Dairy Science，77 (11)：3296-3303.

Ceddia R B，William W N，Curi R，2001. The response of skeletal muscle to leptin [J]. Frontiers in Bioscience，6：90-97.

Chen B，Wang C，Wang Y M，et al，2011. Impact of biotin on milk performance of dairy cattle：a meta-analysis [J]. Journal of Dairy Science，94：3537-3546.

Choi H，Jedrychowski W，Spengler J，et al，2006. International studies of prenatal exposure to polycyclic aromatic hydrocarbons and fetal growth [J]. Environmental Health Perspective，114：1744-1750.

Cooperstock M，Campbell J，1996. Excess males in preterm birth：interactions with gestational age，race，and multiple birth [J]. Obstetrics and Gynecology，88：189-193.

Da Costa Gomez C，Al Masri M，Steinberg W，et al，1998. Effect of varying hay/barley proportions on microbial biotin metabolism in the rumen simulating fermenter (RUSITEC) [J]. Proceedings of the Society of Nutritional Physiology，15：7.

Dado R G，Allen M S，1995. Intake limitations，feeding behavior，and rumen function of cows challenged with rumen fill from dietary fiber or inert bulk [J]. Journal of Dairy Science，78 (1)：118-133.

Dann H M，Varga G A，Putnam D E，1999. Improving energy supply to late gestation and early postpartum dairy cows [J]. Journal of Dairy Science，82：1765-1778.

Deeg R，Ziegenhorn J，1983. Kinetic enzymatic method for automated determination of total cholesterol in serum [J]. Clinical Chemistry，29：1798-1802.

DeFrain J M，Hippen A R，Kalscheur K F，et al，2004. Feeding glycerol to transition dairy cows：effects on blood metabolites and lactation performance [J]. Journal of Dairy Science，87 (12)：4195-4206.

Dejmek J，Solansky I，Benes I，et al，2000. The impact of polycyclic aromatic hydrocarbons and fine particles on pregnancy outcome [J]. Environmental Health Perspective, 108: 1159 – 1164.

Diez-Gonzalez F, Bond D R, Jennings E, et al, 1999. Alternative schemes of butyrate production in Butyrivibrio fibrisolvens and their relationship to acetate utilization, lactate production and phylogeny [J]. Archives of Microbiology, 171: 324 – 330.

Donaldson K, Stone V, Borm P J, et al, 2003. Oxidative stress and calcium signaling in the adverse effects of environmental particles (PM10) [J]. Free Radical Biology and Medicine, 34: 1369 – 1382.

Donaldson K, Stone V, Seaton A, et al, 2001. Ambient particle inhalation and the cardiovascular system: potential mechanisms [J]. Environmental Health Perspective, 109 (Suppl. 4): 523 – 527.

Douglas G N, Overton T R, Bateman H G, et al, 2006. Prepartal plane of nutrition, regardless of dietary energy source, affects periparturient metabolism and dry matter intake in Holstein cows [J]. Journal of Dairy Science, 89: 2141 – 2157.

Duvekot J, Cheriex E, Pieters F, 1995. Severely impaired growth is preceded by maternal hemodynamic maladaptation in very early pregnancy [J]. Acta Obstetricia et Gynecologica Scandinavica, 93: 1049 – 1059.

Fisher D S, 1996. Modeling ruminant feed intake with protein, chemostatic, and distension feedbacks [J]. Journal of Animal Science, 74: 3076 – 3081.

Fisher D S, Baumont R, 1994. Modeling the rate and quantity of forage intake by ruminants during meals [J]. Agricultural Systems, 45: 43 – 53.

Ghidini A, Salafia C, 2005. Gender differences of placental dysfunction in severe prematurity [J]. British Journal of Obstetrics and Gynaecology, 112: 140 – 144.

Ghosh R, Rankin J, Pless-Mulloli T, et al, 2007. Does the effect of air pollution on pregnancy outcomes differ by gender? A systematic review [J]. Environmental Research, 105: 400 – 408.

Grummer R R, 2008. Nutritional and management strategies for the prevention of fatty liver in dairy cattle [J]. The Veterinary Journal, 176: 10 – 20.

Grummer R R, 1993. Etiology of lipid-related metabolic disorders in periparturient dairy cows [J]. Journal of Dairy Science, 76 (12): 3882 – 3896.

Hayes B W, Mitchell G E, Little G O, et al, 1966. Concentrations of B-vitamins in ruminal fluid of steers fed different levels and physical forms of hay and grain [J]. Journal of Animal Science, 25: 539 – 542.

Higuchi H, Maeda T, Kawai K, et al, 2003. Physiological changes in the concentrations of biotin in the serum and milk and in the physical properties of the claw horn in Holstein cows [J]. Veterinary Research Communications, 27: 407 – 413.

Hinterhofer C, Apprich V, Ferguson J C, et al, 2005. Elastic properties of hoof horn on different positions of the bovine claw [J]. Dtw Deutsche Tierärztliche Wochenschrift, 112: 142 – 146.

Illius A W, Jessop N S, 1996. Metabolic constraints on voluntary intake in ruminants [J]. Journal of Animal Science, 74: 3052 – 3062.

Johnson L M, Harrison J H, Davidson D, et al, 2002. Corn silage management II: Effects of hybrid, maturity, and mechanical processing on digestion and energy content [J]. Journal of Dairy Science, 85: 2913 – 2927.

Ketelaars J J, Tolkamp B J, 1996. Oxygen efficiency and the control of energy flow in animals and humans [J]. Journal of Animal Science, 74: 3036 – 3051.

Knottnerus J A, Delgado L R, Knipschild P G, et al, 1990. Haematologic parameters and pregnancy outcome. A prospective cohort study in the third trimester [J]. Journal of Clinical Epidemiology, 43: 461 – 466.

Kononoff P J, Heinrichs A J, Buckmaster D A, 2003b. Modification of the Penn State forage and total mixed ration particle separator and the effects of moisture content on its measurements [J]. Journal of Dairy Science, 86: 1858 – 1863.

Kononoff P J, Heinrichs A J, Lehman H A, 2003a. The effect of corn silage particle size on eating behavior, chewing activities, and rumen fermentation in lactating dairy cows [J]. Journal of Dairy Science, 86: 3343 – 3353.

Krause K M, Oetzel G R, 2006. Understanding and preventing subacute ruminal acidosis in dairy cattle: A review [J]. Animal Feed Science and Technology, 126: 215 – 236.

Lacasana M, Esplugues A, Ballester F, 2005. Exposure to ambient air pollution and prenatal and early childhood health effects [J]. European Journal of Epidemiology, 20: 183 – 199.

Laporte M F, Paquin P, 1999. Near-infrared analysis of fat, protein, and casein in cow's milk [J]. Journal of Agricultural and Food Chemistry, 47: 2600 – 2605.

Lean L J, Rabiee A R, 2011. Effect of feeding biotin on milk production and hoof health in lactating dairy cows: a quantitative assessment [J]. Journal of Dairy Science, 94: 1465 – 1476.

Lin M C, Yu H S, Tsai S S, et al, 2001. Adverse pregnancy outcome in a petrochemical polluted area in Taiwan [J]. Journal of Toxicology and Environmental Health, 63: 565 – 574.

Lischer C J, Koller U, Geyer H, et al, 2002. Effect of therapeutic dietary biotin on the healing of uncomplicated sole ulcers in dairy cattle – a double blinded controlled study [J]. The Veterinary Journal, 163: 51 – 60.

Littell R C, Henry P R, Ammerman C B, 1998. Statistical analysis of repeated measures data using SAS procedures [J]. Journal of Animal Science, 76: 1216 – 1231.

Loomis D, Castillejos M, Gold D R, et al, 1999. Air pollution and infant mortality in Mexico City [J]. Epidemiology, 10: 118 – 123.

MacGillivray I, Davey D A, 1985. The influence of fetal sex on rupture of the membranes and preterm labor [J]. American Journal of Obstetrics & Gynecology, 153: 814 – 815.

Maisonet M, Correa A, Misra D, et al, 2004. A review of the literature on the effects of ambient air pollution on fetal growth [J]. Environmental Research, 95: 106 – 115.

Majee D N, Schwab E C, Bertics S J, et al, 2003. Lactation performance by dairy cows fed supplemental biotin and B-vitamin blend [J]. Journal of Dairy Science, 86 (2): 2106 – 2112.

Mbanya J N, Anil M H, Forbes J M, 1993. The voluntary intake of hay and silage by lactating cows in response to ruminal infusion of acetate or propionate, or both, with and without distension of the rumen by a balloon [J]. British Journal of Nutrition, 69: 713.

McCutcheon S N, Bauman D E, 1986. Effect of chronic growth hormone treatment on responses to epinephrine and thyrotropin-releasing hormone in lactating cows [J]. Journal of Dairy Science, 69: 44 – 51.

Mehdi G, Salimi M, Nikkhah A, et al, 2007. Effects of supplemental dietary biotin on performance of Holstein dairy cows [J]. Pakistan Journal of Biological Sciences, 10: 2960 – 2963.

Menke K H，Steingass H，1988. Estimation of the energetic feed value obtained from chemical analysis and in vitro gas production using rumen fluid [J]. Animal Research and Development，28：57－65.

Midla L T，Hoblet K H，Weiss W P，et al，1998. Supplemental dietary biotin for prevention of lesions associated with aseptic subclinical laminitis（pododermatitis aseptica diffusa）in primiparous cows [J]. American Journal of Veterinary Research，59：733－738.

Mielenz N，Spilke J，Krejcova H，et al，2006. Statistical analysis of test-day milk yield using random models for the comparison of feeding groups during the lactation period [J]. Archives of Animal Nutrition，60：341－357.

Miller B L，Meiske J C，Goodrich R D，1986. Effects of grain and concentrate level on B-vitamin production and absorption in steers [J]. Journal of Animal Science，62：473－483.

Murondoti A，Jorritsma R，Beynen A C，et al，2004. Activities of the enzymes of hepatic gluconeogenesis in periparturient dairy cows with induced fatty liver [J]. Journal of Dairy Research，71：129－134.

Nel A E，Diaz-Sanchez D，Li N，2001. The role of particulate pollutants in pulmonary inflammation and asthma：evidence for the involvement of organic chemicals and oxidative stress [J]. Pulmonary Medicine，7：20－26.

Nocek J E，Kautz W P，Leedle J A，et al，2002. Ruminal supplementation of direct-fed microbials on diurnal pH variation and in situ digestion in dairy cattle [J]. Journal of Dairy Science. 85：429－433.

Nocek J E，Russell J B，1988. Protein and energy as an integrated system. Relationship of ruminal protein and carbohydrate availability to microbial synthesis and milk production [J]. Journal of Dairy Science，71：2070－2107.

Nocek J E，Tamminga S，1991. Site of digestion of starch in the gastrointestinal tract of dairy cows and its effect on milk yield and composition [J]. Journal of Dairy Science，74：3598－3629.

Oba M，Allen M S，2003. Dose-response effects of intra-ruminal infusion of propionate on feeding behavior of lactating cows in early or midlactation [J]. Journal of Dairy Science，86：2922－2931.

Oldham J D，1984. Protein-energy interrelationships in dairy cows [J]. Journal of Dairy Science，67：1090－1114.

Ovreas L，Forney L，Daae F L，et al，1997. Distribution of bacterioplankton in meromictic Lake Saelenvannet，as determined by denaturing gradient gel electrophoresis of PCR-amplified gene fragments coding for 16S rRNA [J]. Applied and Environmental Microbiology，63（9）：3367－3373.

Owens F N，Secrist D S，Hill W J，et al，1998. Acidosisin cattle：A review [J]. Journal of Animal Science，76：275－286.

Parker A J，Davies P，Mayho A M，et al，1984. The ultrasound estimation of sex-related variations of intrauterine growth [J]. American Journal of Obstetrics & Gynecology，149：665－669.

Patton J，Kenny D A，McNamara S，et al，2007. Relationships among milk production，energy balance，plasma analytes，and reproduction in Holstein-Friesian cows [J]. Journal of Dairy Science，90（2）：649－658.

Perera F P，Rauh V，Tsai W Y，et al，2003. Effects of transplacental exposure to environmental pollutants on birth outcomes in multiethnic population [J]. Environmental Health Perspective，111：201－205.

Perera F P，Rauh V，Whyatt R M，et al，2004. Molecular evidence of an interaction between prenatal environmental exposures and birth outcomes in a multiethnic population [J]. Environmental Health Perspective, 112: 626 - 630.

Perera F, Whyatt R, Jedrychowski W, et al, 1998. A study of the effects of environmental polycyclic aromatic hydrocarbons on birth outcomes in Poland [J]. American Journal of Epidemiology, 147: 309 - 314.

Phillips B C, 2000. Fetal origins of adult disease: epidemiology and mechanisms [J]. Journal of Clinical Pathology, 53: 822 - 828.

Pitt R E, Pell A N, 1997. Modeling ruminal pH fluctuations: Interactions between meal frequency and digestion rate [J]. Journal of Dairy Science, 80: 2429 - 2441.

Pope C A, Dockery D W, 2006. Health effects of fine particulate air pollution: lines that connect [J]. Journal of the Air & Waste Management Association, 56: 709 - 742.

Provenza F D, 1995. Postingestional feedback as an elementary determinant of food preference and intake in ruminants [J]. Journal of Range Management, 48: 2 - 17.

Rahmatullah M, Boyde T R, 1980. Improvements in the determination of urea using diacetyl monoxime: methods with and without deproteinisation [J]. Clinica Chimica Acta, 107 (1 - 2): 3 - 9.

Richardson J M, Wilkinson R G, Sinclair L A, 2003. Synchrony of nutrient supply to the rumen and dietary energy source and their effects on the growth and metabolism of lambs [J]. Journal of Animal Science, 81: 1332 - 1347.

Ritz B, Yu F, 1999. The effect of ambient carbon monoxide on low birth weight among children born in Southern California between 1989 and 1993 [J]. Environmental Health Perspective, 107: 17 - 25.

Ritz B, Yu F, Chapa G, et al, 2000. Effect of air pollution on preterm birth among children born in Southern California between 1989 and 1993 [J]. Epidemiology, 11: 502 - 511.

Roberts J M, Taylor R N, Goldfien A, 1991. Clinical and biochemical evidence of endothelial cell dysfunction in the pregnancy syndrome preeclampsia [J]. American Journal of Hypertension, 4: 700 - 708.

Rotger A, Ferret A, Calsamiglia S, et al, 2006. In situ degradability of seven plant protein supplements in heifers fed high-concentrate diets with different forage-to-concentrate ratios [J]. Animal Feed Science and Technology, 125: 73 - 87.

Rotger A, Manteca X, 2005. Changes in ruminal fermentation and protein degradation in growing Holstein heifers from 80 to 250 kg fed high-concentrate diets with different forage-to-concentrate ratios [J]. Journal of Animal Science, 83: 1616 - 1624.

Schwab E C, Schwab C G, Shaver R D, et al, 2006. Dietary forage and nonfiber carbohydrate contents influence B vitamin intake, duodenal flow, and apparent ruminal synthesis in lactating dairy cows [J]. Journal of Dairy Science, 89: 174 - 187.

Sclafani A, 1991. Starch and sugar tastes in rodents: an update [J]. Brain Research Bulletin, 27 (3 - 4): 383 - 386.

Sheiner E, Levy A, Katz M, et al, 2004. Gender does matter in perinatal medicine [J]. Fetal Diagnosis and Therapy, 19: 366 - 369.

Shriver B J, Hoover W H, Sargent J P, et al, 1986. Fermentation of a high-concentrate diet as affected by ruminal pH and digesta flow [J]. Journal of Dairy Science, 69: 413 - 419.

Silveira C, Oba M, Yang W Z, et al, 2007. Selection of barley grain affects ruminal fermentation, starch digestibility, and productivity of lactating dairy cows [J]. Journal of Dairy Science, 90: 2860 - 2869.

Smith T R, Hippen A R, Beitz D C, et al, 1997. Metabolic characteristics of induced ketosis in normal and obese dairy cows [J]. Journal of Dairy Science, 80 (8): 1569 - 1581.

Spicer L A, Theurer C B, Sowe J, et al, 1986. Ruminal and post-ruminal utilization of nitrogen and starch from sorghum grain-, corn-and barley-based diets by beef steers [J]. Journal of Animal Science, 62: 521 - 530.

Spinillo A, Capuzzo E, Nicola S, et al, 1994. Interaction between fetal gender and risk factors for fetal growth retardation [J]. American Journal of Obstetrics and Gynecology, 171: 1273 - 1277.

Stevenson D K, Verter J, Fanaroff A A, et al, 2000. Sex differences in outcomes of very low birth weight infants: the newborn male disadvantage. Archives of Disease in Childhood [J]. Fetal and Neonatal Edition, 83: 182 - 185.

Stocks S E, Allen M S, 2012. Hypophagic effects of propionate increase with elevated hepatic acetyl coenzyme A concentration for cows in the early postpartum period [J]. Journal of Dairy Science, 95 (6): 3259 - 3268.

Strobel H J, Russell J B, 1986. Effect of pH and energy spilling on bacterial protein synthesis by carbohydrate limited cultures of rumen mixed bacteria [J]. Journal of Dairy Science, 69: 2941 - 2947.

Surber L M, Bowman J G, 1998. Monensin effects on digestion of corn or barley high-concentrate diets [J]. Journal of Animal Science, 76: 1945 - 1954.

Tafaj M, Zebeli Q, Drochner W, 2007. A meta-analysis examining effects of particle size of total mixed rations on intake, rumen digestion and milk production in highyielding dairy cows in early lactation [J]. Animal Feed Science and Technology, 138: 137 - 161.

Tedeschi L O, Fox D G, Russell J B, 2000. Accounting for the effects of a ruminal nitrogen deficiency within the structure of the Cornell Net Carbohydrate and Protein System [J]. Journal of Animal Science, 78 (6): 1648 - 1658.

Vahjen W, Simon O, 1997. Non-starch polysaccharide hydrolysing enzymes as feed additives: Detection of enzyme activities and problems encountered with quantitative determination in complex samples [J]. Archives of Animal Nutrition, 50: 331 - 345.

Van Kessel J S, Russell J B, 1996. The effect of amino nitrogen on the energetics of ruminal bacteria and its impact on energy spilling [J]. Journal of Dairy Science, 79: 1237 - 1243.

Van Soest P J, Bobertson J B, Lewis B A, 1991. Methods of dietary fiber, neutral detergent fiber, and nonstarch polysaccharides in relation to animal nutrition [J]. Journal of Dairy Science, 74: 3583 - 3597.

Wang C, Liu J X, Zhai S W, et al, 2008. Effect of ratio of rumen degradable protein to rumen undegradable protein on nitrogen conversion of lactating dairy cow [J]. Acta Agriculturae Scaninavica Section A-animal Science, 58 (2): 100 - 103.

Wang X, Ding H, Ryan L, et al, 1997. Association between air pollution and low birth weight: a community-based study [J]. Environmental Health Perspective, 105: 514 - 520.

Watanabe T, Kimura M, Asakawa S, 2006. Community structure of methanogenic archaea in paddy field soil under double cropping (rice-wheat) [J]. Soil Biology and Biochemistry, 38 (6): 1264 - 1274.

Weller R A，Pilgrim A F，1974. Passage of protozoa and volatile fatty acids from the rumen of a sheep and from a continuous in vitro fermentation system [J]. British Journal of Nutrition，32：341－351.

Wilhelm M，Ritz B，2003. Residential proximity to traffic and adverse birth outcomes in Los Angeles county，California，1994－1996 [J]. Environmental Health Perspective，111：207－216.

Wood K A，Youle R J，1995. The role of free radicals and p53 in neuron apoptosis *in vivo* [J]. Journal of Neuroscience，15：5851－5857.

Xu X，Ding H，Wang X，1995. Acute effects of total suspended particles and sulfur dioxides on preterm delivery：a community-based cohort study [J]. Archives of Environmental Health，50：407－415.

Yang K，Gao Y X，Cao Y F，et al，2009. Effects of dietary biotin supplement on performance and blood biochemical parameters in lactating cows [J]. Chinese Journal of Animal Nutrition，21：853－858.

Yang W Z，Beauchemin K A，2005. Effects of physically effective fiber on digestion and milk production by dairy cows fed diets based on corn silage [J]. Journal of Dairy Science，88：1090－1098.

Yang W Z，Beauchemin K A，2006a. Physically effective fiber：Method of determination and effects on chewing，ruminal acidosis，and digestion by dairy cows [J]. Journal of Dairy Science，89：2618－2633.

Yang W Z，Beauchemin K A，2006b. Increasing the physically effective fiber content of dairy cow diets may lower efficiency of feed use [J]. Journal of Dairy Science，89：2694－2704.

Zebeli Q，Dijkstra J，Tafaj M，et al，2008. Modeling the adequacy of dietary fiber in dairy cows based on the responses of ruminal pH and milk fat production to composition of the diet [J]. Journal of Dairy Science，91：2046－2066.

Zimmerly C A，Weiss W P，2001. Effects of supplemental dietary biotin on performance of Holstein cows during early lactation [J]. Journal of Dairy Science，84（498－506）：733－738.

第二章
瘤胃微生态与功能

健康的瘤胃是反刍动物饲养的核心，瘤胃微生物是瘤胃消化功能的主要执行者。了解瘤胃的生理特点、瘤胃中微生物的组成与功能，是开展反刍动物营养研究、实施反刍动物增产高效策略的基础。

第一节　胃解剖结构及生长发育

反刍动物在长期的自然进化过程中，为适应严酷的自然环境，获得了前胃发酵这一独特的消化系统结构和机能。了解瘤胃的解剖结构及生长发育特点、瘤胃内环境与功能变化，是调控瘤胃功能，实现饲料高效利用的基础。

一、胃解剖结构及生长发育特点

（一）解剖结构特点

反刍动物的胃是复胃，由瘤胃、网胃、瓣胃和皱胃4个室组成。前3个室的黏膜没有腺体分布，相当于单胃的无腺区，合称前胃。皱胃黏膜内分布消化腺，机能与一般单胃相同，所以又称真胃。

1. 瘤胃　成年反刍动物的瘤胃体积庞大，大型牛140～230 L，小型牛95～130 L，几乎占据整个腹腔的左半部，约为4个胃总容积的80%。瘤胃前端与第7～8肋间隙相对，后端达骨盆口。左侧面（壁面）与脾、膈及左腹侧壁相接触，右侧面（脏面）紧贴瓣胃、皱胃、肠、肝及胰等。瘤胃的前端和后端有凹陷的前沟和后沟；左、右侧面各有较浅的纵沟，在瘤胃壁内面与这些沟对应部位围成环状的肌柱，将瘤胃分为背囊和腹囊2大部分。在背囊和腹囊的前后端以肌柱分别形成前背盲囊、后背盲囊、前腹盲囊和后腹盲囊。瘤胃与网胃间的通路很大，称为瘤网口，它的背侧形成穹窿，称为瘤胃前庭，经贲门与食管相通。瘤胃壁由黏膜、肌层和浆膜3层构成。黏膜呈棕黑色或棕黄色，表面有无数密集的角质化乳头。牛的瘤胃乳头长约1 cm（羊约0.5 cm）。黏膜层是复层上皮。肌层很发达，内层为环形肌，外层为纵行肌或斜行肌。

2. 网胃　位于瘤胃前方，紧贴膈后，在 4 个胃中最小，成年牛的网胃约占 4 个胃室总容积的 5%。网胃上端的瘤网口与瘤胃背囊相通；瘤网口下方的网瓣口与皱胃相通。黏膜形成众多网格状皱褶，形似蜂巢，布满角质化的乳头。在网胃壁上有食管沟，起自贲门，沿瘤胃前庭与网胃右侧壁向下延伸至网瓣孔。食管沟两侧隆起的黏膜褶，为食管沟唇。

犊牛的食管沟很发达，吮吸乳汁时通过反射性调节闭合成管，因此乳汁可由贲门经食管沟、瓣胃直达皱胃。成年时食管沟机能退化，闭合不全。

3. 瓣胃　呈球形，很坚实，位于右侧肋部、网胃与瘤胃交界处的右侧。瓣胃的上端经网瓣孔与网胃相通，下端经瓣皱口与皱胃相通。瓣胃黏膜形成 80～100 余片新月状瓣叶，有规律地相间排列，因此从切面看很像一叠"百叶"，因此民间又称"百叶肚"。瓣叶间充满较干燥的饲料细颗粒。由于瓣叶的边缘游离，瓣胃底壁沿小弯部分形成瓣胃沟，可直接连通网胃和皱胃，液体和细颗粒饲料可由网胃经瓣胃沟直接进入皱胃。

4. 皱胃　呈长梨形，位于右侧肋部和剑状软骨部，与腹腔底部紧贴。皱胃前端粗大部称胃底，与瓣胃相连，后端狭窄部称幽门部，与十二指肠相接。皱胃的黏膜形成 12～14 片螺旋形大皱褶。黏膜被覆腺上皮，能分泌胃液。黏膜根据分布腺体不同可分为 3 个区：围绕瓣皱口的小区称为贲门腺区，近十二指肠的小区称幽门腺区，中部为胃底腺区。

(二)生长发育特点

1. 胎儿期胃的发育　反刍动物胎儿期复胃由舒张的长纺锤形的原肠（primitive gut）分化发育而成。以牛的胚胎为例，28 d 时（胚胎长度约 9.5 mm）胃明显形成。36 d（14.7 mm）时，上皮出现成年牛胃区的发育。大约 56 d（50 mm）时，可见明显的胃囊。Both（2003）发现在胎儿早期，复胃各室中以瘤胃最大，瓣胃次之，但瓣胃在随后的胎儿发育阶段并不迅速增大，瓣叶乳头发育迟缓；胎儿 72～100 d 时，网胃可见蜂巢状结构发育；约 5 月胎龄时，皱胃开始迅速增长并超过瘤胃，到出生时，皱胃占复胃总重的 47%。

2. 出生后胃的发育　反刍动物出生后胃的分化发育仍会持续一段时间，并受品种、日粮和营养等因素的影响。

（1）腹腔内的位置变化　出生时瘤胃、网胃与皱胃比例均较小，但出生后这些器官发育相当迅速。奶牛犊牛的瘤胃与网胃早在 4 周龄时迅速发育，8 周龄时占据整个腹腔左半侧。网胃先向后方伸展，未见瓣胃的明显发育。皱胃位于腹底壁和瘤胃腹囊之间，相对较小。

（2）容积和重量变化　幼龄动物采食固体饲料后，网胃和瘤胃开始迅速增大，虽然皱胃的绝对大小未曾变小，而相对大小逐渐减小。瓣胃发育缓慢，达到相对成年大小的时间比网胃或瘤胃长。犊牛的瘤胃和网胃于 8 周龄前相对生长最快，大约 12 周龄时达到相对成年大小；羔羊出生 7～30 d 期间瘤胃增长显著，8 周龄时达到相对成年大小；水牛与牛相似；鹿的复胃发育时间稍长，有报道称瘤胃于 3～4 月龄时达到相对成年大小。

应用排水法测得反刍家畜的复胃容积：大型牛为 160～250 L，山羊为 10～22 L。成年牛复胃的各室容积占比为瘤网胃占 81%～87%、瓣胃占 10%～14%、皱胃占 3%～5%；绵羊则相应分别为 88%～93%、2% 和 5%～10%。

（3）饲料对瘤胃发育的影响　饲料是影响瘤胃发育的最为重要的因素之一。Henrichs

的研究表明固体饲料提供的化学和物理刺激对瘤胃的正常发育是必需的，瘤胃的发育起始于固体饲料的采食。

①精饲料对瘤胃发育的影响　精饲料能在瘤胃中迅速发酵产生 VFA，而 VFA 能够促进瘤胃上皮细胞分化和增殖，其中丁酸的作用效果最优，丙酸次之。有研究表明丁酸通过促进胰岛素样生长因子-1（IGF-1）、表皮生长因子（EGF）、生长激素（GH）、胰岛素（insulin）和胰高血糖素（glucagon）的释放来实现瘤胃上皮发育的促进作用（Penner 等，2011）。同时，也有研究证实精饲料可促进瘤胃上皮转化生长因子 β1（TGFβ1）、叉头蛋白 O1（FOXO1）和过氧化物酶体增殖物激活受体 α（PPARα）的表达，进而促进瘤胃上皮乳头的发育（Connor 等，2013）。

但在只饲喂犊牛精饲料的情况下，瘤胃中有大量食糜黏附斑块形成，食糜斑块使瘤胃乳头聚集，降低瘤胃的吸收面积，损害瘤胃的健康（Suárez 等，2007）。另外，精饲料发酵产生高浓度的丙酸和丁酸，促进瘤胃上皮细胞大量的增殖分化（Kleen 等，2003），导致角质层细胞的过度积累或未成熟细胞过早移入角质层（Nocek，1997）。精饲料会增加瘤胃内 VFA 的浓度，当 VFA 和乳酸在瘤胃内的积累量超过瘤胃缓冲极限时，瘤胃 pH 降低，导致瘤胃出现亚急性或急性酸中毒，瘤胃上皮通透性显著增加，瘤胃上皮细胞紧密连接减少。当反刍动物长期处于亚急性酸中毒时，瘤胃内脂多糖（LPS）和胺类等毒性物质大量积累，在瘤胃上皮通透性增加的情况下，这些有毒有害物质进入血液循环，对机体健康造成损害。

②粗饲料对瘤胃发育的影响　粗饲料的物理形态为瘤胃的发育提供相应的物理刺激；同时，微生物发酵粗饲料的中性洗涤纤维（neutral detergent fiber，NDF）产生 VFA，为瘤胃的发育提供化学刺激。

补饲粗饲料能使瘤胃肌肉厚度增加，促进动物反刍，减少食糜黏附斑块的形成，维持瘤胃正常的生理健康。Connor 等（2013）研究证实，粗饲料可促进瘤胃上皮胰岛素样生长因子-1（IGF-1）受体、胰岛素受体、雌激素受体 α（ESRRα）和 PPARα 的表达，从而促进瘤胃上皮的发育和能量代谢。然而，粗质的粗饲料，如低质的稻草秸秆，也会对瘤胃上皮造成损伤，甚至损伤皱胃。

富含纤维的粗饲料能增加瘤胃纤维分解菌的丰度，促进瘤胃微生物区系的成熟，为断奶后消化高比例粗饲料的日粮提供良好的微生物基础。

二、瘤胃内环境与功能变化

瘤胃可看作一个供厌氧微生物繁殖的发酵罐，具有微生物活动及繁殖的良好条件。食物和水相对稳定地进入瘤胃，供给微生物生长繁殖所需要的营养；节律性瘤胃运动将内容物搅拌混合，并使未消化的食物残渣和微生物均匀地排入后段消化道。

（一）瘤胃的温度

瘤胃温度是影响饲料在瘤胃中发酵的重要条件。随反刍动物采食和饮水，瘤胃内的温度为 38～41℃，瘤胃内容物达到相对稳定的状态后，瘤胃内容物的温度平均为 39℃。即便在热应激情况下，反刍动物由于饮水量增大，瘤胃内容物的温度也相对恒定。

（二）瘤胃的 pH

饲料中的碳水化合物在瘤胃中发酵产生大量的 VFA，使 pH 下降。瘤胃内容物的 pH 是食糜中的 VFA 与唾液中的缓冲盐相互作用，以及瘤胃上皮对 VFA 吸收及随食糜流出等因素综合作用的结果。正常情况下，这些因素可使瘤胃 pH 在 5.5～7.5 变动。

（三）氧化还原电位

反刍动物采食饲料和饮水的过程中会将少量的氧带入瘤胃。氧化还原电位（Eh）是衡量瘤胃内含氧量常用的一个指标。瘤胃的氧化还原电位一般在 $-250\sim450\,mV$，平均为 $-350\,mV$。瘤胃微生物的正常生长繁殖需要厌氧环境，瘤胃中少量的氧气对于瘤胃发酵不会造成较大的影响。早期研究发现，向绵羊瘤胃中每天通入 40 L 的氧气，并不影响甲烷产量或饲料干物质消化率。但装有瘤胃瘘管的试验动物，瘘管脱落较长时间往往会导致动物瘤胃发酵异常，瘤胃的 pH 下降至 6.0 以下，动物停止采食或只采食少量干草。

（四）瘤胃液的渗透压

正常情况下，瘤胃内容物的渗透压为 $260\sim340\,mOsm/L$，平均为 $280\,mOsm/L$。动物采食饲料后，瘤胃微生物降解饲料，产生各种离子和分子，使瘤胃液渗透压升高。而这些离子或分子一方面可通过瘤胃上皮吸收进入血液，另一方面可随瘤胃食糜流入后部消化道，使瘤胃液中离子或分子的浓度下降，降低瘤胃液渗透压。瘤胃液渗透压升高，瘤胃上皮吸收 VFA 的效率下降，严重时抑制瘤胃微生物的生长繁殖，降低饲料的发酵效率。瘤胃液渗透压达到 $350\sim380\,mOsm/L$ 时，反刍动物停止反刍。

第二节 瘤胃微生物组成与功能

反刍动物能借助瘤胃内栖居的厌氧微生物，发酵宿主不能直接利用的粗纤维和非蛋白含氮化合物（简称非蛋白氮，NPN），从中获得能量与蛋白质。瘤胃微生物与宿主之间、微生物与微生物之间形成一种相互依赖、相互制约的复杂而完善的生态系统。

一、瘤胃细菌的组成与功能

（一）瘤胃细菌组成分析

1. 瘤胃代谢相关细菌组成 通常瘤胃细菌功能主要分为纤维降解细菌、半纤维素降解细菌、淀粉降解细菌、蛋白质降解细菌、脂肪降解细菌、酸利用菌、乳酸产生菌等。

（1）纤维降解细菌 纤维降解细菌主要包括白色瘤胃球菌（*Ruminococcus albus*）、黄色瘤胃球菌（*Ruminococcus flavefaciens*）、产琥珀酸丝状杆菌（*Fibrobacter succinogenes*）及

溶纤维丁酸弧菌（*Butyrivibrio fibrisolvens*），前三者被公认为瘤胃三大优势纤维分解菌，能产生大量的纤维素酶，降解纤维素，主要代谢产物是乙酸和甲酸，还有少量的氢气、乙醇和乳酸，黄色瘤胃球菌和产琥珀酸丝状杆菌还能产生琥珀酸。

（2）半纤维素降解细菌　除所有纤维降解菌都具有降解半纤维素的能力外，瘤胃内还栖息着真杆菌属（*Eubacterium*）、多毛毛螺菌（*Lachnospira multipara*）、螺旋体（*Spirochaetaceae*）和溶糊精琥珀酸弧菌（*Succinivibrio dextrinosolvens*）等专一性降解半纤维素的细菌。

（3）淀粉降解细菌和蛋白质降解细菌　牛链球菌（*Streptococcus bovis*）、嗜淀粉瘤胃杆菌（*Ruminobacter amylophilus*）、栖瘤胃普雷沃氏菌（*Prevotella ruminicola*）、溶淀粉琥珀酸单胞菌（*Succinimonas amylolytica*）及反刍兽新月形单胞菌（*Selenomonas ruminantium*）具有降解淀粉和蛋白质的活性。

（4）脂肪降解细菌　目前能降解脂肪的瘤胃细菌只有厌氧弧菌（*Anaerovibrio lipolytica*），其可将脂肪分解成甘油和脂肪酸。

2. 瘤胃细菌组成的高通量分析技术　基于核糖体16S rRNA的基因分子标记技术为瘤胃细菌数量和区系的研究提供了更为精准的手段。原核生物中，16S rRNA是生物必需的，在每个基因组中至少有一个拷贝；并且在生物长期进化过程中保持稳定，是研究微生物系统发育和分类的理想标记。16S rRNA可以形成含茎-环的复杂结构，环形部分行使物种的基本功能，在不同细菌中高度保守；而功能结构区高度变异，在种属之间差异显著。随着聚合酶链式反应（PCR）技术的发展，可对16S rDNA V1～V9区进行扩增，进而对物种进行分类鉴定。V1～V3、V3～V5和V6～V9，以及V2、V3和V4区域均被用于研究消化道细菌组成。Vilo和Dong（2012）利用核糖体数据库项目中的物种分类器（RDP Classifier，http：//rdp. cme. msu. edu/classifier/classifier. jsp）比较了不同可变区在0.7、0.8和0.9阈值上分类的精确性。发现V1～V3、V3～V5、V6～V9区的分类结果相似，分类的精确度均高于单个可变区，而单个可变区中又以V2和V4在各个水平上的精确度最高（图2-1）。

Illumina HiSeq2500 PE250双端测序平台广泛采用通用引物341F和806R扩增16S rDNA的V3～V4区。

（二）瘤胃其他功能性细菌

1. 产乙酸菌　产乙酸菌是一类形态、营养和生理特征极其多样化的厌氧微生物。Drake等认为乙酸生成与否并不重要，只有满足以下3个条件的厌氧微生物才可以称为产乙酸菌（acetogen）：将二氧化碳经乙酰辅酶A（乙酰CoA）代谢途径还原为乙酰-CoA；利用乙酰-CoA代谢途径完成终端电子转移及能量合成；二氧化碳经乙酰-CoA代谢途径合成细胞物质而不是还原为甲烷。

目前从土壤、沉积物、淤泥、动物肠道中已分离出21个属、100多种产乙酸菌。这21个属有：醋香肠菌属（*Acetitomaculum*）、厌氧醋菌属（*Acetoanaerobium*）、醋酸杆菌属（*Acetobacterium*）、醋盐杆菌属（*Acetohalobium*）、醋丝菌属（*Acetonema*）、*Bryantella*、喜热菌属（*Caloramator*）、梭菌属（*Clostridium*）、真杆菌属（*Eubacterium*）、全

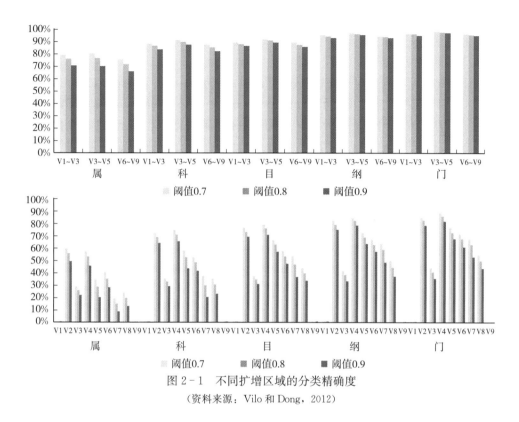

图 2-1 不同扩增区域的分类精确度

(资料来源：Vilo 和 Dong，2012)

噬菌属（*Holophaga*）、穆尔氏菌属（*Moorella*）、喜碱菌属（*Natroniella*）、*Natronincola*、产醋杆菌属（*Oxbacter*）、瘤胃球菌属（*Ruminococcus*）、香蕉孢菌属（*Sporomusa*）、共养球菌属（*Syntrophococcus*）、丁达尔氏菌属（*Tindallia*）、好热乙酸菌属（*Thermoacetogenium*）、好热厌氧杆菌属（*Thermoanaerobacter*）和密螺旋体菌属（*Treponema*）。其中以梭菌属和醋酸杆菌属为主。

Gagen 等（2010）通过对现有的已知产乙酸菌的乙酰-CoA 合成酶保守区基因序列的分析，设计了针对产乙酸菌乙酰-CoA 合成酶保守区 *acsB* 的引物用于研究产乙酸菌的多样性。Xu 等（2009）设计了针对甲酰四氢叶酸合成酶（formyl terahydrofolate synthetase，FTHFS），进行产乙酸菌定量的引物 fhs1。

由于自然界的生命起源于缺氧环境，乙酰-CoA 途径或与其相关的代谢途径可能是自然界最原始的二氧化碳固定途径。哺乳动物的胃肠道内有大量产乙酸菌存在，而白蚁肠道内的产乙酸菌产生的乙酸，可满足其近 1/3 的能量需求。利用产乙酸菌生产乙醇和生物柴油等生物燃料，或利用其与产甲烷菌竞争氢是研究人员广泛关注的领域。

2. 硫酸盐还原菌 硫酸盐还原菌（sulfate-reducing bacteria）是一类具有能把硫酸盐、亚硫酸盐、硫代硫酸盐等硫氧化物以及元素硫还原形成硫化氢这一生理特性的细菌的统称。硫酸盐还原菌是严格厌氧的微生物，不仅需要严格驱除环境中的氧，而且还要求环境中的氧化还原电位（Eh 值）在 $-100\ mV$ 以下时才开始生长。分离培养时培养基中必须加入还原剂。一般乳酸盐加硫酸盐的培养基在氮气流下煮沸后的氧化还原电位在

＋200 mV 左右，加入 5 mmol/L Na₂S 后可以降至－200 mV 以下。在以刃天青（resazur-in）作氧化还原电位指示剂时，只要使刃天青由绛紫色变为无色，即可满足硫酸盐还原菌生长对氧化还原电位的要求。

16S rRNA 基因、腺苷 5′-磷酰硫酸还原酶（adenosine‑5‑phosphosulfate reductase）基因（*aps*）和亚硫酸盐还原酶［dissimilatory（bi）sulfite］基因（*dsrA*）都曾被用于环境样品中硫酸盐还原菌的定量分析。由于硫酸盐还原菌在分类上可分属于多个门，所以基于 16S rRNA 基因的定量可信度不高，而 *aps* 和 *dsrA* 基因参与硫酸盐还原菌的能量代谢，用于定量硫酸盐还原菌更为可靠（Christophersen 等，2011）。

自然界中能还原硫酸盐或元素硫的细菌可归属于脱硫单胞菌属（*Desulfuromonas*）、脱硫弧菌属（*Desulfovibrio*）、脱硫球菌属（*Desulfococcus*）、脱硫杆菌属（*Desulfobacter*）、脱硫洋葱状菌属（*Desulfobulbus*）、脱硫肠状菌属（*Desulfotomaculum*）、脱硫八叠球菌属（*Desulfosarcina*）、脱硫螺旋体属（*Desulfonema*）、脱硫细菌属（*Desulfobacterium*）、硫还原菌属（*Desulfurella*）和脱硫带环菌属（*Desulfomonile*）。Geets 等设计了扩增硫酸盐还原酶β亚基（dissimilatory sulfite reductase β‑subunit）基因（*dsrB*）的变性梯度凝胶电泳引物，用于硫酸盐还原菌的多样性分析。该引物扩增产物长度约 350 bp，应该适用于 Illumina HiSeq2500 PE250 双端测序平台。硫酸盐还原菌在瘤胃中的组成情况还未见报道。

3. 延胡索酸还原菌　在自然界中能把延胡索酸还原为琥珀酸的微生物种类很多，不仅有专性和兼性厌氧的微生物，还有少数非生理条件下的好氧系统，如牛心线粒体。能进行这个反应的厌氧微生物包括分属于变形菌门（Proteobacteria）的脱硫弧菌属（*Desulfovibrio*）、琥珀酸单胞菌属（*Succinimonas*）、弧菌属（*Vibrio*），拟杆菌门（Bacteroidetes）的拟杆菌属（*Bacteroides*），厚壁菌门（Firmicutes）的厌氧弧菌属（*Anaerovibrio*）、梭菌属（*Clostridium*）、月形单胞菌属（*Selenomonas*）、瘤胃球菌属（*Ruminococcus*）、韦荣氏菌属（*Veillonella*），放线菌门（Actinobacteria）的丙酸杆菌属（*Propionibacterium*）等。

延胡索酸还原菌在以延胡索酸为电子受体产生琥珀酸的过程中存在电子转移磷酸化（ETP）。延胡索酸还原为琥珀酸有 2 种类型的电子供体，即 NADH、氢气或甲酸。

Hattori 和 Matsui（2008）通过除去糖，外加各 40 mmol/L 的延胡索酸和氢气，各 40 mmol/L 的延胡索酸和甲酸，40 mmol/L 延胡索酸、40 mmol/L 氢气和 0.025 mmol/L 莫能菌素 3 种培养基，均成功从瘤胃内容物中分离出延胡索酸还原菌，而且 Hattori 和 Matsui（2008）针对变形菌门的延胡索酸还原酶基因（*frdA*）成功设计了扩增产物约 350bp 的延胡索酸还原菌多样性分析引物。但由于延胡索酸还原酶不论是氨基酸序列还是核苷酸序列都在变形菌门、梭杆菌门和厚壁菌门的延胡索酸还原菌中存在显著差异，所以 Hattori 和 Matsui 设计的引物不能覆盖 3 个门的延胡索酸还原菌。

4. 硝酸盐还原菌　硝酸盐还原菌（nitrate-reducing bacteria）能以硝酸盐作终端受体氧化有机化合物，并利用其能量而生长。硝酸盐还原菌与延胡索酸还原菌一样也存在电子转移磷酸化。瘤胃中反刍兽新月形单胞菌（*Selenomonas ruminantium*）、小韦荣球菌（*Veillonella parvula*）、产琥珀酸沃廉菌（*Wolinella succinogenes*）、胎儿弯曲杆菌

（*Campylobacter fetus*）和曼海姆产琥珀酸菌（*Mannheimia succiniciproducens*）都具有将硝酸盐、亚硝酸盐还原为氨的能力。

二、瘤胃真菌的组成与分析

自 Orpin（1975）发现厌氧真菌是瘤胃微生物的重要组成部分以来，厌氧真菌的分类和群落结构、纤维素酶多样性研究一直是微生物学和动物营养学研究的热点。瘤胃厌氧真菌归属于新美鞭菌科（Neocallimastigaceae），是真菌界唯一营专性厌氧的类群。随着高通量测序技术的发展，瘤胃中鉴定出的厌氧真菌有新美鞭菌属（*Neocallimastix*）、梨囊鞭菌属（*Piromyces*）、盲肠鞭菌属（*Caeomyces*）、根囊鞭菌属（*Orpinomyces*）、厌氧鞭菌属（*Anaeromyces*）、枝梗鞭菌属（*Cyllamyces*）、*Oontomyces*、*Buwchfawromyces* 和 *Pecoramyces* 9 个属和 12 个尚未分类的类群。

厌氧真菌可以通过菌体计数和酶活性测定等方式定量，通过显微技术分类。然而随着分子生物学的发展，基于核糖体 18S/28S rRNA 基因和转录组间隔区（internal spacer region，ITS）的分子标记技术为厌氧真菌数量和区系的研究提供了更为精准的手段，使厌氧真菌的研究逐渐深入。18S rRNA 基因由于高度保守（保守程度高达 97%），主要用于厌氧真菌的定量。目前为止，厌氧真菌的 4 对定量引物分别是由以下研究人员设计提出：①Denman 和 McSweeney（2006）扩增 18S rRNA 基因 3′端和 ITS1 5′端共 120bp 的区域。②Edwards 等（2008）扩增 5.8S rRNA 基因 110bp 的区域。③Kittelmann 等（2012）扩增从 18S rRNA 基因起始部位开始到部分 5.8S rRNA 基因终止的 433bp 区域。④Dollhofer 等（2016）扩增 18S rRNA 基因 475bp 的长度区域。真菌 DNA 和生物量间的比值随真菌生长阶段不断变化，虽然 Lwin 等（2011）利用 9 株厌氧真菌证实 *ITS1* 基因拷贝数与生物量和游动孢子计数之间存在显著的正相关，但上述 4 对引物仅能通过基因拷贝数来描述和对比不同样品或生境中厌氧真菌丰度的差异，不能真实地反映厌氧真菌的生物量。

ITS 不转录成 RNA，在进化过程中受到的选择压力小，容易产生变异，在绝大多数真菌的不同种类之间表现出广泛的多态性，是目前公认的真菌分子鉴定和多样性研究的分子标记物。ITS1 和 ITS 全长序列（ITS1 - 5.8S rDNA - ITS2）已在变性梯度凝胶电泳（denaturing gradient gel electrophoresis，DGGE）、限制性核酸内切酶片段长度多态性（restriction fragment length polymorphism，RFLP）及宏基因组学（metagenomics）中成功应用。由于 ITS 变异频率高，ITS 内经常有插入和缺失，同一种的不同菌株可能会有 ITS 不一致的现象。为了保证测序结果的准确，Tan 和 Cao（2015）推荐将 18S、28S 和 ITS 3 个 RNA 基因区域整合测序。ITS1/ITS4 引物（Fliegerova 等，2006）就是一个扩增部分 18S、完整的 ITS1、5.8S、ITS2 和部分 28S 序列的引物。Dagar 等（2011）设计的 NL1/NL4 引物扩增 28S rDNA 的 D1/D2 区域，发现在印度骆驼前胃中分离出的两株形态与梨囊鞭菌属相似的厌氧真菌与梨囊鞭菌属的亲缘距离很远，但与厌氧鞭菌属的亲缘关系较近，将其命名为 *Oontomyces* 新属。Wang 等（2017）系统地比较了 ITS1、ITS 全长序列以及 28S rDNA D1/D2 区域扩增产物的系统发育树结构，发现厌氧鞭菌属和 *Oon-*

tomyces 的 ITS1 无明显的进化距离，ITS 全长无法区分根囊鞭菌属的菌株，而核糖体大亚基不存在上述问题，推荐用核糖体大亚基进行厌氧真菌的分类鉴定。

三、瘤胃原虫的组成与功能

瘤胃原虫大部分属纤毛虫（*Ciliate protozoa*），也有少数属鞭毛虫（*Flagellate protozoa*）。纤毛虫都是厌氧菌，主要由全毛虫科（Isotrichidae）的绒毛虫属（*Dasytricha*）、头毛虫科（Ophryoscolecidae）的双毛虫属（*Diplldinium*）和内毛虫属（*Entodinium*）构成。其中以内毛虫和双毛虫最多，占纤毛虫总数的 85%～98%。能分解纤维素的主要是双毛虫属。纤毛虫可以直接利用纤维素和淀粉，将其转变成 VFA，还能吞噬瘤胃细菌、瘤胃真菌的菌体、游动孢子和孢子囊等，这有助于细菌蛋白质在瘤胃中的周转，但也可能会导致微生物蛋白（microbial protein，MCP）的损失和瘤胃氨释放的增加。许多原虫可吸收并储存一些小的淀粉颗粒，从而避免高比例易消化碳水化合物在瘤胃中的快速发酵。

利用血细胞仪计数仍是原虫计数的常用方法，除此外，核糖体小亚基 18S rDNA 的分子生物学技术也大量地应用于瘤胃纤毛虫的定性和定量研究，如限制性片段长度多态性（RFLP）（Tymensen 等，2012）、变性梯度凝胶电泳（DGGE）、荧光定量 PCR 和高通量测序。

四、产甲烷菌的分类及其与其他微生物的互作

（一）产甲烷菌的组成分析

产甲烷菌是目前已知唯一可以生成甲烷的严格厌氧微生物。已知的产甲烷菌可分为：甲烷杆菌目（Methanobacteriales）、甲烷球菌目（Methanococcales）、甲烷微菌目（Methanomicrobiales）、甲烷八叠球菌目（Methanosarcinales）、甲烷火球菌目（Methanopyrales）、Methanocellales 和 Methanoplasmatales（Sakai 等，2008），其中在瘤胃内研究较多的主要是前 4 目。一般认为，瘤胃中主要的产甲烷菌为瘤胃甲烷短杆菌（*Methanobrevibacter ruminantium*）和巴氏甲烷八叠球菌（*Methanosarcina barkeri*）。瘤胃甲烷杆菌科是瘤胃内和与原虫共生微生物中最具代表性的产甲烷菌科，占瘤胃产甲烷菌的92%，占与原虫共生的产甲烷菌的 99%；甲烷微菌目占瘤胃产甲烷菌的 12%，未在与原虫共生的产甲烷菌中发现甲烷微菌目；甲烷八叠球菌目占与原虫共生部分产甲烷菌的比例低于 3%。

Wright 等（2004b）通过构建克隆文库的方法证实甲烷短杆菌属的产甲烷菌是瘤胃中主要的产甲烷菌，并发现瘤胃中存在尚未分类的产甲烷菌。用于产甲烷菌多样性分析的引物有 Ar915（5′- AGGAATTGGCGGGGGAGCAC - 3′）/Ar1386（5′- GCGGTGTGTG-CAAGGAGC - 3′）、519F（5′- CAGCMGCCGCGGTAA - 3′）/915R（5′- GTGCTC-CCCCGCCAATTCCT - 3′）（Ovreas 等，1997）、1106F/1378R（Watanabe 等，2006）等，哪对引物更适合瘤胃产甲烷菌的分析还有待研究。

（二）瘤胃微生物与产甲烷菌之间的关系

反刍动物瘤胃内的微生物主要分为两大类：产氢微生物和耗氢微生物。产氢微生物主要是在瘤胃发酵过程中消耗碳水化合物，产生大量的氢，主要有白色瘤胃球菌、黄色瘤胃球菌、产琥珀酸丝状杆菌、溶纤维丁酸弧菌等纤维分解菌以及原虫和厌氧真菌；耗氢微生物主要是产甲烷菌，以氢为底物，产生甲烷，维持瘤胃内正常的氢分压。

1. 氢生成菌与产甲烷菌之间的关系

（1）原虫与产甲烷菌　在瘤胃发酵过程中，原虫细胞膜的内壁上结合许多脱氢酶，催化底物脱氢，产生的氢附着在原虫表面，会抑制原虫的代谢活动，这时与其共生的产甲烷菌通过种间氢转移利用氢，与二氧化碳生成甲烷。Zhou 等（2011）在研究茶皂素和驱除原虫对湖羊甲烷生成的影响时发现，驱除原虫时，甲烷生成量下降了12.7%，产甲烷菌的多样性显著下降。但是，Hegarty 等（2008）报道驱除原虫并不影响甲烷的生成。因此，抑制原虫与减少甲烷生成之间的关系，有待于进一步的研究。

（2）真菌与产甲烷菌　瘤胃真菌在代谢过程中分泌大量纤维酶，分解植物纤维（Thareja 等，2006），产生大量的 VFA、氢和二氧化碳。产甲烷菌通过种间氢传递利用真菌代谢产生的氢，产生甲烷。这一过程降低氢分压，提高真菌纤维素酶与半纤维素酶等的活性，促进真菌对纤维素和半纤维素的分解。当瘤胃真菌与产甲烷菌共同培养时，乳酸和甲酸被产甲烷菌利用生成乙酸和甲烷，瘤胃发酵类型转向乙酸型，纤维分解酶的活性增强，纤维降解率显著提高（Cheng 等，2009）。真菌和产甲烷菌共培养可避免酸中毒现象，解除氢积累对真菌的抑制，提高饲料利用率，但是甲烷生成量增加，因此如何平衡真菌对饲料的降解和甲烷生成的关系，有待于进一步的研究。

（3）纤维分解菌与产甲烷菌　瘤胃中的纤维分解菌消耗植物纤维，产生大量的氢，通过种间氢传递将氢传递给产甲烷菌合成甲烷，降低氢分压，提高纤维分解菌对纤维的分解能力，提高饲料利用率。如果甲烷合成受阻，会使氢积累，抑制纤维分解，降低纤维的消化率。产琥珀酸丝状杆菌是一种纤维分解能力强的纤维分解菌（Morvan 等，1996），在分解纤维的过程中不产生氢。Chaucheyras-Durand 等（2010）研究发现，给反刍动物灌胃产琥珀酸丝状杆菌时，可以显著抑制甲烷的生成，对纤维消化率没有副作用，因此，调控不产氢纤维分解菌的比例可以同时兼顾抑制甲烷生成和维持纤维消化率。

2. 氢利用菌与产甲烷菌之间的关系

（1）延胡索酸还原菌与产甲烷菌　延胡索酸是三羧酸循环（TCA）中重要的中间产物，在延胡索酸还原菌的作用下生成琥珀酸（Lopez 等，1999），继而生成丙酸，这一代谢过程中延胡索酸还原菌以 NADH 或黄素腺嘌呤二核苷酸（FAD）为辅酶消耗氢，与产甲烷菌竞争氢，从而抑制甲烷的生成。Mumuad 等研究发现，瘤胃体外发酵时，添加延胡索酸还原菌可显著降低甲烷的生成量、产甲烷菌数量和多样性，说明延胡索酸还原菌有抑制产甲烷菌的作用，因此可以用来调控甲烷生成。

（2）硝酸盐还原菌和硫酸盐还原菌与产甲烷菌　硝酸盐还原菌和硫酸盐还原菌在瘤胃内与产甲烷菌竞争氢，分别生成 NH_4^+ 和硫化氢。从热力学角度来看，硝酸盐还原菌和硫酸盐还原菌还原氢的能力优先于产甲烷菌（Ungerfeld 等，2006）。日粮中添加硝酸盐时对产甲烷菌有抑制作用，可能是硝酸盐还原菌还原能力强，消耗大量的氢，瘤胃内的氢浓度降低，不足以支撑产甲烷菌的代谢活动；也可能是由于代谢过程中的亚硝酸盐对产甲烷菌有毒害作用（Zhou 等，2012），从而抑制甲烷生成。

（3）产乙酸菌与产甲烷菌　还原型产乙酸菌与产甲烷菌竞争氢将二氧化碳还原成乙酸，但是这一过程所需氢分压高达 362～4 660 mg/L，远远高于瘤胃的氢分压（Wood 和 Ljungdahl，1991）。刚出生的动物，瘤胃内最先定植的是产乙酸菌，随着生长发育产甲烷菌出现，并不断增长，抑制产乙酸菌的活动。添加酵母可以提高产乙酸菌对氢的竞争力，减少甲烷生成（Chaucheyras-Durand 等，1995）。

第三节　瘤胃微生态调控

碳水化合代谢是瘤胃代谢的核心。日粮中的碳水化合物在瘤胃微生物的作用下生成 VFA 供应机体的能量需要。此过程伴随着氢质子和电子的释放，释放的氢被 NAD 捕捉，生成 NADH 和氢气。氢气在产甲烷菌的作用下生成甲烷，保证了瘤胃代谢的正常进行，但降低能量的利用效率。为此，改善纤维消化和甲烷减排是反刍动物营养研究中备受关注的领域。

一、纤维消化调节

细菌由于在数量上的绝对优势，在纤维分解过程中发挥了特别重要的作用。Orpin 和 Joblin 发现瘤胃真菌虽然数量仅占整个瘤胃微生物总量的 8%，但真菌能够分泌多种纤维素和半纤维素酶，其菌丝还可以穿透植物组织并在其内部生长繁殖从而裂解植物组织，所以瘤胃真菌在纤维分解过程中的作用也不容忽视。原虫也有一定的纤维消化能力，但更多的是起调节作用（Dijkstra 和 Tamminga，1995）。

（一）瘤胃微生物对纤维物质的黏附

反刍动物进食后，瘤胃微生物黏附饲料颗粒，是整个消化过程的第一步，是微生物降解纤维的首要条件（Gong 和 Forsberg，1989）。瘤胃微生物发生黏附通常要经过微生物到新底物的转移、与底物发生非特异性黏附、通过黏附因子或配体与底物特异性黏附、最后在底物组织上繁殖 4 个步骤（Miron 等，2001）。纤维分解菌黏附到纤维物质表面，分泌纤维素酶，并通过其表面的糖蛋白形成纤维-酶-微生物三元复合体，这样既保护了纤维素酶不被瘤胃内蛋白酶所分解，在纤维表面维持较高的酶活性，又保护了纤维分解菌免受原虫的吞噬，同时保证纤维分解产物——纤维糊精为纤维分解菌所利用，从而提高纤维降解率（Lynd 等，2002）。

微生物对纤维物质的黏附包括非特异性黏附和特异性黏附两种形式。有 4 种结构被认为与瘤胃纤维分解菌的特异性黏附有关，即多纤维素酶体（cellulosome）、菌毛黏附素、多糖蛋白复合物层的碳水化合物抗原决定部位和酶的纤维素结合域（cellulose banding domain，CBD）（Miron 等，2001）。其中多纤维素酶体的研究最为深入。

多纤维素酶体又称纤维小体、纤维体等，是介导微生物黏附纤维的一种精细的分子结构，是一个多功能、高分子量的多酶复合体，能促进微生物黏附纤维素，特别是结晶纤维素，并对其高效降解。Lamed 等（1983）首次从嗜热纤维梭菌（*Clostridium Thermocellum*）中发现多纤维素酶体，大小是（2.0～2.5）×10⁶ku。多纤维素酶体结合于细菌细胞壁上，生长后期部分脱离细胞并释放到培养液中与底物结合。

纤维素酶体完整的结构是一个支架蛋白（scaffolding protein）或多纤维素酶体整合蛋白，这是一种大的糖基化蛋白，有一系列的功能域，如纤维素酶系各组分上的对接模块（dockerins），分别与初级支架蛋白上串联的粘连模块（cohensins）相互作用，形成纤维素酶体基本结构单元。Mechaly 等和 Jindou 等的研究表明，这种基本结构单元通过粘连模块-对接模块的相互作用固定在锚定支架蛋白上，再由锚定支架蛋白自身表层同源模块（S-layer homology module，SLH）或者分选酶基序（sortase）结合至细胞表面组装成纤维素酶体。多纤维素酶体的催化结构域包括水解植物纤维素及木聚糖等的酶类。

CBD 则是碳水化合物活性酶（carbohydrate-active enzymes，CAZY）内具有纤维素结合能力的高度折叠的一段氨基酸序列，通过氢键或疏水作用力，介导多纤维素酶体与纤维素的黏附。依据氨基酸序列的差异可将 CBD 划分为不同家族。根据法国国家科学研究中心（CNRS）等机构构建的碳水化合物活性酶数据库（http：//afmb. Cnrs-mrs. fr/CAZY）的结果，目前已发现 133 个家族的碳水化合物结合模块，其中 CBD 占了 12 个家族。有研究表明，缺少 CBD 的细菌不易发生黏附，在某些情况下消化结晶纤维素的能力很低（McGavin 和 Forsberg，1989）。

（二）瘤胃微生物对纤维物质的降解

1. 纤维素和半纤维素降解酶 瘤胃微生物能分泌大量的纤维降解酶达到降解植物纤维的目的，其中主要有纤维素酶、半纤维素酶和酯酶等。

（1）纤维素酶 Forsberg 等根据纤维素酶的功能将其分为 3 大类：内切葡聚糖酶（endo-1，4-β-D-glucan hydrolase，EC 3.2.1.4）、外切葡聚糖酶（exo-1，4-β-D-glucan cellobiohydrolase，EC 3.2.1.91）和 β-葡萄糖苷酶（β-D-glucosidase，EC 3.2.1.21）。内切葡聚糖酶作用于纤维素内部的非结晶区，随机水解 β-1，4-糖苷键，将长链纤维素分子截短，产生纤维糊精、纤维二糖及葡萄糖。外切葡聚糖酶作用于纤维素分子末端，能有效地降解结晶纤维素，水解 β-1，4-糖苷键，此酶可将短链的还原性末端纤维二糖残基逐个切下，又称为纤维二糖水解酶。β-葡萄糖苷酶将纤维二糖水解成葡萄糖分子。

（2）半纤维素 半纤维素的主要成分为木聚糖，分解木聚糖的酶有内切-1，4-木聚糖酶（endo-1，4-β-xylanase）、β-木二糖酶（β-xylobiase）、β-木糖苷酶（β-xylosidase）以及切割侧链的酶。厌氧真菌可产生全部或部分的酶，目前还未发现有外切木聚糖酶，但瘤胃厌氧真菌 *Neocallinastix frontalis* 产生的木糖苷酶具有部分外切木聚糖酶活性（朱伟云，2004）。

2. 瘤胃中降解纤维物质的微生物 瘤胃细菌、真菌和原虫都参与植物细胞壁的降解，若不考虑整个瘤胃生态中微生物复杂的相互作用，瘤胃细菌由于数量上的绝对优势及具有多种代谢途径在纤维素消化中占主导地位，但瘤胃真菌降解纤维的能力却要优于细菌（Wilson 和 Wood，1992）。

（1）瘤胃细菌　白色瘤胃球菌、黄色瘤胃球菌和产琥珀酸丝状杆菌是主要的纤维分解菌，溶纤维丁酸弧菌也可产生纤维素酶和半纤维素酶。其他一些非纤维分解菌也能产生纤维素或半纤维素酶，如普雷沃氏菌可降解木聚糖和果胶，但不能降解纤维素，密螺旋体属（Treponema）细菌能降解果胶，有些溶精琥珀酸弧菌株及真细菌菌株也具有植物细胞壁降解酶。

（2）瘤胃真菌　Orpin（1977）研究发现，厌氧真菌与植物生物量紧密相连，且能够从大麦中获取^{14}C，首次证明厌氧真菌能够降解植物细胞壁。超显微镜结构研究证实了厌氧真菌降解植物组织的位点及降解程度（朱伟云，2004）。瘤胃真菌生有假根且具有很强的穿透能力，可以削弱更多的抗性组织，穿透牧草角质层屏障，降解一些无法被细菌和纤毛虫降解的木质化纤维素物质（杨金龙等，2006）。厌氧真菌的穿透生长降低了植物纤维组织的内部张力，使其变得疏松而易于被其他瘤胃微生物降解。在瘤胃中，厌氧真菌还可通过其假根分泌的水解酶，由植物组织表面的损伤部位深入植物组织的细胞间隙和细胞壁内，分解利用其中可溶性碳水化合物及结构性碳水化合物（Akin 等，1983）。虽然细菌是瘤胃内主要分解纤维的微生物，但真菌却是首先深入植物纤维组织内部的微生物。

（3）瘤胃原虫　原虫体内含有消化纤维物质的酶，瘤胃中 19％～28％的纤维素分解酶是由原虫产生的，但原虫仅消化叶肉细胞等一些易被降解的组织（Akin，1989）。前毛虫属物理性降解植物组织，其分泌的酶可促进植物细胞间的分离，使细胞壁裂解成碎片；前毛虫与贫毛虫一起迅速吞食植物残碎部分，去掉原虫纤维素消化率会降低（Bonhomme，1990）。

3. 影响瘤胃微生物降解纤维物质的因素　任何影响微生物对纤维物质黏附的因素，都会影响微生物对纤维物质的降解，除此之外，还有许多因素影响到微生物对纤维物质的降解。

（1）采食量　瘤胃液相和固相的周转速率和采食量呈正相关，采食量增加会降低干物质消化率（Russell 等，1992）。采食量高的动物对结构性碳水化合物的降解率的抑制程度比对非结构性碳水化合物的降解率的抑制程度高 2～3 倍。研究认为，虽然高采食量降低纤维的消化率，但也增加能量的摄入水平和肠道的消化作用（Bourquin 等，1990）。

（2）饲喂制度　Robinson（1989）认为，日粮的饲喂频率和饲喂顺序会影响纤维的消化。全混合日粮为微生物提供了稳定的发酵模式，采用每日两次精粗饲料分开的饲喂方法可为瘤胃微生物提供良好的营养平衡，促进微生物的生长和饲料纤维的降解。由于瘤胃 pH 小于 6 以下时微生物的活力会降低，所以日粮中含有较多易发酵物质时，采用多次饲喂方式，可稳定瘤胃内环境，更利用于微生物对纤维的利用。

（3）日粮纤维组成　瘤胃中可利用能量的缺乏限制了瘤胃微生物的生长，所以可通过添加可发酵有机物或者改变日粮的精粗比例来提高利用能量的供应，从而增加瘤胃微生物的合成。有报道表明，当日粮精粗比为 3∶7 时，微生物产量最高；也有报道表明瘤胃

pH 低于 6 时可抑制发酵碳水化合物的微生物的活动。当日粮精饲料含量较高时，非结构性碳水化合物降解速度较快，从而降低了瘤胃 pH，导致纤维消化率降低。纤维的最佳消化率不受日粮精粗比的影响，而取决于精饲料和粗饲料提供的结构性碳水化合物和非结构性碳水化合物的消化速度。

（4）有效纤维　有效纤维的概念是根据日粮中纤维的不同功能进行定义的。有效纤维的定义最初是指能有效保持乳脂率稳定和动物健康的纤维。但是，当使用乳脂率作为反映指标时，由于饲料化学成分不同产生的代谢影响，日粮纤维与其刺激咀嚼、唾液分泌以及瘤胃缓冲能力的物理有效性混淆不清，于是，1997 年国外学者提出了两个新的术语：有效中性洗涤纤维（effective NDF，eNDF）和物理有效中性洗涤纤维（physically effective NDF，peNDF）。eNDF 是指有效维持乳脂率稳定总能力的饲料特性；peNDF 是指纤维的物理性质（主要是碎片大小），刺激动物咀嚼活动和建立瘤胃内容物两相分层的能力。康奈尔净碳水化合物与蛋白体系（cornell net carbohydrate and protein system，CNCPS）还采用 eNDF 预测瘤胃 pH 和食糜的流速。大量的试验数据表明 eNDF 与 pH 之间是存在相关性的。

（5）颗粒大小与处理方法　纤维物质通过粉碎和制粒等物理方法处理后，表面积增大，可为瘤胃内酶的攻击提供更多的黏附位点，但并不提高结构性碳水化合物的利用率，动物生产性能提高主要是可利用能提高的结果。由于细颗粒在瘤胃中滞留时间缩短，微生物消化不够充分就被流入后肠道，从而降低了纤维的消化率。粗饲料经化学处理如氢氧化钠、氢氧化钾或氨水处理后，可部分溶解半纤维素和木质素，破坏了木质素与半纤维之间的结合键，使半纤维素和纤维素更好地被水解酶所消化（Latham 等，1979）。Fahey 等研究发现，使用二氧化硫或过氧化物对粗饲料进行氧化处理可导致木质素降解及结构性碳水化合物进一步分解。白腐真菌可将木质化纤维性物质转变为能被反刍动物消化的饲料。Karunanandaa 等（1995）发现，稻草的茎和叶经白腐真菌处理后，其体外干物质消化率可分别提高 13％和 30％。

（6）添加剂　添加离子载体可能会加强纤维分解菌在瘤胃中的优势地位，从而促进纤维物质的降解，机制就在于抑制乳酸产生菌的生长，提高瘤胃 pH，从而促进瘤胃微生物的生长（Russell 和 Strobel，1989）。还可以通过在日粮中添加碳酸氢钠、氧化镁等缓冲剂提高瘤胃 pH，从而提高纤维的消化率。直接饲喂活性微生物也可增加瘤胃微生物的活性，使瘤胃 pH 比较稳定从而促进纤维降解。酵母培养物或其提取物，特别是米曲霉和塞里维辛酵母，对反刍动物的应用效果较好，可维持宿主消化道菌群平衡。这类添加剂可消除瘤胃中过多的氧，从而增强细菌存活能力，维持瘤胃 pH 稳定，提高纤维分解速度，但不改变纤维分解程度。添加酵母培养物能显著提高瘤胃内羧甲基纤维素酶、水杨苷酶和木聚糖酶的活性（黄庆生和王加启，2005）。

二、甲烷减排途径

二氧化碳与甲烷是大气重要的温室气体。据科学家估计，2030 年甲烷对温室效应的贡献率将达到 50％，成为首要的温室气体。因此，调控大气中甲烷的含量，可以作为降低温室效应的一个重要突破点。

反刍动物对甲烷排放的调控手段多样，除通过调节采食量、碳水化合物类型、饲料加工方法来调控甲烷排放外，还利用离子载体、卤代物等化学物质，植物油、皂苷、单宁等植物提取物，以及细菌、病毒、原虫等方法来调控（Patra 和 Yu，2012），但上述方法各存利弊。

（一）化学物质

1. 离子载体 离子载体是一些能够极大地提高细胞膜对某些离子通透性的载体分子。它们提高靶细胞膜通透性，使靶细胞因无法维持细胞内离子的正常浓度梯度而死亡。莫能菌素是研究和应用较广的一类离子载体型添加剂，Odongo 等研究发现，其降低甲烷的功效存在剂量依赖性和时效性。莫能菌素可以抑制原虫和革兰氏阳性菌的生长，但对革兰氏阴性菌无作用，进而使瘤胃的乙酸型发酵变为丙酸型发酵，降低氢气的供应，从而在不改变产甲烷菌的数量和多样性的情况下减少甲烷生成量。但欧盟已禁用离子载体型添加剂。

2. 卤代物 溴氯甲烷和溴乙烷磺酸是辅酶 M（Coenzyme M，一种新的甲基转移辅酶）的结构类似物，可通过竞争性抑制甲基转运而减少甲烷生成。溴氯甲烷增加乙酸和支链脂肪酸的比例，减少产甲烷菌数量，从而可使甲烷的生成量减少 30％。溴氯甲烷不仅降低产甲烷菌的数量，也改变瘤胃中产甲烷菌的组成。溴氯甲烷抑制甲烷杆菌属产甲烷菌的生长，使甲烷微菌属、甲烷八叠球菌属、甲烷球菌属及一些未知产甲烷菌数量代偿性增长。

（二）植物提取物

1. 植物油 植物油富含不饱和脂肪酸，日粮中添加植物油可以降低甲烷生成量。其原因可能是以下三方面的综合作用：一是脂肪酸的添加可抑制产甲烷菌和原虫的生长；二是脂肪酸的添加降低了瘤胃内有机物的发酵效率；三是不饱和脂肪酸的氢化作用与产甲烷菌争夺氢气。总体而言，中链脂肪酸（C12：0 和 C14：0）的作用效果要优于长链脂肪酸（C18：0）。尽管植物油的抑制甲烷效果不存在耐受性，但是 6％～7％的添加量已经显著降低了日粮的消化率，尤其是纤维的消化率和日采食量。此外，高剂量添加植物油使乳脂率和日增重/乳产量下降。因此实际生产中选择在日粮中添加植物油抑制甲烷排放需要慎重。

2. 皂苷 皂苷（saponins）由皂苷元（sapogenins）和糖体或其他有机酸组成，其糖体主要包括葡萄糖、半乳糖、葡萄糖醛酸、木糖、鼠李糖和甲基戊糖等。依据皂苷的化学结构可将其分为三萜皂苷和甾体皂苷。不同来源及不同提取工艺获得的皂苷减少甲烷生成的效果不尽相同。皂苷减少甲烷生成与其抑制瘤胃产甲烷菌生长并不直接相关，但皂苷确实降低了产甲烷菌的活力。此外，皂苷抑制瘤胃原虫生长，改变瘤胃原虫区系，使瘤胃发酵类型向丙酸型转变。

3. 挥发油 挥发油（essential oils）又称精油，是存在于植物中的一类具有芳香气味、可随水蒸气蒸馏而出，而又与水不相混溶的挥发性油状成分的总称。挥发油是一种混合物，其组分较为复杂，成分中以萜类成分多见，另外尚有小分子脂肪族化合物和小分子芳香族化合物。现有挥发油的研究多以体外试验为主，高剂量的挥发油及其活性成分可抑制高效产氨菌对氨基酸的脱氨基作用，从而改善瘤胃氮利用效率。但是挥发油使 VFA 合成效率下降，对甲烷生成的抑制效果也不完全一致，且存在耐受性问题（Benchaar 等，2007）。

4. 单宁 单宁（tannins）是多酚中高度聚合的化合物，它们能与蛋白质和消化酶形成难溶于水的复合物，影响食物的消化吸收。单宁可分为水解单宁（hydrolytictannin）和缩和单宁（condensedtannin）。单宁抑制甲烷生成的效果存在剂量依赖性。Patra 和 Saxena（2010）研究结果显示，缩和单宁通过直接抑制产甲烷菌数量或通过间接抑制纤维消化而使甲烷产量受到抑制。

（三）生物方法

1. 细菌素 细菌素（bacteriocin）是某些细菌在代谢过程中通过核糖体合成机制产生的一类具有抑菌活性的多肽。不同的细菌素抑菌机制不同，有的多肽是通道穿膜蛋白，使膜去极化；有的是 DNA 酶或 RNA 酶的抑制剂。体外条件下，由链球菌分泌的羊毛硫细菌素（bovicin HC5）可使甲烷生成量下降 53%，传代 5 次后的培养物丧失了产甲烷能力（Lee 等，2002）。由乳杆菌分泌的乳酸链球菌素（nisin）也具有减少甲烷生成的能力，与莫能菌素联合添加可以使甲烷产量下降 20%，且不影响 VFA 产量（Callaway 等，1997）。乳酸链球菌素抑制葡萄球菌属、链球菌属、小球菌属和乳杆菌属的某些菌种，抑制大部分梭菌属和芽孢杆菌属的孢子。细菌素通常由革兰氏阳性菌产生，并可以抑制其他的革兰氏阳性菌，对大多数的革兰氏阴性菌和真菌没有抑制作用。

2. 产甲烷菌疫苗 疫苗保留了病原菌刺激动物体免疫系统的特性。当动物体接触到这种不具伤害力的病原菌后，免疫系统便会产生一定的保护物质，当动物再次接触到这种病原菌时，动物体的免疫系统便会依循其原有的记忆，制造更多的保护物质来阻止病原菌的伤害。Wright 等（2004a）将这一概念引入甲烷调控中，利用 3 株产甲烷的杆菌制备了产甲烷菌疫苗。该产甲烷菌疫苗可降低甲烷产量 7.7%。Williams 等（2009）制备了更广谱的产甲烷菌疫苗，其对瘤胃内 52% 以上的产甲烷菌有免疫作用。32 头绵羊饲养试验发现，该疫苗使用后血浆、唾液和瘤胃液中的 IgG 的滴度升高，但是甲烷产量和产甲烷菌的数量均未发生变化。可能是非免疫的产甲烷菌的代偿性作用导致该结果的出现，因此欲通过免疫途径减少甲烷生成，必须进一步充分了解瘤胃产甲烷菌的组成，开发更加广谱的疫苗。

3. 产乙酸菌 以二氧化碳为终端电子受体的氢依赖性乙酸生成过程与甲烷生成过程相比，热力学上处于劣势。但代谢多样性增强了产乙酸菌与产甲烷菌的竞争力。Fonty 等（2007）将无产甲烷菌的瘤胃微生物接种于无菌羔羊，并饲喂纤维日粮直至成年，发现此接种下的羔羊尽管采食量和瘤胃 VFA 浓度略低于正常生长的羔羊，但其生长状态良好。有产甲烷菌的正常生长的羔羊氢利用能力高达 90% 以上，无产甲烷菌存在下的羔羊氢利用能力低，仅 28%～46%。正常生长的羔羊，乙酸生成过程仅是瘤胃发酵过程的一少部分，但是无产甲烷菌情况下，这个发酵过程可占瘤胃发酵的 21%～25%。这一试验说明还原性产乙酸菌可以取代产甲烷菌维持瘤胃功能正常。代谢多样性使产乙酸菌广泛分布于自然界和动物消化道内，并成为袋鼠等物种消化道的优势菌群。现有的初步研究结果表明此途径减少瘤胃甲烷排放具有一定的可行性。但在实际生产中，反刍动物生成甲烷是一个复杂的多因素过程。因此，欲通过产乙酸菌途径降低瘤胃甲烷排放，除必须探究产乙酸菌可成为袋鼠等物种消化道内的优势菌群的原因以及解决如何强化瘤胃中此代谢通路等一系列问题外，还需要以系统集成型的营养技术体系为基础实施调控。

第四节　瘤胃微生物资源的开发与利用

瘤胃微生物生态群落是一个非常复杂的生物体系，有着巨大的基因资源和丰富的生态资源，因此瘤胃微生物资源的挖掘，尤其是纤维分解酶基因的挖掘与利用一直是微生物学和动物营养学研究的热点。

一、纤维分解酶基因挖掘与利用

瘤胃内的纤维降解体系非常复杂，近年来发展起来的宏基因组学，直接提取特定环境中的总 DNA，将其克隆到可培养的宿主细胞中，通过重组克隆子的功能和序列分析挖掘和利用那些未能培养微生物的基因资源，在研究瘤胃微生物代谢和开发瘤胃微生物资源上展示出强劲的优势。以酵母为基础的表面展示技术是近年来发展起来的真核生物蛋白展示技术，已成功应用于蛋白质相互识别和作用、蛋白质的固定化和定向进化研究，成为蛋白质工程研究的重要工具。引入该技术生产高活性的全细胞催化剂，有助于提高反刍动物和单胃动物对纤维物质的利用效率。

（一）宏基因组学发掘纤维素酶基因

宏基因组学（metagenomics）也称环境基因组学（microbial environmental genomics）、群体基因组学（community genomics）、生态基因组学（ecogenomics）等，是一种以环境样品中的微生物群体基因组为研究对象，以功能基因筛选和测序分析为研究手段，以微生物多样性、种群结构、进化关系、功能活性、相互协作关系及与环境之间的关系为研究目的的新颖的微生物研究方法。它通过免培养技术，研究生境中全部微小生物遗传物质的总和（Handelsman 等，1998），它包含了可培养的和未可培养的微生物的基因，因此增加了获得新生物活性物质的机会，是一条找寻新基因及其产物的新途径。采用构建宏基因组文库的策略筛选瘤胃微生物新的基因资源及其表达活性产物的一般流程如图 2 - 2 所示。

1. 目的基因/基因组富集　在宏基因组文库筛选过程中，目的基因仅占总 DNA 的一小部分，对瘤胃微生物进行预富集可以大大提高目的基因检出率。预富集技术包括全细胞富集和基因/基因组富集。

（1）全细胞富集　全细胞富集是为了筛选一些特定的微生物群体，如纤维分解菌等，

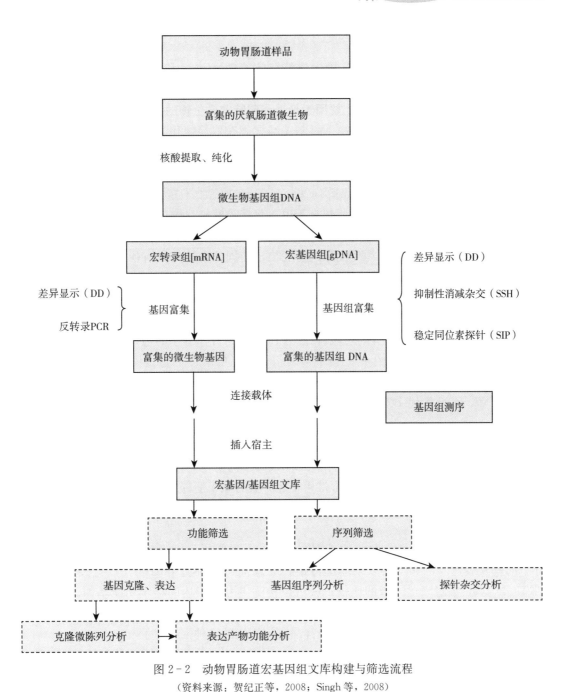

图 2-2　动物胃肠道宏基因组文库构建与筛选流程

（资料来源：贺纪正等，2008；Singh 等，2008）

可以通过差速离心、富集培养、膜生物反应器（membrane coupled bioreactors，MBRs）、流式细胞仪结合凝胶微滴生长分析（gel microdrop growth assay）等方法富集全细胞。

富集培养可以通过底物选择、营养选择和理化选择实现全细胞富集，其中底物选择是最常用的富集培养方法。但是由于富集培养选择性地富集了具有快速生长特性的菌群，会导致大部分物种多样性信息丢失。一般采用严格胁迫条件下短期处理加温和条件巩固的方法克服这种局限。

膜生物反应器是富集慢速生长微生物的有效工具（Chen 和 LaPara，2006）。流式细胞仪结合凝胶微滴生长分析是分离包含慢速生长菌在内的混合微生物的另一有效工具。

（2）基因组和基因的富集　主要用于筛选一些特定微生物的活性成分。应用基因组富集可克服 DNA 纯化中的一些缺陷，使 DNA 纯化和获取简单化。可以通过稳定同位素探针（stable-isotope probing，SIP）、抑制性消减杂交（suppression subtractive hybridization，SSH）、差异显示（differential display，DD）、噬菌体展示（phage-display）、亲和捕获（affinity capture）及 DNA 微阵列（microarray）等技术富集基因组和基因。

①SIP 技术　SIP 技术的主要优势在于可以直接检测微生物群落中具有代谢活性的菌群，而不需要预先知道其特性及在样品中的存在状态。SIP 技术采用稳定同位素（^{13}C 和/或^{15}N）标记底物，通过微生物吸收标记的底物，使同位素掺入具有代谢活性的微生物基因组中，然后再通过一系列的分析技术，探测和分离掺入同位素的基因组。用于同位素标记的生物分子包括来自微生物细胞膜的磷脂脂肪酸和细胞核酸分子（核糖体 RNA 和 DNA）。磷脂脂肪酸-稳定同位素探针技术（PLFA-SIP）适合于一些特定微生物种群如甲烷氧化细菌、乙酸氧化细菌等的功能研究。以 DNA 为目标分子的稳定性同位素探针技术（DNA-SIP），需要使目标微生物的整个基因组得到足够程度的稳定同位素标记，这就需要对受试系统投入大量底物，其试验条件实际上往往偏离了环境微生物真正的原位条件。用 16S RNA 分子替代 DNA 分子作为标记分子，可以克服这一缺陷（Manefield 等，2002）。

②SSH 技术　SSH 是以抑制性 PCR 反应为基础的 cDNA 消减杂交技术，可以选择性扩增差异表达 cDNA 片段，同时抑制非目的 cDNA 的扩增。该方法是一种分离并鉴定组织细胞中选择性表达基因的技术，常被用于区分具有微小遗传差异的两个亲缘关系较近的物种。SSH 技术也可以作为富集宏基因组中特定目的基因的有效技术（Galbraith 等，2004）。

③DD 技术　DD 作为一种目的基因富集手段，通常用于检测某个基因在特定条件诱导下的差异表达。例如，提取某环境污染物处理前后的细胞 mRNA，进行反转录 PCR（RT－PCR），经过表达图谱的比较，就可以检测出上调表达的特定功能基因。虽然 DD 技术需要进行大量的 RT-PCR 反应和阳性克隆鉴定工作，但因其不依赖于已知序列信息和传统培养方法，因此仍然是研究环境样品基因表达的一种强有力手段。

④其他技术　噬菌体展示技术可以通过表面展示蛋白质与免疫受体的多轮结合，使宏基因组中数量较少的 DNA 序列得到富集。亲和捕获在固定载体上连接一段寡核苷酸片段作为接头，便能够富集用该寡核苷酸片段作为特异性引物扩增出来的 DNA 片段，可以用于变性 cDNA 或基因组 DNA 片段的富集。DNA 微阵列技术可以在构建宏基因组之前通过基因标签对特定基因进行预富集；还可以用于宏基因组鸟枪测序前的预筛，以减轻测序任务，并降低序列分析时不匹配序列的比例。

2. 载体的选择和样品核酸的提取

①载体的选择　在宏基因组文库构建的过程中，克隆 DNA 片段是一项必备工作。表

2-1列出了上述克隆载体的结构和插入片段大小。载体选择的原则是有利于目的基因的扩增和表达。载体的选择主要取决于分析目的和宏基因组DNA覆盖样品基因组DNA的程度。

表2-1　DNA克隆载体的比较

载　　体	结　　构	宿主细胞	插入片段长度（kb）
质粒	环状质粒	大肠杆菌	7～10
噬菌体	线状DNA	大肠杆菌	17～20
pBAC引入pUCcos融合后构建的载体Fosmid	环状质粒	大肠杆菌	35～45
黏粒	环状质粒	大肠杆菌	35～47
P1克隆系统	环状质粒	大肠杆菌	70～100
由P1发展的人工染色体PAC	环状质粒	大肠杆菌	100～300
以大肠杆菌F因子为基础构建的质粒载体	环状质粒	大肠杆菌	90～105
细菌人工染色体	环状质粒	大肠杆菌	<350
酵母人工染色体	线状DNA	酵母菌	100～2 000
哺乳动物人工染色体	线状DNA	哺乳类细胞	<10 000

②样品核酸的提取　为了获得大片段DNA用于构建细菌人工染色体文库（BAC文库），Morrison等认为需要采用相对温和的方法处理样品，常用的提取方法是凝胶裂解微生物细胞，再用局部限制性核酸内切酶切割DNA，最后通过脉冲凝胶电泳回收合适大小的DNA。这样处理，一些细胞壁较厚的微生物DNA就抽提不出来。Beja等（2000）采用管式凝胶的形式，将微生物细胞悬浮液包埋在低熔点琼脂糖中制成胶块，用裂解液裂解琼脂包埋块中的微生物细胞，降解其中的蛋白质，使其DNA得以释放出来。该方法提取的DNA较好地反映了群体多样性，但由于瘤胃液相中回收到合适大小DNA的数量有限，因此限制了文库的构建效率。

相对而言，Fosmid文库的构建效率比BAC文库高很多，它可采用强度较大的直接裂解法，如去污剂处理（如十二烷基硫酸钠）、酶解法（如蛋白酶K）、机械破碎法（如珠打）以及高温或冻融法等直接破碎瘤胃食糜中的微生物细胞而使DNA得以释放，因此更适于瘤胃固相黏附微生物研究。异硫氰胍方法（Parrish和Greenberg，1995）可以获得高分子量的基因组DNA用于Fosmid文库的构建。

3. 宿主的选择和宏基因组文库的筛选

①宿主的选择　选择适宜的宿主细胞是重组基因高效克隆或表达的前提之一。宿主的选择主要考虑到转化效率、宏基因的表达、重组载体在宿主细胞中的稳定性以及目标性状的筛选等。对于任何宏基因组来源的基因来说，大肠杆菌（*Escherichia coli*）依然是比较理想的克隆和表达宿主。但在后续的文库筛选过程中，大肠杆菌不能很好地转录和剪切革兰氏阳性菌、原虫和真菌的基因，所以往往会导致文库筛选效率不高（Gabor等，2004）。

②宏基因组文库的筛选　根据研究目的，宏基因组文库的筛选通常有两种方法：功能筛选（function driven screening）和序列筛选（sequence driven screening）。

功能筛选法是根据重组克隆产生的活性进行筛选，可用于检测编码新型酶的全部新基因或者获取新的生物活性物质，该法对全长基因及功能基因的产物具有选择性。其最大的缺点是要依靠宿主菌株的表达，且受检测手段的局限，工作量大、效率低，往往需要分析成千上万个克隆才能获得 10 多个活性克隆（朱雅新等，2007）。

序列筛选法是根据已知相关功能基因的保守序列设计探针或 PCR 引物，通过杂交或 PCR 扩增筛选阳性克隆子（Knietsch 等，2003）。用这种方法有可能筛选到某一类结构或功能蛋白质中的新分子。其优点是不必依赖宿主菌株来表达克隆基因，已建立的杂交或 PCR 扩增技术可用于筛选工作，且基于 DNA 的操作有可能利用基因芯片技术而大大提高筛选效率。其缺点是必须对相关基因序列有一定的了解，较难发现全新的活性物质，也很难获得全序列。

4. 瘤胃宏基因组学在纤维分解酶基因挖掘中的应用　由于瘤胃微生物的存在，反刍动物可有效地利用低质粗饲料，这是连续、高效的生产过程，为此瘤胃微生物纤维分解酶和新型产物开发受到饲料业、食品、造纸和纺织业的关注。反刍动物营养研究者更关注的是更好地利用宏基因组学去研究瘤胃微生物的多样性、种群结构、进化关系、功能活性、相互协作关系、瘤胃微生物的代谢通路，以更好地提高饲料的利用效率，减少环境污染，改善肉品质、乳品质等。表 2-2 列出了目前瘤胃宏基因组学的主要研究方向。

表 2-2　宏基因组学在瘤胃微生物和酶研究中的应用

	研究方向	样品来源	成　果
酶	乙酰木聚糖酯酶（R.44）	牛	鉴别了新的瘤胃微生物水解酶，分析这些酶的分子特性（Lopez-Cortes 等，2007）
	复合糖基水解酶	牛	鉴定该复合酶的酶学特性，说明该复合酶具有潜在工业价值（Palackal 等，2007）
	Cel5A 和 *Xyl3A* 编码的糖基水解酶	奶牛	筛选获得糖基水解酶阳性克隆（Shedova 等，2009a），表达 *Cel5A* 和 *Xyl3A* 基因，分析了表达产物的酶学特性（Shedova 等，2009b）
	粗饲料特有的糖苷水解酶	牛	产酶微生物先是黏附植物多糖易被消化的支链，而不是难于消化的主链。瘤胃中该酶浓度受日粮影响（Brulc 等，2009）
	β-葡萄糖苷酶	水牛	克隆、表达一个新的 β-葡萄糖苷酶基因，并分析了其表达产物的酶学特性。证实该酶在同步糖化共发酵工艺发酵生产酒精中有潜在应用价值（郭鸿等，2008）
	耐酸纤维素酶	水牛	筛选到一个新的纤维素酶基因，该基因编码的纤维素酶在 pH 3.5～10.5 情况下酶活性稳定（Duan 等，2009）
	纤维素酶、淀粉酶	荷斯坦奶牛	获得具有淀粉酶活性的克隆 16 个，纤维素酶活性的克隆 26 个（朱雅新等，2007）
	木聚糖酶	湖羊	获得具有木聚糖酶活性的克隆 18 个（王佳堃等，2010）

（续）

研究方向		样品来源	成　果
酶	RA. 04（α-淀粉酶）	牛	鉴别和分析了该酶的特性（Ferrer 等，2007）
	RL-5 基因编码的多酚氧化酶	牛	纯化了该酶，并描述其酶学特性，以用于工业生产（Beloqui 等，2006）
	脂肪酶	荷斯坦奶牛	揭示了酶的作用底物和酶学特性，认为其可能是潜在的瘤胃脂肪酸代谢调控位点（Liu 等，2009）
微生物	瘤胃微生物	牛（SSH 富集）	在分子水平上揭示了瘤胃古细菌生态群体的复杂性（Galbraith 等，2004）

（二）酶的体外定向进化

蛋白质工程技术，包含理性设计和非理性设计两种方法。传统的理性设计是指在预先知道蛋白质的三维结构、功能位点及其他化学特性等信息的前提下，采用定点突变改变或者修饰蛋白质分子中的个别氨基酸残基，从而产生具有新性状的蛋白质分子突变体的方法（王黎等，2009）。其优点是可以准确控制突变位点，探究关键性功能位点与蛋白质性质之间的关系。

然而，蛋白质的序列、残基、结构及功能关系等信息很难获取，因此在实际应用时，理性设计受到很大的限制（徐卉芳等，2002）。针对理性设计的不足，研究者开发出一种不需要蛋白质分子的准确结构信息，通过随机突变、基因重组、定向筛选等对蛋白质进行改造的新方法，称为蛋白质的非理性设计，也称为蛋白质的定向进化。定向进化（directed evolution）是在实验室中模拟达尔文的自然进化，利用基因的突变和重组，从体外改造蛋白质的基因，产生基因多样性，并结合定向的筛选最终获得预期性质的进化蛋白质（方柏山和郑嫒嫒，2004）。定向进化主要包括突变文库的构建、功能表达和文库筛选（选择）3 个步骤，其核心是突变库的构建和筛选（图 2-3）（Turner，2003）。

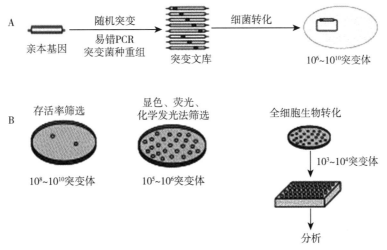

图 2-3　定向进化过程

A. 突变文库构建　B. 文库筛选

1. 突变文库的构建　Arnold 和 Georgious 认为定向进化的第一步是构建基因突变文库，突变文库的库容及多样性是酶分子体外定向进化的基础，常用的方法是无性突变和（或）有性重组。

（1）无性突变　无性突变是指发生在单一分子内部的突变，比较常用的方法是易错 PCR（error-prone PCR，EP-PCR）。易错 PCR 是定向进化最早采用的一种建库方法，由 Leung 等（1989）提出，后经 Cadwell 和 Joyce 改良。其原理是在体外扩增目的基因时，通过改变 PCR 的条件，如提高 Mg^{2+} 浓度、调整反应体系中 4 种脱氧核糖核苷三磷酸（dNTP）的浓度、加入 Mn^{2+}、降低退火温度或采用低保真度的 Taq 酶等，以一定的突变频率向目的基因中引入突变，以获得蛋白质基因的随机突变体。易错 PCR 的原理简单，操作简便，对亲本基因的限制条件不多，而且可以和其他突变方法结合使用，因此应用十分广泛。

（2）有性重组　随着人们对酶进化的期望越来越高，定向进化技术也在不断地发展和成熟。有性重组模拟自然进化中的基因重组，其产生有益突变的比例显著高于无性突变，弥补了无性突变的不足，极大地拓宽了定向进化的操作空间。有性重组中最具代表性的是 Stemmer 于 1994 年建立的 DNA 重排技术（DNA shuffling），其原理是用脱氧核糖核酸酶Ⅰ（DNaseⅠ）切割一组含有不同点突变的基因片段，得到一系列 50～100bp 的随机片段，经过不加引物的多次 PCR 循环，片段之间互为引物和模板进行随机扩增，直至获得全长的基因，实现不同基因片段的重组。其优势是可以有效积累有益突变，排除有害和中性突变，同时也能实现蛋白质多种特性的共进化。

由于 DNA 重排的前提是存在一组含有不同点突变的基因片段，因此常将 DNA 重排和易错 PCR 等进化方法结合使用。Miyazaki 等（2006）将易错 PCR、饱和诱变、DNA 重排 3 种方法结合在一起定向进化来自枯草芽孢杆菌（*Bacillus subtilis*）的木聚糖酶的热稳定性，得到的突变体热稳定性显著增加，在 60 ℃条件下，亲本型 5 min 内就失去了活性，而突变体的酶活性可维持 2 h。Zhang 等（2010）采用易错 PCR 和基于 DNA 重排的家族重排（family shuffling）技术，结合蛋白质半理性设计定向进化来源于嗜热脂肪芽孢杆菌（*Geobacillus stearothermophilus*）的木聚糖酶的热稳定性，经筛选的突变体酶的最适温度从 77 ℃上升至 87 ℃，催化效率提高 90%。

2. 突变文库的筛选　定向进化是改造蛋白质分子的一种有效策略，通过上述介绍的方法构建突变文库很容易实现，但因为构建的突变文库十分庞大，确定一个简单、灵敏、高通量的筛选方法，从大容量的文库中寻找到理想的克隆，是关乎定向进化成功的关键因素。由于突变基因文库通常被亚克隆，并在微生物中表达成蛋白质，因此筛选过程的首要任务是用物理手段分离各个细胞，以检测单个细胞或克隆；然后用酶检测技术或其他信号检测技术进行检测，将符合要求的蛋白质分离出来（方柏山等，2005）。

目前常用的筛选方法有平板筛选和基于荧光或显色反应的筛选两种。

（1）平板筛选　平板筛选是一种传统的筛选方法，集基因分离、表达、筛选于一体，操作较为简单，它是在特殊条件下培养突变菌，通过向固体培养基中添加或去除特定成分（如抗生素、必需氨基酸、底物等）或者改变培养条件（如温度、pH 等），使突变菌表达产物后出现生长、颜色、荧光等可被直接观测的特征变化，以此判断突变菌是否具有目的基因、目的基因是否表达、表达产物有无活性及活性大小等。该筛选方法具有简便、快速、直观等优点，但是也存在一些不足，如菌落密集影响客观判断、产物扩散影响筛选灵敏度等。尤其是在酶的定向进化研究中，平板筛选局限于底物特异性、酶活性等方向的筛选，对于酶的最适 pH、最适温度、稳定性等突变方向，仍需要以可测定的酶促反应结果来筛选。因此，在酶的定向进化研究中，常将平板筛选作为初步筛选的手段，将荧光或显色反应的方法作为复筛的手段。

（2）基于荧光或显色反应的筛选　其原理是根据酶与底物作用后产生的荧光基团或者生成显色的产物，通过测定荧光信号或者在特定波长下的吸光值，以此作为筛选的标准（王楠和马荣山，2007）。例如，常用的 3，5-二硝基水杨酸（3，5-dinitrosalicylic acid，DNS）法，其原理是 DNS 与酶水解底物后产生的还原糖发生氧化还原反应，产物在煮沸条件下显棕红色，且在一定范围内颜色深浅与还原糖含量成比例关系，利用比色法测定还原糖含量，以达到筛选突变体的目的。该方法需要结合 96 孔板、酶标仪等设备以提高筛选效率。

（三）酶的高效表达

酵母表面展示（yeast surface display）是一项新的基因操作技术。它使外源目的基因在酵母细胞中表达产生的多肽以融合蛋白的形式锚定在酵母细胞表面（Lee 等，2003），保持相对独立的空间结构和生物活性。这项技术可以用于研究多肽的性质、相互识别和作用，筛选特定功能的多肽结构，实现蛋白质的固定化和定向进化（王佳堃等，2011）。目前其已成功应用于疾病诊断、疫苗开发、生物传感器、生物吸附剂、疾病诊断、全细胞催化剂、筛选平台等领域（Wernérus 和 Ståhl，2004）。由于酵母是一种食品级的高蛋白质单细胞微生物，其本身可以作为饲料添加剂补充到动物日粮中，将该展示技术引入木聚糖酶研究领域，可生产出全细胞的木聚糖酶，这种全细胞木聚糖酶无需分离提纯，可作为一种固定化的酶制剂直接应用到动物生产中去，这大大简化了木聚糖酶生产的步骤，降低了生产成本。不仅如此，固定化酶还具有稳定性高、酶可反复使用、不污染环境等优点。

1. 酵母表面展示系统　1982 年，Dulbeclo 首次提出了展示（display）概念。1985年，Smith 首次阐明噬菌体表面表达技术，标志着微生物表面展示工程技术的建立。随着科学研究的不断深入，人们又建立了 λ 噬菌体、T4 噬菌体、T7 噬菌体、细菌、杆状病毒、酵母等多种表面展示系统。其中，酵母细胞表面展示系统是一种真核生物蛋白表达系统，最早由 Wittrup 于 1997 年在实验室建立起来，于 2001 年被卖给 Abbott 实验室，一直被应用于蛋白质工程领域。酵母表面展示系统由三部分组成：目的基因（编码外源目的的蛋白）、载体蛋白和宿主细胞（Lee 等，2003）。其基本原理是将外源目的基因与特定的载体基因序列融合后导入酵母细胞，诱导表达融合蛋白后，在信号肽的引导下，向细胞外分泌融合蛋白。由于融合蛋白含有锚定酵母细胞壁的结构，可将融合蛋白锚定在酵母细胞壁中，从而将外源蛋白分子固定化表达在酵母细胞表面（Pepper 等，2008）。

（1）酵母的表面结构　酵母是单细胞真核微生物，其细胞壁主要由 β-1，3-葡聚糖、β-1，6-葡聚糖和甘露糖蛋白组成，重量达细胞干重的 25%，呈三明治状。其外层为甘露聚糖（mannan），内层为葡聚糖（glucan），中间夹着一层蛋白质（包括葡聚糖酶、甘露糖酶等多种酶）。其中，甘露聚糖以共价键的形式镶嵌在细胞壁的表面，与内层葡聚糖相连，葡聚糖维持细胞壁的强度，甘露聚糖决定了大多数酵母菌细胞壁表面的特异性。a-凝集素和α-凝集素是酵母细胞壁上的两种甘露糖蛋白，它们可以介导细胞之间的交配融合（Watzele等，1988）。在酵母絮凝过程中，絮凝基因编码的絮凝蛋白与邻近细胞壁的甘露糖蛋白结合，致使多细胞聚集（Kobayashi等，1998）。

（2）酵母表面展示的类型　根据外源目的蛋白与酵母细胞壁蛋白的融合部位不同，酿酒酵母表面展示系统主要分为凝集素系统（agglutinin system）和絮凝素系统（flocculin system）。凝集素系统利用a-凝集素（Aga）和α-凝集素（Agα）这两个甘露糖蛋白将外源蛋白或者多肽表达到酵母细胞表面，因此分为a-凝集素系统和α-凝集素系统。絮凝素系统分为糖基磷脂酰肌醇（glycosyl phosphatidy linostitol，GPI）锚定系统和絮凝结构域锚定系统，它类似α-凝集素系统，絮凝素是有 *FLO1* 基因编码的酵母细胞壁蛋白，在细胞表面的絮凝反应中起到关键性的作用。α-凝集素仅有1个核心亚基，而a-凝集素包含2个核心亚基，分别由 *Aga1* 和 *Aga2* 编码，亚基之间通过二硫键相连。*Aga1* 编码的核心亚基C端与酵母细胞壁葡聚糖共价结合，*Aga2* 编码的核心亚基C端与目的蛋白融合，即目的蛋白的N端与a-凝集素 *Aga2* 亚基的C端融合，通过二硫键的连接以及 *Aga1* 亚基与细胞壁表面的结合，最终实现目的蛋白的细胞表面展示。鉴于二硫键的特殊性，通过a-凝集素系统展示的目的蛋白，既可以作为整体研究全细胞蛋白质的特性（Yeasmin等，2011），也可以还原二硫键，将展示蛋白从细胞壁上切割下来单独研究（Blazic等，2013）。

2. 酵母表面展示的应用　近年来，酵母表面展示系统在多种酶蛋白的表达中得到了应用，并取得了很多的科研成果。在宿主的选择方面，一般选择毕赤酵母或酿酒酵母，且由于酿酒酵母是一种安全、绿色的高蛋白质单细胞食品级微生物，符合食品和医药生产的安全要求，因此在宿主选择时，会更多考虑酿酒酵母。

Blazic等（2013）同样选择a-凝集素系统，将定向进化后的一段葡糖氧化酶和野生型酶展示在酿酒酵母EBY100上，然后通过加入β-巯基乙醇将二硫键还原，最后再通过离心得到融合蛋白。通过对融合蛋白进行研究，发现融合蛋白与非融合蛋白的最适pH均为5，并未发生改变，提示将酵母表面展示引入定向进化领域，优化某pH下的酶活性是可行的。

Han等（2009）为了提高一个脂肪酶的热稳定性，采取理性设计和表面展示技术相结合的方式对脂肪酶的热稳定性进行优化。经过鉴定发现，二硫键的加入确实提高了脂肪酶的热稳定性，同时展示的脂肪酶与非展示的脂肪酶相比，其热稳定性显著提高，说明了酵母表面展示对脂肪酶的热稳定性提高有着十分重要的促进作用。

尽管酵母蛋白的分泌成熟过程与其他真核细胞存在一定的差异，表达量不高，且生产过程中产生的酒精往往会抑制酵母的持续生长，但由于酵母生长快，易于培养，展示蛋白在细胞表面稳定，转入基因可在子代细胞中稳定表达，且酿酒酵母符合食品和医药生产的安全要求，因此近年来酵母表面展示技术发展迅猛，已成为蛋白质工程研究的功能平台。

二、尿素分解菌的筛选与抑制

瘤胃细菌具有水解尿素的能力，可将日粮中添加的外源尿素和经由血液循环进入瘤胃的内源尿素迅速水解成氨，为自身生长提供所需氮源。实际生产中，常以适量尿素替代部分日粮氮，以达到降低生产成本的目的。分布于瘤胃乳头上皮层的尿素转运蛋白是血液中的内源尿素向瘤胃内转运的主要载体，其受瘤胃内氨浓度和血液中尿素浓度的影响，调控内源尿素的转运。瘤胃中参与尿素代谢的细菌种类繁多，主要来源于厚壁菌门（Firmicutes）、放线菌门（Actinobacteria）和变形菌门（γ-Proteobacteria），此外，在未培养菌中也发现了大量的尿素分解菌。脲酶是瘤胃尿素代谢的关键限速酶，可催化尿素迅速水解成氨和二氧化碳。然而，瘤胃细菌水解尿素的速度是氨同化作用速度的 4 倍，瘤胃中尿素的快速水解将导致瘤胃细菌尿素氮利用效率的降低。瘤胃中过量的氨，穿过瘤胃壁进入血液将升高动物机体氨中毒的概率；或以尿氮或粪氮的形式排出动物机体造成氮素的浪费及对环境的污染。

（一）参与尿素代谢的瘤胃细菌种类

瘤胃中尿素分解菌是一类参与氮代谢的菌群，它们分布于瘤胃壁上皮和瘤胃内容物中，借助自身合成的脲酶将尿素分解为氨，供自身或者其他类细菌利用。以微生物纯培养技术为研究手段，鉴定出反刍动物瘤胃内的尿素分解菌主要来自链球菌属（*Streptococcus*）、葡萄状球菌属（*Staphylococcus*）、摩根氏菌属（*Morganella*）、乳酸杆菌属（*Lactobacillus*）、双歧杆菌属（*Bifidobacterium*）、月形单胞菌属（*Selenomonas*）、埃希氏菌属（*Escherichia*）和肠球菌属（*Enterococcus*）（Laukova 和 Koniarova，1995）。

赵圣国等（2010）利用脲酶保守序列 *ureC* 基因引物和细菌 16S rDNA 基因通用引物 PCR 扩增奶牛瘤胃微生物 BCA 文库中的脲酶克隆，测序发现奶牛瘤胃中产脲酶的细菌具有多样性，分布于志贺氏杆菌属（*Shigella*）、芽孢杆菌属（*Bacillus*）、不动杆菌属（*Acinetobacter*）、无色杆菌属（*Achromobacter*）和某些未培养的菌中。Jin 等（2016）以尿素和脲酶抑制剂（乙酰氧肟酸）分别作为尿素分解菌的激活剂和抑制剂，通过高通量测序技术研究细菌 16S rRNA 基因变化，发现瘤胃优势尿素分解菌有假单胞菌属（*Pseudomonas*）、链球菌属（*Streptococcus*）、嗜血杆菌属（*Haemophilus*）、芽孢杆菌属（*Bacillus*）、奈瑟菌属（*Neisseria*）、放线菌属（*Actinomyces*）和琥珀酸弧菌科（Succinivibrionaceae）。随后 Jin 等（2017）利用 *ureC* 基因高通量测序揭示甲基球菌科（Methylococcaceae）、梭菌科（Clostridiaceae）、类芽孢杆菌科（Paenibacillaceae）、螺杆菌科（Helicobacteraceae）、草酸杆菌科（Oxalobacteraceae）和嗜甲基菌科（Methylophilaceae）具尿素分解活性。

（二）瘤胃细菌代谢尿素的生理机制及其调控途径

1. 瘤胃细菌代谢尿素的生理机制　脲酶催化尿素水解成氨和二氧化碳，是反刍动物瘤胃细菌代谢尿素的重要生理途径。各种细菌的脲酶由于细菌种类及细菌生存环境的不同，在生化性质上表现出了较大的差异，但是，不同来源的脲酶活性位点的氨基酸序列和脲酶的激活方式是相同的（Kim 等，2014）。脲酶催化尿素水解的反应，首先是尿素分子中的氧原子对镍原子（Ni）配对空位的攻击，完成尿素分子与脲酶活性位点的结合。随后，尿素分子中碳原子和镍原子之间起连接作用的羟基被攻击，从而形成了一个四面体样的转化位点。同时，氨与带负电荷的氨基甲酸酯从脲酶的活性位点上释放出来。释放出的带负电荷的氨基甲酸酯会迅速裂解出另外一分子的氨。在反刍动物瘤胃中，1 分子尿素水解释放出的 2 分子氨，可以直接进入瘤胃微生物的氨同化作用，参与瘤胃微生物的氮代谢。

2. 瘤胃细菌代谢尿素的调控途径　尿素衍生物、硫醇、乙酰氧肟酸、磷酸酰胺/酯、磷酸盐、硼化物、氟化物、金属离子、铋化合物、醌类和精油都具有抑制脲酶活性的作用（张永根等，2002）。

①尿素衍生物　尿素衍生物主要有羟基脲、甲酰胺、硫脲和乙脲，抑制脲酶活性能力较弱。

②乙酰氧肟酸　乙酰氧肟酸被用于抑制植物、细菌、真菌和土壤脲酶活性。

③磷酸酰胺/酯　磷酸酰胺类和酯类能缓慢抑制脲酶活性，是比较强的抑制剂。

④磷酸盐　磷酸盐缓冲液依赖于 pH 抑制脲酶活性，可在中性 pH 范围内抑制脲酶活性（Benini 等，2001）。

⑤硼化物　硼酸属于快速结合型脲酶抑制剂，但抑制力较弱。硼酸在 pH 为 6～9 时具有最强的抑制能力（Leopoldini 等，2008）。

⑥氟化物　氟化物具有独特的抑制特点，对于产气克雷伯氏菌脲酶来说，氟化物属于非竞争性缓慢抑制剂；而对于刀豆脲酶，F^- 易于结合到镍原子上，属于竞争性抑制，或者是竞争性缓慢抑制（Todd 等，2000）。

⑦金属离子　重金属离子能抑制植物和细菌脲酶活性，抑制能力依次为 $Hg^{2+} \approx Ag^+ > Cu^{2+} > Ni^{2+} > Cd^{2+} > Zn^{2+} > Co^{2+} > Fe^{3+} > Pb^{2+} > Mn^{2+}$（Zaborska 等，2004），其中 Hg^{2+}、Ag^+、Cu^{2+} 属于缓慢结合的非竞争性抑制剂，具有最强的抑制剂效果（Krajewska，2008）。

⑧醌类　醌类属于非竞争性抑制（Ashiralieva 等，2003）。

⑨其他　酮类（Tanaka 等，2003）、大蒜素（Juszkiewicz 等，2003）、中草药（Khan 等，2006）、植物精油（Hassani 等，2009）均具有一定的脲酶抑制能力。

由于瘤胃环境的复杂性，人们对参与瘤胃尿素代谢的细菌种类及关键限速酶的认识仍然十分有限。因此，加深对瘤胃尿素分解菌和瘤胃脲酶的进一步深入研究，将有望从细菌角度和脲酶的分子水平上开展对瘤胃尿素代谢的调控。

（王佳堃　撰稿）

参考文献

方柏山，洪燕，夏启容，2005. 酶体外定向进化（Ⅱ）文库筛选的方法及其应用 [J]. 华侨大学学报（自然科学版），26（2）：113-116.

方柏山，郑媛媛，2004. 酶体外定向进化（Ⅰ）突变基因文库构建技术及其新进展 [J]. 华侨大学学报（自然科学版），25（4）：337-342.

冯国栋，2009. 湖羊瘤胃未培养微生物中木聚糖酶基因的克隆和表达 [D]. 浙江：浙江工业大学.

郭鸿，封毅，莫新春，等，2008. 水牛瘤胃宏基因组的一个新的β-葡萄糖苷酶基因 umcel3G 的克隆、表达及其表达产物的酶学特性 [J]. 生物工程学报，24（2）：232-238.

贺纪正，张丽梅，沈菊培，等，2008. 宏基因组学（Metagenomics）的研究现状和发展趋势 [J]. 环境科学学报，28（2）：209-218.

黄庆生，王加启，2005. 添加不同酵母培养物对瘤胃纤维分解菌群和纤维素酶活的影响 [J]. 畜牧兽医学报，36（2）：144-148.

沈恒胜，陈君琛，汤葆莎，等，2006. 生物去硅化作用对提高稻草降解率的处理效果探讨 [J]. 中国农业科学，39（2）：406-411.

沈萍，2006. 微生物学 [M]. 2版. 北京：高等教育出版社.

王加启，冯仰廉，1996. 不同来源可发酵碳水化合物和可降解氮合成瘤胃微生物蛋白质效率的研究 [J]. 畜牧兽医学报，27：97-103.

王佳堃，安培培，刘建新，2010. 湖羊瘤胃微生物 Fosmid 文库的构建和分析 [J]. 动物营养学报，22（2）：341-345.

王佳堃，孙中远，刘建新，2011. 酵母细胞表面展示技术 [J]. 动物营养学报，23（11）：1847-1853.

王黎，袁红霞，曾家豫，等，2009. 酶分子定向进化的最新研究进展及应用 [J]. 甘肃医药，28（1）：24-27.

王楠，马荣山，2007. 酶分子体外定向进化的研究进展 [J]. 生物技术通报，2：63-66.

王中华，林雪彦，李富昌，等，2002. 莫能菌素浓度对混合瘤胃微生物体外发酵的影响 [J]. 动物营养学报，14（4）：59-62

谢晚彬，谢和芳，2005. 蛋白质定向进化的研究技术及应用 [J]. 中国生物工程杂志，25（B04）：16-18.

徐卉芳，张先恩，张用梅，2002. 体外分子定向进化研究进展 [J]. 生物化学与生物物理进展，29（4）：518-522.

杨金龙，潘康成，王振华，2006. 瘤胃厌氧真菌的研究进展 [J]. 中国饲料，15：8-11.

张倩，王加启，傅庆民，等，1997. 不同浓度脲酶抑制剂提高奶牛产量效果的研究 [J]. 中国奶牛，3：15-16.

张永根，单安山，2002. 新型脲酶抑制剂对绵羊瘤胃酶活性和细菌总数的影响 [J]. 动物营养学报，2：23-6.

赵圣国，王加启，刘开朗，等，2010. 宏基因组学方法分析奶牛瘤胃尿素分解菌的多样性 [J]. 中国农业大学学报，15（1）：55-61.

朱伟云，2004. 瘤胃微生物 [M] //冯仰廉. 反刍动物营养学. 北京：科学出版社，1-130.

朱雅新，王加启，马润林，等，2007. 荷斯坦奶牛瘤胃微生物元基因组 BAC 文库的构建与分析 [J]. 微生物学报，47（2）：213-216.

Abcia L，Toral P G，Martin-Garcia A I，et al，2012. Effect of bromochloromethane on methane emission rumen fermentation pattern milk yield and fatty acid profile in lactating dairy goats [J]. Journal of Dairy Science, 4: 2027 - 2036.

Adams J J, Pal G, Jia Z C, et al, 2006. Mechanism of bacterial cell-surface attachment revealed by the structure of cellulosomal type II cohesin-dockerin complex [J]. Proceeding of the National Academy of Sciences of the United States of America, 103: 305 - 310.

Akin D E, 1989. Histological and physical factors affecting digestibility of forages [J]. Agronomy Journal, 81: 17 - 23.

Akin D E, Gordon G L R, Hogan J P, 1983. Rumen bacterial and fungal degradation of Digitaria pentzii growth with or without sulfur [J]. Applied and Environmental Microbiology, 46: 738 - 748.

Akselband Y, Cabral C, Castor T P, et al, 2006. Enrichment of slow-growing marine microorganisms from mixed cultures using gel microdrop (GMD) growth assay and fluorescent-activated cell sorting [J]. Journal of Experimental Marine Biology Ecology, 329: 196 - 205.

Ametaj B N, Zebeli Q, Saleem F, et al, 2010. Metabolomics reveals unhealthy alterations in rumen metabolism with increased proportion of cereal grain in the diet of dairy cows [J]. Metabolomics, 6 (4): 583 - 594.

Arnold F H, Volkov A A, 1999. Directed evolution of biocatalysts [J]. Current Opinion in Chemical Biology, 3 (1): 54 - 59.

Ashiralieva A, Kleiner D, 2003. Polyhalogenated benzo-and naphthoquinones are potent inhibitors of plant and bacterial ureases [J]. FEBS Letters, 555 (2): 367 - 370.

Bae H J, Turcotte G, Chamberland H, et al, 2003. A comparative study between an endoglucanase IV and its fused protein complex Cel5 - CBM6 [J]. FEMS Microbiology Letters, 227: 175 - 181.

Baldwin R L, McLeod K R, Klotz J L, et al, 2004. Rumen development, intestinal growth and hepatic metabolism in the pre-and postweaning ruminant [J]. Journal of Dairy Science, 87: E55 - E65.

Barton L L, Fauque G D, 2009. Biochemistry, physiology and biotechnology of sulphate-reduring bacteria [J]. Advances in Applied Microbiology, 68: 41 - 98.

Bauchop T, 1981. The anaerobic fungi in rumen fibre digestion [J]. Agriculture and Environment, 6: 339 - 348.

Bayer E A, Shimon L J W, Lamed R, et al, 1998. Cellulosomes: structure and ultrastructure [J]. Journal of Structural Biology, 124: 221 - 234.

Beauchemin K A, Kreuzer M, O'Mara F, et al, 2008. Nutritional management for enteric methane abatement: A review [J]. Australian Journal of Experimental Agriculture, 48: 21 - 27.

Beiranvand H, Ghorbani G R, Khorvash M, et al, 2014. Interactions of alfalfa hay and sodium propionate on dairy calf performance and rumen development [J]. Journal of Dairy Science, 97 (4): 2270 - 2280.

Beja O, Suzuki M T, Koonin E V, et al, 2000. Construction and analysis of bacterial artificial chromosome libraries from a marine microbial assemblage [J]. Environmental Microbiology, 2: 516 - 529.

Belanche A, Balcells J, de la Fuente G, et al, 2010. Description of development of rumen ecosystem by PCR assay in milk-fed, weaned and finished lambs in an intensive fattening system [J]. Journal of Animal Physiology and Animal Nutrition (Berl)，94 (5)：648 – 658.

Beloqui A，Pita M，Polaina J，et al，2006. Novel polyphenol oxidase mined from a metagenome expression library of bovine rumen：biochemical properties，structural analysis，and phylogenetic relationship [J]. The Journal of Biological Chemistry，281：22933 – 22942.

Benchaar C，Petit H V，Berthiaume R，et al，2007. Effects of essential oils on digestion ruminal fermentation rumen microbial populations milk production and milk composition in dairy cows fed alfalfa silage or corn silage [J]. Journal of Dairy Science，2 (90)：886 – 897.

Benini S，Rypniewski W R，Wilson K S，et al，1999. A new proposal for urease mechanism based on the crystal structures of the native and inhibited enzyme from Bacillus pasteurii；why urea hydrolysis costs two nickels [J]. Structure，7 (2)：205 – 216.

Benini S，Rypniewski W R，Wilson K S，et al，2000. The complex of *Bacillus pasteurii* urease with acetohydroxamate anion from X-ray data at 1. 55 A resolution [J]. Journal of Biological Inorganic Chemistry，5 (1)：110 – 118.

Benini S，Rypniewski W R，Wilson K S，et al，2001. Structure-based rationalization of urease inhibition by phosphate：novel insights into the enzyme mechanism [J]. Journal of Biological Inorganic Chemistry，6 (8)：778 – 790.

Bhat S，Wallace R J，Ørskov E R，1990. Adhesion of cellulolytic ruminal bacteria to barley straw [J]. Applied and Environmental Microbiology，56：2698 – 2703.

Bhatta R，Uyeno Y，Tajima K，et al，2009. Difference in the nature of tannins on in vitro ruminal methane and volatile fatty acid production and on methanogenic archaea and protozoal populations [J]. Journal of Dairy Science，92 (11)：5512 – 5522.

Bird S H，Leng R A，1978. The effects of defaunation of the rumen on the growth of cattle on low-protein high-energy diets [J]. British Journal of Nutrition，40：163 – 167.

Blazic M，Kovacevic G，Prodanovic O，et al，2013. Yeast surface display for the expression，purification and characterization of wild-type and B11 mutant glucose oxidases [J]. Protein Expression and Purification，89 (2)：175.

Boder E T，Wittrup K D，1997. Yeast surface display for screening combinatorial polypeptide libraries [J]. Nature Biotechnology，15 (6)：553 – 557.

Bonhomme A，1990. Rumen ciliates：their metabolism and relationships with bacteria and their hosts [J]. Animal Feed Science and Technology，30 (3 – 4)：203 – 266.

Boschker H T S，Nold S C，Wellsbury P，et al，1998. Direct linking of microbial populations to specific biogeochemical processes by ^{13}C – labelling of biomarkers [J]. Nature，392：801 – 805.

Bourquin L D，Garleb K A，Merchen N R，et al，1990. Effects of intake and forage level on site and extent of digestion of plant cell wall monomeric components by sheep [J]. Journal of Animal Science，68：2479 – 2495.

Bowler L D，Hubank M，Spratt B G，1999. Representational difference analysis of cDNA for the detection of differential gene expression in bacteria：development using a model of iron-regulated gene expression in Neisseria meningitides [J]. Microbiology，145：3529 – 3537.

Brakmann S，2001. Discovery of superior enzymes by directed molecular evolution [J]. Chembiochem A European Journal of Chemical Biology，2 (12)：865 – 871.

Breznak J A，Switzer J M，1986. Acetate synthesis from H_2 plus CO_2 by termite gut microbes [J].

Applied and Environmental Microbiology, 52: 4623 - 4630.

Brulc J M, Antonopoulos D A, Miller M E B, et al, 2009. Gene-centric metagenomics of the fiber-adherent bovine rumen microbiome reveals forage specific glycoside hydrolases [J]. Proceedings of the National Academy of Sciences of the United States of America, 106: 1948 - 1953.

Brzostowicz P C, Waiters D M, Thomas S M, et al, 2003. mRNA differential display in a microbial enrichment culture: simultaneous identification of three cyclohexanone monooxygenases from three species [J]. Applied and Environmental Microbiology, 69: 334 - 342.

Callaway T R, Alexandra M S, Melo C D, et al, 1997. The effect of nisin and monensin on ruminal fermentations in vitro [J]. Current Microbiology, 35: 90 - 96.

Carulla J E, Kreuzer M, Machmüller, et al, 2005. Supplementation of Acacia mearnsii tannins decreases methanogenesis and urinary nitrogen in forage-fed sheep [J]. Australian Journal of Agricultural Research, 56: 951 - 969.

Chaucheyras-Durand F, Fonty G, Bertin G, et al, 1995. In vitro H_2 utilization by a ruminal acetogenic bacterium cultivated alone or in association with an archaea methanogen is stimulated by a probiotic strain of *Saccharomyces cerevisiae* [J]. Applied and Environmental Microbiology, 61: 3466 - 3467.

Chaucheyras-Durand F, Masséglia S, Fonty G, et al, 2010. Influence of the composition of the cellulolytic flora on the development of hydrogenotrophic microorganisms, hydrogen utilization, and methane production in the rumens of gnotobiotically reared lambs [J]. Applied and Environmental Microbiology, 76 (24): 7931 - 7937.

Chaudhary L C, Srivastava A, Singh K K, 1995. Rumen fermentation pattern and digestion of structural carbohydrates in buffalo (*Bubalus bubalis*) calves as affected by ciliate protozoa [J]. Animal Feed Science and Technology, 56: 111 - 117.

Chen K, Arnold F H, 1991. Enzyme engineering for nonaqueous solvents: random mutagenesis to enhance activity of subtilisin E in polar organic media [J]. Nature Biotechnology, 9 (11): 1073 - 1077.

Chen K, Arnold F H, 1993. Tuning the activity of an enzyme for unusual environments: sequential random mutagenesis of subtilisin E for catalysis in dimethylformamide [J]. Proceedings of the National Academy of Sciences, 90 (12): 5618 - 5622.

Chen R, LaPara T M, 2006. Aerobic biological treatment of low-strength synthetic wastewater in membrane-coupled bioreactors: the structure and function of bacterial enrichment cultures as the net growth rate approaches zero [J]. Microbial Ecology, 51: 99 - 108.

Chen X L, Wang J K, Wu Y M, et al, 2008. Effects of chemical treatments of rice straw on rumen fermentation characteristics, fibrolytic enzyme activities and populations of liquid-and solid-associated ruminal microbes in vitro [J]. Animal Feed Science and Technology, 141: 1 - 14.

Cheng K J, Stewart C S, Dinsdale D, et al, 1983. Electron microscopy of bacteria involved in the digestion of plant cell walls [J]. Animal Feed Science and Technology, 10: 93 - 120.

Cheng Y F, Edwards J E, Allison G G, et al, 2009. Diversity and activity of enriched ruminal cultures of anaerobic fungi and methanogens grown together on lignocellulose in consecutive batch culture [J]. Bioresource Technology, 100 (20): 4821 - 4828.

Christophersen C T, Morrison M, Conlon M A, 2011. Overestimation of the abundance of sulfate-reducing bacteria in human feces by quantitative PCR targeting the *Desulfovibrio* 16S rRNA Gene [J]. Applied and Environmental Microbiology, 77: 3544 - 3546.

Cohen S N，Chang A C Y，Boyer H W，et al，1973. Construction of biologically functional bacterial in vitro [J]. Proceedings of the National Academy of Sciences of the United States of America，70：3240 – 3244.

Connor E E，Li C J，Li R W，et al，2013. Gene expression in bovine rumen epithelium during weaning identifies molecular regulators of rumen development and growth [J]. Functional & Integrative Genomics，13 (1)：133 – 142.

Cord-Ruwisch R. ，Seitz H J，Conrad R，1988. The capacity of hydrogenotrophic anaerobic bacteria to compete for traces of hydrogen depends on the redox potential of the terminal electron acceptor [J]. Archives of Microbiology，149：350 – 357.

Craig W M，Broderick G A，Ricker D B，1987. Quantitation of microorganisms associated with the particulate phase of ruminal ingesta [J]. Journal of Nutrition，117：56 – 64.

Crameri R，Suter M，1993. Display of biologically active proteins on the surface of filamentous phages：a cDNA cloning system for the selection of functional gene products linked to the genetic information responsible for their production [J]. Gene，137：69 – 75.

Dagar S S，Kumar S，Mudgil P，et al，2011. D1/D2 domain of large-subunit ribosomal DNA for differentiation of *Orpinomyces* spp. [J]. Applied and Environmental Microbiology，77 (18)：6722 – 6725.

De la Fuente G，Belanche A，Abecia L，et al. 2009. Rumen protozoal diversity in the Spanish ibex (*Capra pyrenaica hispanica*) as compared with domestic goats (*Capra hircus*) [J]. European Journal of Protistology，45：112 – 120.

Demidov V V，Bukanov N O，Frank-Kamenetskii M D，2000. Duplex DNA capture [J]. Current Issues in Molecular Biology，2：31 – 35.

Denman S E，McSweeney C S，2006. Development of a realtime PCR assay for monitoring anaerobic fungal and cellulolytic bacterial populations within the rumen [J]. FEMS Microbiology Ecology，58 (3)：572 – 582.

Denman S E，Tomkins N W，McSweeney C S，2007. Quantitation and diversity analysis of ruminal methanogenic populations in response to the antimethanogenic compound bromochloromethane [J]. FEMS Microbiology Ecology，62：313 – 322.

Dijkstra B J，Tamminga S，1995. Simulation of the effects of diet on the contribution of rumen protozoa to degradation of fibre in the rumen [J]. British Journal of Nutrition，74：617 – 634.

Doerner K C，White B A，1990. A assessment of the endo – 1，4 – glucanase components of Ruminococcus flavefaciens FD – 1 [J]. Applied and Environmental Microbiology，56：1844 – 1850.

Dollhofer V，Callaghan T M，Dorn-in S，et al，2016. Development of three specific PCR-based tools to determine quantity，cellulolytic transcriptional activity and phylogeny of anaerobic fungi [J]. Journal of Microbiological Methods，127：28 – 40.

Dong Y，Bae H D，MaAllister T A，et al，1999. Effects of exogenous fibrolytic enzymes 2 – bromoethanesulfonate and monensin on fermentation in rumen simulation (RUSITEC) system [J]. Canadian Journal of Animal Science，79：491 – 498.

Doré J，Blottière H，2015. The influence of diet on the gut microbiota and its consequences for health [J]. Current Opinion in Biotechnology，32：195 – 199.

Duan C J，Xian L，Zhao G C，et al，2009. Isolation and partial characterization of novel genes encoding acidic cellulases from metagenomes of buffalo rumens [J]. Journal of Applied Microbiology, 107: 245 – 256.

Edwards J E, Kingston-Smith A H, Jimenez H R, et al, 2008. Dynamics of initial colonization of non-conserved perennial ryegrass by anaerobic fungi in the bovine rumen [J]. FEMS Microbiology Ecology, 66 (3): 537 – 545.

Edwards J E, McEwan N R, Travis A J, et al, 2004. 16S rDNA library-based analysis of ruminal bacterial diversity [J]. Antonie van Leeuwenhoek, 3: 263 – 281.

Efimov V P, Nepluev I V, Mesyanzhinov V V, 1995. Bacteriophage T4 as a surface display vector [J]. Virus Genes, 10 (2): 173 – 177.

Ernst W J, Spenger A, Toellner L, et al, 2000. Expanding baculovirus surface display [J]. European Journal of Biochemistry, 267 (13): 4033 – 4039.

Farr C, Fantes J, Goodfellow P, et al, 1991. Functional reintroduction of human telomeres into mammalian cells [J]. Proceedings of the National Academy of Sciences of the United States of America, 88: 7006 – 7010.

Ferrer M, Beloqui A, Golyshina O V, et al, 2007. Biochemical structure features of a novel cyclodextrinase from cow rumen metagenome [J]. Biotechnology Journal, 2: 207 – 213.

Finlay B J, Esteban G, Clarke K J, et al, 1994. Some rumen ciliates haveendosymbiotic methanogens [J]. FEMS Microbiology Letters, 117: 157 – 162.

Fleming J T, Yao W H, Sayler G S, 1998. Optimization of differential display of prokaryotic mRNA: application to pure culture and soil microcosms [J]. Applied and Environmental Microbiology, 64: 3698 – 3706.

Fliegerova K, Mrazek J, Voigt K, 2006. Differentiation of anaerobic polycentric fungi by rDNA PCR-RFLP [J]. Folia Microbiologica, 51 (4): 273 – 277.

Fonty G, Joblin K, Chavarot M, et al, 2007. Establishment and development of ruminal hydrogenotrophs in methanogen-free lambs [J]. Applied and Environmental Microbiology, 73: 6391 – 6403.

Gabor E M, Alkema W B, Janssen D B, 2004. Quantifying the accessibility of the metagenome by random expression cloning techniques [J]. Microbiology, 6: 879 – 886.

Gagen E J, Denman S E, Padmanabha J, et al, 2010. Functional gene analysis suggests different acetogen populations in the bovine rumen and tammar wallaby forestomach [J]. Applied and Environmental Microbiology, 76: 7785 – 7795.

Galbraith E A, Antonopoulos D A, White B A, 2004. Suppressive subtractive hybridization as a tool for identifying genetic diversity in an environmental metagenome: the rumen as a model [J]. Environmental Microbiology, 6: 928 – 937.

Gong J, Forsberg C W, 1989. Factors affection adhesion *Fibrobacter succinogenes* S85 and adherence defective mutant to cellulose [J]. Applied and Environmental Microbiology, 55: 3039 – 3044.

Grainger C, Auldist M J, Clarke T, et al, 2008. Use of monensin controlled-release capsules to reduce methane emissions and improve milk production of dairy cows offered pasture supplemented with grain [J]. Journal of Dairy Science, 3: 1159 – 1165.

Grainger C, Clarke T, Auldist M J, et al, 2009. Potential use of Acacia mearnsiicondensed tannins to reduce methane emissions and nitrogen excretion from grazing dairy cows [J]. Canadian Journal of Animal Science, 89 (2): 241 – 251.

Guo Y Q, Liu J X, Lu Y, et al, 2008. Effect of tea saponin on methanogenesis, microbial community structure and expression of *mcr A* gene, in cultures of rumen microorganisms [J]. Letters in Applied Microbiology, 47: 421 – 426.

Han Z, Han S, Zheng S, et al, 2009. Enhancing thermostability of a *Rhizomucor miehei* lipase by engineering a disulfide bond and displaying on the yeast cell surface [J]. Applied Microbiology and Biotechnology, 85 (1): 117 – 126.

Handelsman Jo, Rondon M R, Brady S F, et al, 1998. Molecular biological access to the chemistry of unknown soil microbes: a new frontier for natural products [J]. Chemistry & Biology, 5 (10): 245 – 249.

Harbers L H, Raiten D J, Paulsen G M, 1981. The role of plant epidermal silica as a structural inhibitor of rumen microbial digestion in steers [J]. Nutrition Reports International, 24: 1057 – 1066.

Haskins B R, Wise M B, Craig H B, et al, 1969. Effects of adding low levels of roughages or roughage substitutes to high energy rations for fattening steers [J]. Journal of Animal Science, 29 (2): 345 – 353.

Hassani A R, Ordouzadeh N, Ghaemi A, et al, 2009. In vitro inhibition of Helicobacter pylori urease with non and semi fermented Camellia sinensis [J]. Indian Journal of Medical Microbiology, 27 (1): 30 – 34.

Hattori K, Matsui H, 2008. Diversity of fumarate reducing bacteria in the bovine rumen revealed by culture dependent and independent approaches [J]. Anaerobe, 14: 87 – 93.

Hegarty R S, 1999. Reducing rumen methane emissions through elimination of rumen protozoa [J]. Australian Journal of Agricultural Research, 50 (8): 1321 – 1328.

Hegarty R S, Bird S H, Vanselow B A, et al, 2008. Effects of the absence of protozoa from birth or from weaning on the growth and methane production of lambs [J]. British Journal of Nutrition, 100 (6): 1220 – 1227.

Holm L, Sander C, 1997. An evolutionary treasure: Unification of a broad set of amidohydrolases related to urease [J]. Proteins-Structure Function and Genetics, 28 (1): 72 – 82.

Hook S E, Northwood K S, Wright A D, et al, 2009. Long-term monensin supplementation does not significantly affect the quantity or diversity of methanogens in the rumen of the lactating dairy cow [J]. Applied and Environmental Microbiology, 75: 374 – 380.

Hoover W H, 1986. Chemical factors involved in ruminal fiber digestion [J]. Journal of Dairy Science, 69: 2755 – 2766.

Hosoda F, Nishimura S, Uchida H, et al, 1990. An F factor based cloning system for large DNA fragments [J]. Nucleic Acids Research, 18: 3863 – 3869.

Ioannou P A, Amemiya C T, Garnes J, et al, 1994. A new bacteriophage P1 – derived vector for the propagation of large human DNA fragments [J]. Nature Genetics, 6: 84 – 89.

Ishaq S L, Wright A D, 2014. Design and validation of four new primers for next-generation sequencing to target the 18S rRNA genes of gastrointestinal ciliate protozoa [J]. Applied and Environmental Microbiology, 80 (17): 5515 – 5521.

Jabri E, Karplus P A, 1996. Structures of the *Klebsiella aerogenes* urease apoenzyme and two active-site mutants [J]. Biochemistry, 35 (33): 10616 – 10626.

Jin D, Zhao S, Wang P, et al, 2016. Insights into abundant rumen ureolytic bacterial community using rumen simulation system [J]. Frontiers in Microbiology, 7: 1006.

Jin D, Zhao S, Zheng N, et al, 2017. Differences in Ureolytic Bacterial Composition between the Rumen Digesta and Rumen Wall Based on ureC Gene Classification [J]. Frontiers in Microbiology 8: 385.

Jindou S, Borovok I, Rincon M T, et al, 2006. Conservation and divergence in cellulosome architecture between two strains of *Ruminococcus flavefaciens* [J]. Journal of Bacteriology, 188: 7971 - 7976.

Juszkiewicz A, Zaborska W, Sepioł J, et al, 2003. Inactivation of jack bean urease by allicin [J]. Journal of Enzyme Inhibition and Medicinal Chemistry, 18 (5): 419 - 424.

Karunanandaa K, Varga G A, Akin D E, et al, 1995. Botanical fractions of rice straw colonized by white-rot fungi: changes in chemical composition and structure [J]. Animal Feed Science and Technology, 55: 179 - 199.

Khan W N, Lodhi M A, Ali I, et al, 2006. New natural urease inhibitors from Ranunculus repens [J]. Journal of Enzyme Inhibition and Medicinal Chemistry, 21 (1): 17 - 19.

Kim J N, Henriksen E D, Cann I K O, et al, 2014. Nitrogen utilization and metabolism in *Ruminococcus albus* 8 [J]. Applied and Environmental Microbiology, 80 (10): 3095 - 3102.

Kim U J, Shizuya H, Jong P J, et al, 1992. Stable propagation of cosmid sized human DNA inserts in an F factor based vector [J]. Nucleic Acids Research, 20: 1083 - 1085.

Kittelmann S, Janssen P H, 2011. Characterization of rumen ciliate community composition in domestic sheep, deer, and cattle, feeding on varying diets, by means of PCR-DGGE and clone libraries [J]. FEMS Microbiology Ecology, 75 (3): 468 - 481.

Kittelmann S, Naylor G E, Koolaard J P, et al, 2012. A proposed taxonomy of anaerobic fungi (Class Neocallimastigomycetes) suitable for large-scale sequencebased community structure analysis [J]. PLoS One, 7 (5): e36866.

Kittelmann S, Seedorf H, Walters W A, et al, 2013. Simultaneous amplicon sequencing to explore co-occurrence patterns of bacterial, archaeal and eukaryotic microorganisms in rumen microbial communities [J]. PLoS One, 8: e47879.

Kleen J L, Hooijer G A, Rehage J, et al, 2003. Subacute ruminal acidosis (sara): a review [J]. Journal of Veterinary Medicine A Physiology Pathology Clinical Medicine, 50 (8): 406.

Klevenhusen F, Hollmann M, Podstatzky-Lichtenstein L, et al, 2013. Feeding barley grain-rich diets altered electrophysiological properties and permeability of the ruminal wall in a goat model [J]. Journal of Dairy Science, 96 (4): 2293 - 2302.

Knietsch A, Bowien S, Whited G, et al, 2003. Identification and characterization of coenzyme B12 - dependent glycerol dehydratase-and diol dehydratase-encoding genes from metagenomic DNA libraries derived from enrichment cultures [J]. Applied and Environmental Microbiology, 69: 3048 - 3060.

Kobayashi O, Hayashi N, Kuroki R, et al, 1998. Region of Flo1 proteins responsible for sugar recognition [J]. Journal of Bacteriology, 180 (24): 6503 - 6510.

Koike S, Pan J, Kobayashi Y, et al, 2003. Kinetics of in sacco fiber-attachment of representative ruminal cellulolytic bacteria monitored by competitive PCR [J]. Journal of Dairy Science, 86: 1429 - 1435.

Komeda H, Ishikawa N, Asano Y, 2003. Enhancement of the thermostability and catalytic activity of d-stereospecific amino-acid amidase from *Ochrobactrum anthropi* SV3 by directed evolution [J]. Journal of Molecular Catalysis B: Enzymatic, 21 (4): 283 – 290.

Kondo A, Ueda M, 2004. Yeast cell-surface display-applications of molecular display [J]. Applied Microbiology and Biotechnology, 64 (1): 28 – 40.

Krajewska B, 2008. Mono- (Ag, Hg) and di- (Cu, Hg) valent metal ions effects on the activity of jack bean urease. Probing the modes of metal binding to the enzyme [J]. Journal of Enzyme Inhibition and Medicinal Chemistry, 23 (4): 535 – 542.

Krajewska B, Zaborska W, Chudy M, 2004. Multi-step analysis of Hg^{2+} ion inhibition of jack bean urease [J]. Journal of Inorganic Biochemistry, 98 (6): 1160 – 1168.

Lamed R, Naimark J, Morgenstern E, et al, 1987. Specialized cell surfaces structures in cellulolytic bacteria [J]. Journal of Bacteriology, 169: 3792 – 3800.

Lamed R, Setter E, Kenig R, et al, 1983. The cellulosome a discrete cell surface organelle of *Clostridium Thermocellum* which exhibits separate antigenic, cellulose binding and various catalytic activities [J]. Symposium on Biotechnology for Fuels and Chemicals, 13: 163 – 181.

Latham M J, Hobbs D G, Harris P J, 1979. Adhesion of rumen bacteria to alkali-treated plant stems [J]. Annales De Recherches Veterinaires Annals of Veterinary Research, 10: 244 – 245.

Lattemann C T, Maurer J, Gerland E, et al, 2000. Autodisplay: functional display of active β-lactamase on the surface of *Escherichia coli* by the AIDA-I autotransporter [J]. Journal of Bacteriology, 182 (13): 3726 – 3733.

Laukova A, Koniarova I, 1995. Survey of urease activity in ruminal bacteria isolated from domestic and wild ruminants [J]. Microbios, 84 (338): 7 – 11.

Lee S S, Ha J K, Cheng K J, 2000. Relative contributions of bacteria, potozoa, and fungi to *in vitro* degradation of orchard grass cell walls and their interactions [J]. Applied and Environmental Microbiology, 66: 3807 – 3813.

Lee S S, Hsu J T, Mantovani H C, et al, 2002. The effect of bovicin HC5 – a bacteriocin from Streptococcus bovis HC5 on ruminal methane production in vitro [J]. FEMS Microbiology Letters, 217 (1): 51 – 55.

Lee S Y, Choi J H, Xu Z, 2003. Microbial cell-surface display [J]. TRENDS in Biotechnology, 21 (1): 45 – 52.

Leggewie C, Henning H, Schmeisser C, et al, 2006. A novel transposon for functional expression of DNA libraries [J]. Journal of Biotechnology, 123: 281 – 287.

Leopoldini M, Marino T, Russo N, et al, 2008. On the binding mode of urease active site inhibitors: A density functional study [J]. International Journal of Quantum Chemistry, 108 (11): 2023 – 2029.

Leung D W, Chen E, Goeddel D V, 1989. A method for random mutagenesis of a defined DNA segment using a modified polymerase chain reaction [J]. Technique, 1 (1): 11 – 15.

Li J, Heath I B, 1992. The phylogenetic relationships of the anaerobic chytridiomycetous gut fungi (Neocallimasticaceae) and the Chytridiomycota. I. Cladistic analysis of rRNA sequences [J]. Canadian Journal of Botany, 70 (9): 1738 – 1746.

Lin M, Guo W, Meng Q, et al, 2013. Changes in rumen bacterial community composition in steers in response to dietary nitrate [J]. Applied Microbiology and Biotechnology, 97 (19): 8719 – 8727.

Lindahl P A, Chang B, 2001. The evolution of acetyl-CoA synthase [J]. Origins of Life & Evolution of the Biosphere, 31: 403 - 434.

Liu K, Wang J, Bu D, et al, 2009. Isolation and biochemical characterization of two lipases from a metagenomic library of China Holstein cow rumen [J]. Biochemical and Biophysical Research Communications, 385: 605 - 611.

Lodhi M A, Hussain J, Abbasi M A, et al, 2006. A new *Bacillus pasteurii* urease inhibitor from Euphorbia decipiens [J]. Journal of Enzyme Inhibition & Medicinal Chemistry, 21 (5): 531 - 535.

Lopez S, Mclntosh F M, Wallaee R J, et al, 1999. Effect of adding acetogenic bacteria on methane production by mixed rumen microorganisms [J]. Animal Feed Science and Technology, 78: 1 - 9.

Lopez-Cortes N, Reyes-Duarte D, Beloqui A, et al, 2007. Catalytic role of conserved HQGE motif in the CE6 carbohydrate esterase family [J]. FEBS Letters, 581: 4657 - 4662.

Lovell C R, Leaphart A B, 2005. Community-level analysis: Key genes of CO_2 - reductive acetogenesis [J]. Methods in Enzymology, 397: 454 - 469.

Lwin K O, Hayakawa M, Ban-Tokuda T, et al, 2011. Realtime PCR assays for monitoring anaerobic fungal biomass and population aize in the rumen [J]. Current Microbiology, 62 (4): 1147 - 1151.

Lynd L R, Weimer P J, Willem H Z, et al, 2002. Microbial cellulose utilization: fundamentals and biotechnology [J]. Microbiology and Molecular Biology Reviews, 66: 506 - 577.

Machmüller A, Kreuzer M, 1999. Methane suppression by coconut oil and associated effects on nutrient and energy balance in sheep [J]. Canadian Journal of Animal Science, 79: 65 - 72.

Machmüller A, Soliva C R, Kreuzer M, 2003a. Effect of coconut oil and defaunation treatment on methanogenesis in sheep [J]. Reproduction Nutrition and Development, 43: 41 - 55.

Machmüller A, Soliva C R, Kreuzer M, 2003b. Methane suppressing effect of myristic acid in sheep as affected by dietary calcium and forage proportion [J]. British Journal of Nutrition, 90: 529 - 540.

Mamuad L, Kim S H, Jeong C D, et al, 2014. Effect of fumarate reducing bacteria on in vitro rumen fermentation, methane mitigation and microbial diversity [J]. Journal of Microbiology, 52 (2): 120 - 128.

Manefield M, Whiteley A S, Griffiths R I, et al, 2002. RNA stable isotope probing, a novel means of linking microbial community function to phylogeny [J]. Applied and Environmental Microbiology, 68: 5367 - 5373.

Martin C, Michalet-Doreau B, Fonty G, et al, 1993. Postprandial variations in the activity of polysaccharide-degrading enzymes of fluid-and particle-associated ruminal microbial populations [J]. Current Microbiology, 27: 223 - 228.

Martin C, Rouel J, Jouany J P, et al, 2008. Methane output and diet digestibility in response to feeding dairy cows crude linseed extruded linseed or linseed oil [J]. Journal of Animal Science, 86: 2642 - 2650.

McAllister T A, Bae H D, Jones G A, et al, 1994. Microbial attachment and feed digestion in the rumen [J]. Journal of Animal Science, 72: 3004 - 3018.

McEwan N R, Abecia L, Regensbogenova M, et al, 2005. Rumen microbial population dynamics in response to photoperiod [J]. Letters of Applied Microbiology, 41: 97 - 71.

McGavin M, Forsberg C W, 1989. Catalytic and substrate binding domains of endoglucanase 2 from Bacteroides succinogenes [J]. Journal of Bacteriology, 171: 3310 - 3315.

McGinn S M, Flesch T K, Harper LA, et al, 2006. An approach for measuring methane emissions from whole farms [J]. Journal of Environmental Quality, 35 (1): 14 - 20.

Mchunu N P, Singh S, Permaul K, 2009. Expression of an alkalo-tolerant fungal xylanase enhanced by directed evolution in *Pichia pastoris* and *Escherichia coli*. [J]. Journal of Biotechnology, 141 (1): 26 - 30.

Mechaly A, Yaron S, Lamed R, et al, 2000. Cohesin-dockerin recognition in cellulosome assembly: Experiment versus hypothesis [J]. Proteins, 39: 170 - 177.

Miron J, Ben-Ghedalia D, Morrison M, 2001. Invited review: adhesion mechanisms of rumen cellulolytic bacteria [J]. Journal of Dairy Science, 84: 1294 - 1309.

Miron J, Yokoyama M, Lamed R, 1989. Bacterial cell surface structures involved in lucerne cell wall degradation by pure cultures of cellulolytic rumen bacteria [J]. Applied Microbiology and Biotechnology, 32: 218 - 222.

Misoph M, Daniel S L, Drake H L, 1996. Bidirectional usage of ferulate by the acetogen *Peptostreptococcus productus* U - 1: CO_2 and aromatic acrylate groups as competing electron acceptors [J]. Microbiology, 142: 1983 - 1988.

Mitsumori M, Minato H, 1995. Distribution of cellulose-binding proteins among the representative strains of rumen bacteria [J]. Journal of General and Applied Microbiology, 41: 297 - 306.

Miyazaki K, Takenouchi M, Kondo H, et al, 2006. Thermal stabilization of Bacillus subtilis family - 11 xylanase by directed evolution [J]. Journal of Biological Chemistry, 281 (15): 10236 - 10242.

Morgavi D P, Sakurada M, Tomita Y, et al, 1994. Presence in rumen bacterial and protozoa populations of enzymes capable of degrading fungal cell walls [J]. Microbiology, 140: 631 - 636.

Moriki T, Kuwabara I, Liu F T, et al, 1999. Protein domain mapping by λ phage display: the minimal lactose-binding domain of galectin - 3 [J]. Biochemical and Biophysical research communications, 265 (2): 291 - 296.

Morvan B, Bonnemoy F, Fonty G, et al, 1996. Quantitative determination of H_2 - utilizing acetogenic and sulfate-reducing baeteria and methanogenic archaea from digestive tract of different mammals [J]. Current Microbiology, 32: 129 - 133.

Mosoni P, Fonty G, Gouet P, 1997. Competition between ruminal cellulolytic bacteria for adhesion to cellulose [J]. Current Microbiology, 35: 44 - 47.

Moss A R, Jouany J P, Newbold J, 2000. Methane production by ruminants: Its contribution to global warming [J]. Annales de Zootechnie, 49: 231 - 253.

Murry A W, Szostak J W, 1983. Construction of artificial chromosome in yeast [J]. Nature, 305: 189 - 193.

Murry N E, Murry K, 1974. Manipulation of restriction targets in λ phage to form receptor chromosomes for DNA fragments [J]. Nature, 251: 476 - 481.

Ni Y, Liu Y, Schwaneberg U, et al, 2011. Rapid evolution of arginine deiminase for improved anti-tumor activity [J]. Applied Microbiology and Biotechnology, 90 (1): 193 - 201.

Nocek J E, 1997. Bovine acidosis: implications on laminitis [J]. Journal of Dairy Science, 80 (5): 1005 - 1028.

Ohara H, Miyagi S, Kimura T, et al, 2000. Characterization of the cellulolytic complex (cellulosome) from *Ruminococcus albus* [J]. Bioscience, Biotechnology and Biochemistry, 64: 254 - 260.

Orpin C G, 1975. Studies on the rumen flagellate *Neocallimastix frontalis* [J]. Microbiology, 91: 249 - 262.

Orpin C G, 1977. The rumen flagellate Piromonas communis: its life-history and invasion of plant material in the rumen [J]. Journal of General Microbiology, 99 (1): 107 - 117.

Ovreas L, Forney L, Daae F L, et al, 1997. Distribution of bacterioplankton in meromictic Lake Saelenvannet, as determined by denaturing gradient gel electrophoresis of PCR-amplified gene fragments coding for 16S rRNA [J]. Applied and Environmental Microbiology, 63 (9): 3367 - 3373.

Palackal N, Lyon C S, Zaidi S, et al, 2007. A multifunctional hybrid glycosyl hydrolase discovered in an uncultured microbial consortium from ruminant gut [J]. Applied and Environmental Microbiology, 74: 113 - 124.

Parrish K D, Greenberg E P, 1995. A rapid method for extraction and purification of DNA from dental plaque [J]. Applied and Environmental Microbiology, 61: 4120 - 4123.

Patra A K, 2012. Enteric methane mitigation technologies for ruminant livestock: a synthesis of current research and future directions [J]. Environmental Monitoring and Assessment, 184: 1929 - 1952.

Patra A K, Kamra D N, Agarwal N, 2006. Effect of plant extracts on in vitro methanogenesis enzyme activities and fermentation of feed in rumen liquor of buffalo [J]. Animal Feed Science and Technology, 128: 276 - 291.

Patra A K, Saxena J, 2010. A new perspective on the use of plant secondary metabolites to inhibit methanogenesis in the rumen [J]. Phytochemistry, 71 (11 - 12): 1198 - 1222.

Patra A K, Yu Z T, 2012. Effects of Essential Oils on Methane Production and Fermentation by and Abundance and Diversity of Rumen Microbial Populations [J]. Applied and Environmental Microbiology, 12: 4271 - 4280.

Penner G B, Steele M A, Aschenbach J R, et al, 2011. Ruminant nutrition symposium: molecular adaptation of ruminal epithelia to highly fermentable diets [J]. Journal of Animal Science, 89 (4): 1108 - 1119.

Pepper L R, Cho Y K, Boder E T, et al, 2008. A decade of yeast surface display technology: where are we now? [J]. Combinatorial Chemistry & High Throughput Screening, 11 (2): 127.

Plaizier J C, Khafipour E, Li S, et al, 2012. Subacute ruminal acidosis (SARA), endotoxins and health consequences [J]. Animal Feed Science and Technology, 172 (1): 9 - 21.

Poole D M, Hazlewood G P, Laurie J I, et al, 1990. Nucleotide sequence of the *Ruminococcus ablus* SY3 endoglucanase genes celA and celB [J]. Molecular and General Genetics, 223: 217 - 223.

Radajewski S, Ineson P, Parekh N R, et al, 2000. Stable-isotope probing as a tool in microbial ecology [J]. Nature, 403: 646 - 649.

Ragsdale S, Clark J, Ljungdahl L, et al, 1983. Properties of purified carbon monoxide dehydrogenase from *Clostridium thermoaceticum*, a nickel, iron-sulfur protein [J]. Journal of Biological Chemistry, 258: 2364 - 2369.

Rees H C, Grant W D, Jones B E, et al, 2004. Diversity of Kenyan soda lake alkaliphiles assessed by molecular methods [J]. Extremophiles, 8: 63 - 71.

Regensbogenova M, Kisidayova S, Michalowiski T J, et al, 2004a. Rapid identification of rumen protozoa by restriction analysis of amplified 18S rRNA gene [J]. Acta Protozoologica, 43: 219 - 224.

Regensbogenova M, Pristas P, Javorsky P, et al, 2004b. Assessment of ciliates in the sheep rumen by

DGGE [J]. Letters of Applied Microbiology，39：144-147.

Robinson P H，1989. Dynamic aspects of feeding management for dairy cows [J]. Journal of Dairy Science，72：1197-1209.

Roger V，Fonty G，Komisarczuk-Bondy S，et al，1990. Effects of physiochemical factors on the adhesion to cellulose avicel of the ruminal bacteria *Ruminococcus flavefaciens* and *Fibrobacter succinogenes* [J]. Applied and Environmental Microbiology，56：3081-3087.

Rondon M R，August P R，Bettermann A D，et al，2000. Cloning the soil metagenome：a strategy for accessing the genetic and functional diversity of uncultured microorganisms [J]. Applied and Environmental Microbiology，66：2541-2547.

Rondon M R，Raffel S J，Goodman R M，et al，1999. Toward functional genomics in bacteria：analysis of gene expression in Escherichia coli from a bacterial artificial chromosome library of Bacillus cereus [J]. Proceedings of the National Academy of Sciences of the United States of America，96：6451-6455.

Royal A，Garapin A，Cami B，et al，1979. The ovalbumin gene region：common features in the organization of three genes expressed in chicken oviduct under hormonal control [J]. Nature，279：125-136.

Russell J B，O'Connort D，Fox D G，et al，1992. A net carbohydrate and protein system for evaluating cattle diets：I. Ruminal fermentation [J]. Journal of Animal Science，70：3551-3561.

Russell J B，Strobel H J，1989. Effect of ionophores on ruminal fermentation [J]. Applied and Environmental Microbiology，55 (1)：1-6.

Sakai S，Imachi H，Hanada S，et al，2008. *Methanocella paludicola* gen. nov.，sp. nov.，a methane-producing archaeon，the first isolate of the lineage'Rice Cluster I'，and proposal of the new archaeal order Methanocellales ord. nov. [J]. International Journal of Systematic and Evolutionary Microbiology，58 (4)：929-936.

Sander E G，Warner R G，Harrison H N，et al，1959. The stimulatory effect of sodium butyrate and sodium propionate on the development of rumen mucosa in the young calf [J]. Journal of Dairy Science，42 (9)：1600-1605.

Santra A，Karim S A，2002. Nutrient utilization and growth performance of defaunated and faunated lambs maintained on complete diets containing varying proportion of roughage and concentrate [J]. Animal Feed Science and Technology，101：87-99.

Saro C，Ranilla M J，Tejido M L，et al，2014. Influence of forage type in the diet of sheep on rumen microbiota and fermentation characteristics [J]. Livestock Science，160 (2)：52-59.

Schloss P D，Handelsman J，2003. Biotechnological prospects from metagenomics [J]. Current Opinion in Biotechnology，14：303-310.

Shedova E N，Berezina O V，Lunina N A，et al，2009a. Cloning and characterisation of a large metagenomic DNA fragment containing glycosyl-hydrolase genes [J]. Molecular Genetics，Microbiology and Virology，24：12-16.

Shedova E N，Lunina N A，Berezina O V，et al，2009b. Expression of the genes CelA and XylA isolated from a fragment of metagenomic DNA in *Escherichia coli* [J]. Molecular Genetics，Microbiology and Virology，24：76-81.

Shi Y，Odt C L，Weimer P J，1997. Competition for cellulose among three predominant ruminal cellulolytic bacteria under substrate-excess and substrate-limited conditions [J]. Applied and Environmental Microbiology, 63: 734 - 742.

Shinkai T, Kobayashi Y, 2007. Localization of ruminal cellulolytic bacteria on plant fibrous materials as determined by fluorescence in situ hybridization and real-time PCR [J]. Applied and Environmental Microbiology, 73: 1646 - 1652.

Shizuya H, Birren B, Kim U J, et al, 1992. Cloning and stable maintenance of 300 kilobase-pair fragments of human DNA in Escherichia coli using an F-factor-based vector [J]. Proceedings of the National Academy of Sciences of the United States of America, 89: 8794 - 8797.

Singh B, Bhat T K, Kurade N P, et al, 2008. Metagenomics in animal gastrointestinal ecosystem: a microbiological and biotechnological perspective [J]. Indian Journal of Microbiology, 48: 216 - 227.

Skillman L C, Toovey A F, Williams A J, et al, 2006. Development and validation of real time PCR method to quantify rumen protozoa and examination of variability between Entodinium populations in sheep offered a hay-based diet [J]. Applied and Environmental Microbiology, 72: 200 - 206.

Sniffen C J, Robinson P H, 1987. Microbial growth and flow as influenced by dietary manipulations [J]. Journal of Dairy Science, 70: 425 - 441.

Steele M A, Vandervoort G, Alzahal O, et al, 2011. Rumen epithelial adaptation to high-grain diets involves the coordinated regulation of genes involved in cholesterol homeostasis [J]. Physiological Genomics, 43 (6): 308 - 316.

Stephens D E, Rumbold K, Permaul K, et al, 2007. Directed evolution of the thermostable xylanase from Thermomyces lanuginosu [J]. Journal of Biotechnology, 127 (3): 348 - 354.

Stephens D E, Singh S, Permaul K, 2009. Error-prone PCR of a fungal xylanase for improvement of its alkaline and thermal stability [J]. FEMS Microbiology Letters, 293 (1): 42 - 47.

Sternberg N, 1990. Bacteriophage P1 cloning system for the isolation, amplification, and recovery of DNA fragments as large as 100 kilobase pairs [J]. Proceedings of the National Academy of Sciences of the United States of America, 87: 103 - 107.

Suárez B J, Reenen C G V, Stockhofe N, et al, 2007. Effect of roughage source and roughage to concentrate ratio on animal performance and rumen development in veal calves 1 [J]. Journal of Dairy Science, 90 (5): 2390.

Sylvester J T, Kanarti S K R, Yu Z, et al, 2004. Development of an assay to quantify rumen ciliate protozoal biomass in cows using real-time PCR [J]. Journal of Nutrition, 134: 3378 - 3384.

Tajima K, Aminov R I, Nagamine T, et al, 1999. Molecular bacteria diversity of the rumen as determined by sequence analysis of 16S rRNA libraries [J]. FEMS Microbiology Ecology, 27: 159 - 169.

Tamate H, Mcgilliard A D, Jacobson N L, et al, 1962. Effect of various dietaries on the anatomical development of the stomach in the calf [J]. Journal of Dairy Science, 45 (3): 408 - 420.

Tan H M, Cao L X, 2015. Fungal diversity in sheep (Ovis aries) and cattle (Bos taurus) feces assessed by comparison of 18S, 28S and ITS ribosomal regions [J]. Annals of Microbiology, 64 (3): 1423 - 1427.

Tanaka T, Kawase M, Tani S, 2003. Urease inhibitory activity of simple alpha, beta-unsaturated ketones [J]. Life Science, 73 (23): 2985 - 2990.

Terrance K, Heller P, Wu Y S, et al, 1987. Identification of glycoprotein components of alpha-agglutinin, a cell adhesion protein from *Saccharomyces cerevisiae* [J]. Journal of Bacteriology, 169 (2): 475 - 482.

Thareja A, Puniya A K, Goel G, et al, 2006. In vitro degradation of wheat straw by anaerobic fungi from small ruminants [J]. Archives of Animal Nutrition, 60: 412 - 417.

Todd M J, Hausinger R P, 1989. Competitive inhibitors of Klebsiella aerogenes urease. Mechanisms of interaction with the nickel active site [J]. Journal of Biological and Chemistry, 264 (27): 15835 - 15842.

Todd M J, Hausinger R P, 2000. Fluoride inhibition of Klebsiella aerogenes urease: mechanistic implications of a pseudo-uncompetitive, slow-binding inhibitor [J]. Biochemistry, 39 (18): 5389 - 5396.

Turner N J, 2003. Directed evolution of enzymes for applied biocatalysis [J]. TRENDS in Biotechnology, 21 (11): 474 - 478.

Tymensen L, Barkley C, McAllister T A, 2012. Relative diversity and community structure analysis of rumen protozoa according to TRFLP and microscopic methods [J]. Journal of Microbiology Methods, 88: 1 - 6.

Ungerfeld E M, Rust S R, Burnett R, 2006. Effects of butyrate precursors on electron relocation when methanogenesis is inhibited in ruminal mixed cultures [J]. Letters of Applied Microbiology, 42 (6): 567 - 572.

Vilo C, Dong Q, 2012. Evaluation of the RDP Classifier Accuracy Using 16S rRNA Gene Variable Regions [J]. Metagenomics, 1 (1): a1 - 5.

Waghorn G C, Clark H, Taufa V, et al, 2007. Monensin controlled release capsules for improved production and mitigating methane in dairy cows fed pasture [J]. Proceedings of the New Zealand Society of Animal Production, 67: 266 - 271.

Waiters D M, Russ R, Knackmuss H, et al, 2001. High-density sampling of a bacterial operon using mRNA differential display [J]. Gene, 273: 305 - 315.

Wang Q, Zhao L L, Sun J Y, et al, 2012. Enhancing catalytic activity of a hybrid xylanase through single substitution of Leu to Pro near the active site [J]. World Journal of Microbiology and Biotechnology, 28 (3): 929 - 935.

Wang X W, Liu X Z, Groenewald J Z, 2017. Phylogeny of anaerobic fungi (phylum Neocallimastigomycota), with contributions from yak in China [J]. Antonie Van Leeuwenhoek, 110 (1): 87 - 103.

Warner ED, 1958. The organogenesis and early histogenesis of the bovine stomach [J]. American Journal of Anatomy, 102 (1): 33 - 63.

Watanabe T, Kimura M, Asakawa S, 2006. Community structure of methanogenic archaea in paddy field soil under double cropping (rice-wheat) [J]. Soil Biology and Biochemistry 38 (6): 1264 - 1274.

Watzele M, Klis F, Tanner W, 1988. Purification and characterization of the inducible a agglutinin of *Saccharomyces cerevisiae* [J]. The EMBO Journal, 7 (5): 1483.

Webb L E, Bokkers E A M, Heutinck L F M, et al, 2013. Effects of roughage source, amount, and particle size on behavior and gastrointestinal health of veal calves [J]. Journal of Dairy Science, 96 (12): 7765.

Wernérus H，Ståhl S，2004. Biotechnological applications for surface-engineered bacteria [J]. Biotechnology and Applied Biochemistry，40 (3)：209 - 228.

Williams A G，Strachan N H，1984. Polysaccharide degrading enzymes in microbial populations from the liquid and solid fractions of bovine rumen digesta [J]. Canadian Journal of Animal Science，64：58 - 59.

Williams G J，Domann S，Nelson A，et al，2003. Modifying the stereochemistry of an enzyme-catalyzed reaction by directed evolution [J]. Proceedings of the National Academy of Sciences，100 (6)：3143 - 3148.

Williams Y J，Popovski S，Rea S M，et al，2009. A vaccine against rumen methanogens can alter the composition of archaeal populations [J]. Applied and Environmental Microbiology，75 (7)：1860 - 1866.

Wilson C A，Wood T M，1992. Studies on the cellulase of the rumen anaerobic fungus Neocallimastix frontalis，with special reference to the capacity of the enzyme to degrade crystalline cellulose [J]. Enzyme Microbial Technology，14：258 - 264.

Wood H，Ljungdahl L，1991. Autotrophic character of the acetogenic bacteria [J]. Variations in Autotrophic Life，1：201 - 250.

Wood T M，Wilson C A，Stewart C S，1982. Preparation of the cellulase from the cellulolytic anaerobic rumen bacterium Ruminococcus albus and its release from the bacterial cell wall [J]. The Biochemical Journal，205：129 - 137.

Wright A D，Kennedy P，O'Neill C J，et al，2004a. Reducing methane emissions in sheep by immunization against rumen methanogens [J]. Vaccine，22 (29 - 30)：3976 - 3985.

Wright A D，Williams A J，Winder B，et al，2004b. Molecular diversity of rumen methanogens from sheep in Western Australia [J]. Applied and Environmental Microbiology，70 (3)：1263 - 1270.

Wu L，Thompson D K，Li G，et al，2001. Development and evaluation of functional gene arrays for detection of selected genes in the environment [J]. Applied and Environmental Microbiology，67：5780 - 5790.

Xia T，Wang Q，2009. Directed evolution of Streptomyces lividans xylanase B toward enhanced thermal and alkaline pH stability [J]. World Journal of Microbiology and Biotechnology，25 (1)：93 - 100.

Xu K，Liu H，Du G，et al，2009. Real-time PCR assays targeting formyltetrahydrofolate synthetase gene to enumerate acetogens in natural and engineered environments [J]. Anaerobe，15：204 - 213.

Yeasmin S，Kim C H，Park H J，et al，2011. Cell Surface Display of Cellulase Activity-Free Xylanase Enzyme on Saccharomyces Cerevisiae EBY100 [J]. Applied Biochemistry and Biotechnology，164 (3)：294 - 304.

Yun J，Ryu S，2005. Screening for novel enzymes from metagenome and SIGEX，as a way to improve it [J]. Microbial Cell Factories，4 (1)：8.

Zaborska W，Krajewska B，Olech Z，2004. Heavy metal ions inhibition of jack bean urease：potential for rapid contaminant probing [J]. Journal of Enzyme Inhibition and Medicinal Chemistry，19 (1)：65 - 69.

Zhang X，Hou X，Liang F，et al，2013. Surface Display of Malolactic Enzyme from Oenococcus oeni on Saccharomyces cerevisiae [J]. Applied Biochemistry and Biotechnology，169 (8)：2350 - 2361.

Zhang Z G，Yi Z L，Pei X Q，et al，2010. Improving the thermostability of Geobacillus stearother mophilus xylanase XT6 by directed evolution and site-directed mutagenesis [J]. Bioresource Technology, 101 (23): 9272 - 9278.

Zhou Y Y, Mao H L, Jiang F, et al, 2011. Inhibition of rumen methanogenesis by tea saponins with reference to fermentation pattern and microbial communities in Hu sheep [J]. Animal Feed Science and Technology, 166 - 167 (SI): 93 - 100.

Zhou Z, Yu Z, Meng Q, 2012. Effects of nitrate on methane production, fermentation, and microbial populations in in vitro ruminal cultures [J]. Bioresource Technology, 103 (1): 173 - 179.

第三章
反刍动物胃肠道吸收机制

饲料经微生物消化及化学性消化，在反刍动物消化道腔内形成各种消化代谢产物。在瘤胃消化代谢产物中，大部分短链脂肪酸（short chain fatty acid，SCFA）和酮体经瘤胃上皮吸收入血，再经血液循环输送至机体各部，供组织的营养需要；小部分SCFA随食糜排送至后段消化道。瘤胃发酵时产生的二氧化碳、甲烷等气体，大部分通过嗳气排出体外，小部分由瘤胃壁进入血液，随后由肺排出。除可直接吸收SCFA、氨、无机盐和一些可溶性糖类等外，血液中一些营养物质还可由瘤胃上皮进入瘤胃，这部分物质对稳定瘤胃内环境也起着重要的作用。

饲料中过瘤胃蛋白质与瘤胃微生物蛋白进入小肠，在小肠经酶消化后，形成可吸收利用的氨基酸和小肽。进入十二指肠的长链脂肪酸与其他脂类物质形成混合乳糜微粒，主要在空肠前段被吸收。前胃与小肠消化及吸收的营养物质经微生物发酵，生成SCFA、氨、二氧化碳和甲烷等物质，部分SCFA通过肠壁扩散进入体内，气体主要是通过肛门逸出体外。

第一节　碳水化合物消化与单糖吸收

一、瘤胃内SCFA的转运与吸收

反刍动物饲料中碳水化合物发酵产生的SCFA主要在前胃（瘤胃、网胃与瓣胃）被吸收，其中，约75%的SCFA可通过瘤胃壁直接吸收进入血液，约20%经瓣胃和皱胃壁吸收，约5%经小肠吸收。在正常瘤胃pH 6～7下，SCFA主要以离子形式存在，但瘤胃壁对离子形式的通透性要比非离子形式的小得多，因此大多数以酸的形式吸收。碳原子含量越多，吸收速度越快。

SCFA主要经瘤胃上皮被动吸收，其吸收程度和速度依赖于其在瘤胃液与血液中浓度之差，直接受渗透压的影响，即当血液中SCFA浓度超过瘤胃内的浓度，则SCFA进入瘤胃。此外，瘤胃对SCFA的吸收速度还受到瘤胃液中pH的影响，当pH降低时，则吸收速度快；反之，吸收速度慢。但冯仰廉认为pH对SCFA吸收的影响不是绝对的，在pH相同的条件下，高精饲料日粮下瘤胃SCFA的吸收速度要高于干草日粮。

瘤胃上皮细胞吸收、转运和代谢 SCFA 的过程非常复杂，其模式如图 3－1A 所示。瘤胃内同时存在分子化和离子化（SCFA⁻）两种形式的 SCFA。瘤胃上皮吸收 SCFA 主要存在两种机制：一是通过转运蛋白与 HCO_3^- 交换阴离子（SCFA⁻）进行易化扩散；二是通过自由扩散。乙酸、丙酸和丁酸都可通过交换蛋白进行 1∶1 转运，每从瘤胃内吸收 1 个 HCO_3^- 便向瘤胃内释放 1 个 SCFA⁻，但其转运效率依赖于瘤胃上皮细胞与瘤胃内 HCO_3^- 的浓度差。脂溶性 SCFA（如丁酸）可直接透过亲脂性细胞膜进入细胞，并向内释放质子。瘤胃上皮通过自由扩散方式吸收 SCFA 效率较高，在吸收速度方面，丁酸最快，丙酸次之，乙酸最慢。

除 SCFA⁻/HCO_3^- 易化扩散和自由扩散这两种方式，Aschenbach 等研究发现，乙酸的转运还可经蛋白介导，这种途径不依赖于 HCO_3^-，但其活性可被硝酸盐抑制，其转运 SCFA 的机制尚不明确。瘤胃上皮对乳酸的吸收率很低，可由瘤胃上皮细胞顶膜处单羧酸转运蛋白 4（monocarboxylate transporter 4，MCT4）介导，可同时从瘤胃内吸收 1 个质子和 1 分子乳酸。

随着研究的深入，一系列与瘤胃上皮 pH 调节或 SCFA 转运相关的蛋白被发现，如图 3－1B 所示。主要包括 Na^+/H^+ 交换蛋白（Na^+/H^+ exchanger，NHE）、MCT、腺瘤下调蛋白（downregulated in adenoma，DRA）、阴离子交换蛋白（anion exchanger，AE）、假定阴离子转运蛋白 1（putative anion transporter 1，PAT1）、Na^+/K^+－ATP 酶（Na^+/K^+ ATPase）和钠/碳酸氢盐协同转运蛋白（sodium/bicarbonate Co-transporter，NBC1）等（Connor 等，2010）。

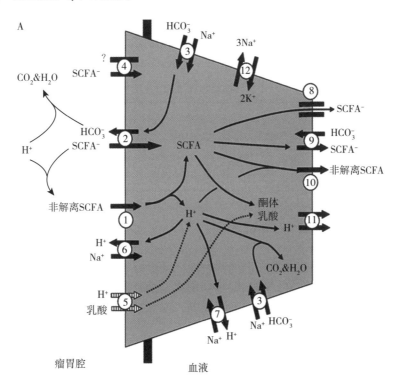

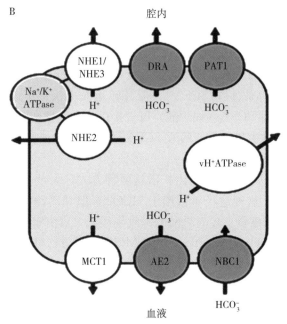

图 3-1　瘤胃上皮细胞转运有机酸模型（A）和相关转运蛋白（B）

（资料来源：Connor 等，2010）

当然，由于 SCFA 吸收与转运的复杂性，这些蛋白的功能还未完全明了，仍需大量研究验证。而且，不同来源饲料，其 SCFA 生成和吸收情况也有较大差异（表 3-1）。部分 SCFA 在前胃壁细胞中可转化为酮体，其中丁酸转化量可占吸收量的 90%，乙酸转化量甚微。转化量超过一定限度会导致奶牛酮血症的发生，这是高精饲料日粮饲养反刍动物存在的潜在危险。

表 3-1　不同饲料条件下 SCFA 的吸收

饲料	乙酸	丙酸	丁酸	戊酸
纤维饲料	高	很低	很低	—
淀粉饲料	很低	比较高	比较高	—
富含可溶性糖的饲料	很低	高	高	极低

二、小肠内淀粉消化及糖转运

与瘤胃相比，淀粉在小肠内有较高的降解率，且更为有效，因为瘤胃微生物发酵会产生发酵热，造成饲料能量的损失。当饲喂高精饲料日粮时，大量未在瘤胃降解的淀粉进入小肠，引起胰腺和肠腺分泌加强，糖酶活性增强，保证了淀粉在小肠的充分消化和吸收。

（一）小肠内淀粉消化

Ørskov 等（1979）研究发现反刍动物完全缺乏内源性蔗糖水解酶。进入小肠的蔗糖几乎全部到达回肠末端，并在此处被微生物发酵而消失小部分。饲料中大部分淀粉在瘤胃内进行发酵，如果采食量很大，就会有相当数量的非降解的淀粉进入小肠。细菌多糖也是小肠碳水化合物的重要来源。以干物质计算瘤胃细菌所提供的 α-葡聚糖，在饲喂全粗饲料时，α-葡聚糖可达到小肠碳水化合物来源的 2.5%，饲喂 50% 粗饲料时增加到 7%，饲喂 30% 粗饲料时增加到 15%。在饲喂高淀粉饲料时，瘤胃原虫糖成分可达到 38%，但是小肠中来源于原虫的糖的数量可能相当低，这与原虫离开瘤胃的速度很慢有关。

水解 α-葡萄糖多聚物的酶是淀粉酶和麦芽糖酶。它们由胰腺和小肠黏膜分泌产生，小肠黏膜还分泌一种低聚 1，6-葡糖苷酶。胰腺麦芽糖酶和小肠淀粉酶的活性低于胰腺淀粉酶和小肠麦芽糖酶，说明胰腺淀粉酶和小肠麦芽糖酶对淀粉水解更重要。对绵羊胰腺和小肠糖酶的研究表明，麦芽糖酶对过瘤胃淀粉消化能力具有制约作用，进入小肠的淀粉在到达回肠末端之前，大部分都被降解。例如，绵羊的试验结果表明，玉米、大麦和燕麦饲料的葡萄糖多聚物进入小肠后，分别有 85%、77% 和 95% 在进入盲肠前消失。目前从小肠直接吸收葡萄糖的有效数量还不清楚。用添加磨碎玉米的饲料饲喂羔羊和奶牛，羔羊门静脉中葡萄糖含量增加，奶牛回肠引流的肠系膜静脉中还原糖浓度增加。上述两个试验表明，小肠能直接吸收葡萄糖。如果给泌乳奶牛饲喂大量玉米，在小肠内可利用的玉米淀粉都是以葡萄糖形式被吸收的。这两种方式可为动物提供所需葡萄糖的 60%~75%。

淀粉的加工方式会显著影响淀粉在小肠中的消化率，当给绵羊饲喂生淀粉时，淀粉酶的活性低和食糜停留时间短，严重地限制了淀粉在绵羊小肠内的消化。绵羊对生淀粉的消化能力每天约为 200 g。给绵羊饲喂凝胶淀粉发现，麦芽糖在小肠内积累，表明小肠刷状缘上麦芽糖酶的活性相对较低，限制了麦芽糖的消化。绵羊小肠消化麦芽糖的量每天为 200~300 g。

（二）小肠内糖转运

对反刍动物而言，只有少量的淀粉和其他糖类不被瘤胃消化而进入小肠，如绵羊每天喂 150 g 淀粉，只有 8 g 到达十二指肠。奶牛和绵羊全部饲喂精饲料时，也只有 30% 的淀粉（约 100 g 过瘤胃淀粉）未经瘤胃发酵进入小肠。用 50% 干草和谷物混合的维持日粮饲喂反刍动物，测定门静脉和动脉血中葡萄糖浓度，发现没有葡萄糖吸收。只有在饲喂非常大量的精饲料时，才能检测到葡萄糖的吸收。采食的饲料种类和数量决定是否有葡萄糖被吸收，大多数饲料不能直接提供反刍动物所需要的葡萄糖。淀粉在反刍动物小肠中的消化过程同其他动物相似。淀粉最初是在 α-胰腺淀粉酶的作用下，被水解为极限糊精和 2~3 个葡萄糖分子的短链低聚糖，然后这些短链低聚糖被小肠绒毛上的各种葡萄糖酶分解为可被吸收的葡萄糖。

根据是否消耗能量，葡萄糖在小肠的吸收可以被划分为主动运输和被动扩散两个过程。Bird 等（1996）报道，葡萄糖在小肠的吸收主要是通过位于肠黏膜的 SGLTs（sodium-dependent glucose transports）的主动运输和 GLUT 2（sodium-independent glucose transport）的被动扩散两种主要途径进行的。被动扩散不消耗能量，它可以随葡萄糖进入肠腔而发生作用，也可以通过位于肠细胞基底外侧膜的 GLUT 2 进行转运。通过 SGLTs 转运体进行的主动运输是依靠另外一种机制将葡萄糖转运入肠细胞。Hopfer（1987）曾报道，在反刍动物的十二指肠至回肠段存在着多种不同类型的 SGLT。在奶牛肠道发现的

SGLT 是 SGLT 1 (Shirazibeechey 等，1995)。Thorens 等 (1990) 和 Ferraris 等 (1989) 报道，SGLT 1 在肠道中每秒能转运葡萄糖 50～200 次。Zhao 等 (1998) 报道，奶牛肠道上皮中分布着大量的 SGLT 1，特别是瘤、网和瓣胃上皮中亦存在大量 SGLT 1 的 mRNA，并推断这些组织可能也参与葡萄糖的主动运输。

三、后肠碳水化合物发酵与吸收

进入后肠的碳水化合物以结构性碳水化合物为主，包括部分在前肠未被消化吸收的营养性碳水化合物，正常情况下到达后肠的 α-葡聚糖数量不多。进入后肠的碳水化合物被微生物发酵代谢，生成 SCFA、二氧化碳和甲烷。部分 SCFA 通过肠壁扩散进入体内，而气体主要是通过肛门排出体外。给绵羊饲喂含有约 70% 精饲料的饲料，α-葡聚糖在盲肠和结肠中的消化率小于 2%；饲喂含有 80% 磨碎玉米的饲料，α-葡聚糖在盲肠和结肠的消化率为 11.3%，可见淀粉主要在瘤胃中被降解。

饲喂长的或粗切的干草时，约有 85% 的纤维素是在瘤胃内被降解，而当饲料被加工成粉状或小颗粒时，由于加速了瘤胃的排出速度，可使在盲肠和结肠中被消化的纤维素比例增大。半纤维素在大肠中的消化率（可达 15%～30%）高于纤维素，其原因可能是由于半纤维素除了更易被大肠中的微生物降解外，部分还在皱胃和十二指肠中被酸水解。因此，纤维素与半纤维素在不同的消化部位的消化率有所不同。

纤维素在盲肠和大肠内的降解途径与瘤胃很类似，同样被微生物发酵产生 SCFA、甲烷、二氧化碳和微生物蛋白。盲肠的 SCFA 中的乙酸比例比瘤胃中高一些，这说明有相当大比例的粗纤维到达这个部位。异丁酸和异戊酸等支链氨基酸脱氨基后的发酵产物的比例也相当大，反映蛋白质的快速降解。饲喂干草的绵羊，盲肠产生的 SCFA 占总 SCFA 的 5.3%；饲喂粉状苜蓿的绵羊，盲肠产生的甲烷占全部生成甲烷的 10%。

Sakata 等 (1987) 证明大肠内 SCFA 的产生和吸收机理与瘤胃内相似。但其缓冲力不是来自唾液，而是肠分泌液中丰富的碳酸氢盐，回肠液的 pH 常为 7～8，盲肠的黏膜上皮细胞能迅速吸收 SCFA。Ørskov 等 (1970) 向绵羊盲肠内灌注不同量的淀粉，并观察到粪内第一次出现淀粉时的灌注水平为刚超过 100 g/d，淀粉灌注使大肠的发酵类型变得与瘤胃内淀粉的发酵类型相似，从结肠和粪中都能发现这些变化。当淀粉量超出发酵能力时，粪明显变软，水分含量增加，均一性和 SCFA 含量与瘤胃液相似（表 3-2）。如果给动物灌注 1 瓶蔗糖溶液，3～4 h 就会出现腹泻，此时盲肠和粪的 pH 都会低于 5。当用瓶灌入大量羊奶时，羔羊盲肠微生物发酵产生高浓度的 SCFA 和乳酸，由于酸度过高，对羔羊的盲肠健康可能产生负面影响（Robson 和 Kay，1972）。

表 3-2　盲肠灌注淀粉下的绵羊肠和粪中 SCFA 的比例

绵羊	淀粉灌注量 (g/d)	地点	乙酸 (%)	丙酸 (%)	丁酸 (%)	其他 SCFA (%)	总 SCFA 浓度 (mmol/L)
A	0	结肠	66.0	15.4	6.6	12.1	—
	300	结肠	61.4	10.6	20.6	7.4	—

（续）

绵羊	淀粉灌注量 （g/d）	地点	乙酸 （%）	丙酸 （%）	丁酸 （%）	其他 SCFA （%）	总 SCFA 浓度 （mmol/L）
B	0	盲肠	77.1	7.8	4.7	10.5	—
	300	盲肠	65.1	9.8	14.8	10.3	—
A	0	粪	68.5	20.5	6.7	4.4	64.8
	300	粪	70.2	5.1	19.5	5.2	227.6
B	0	粪	69.0	14.6	5.5	10.9	64.8
	300	粪	62.9	8.8	18.3	10.0	118.8

资料来源：Ørskov 等（1970）。

与瘤胃中合成的微生物蛋白不同，还没有证据表明在盲肠内有细菌和原虫蛋白质的消化和吸收。碳水化合物在盲肠和大肠中发酵，由于增加了代谢性粪氮，而使氮的消化作用明显降低。

第二节　氮、氨基酸及小肽在胃肠道的吸收

一、瘤胃内氨的吸收

氨是瘤胃内微生物发酵的终产物和重要的氮供体，可被某些瘤胃微生物直接利用，同时也可被瘤胃壁吸收入血。研究表明，高达 1/2 的饲料氨基酸氮在瘤胃内可被微生物降解生成氨，瘤胃微生物利用氨合成微生物蛋白。氨产生速率远大于利用速率，过量的氨通过瘤胃壁直接进入血液，在肝脏内转化为尿素。一部分尿素通过尿素循环，在瘤胃中再次生成氨被利用，另一部分随尿液排出体外。

Mcdonald 和 Warner 在急性试验中证明氨能直接被瘤胃吸收。Hogan（1961）发现 pH 为 6.5 时，氨吸收迅速，并随着浓度梯度的增加，氨通过瘤胃上皮转运增加；pH 为 4.5 时，几乎没有氨吸收。

在碱性条件下，大量的氨以分子的形式存在，瘤胃 pH 在一般在 6.5 以下，此时，氨主要以 NH_4^+ 形式存在于酸性环境中。因此，瘤胃细菌细胞吸收 NH_4^+ 需要特殊的转运蛋白。氨除了从瘤胃吸收外，也可从血液通过上皮转运入瘤胃中。采用离体瘤胃上皮组织培养的研究发现，氨可以非常迅速地越过瘤胃壁双向转运。当膜的一侧 pH 降低时，该侧氨浓度升高达到两侧平衡。

氨通过瘤胃上皮经血液循环进入肝脏，在酶的作用下生成尿素。一部分尿素又重新经血液循环通过瘤胃壁和唾液进入瘤胃。尿素在瘤胃微生物酶的作用下迅速分解并释放出氨，这对于低氮日粮条件下保持瘤胃微生物的生长和发酵有重要意义，并能使血氨保持较低水平。降解尿素的酶主要是脲酶。研究表明，脲酶活性与瘤胃液中特殊的细菌密切相关。有报道显示，原虫和瘤胃真菌（梨囊鞭菌属或新美鞭菌属）分离物中皆无脲酶活性。

以微生物的纯培养技术为研究手段，鉴定出反刍动物瘤胃内的尿素分解菌主要来自链球菌属、葡萄状球菌属、摩根氏菌属、乳酸杆菌属、双歧杆菌属、月形单胞菌属、埃希氏菌属和肠球菌属，而且上述细菌分别来源于厚壁菌门、放线菌门和变形菌门（Lauková 和 Koniarová，1995）。

在瘤胃中，接近 50% 的日粮蛋白质被瘤胃微生物降解为氨。微生物又利用自身的酶催化氨合成微生物蛋白。其中，谷氨酸和谷氨酰胺是微生物蛋白合成的两种重要的细胞氮供体物质。试验证明，谷氨酰胺合成酶、谷氨酸合成酶和谷氨酰胺脱氢酶是这个代谢过程中重要的酶。整个氮调节系统中，这些酶对瘤胃细菌氨的吸收具有重要的作用。在瘤胃细菌中，氨与 α-酮戊二酸合成谷氨酸和谷氨酰胺是氨利用中最重要的反应，并且谷氨酸和谷氨酰胺是细胞代谢中重要的氮供体。这个合成过程涉及几种重要的酶，如谷氨酰胺脱氢酶、谷氨酸合成酶、谷氨酰胺合成酶。谷氨酰胺脱氢酶直接催化氨和 α-酮戊二酸合成谷氨酸；谷氨酸和谷氨酰胺之间的转化在谷氨酸合成酶和谷氨酰胺合成酶的作用下完成。这三种主要的酶在很多已知的瘤胃细菌中都有出现。

二、小肠内氨基酸及小肽的吸收

饲料中的蛋白质经瘤胃降解后的非降解蛋白质进入小肠，连同瘤胃微生物蛋白组成小肠蛋白质，经小肠消化后为小肠可消化蛋白质或可消化氨基酸。评定小肠蛋白质和氨基酸的消化率是反刍动物小肠蛋白质营养现行体系中的重要组成部分。小肠氨基酸的数量及比例不仅影响氨基酸在肠内的吸收和利用，而且与反刍动物的生产性能及饲养成本密切相关。

小肠氨基酸的来源：①饲料瘤胃非降解蛋白质（RUP），RUP 的小肠消化率较高。试验表明，RUP 的氨基酸模式比可消化蛋白质的含量更有测定价值。②瘤胃微生物蛋白质（microbial protein，MCP），主要来源于饲料瘤胃降解蛋白质（rumen degradable protein，RDP）被瘤胃微生物利用而合成，MCP 可占进入小肠的可吸收蛋白质的 50%～80%。③内源蛋白质，是可供反刍动物利用的十二指肠氮流量的成分，其变化很大，但是最大供应量可达到反刍动物可利用氮的 60%（Siddons 等，1985）。

门静脉是消化道排流静脉，担负着捕获日粮中新氮源的功能，这包括经过瘤胃壁吸收的氮和在小肠吸收的瘤胃微生物氮、RUP 及内源蛋白氮。绵羊和山羊的氮消化率为 68% 左右（王梦芝等，2007），奶牛的氮消化率为 69%，其中绵羊和奶牛有一半以上的氮是以氨基酸的形式吸收的；肉牛以氨基酸形式存留氮的比例为 42%～46%（Lapierre 和 Lobley，2001）。但肠道中氨基酸的消失量与门静脉血液中的氨基酸数量并不相等。Kung 和 Rode（1996）进一步研究结果证明，绵羊的门静脉排流组织（portal-drained viscera，PDV）利用了大量的氨基酸，到达肝脏的氨基酸流量只有从肠管吸收并通过肠系膜静脉释放到血液循环的氨基酸总量的 60%～65%。

早在 100 多年前，人们已经注意到了肽的吸收和转运。到 20 世纪 50 年代，Agar 等首先观察到肠道能完整地吸收转运双甘肽；也有学者提出过肽可被完整转运的证据。在试验动物、人类、家禽、猪和牛羊方面有学者已经肯定了小肠可以完整吸收和转运肽的结论。

　　研究发现肽吸收规律如下：一是肽和氨基酸吸收通过完全不同的两种独立机制（图3-2）；二是寡肽结合氨基酸的吸收速率大于氨基酸的吸收速率；三是肽的吸收可以减少或避免肠道内氨基酸的吸收竞争；四是肽分子构型与其吸收转运密切相关。

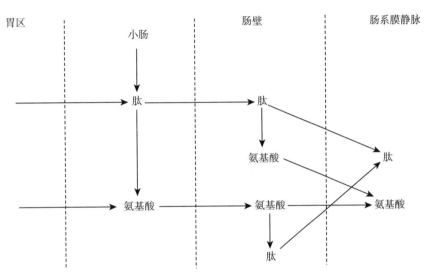

图3-2　反刍动物小肠寡肽与游离氨基酸吸收代谢情况

　　Turner（2009）研究表明，小肽通过3种途径被肠道黏膜细胞吸收，这3种机制分别是渗透吸收、载体转运吸收和紧密连接蛋白介导的通道穿透吸收。反刍动物对小肽的吸收机制方面，现阶段对中间载体Pept1研究得比较清楚，但反刍动物是否同时采用上述3种机制吸收小肽，抑或小肽的吸收达到一定程度后其3种机制存在互相转换，目前并不清楚，尚需进一步研究。

　　1. 渗透吸收　渗透吸收机制是最普遍的一种吸收机制，是依赖于离子或者物质分子在细胞膜两侧的不同浓度梯度而达到吸收的一种机制，不需要能量也不需要载体，但不是最主要的一种吸收机制。渗透吸收是依赖肠道内容物中的小肽浓度梯度进行的，当肠道中的小肽达到了一定浓度，小肽就会通过肠黏膜进入肠系膜血液中。

　　2. 载体转运吸收　研究报道，奶牛胃肠道的小肽主要通过载体进行转运，从而被肠道吸收利用，而且中间转运载体又以Pept1载体蛋白为主，Pept1载体可以吸收中性、单电荷和多电荷的小肽。载体转运吸收有两种方式：①依赖跨膜H^+浓度梯度的中间转运载体小肽通过Pept1的吸收，依赖pH，但不依赖Na^+、Cl^-和Ca^{2+}。②依赖跨膜阳离子浓度梯度的肽中间转运。研究表明，与质子结合的小肽转运载体在小肠的顶膜和基底膜都存在。大部分学者研究表明，影响Pept1载体蛋白表达的因素包括生长发育的程度、日粮、激素、昼夜节律、温度和疾病（El-Kadi等，2006）。Gilbert等（2008）研究发现，日粮蛋白质水平的提高或蛋白质饲料的缺乏都会使Pept1载体激活。小肽吸收率可因日粮摄取水平和日粮蛋白质水平的不同而异。同时，小肽被细胞吸收的情况也会因氨基酸的构型不同（L/D）、非氨基酸的参与、小肽氨基酸序列的改变或小肽支链和小肽末端结构的改变而不同。

3. 通道穿透吸收　Steed 等（2010）和 Salama（2006）研究表明，小肠上皮细胞存在一种吸收屏障，该屏障与水、可溶性物质和离子的吸收有关，上皮细胞通过紧密连接、黏附连接和桥粒3个独立的连接系统相互连接。紧密连接是上皮细胞具有吸收和分泌功能的重要标志之一，一般与位于上层肌动蛋白下的胞环蛋白相连，主要包括跨膜蛋白（occludin 和 claudin）和细胞质的斑块蛋白（ZO-1、ZO-2、ZO-3、cingulin 和7H6）。有大量证据证实紧密连接在通过影响旁细胞的液体和溶质而调节上皮细胞的通透性方面有重要作用。Itallie 等和 Torres-Lugo 等发现，紧密连接的生物特性和传统的离子通道性质一样，都对离子的大小和电荷具有选择性，依赖离子浓度的通透性、渗透分子间的竞争、不规则分子片段间的影响以及对 pH 的敏感性等。

第三节　长链脂肪酸在胃肠道的吸收

长链脂肪酸是指碳原子数在 12 个以上的脂肪酸，包括软脂酸、硬脂酸、花生酸以及不饱和脂肪酸。

一、胃中的消化

在瘤胃中，大部分的不饱和脂肪酸经微生物的氢化作用变成饱和脂肪酸，必需脂肪酸减少。瘤胃是一个高度还原的环境，生物氢化是瘤胃长链脂肪酸消化的一个重要过程。氢化反应受细菌产生的酶催化。反应需要的氢来源于 NADH 或内源电子供体，也来源于瘤胃发酵产生的氢。据研究，瘤胃发酵产生的氢大约 14％用于微生物体内合成，特别是微生物脂肪合成和不饱和脂肪酸氢化。部分氢化的不饱和脂肪酸发生异构变化，形成异构化（反式）脂肪酸。氢化形成的饱和脂肪酸、异构化脂肪酸以及天然存在的一些反式脂肪酸会随着食糜的流动从瘤胃向后端移动，经过瓣胃和网胃时，基本不发生变化；在皱胃，长链脂肪酸、微生物与胃分泌物混合，脂肪酸逐渐被消化，微生物细胞也被分解。

二、小肠的吸收

进入十二指肠的长链脂肪酸与其他脂类物质形成混合乳糜微粒，在肠道的流动中，主要被呈酸性环境的空肠前段吸收。

（毛胜勇　撰稿）

→ 参考文献

冯仰廉，2004. 反刍动物营养学［M］. 北京：科学出版社.

王岗，2001. 绵羊小肠寡肽吸收规律的研究［D］. 呼和浩特：内蒙古农业大学.

王梦芝，曹恒春，李国祥，等，2007. 反刍动物的理想氨基酸与小肠氨基酸供给模式的研究［J］. 饲料工业，28：42－46.

Andrade S L，Einsle O，2007. The Amt/Mep/Rh family of ammonium transport proteins［J］. Molecular Membrane Biology，24：357.

Aschenbach J R，Bilk S，Tadesse G，et al，2009. Bicarbonate-dependent and bicarbonate-independent mechanisms contribute to nondiffusive uptake of acetate in the ruminal epithelium of sheep［J］. American Journal of Physiology Gastrointestinal & Liver Physiology，296：G1098.

Aschenbach J R，Penner G B，Stumpff F，et al，2011. Ruminant Nutrition Symposium：Role of fermentation acid absorption in the regulation of ruminal pH［J］. Journal of Animal Science，89：1092－1107.

Bird A R，Croom W J，Fan Y K，et al，1996. Peptide regulation of intestinal glucose absorption［J］. Journal of Animal Science，74：2523－2540.

Connor E E，Li R W，Baldwin R L，et al，2010. Gene expression in the digestive tissues of ruminants and their relationships with feeding and digestive processes［J］. Animal An International Journal of Animal Bioscience，4：993－1007.

El-Kadi，Samer W，Ransom L B，et al，2006. Intestinal protein supply alters amino acid，but not glucose，metabolism by the sheep gastrointestinal tract［J］. The Journal of nutrition，136：1261－1269.

Ferraris R P，Lee P P，Diamond J M，1989. Origin of regional and species differences in intestinal glucose uptake［J］. American Journal of Physiology，257：G689－697.

Gilbert E R，Wong E A，Webb K E，2008. Board-invited review：peptide absorption and utilization：implications for animal nutrition and health［J］. Journal of animal science，86：2135－2155.

Hogan J P，1961. The absorption of ammonia through the rumen of the sheep［J］. Australian Journal of Biological Sciences，14：448－460.

Hopfer U，1987. Membrane transport mechanisms for hexoses and amino acids in the small intestine［J］. Physiology of the Gastrointestinal Tract，2：1499－1526.

Kung L M and Rode L M，1996. Amino acid metabolism in ruminants［J］. Animal Feed Science and Technology，59：167－172.

Lapierre H，Lobley G E，2001. Nitrogen recycling in the ruminant：a review［J］. Journal of Dairy Science，84：E223－E236.

Lauková A，Koniarová I，1995. Survey of urease activity in ruminal bacteria isolated from domestic and wild ruminants［J］. Microbios，84：7.

Matthews D M，2009. Mechanisms of peptide transport［J］. Peptide Transport and Hydrolysis，926：79.

Mayes R W，Ørskov E R，1974. The utilization of gelled maize starch in the small intestine of sheep［J］. British Journal of Nutrition：143－153.

Milano G D，Hotstonmoore A，Lobley G E，2000. Influence of hepatic ammonia removal on ureagenesis，amino acid utilization and energy metabolism in the ovine liver［J］. British Journal of Nutrition，83：307.

Newey H，Smyth D H，1959. The intestinal absorption of some dipeptides ［J］. The Journal of Physiology，145：48 - 56.

Ørskov E R，Grubb D A，Smith J S，1979. Efficiency of utiliza-tion of volatile fatty acids for maintenance and energy retentionby sheep ［J］. British Journal of Nutrition，41：541 - 551.

Ørskov E R，Fraser C，Mason V C，et al，1970. Influence of starch digestion in the large intestine of sheep on caecal fermentation，caecal microflora and faecal nitrogen excretion ［J］. British Journal of Nutrition，24：671 - 682.

Pengpeng W，Tan Z，2013. Ammonia assimilation in rumen bacteria：a review ［J］. Animal Biotechnology，24：107.

Robson M G，Kay R N，1972. Changing patterns of fermentation and mineral absorption in the large intestine of lambs weaned from milk to concentrates ［J］. The Proceedings of the Nutrition Society，31：62A - 63A.

Sakata T，1987. Stimulatory effect of short-chain fatty acids on epithelial cell proliferation in the rat intestine：a possible explanation for trophic effects of fermentable fibre，gut microbes and luminal trophic factors ［J］. British Journal of Nutrition，58：95 - 103.

Salama N N，Eddington N D，Fasano A，2006. Tight junction modulation and its relationship to drug delivery ［J］. Advanced Drug Delivery Reviews，58：15 - 28.

Seal C J，Parker D S，1996. Effect of intraruminal propionic acid infusion on metabolism of mesenteric- and portal-drained viscera in growing steers fed a forage diet：Ⅱ. Ammonia，urea，amino acids，and peptides ［J］. Journal of Animal Science，74：245 - 256.

Shirazibeechey S P，Wood I S，Dyer J，et al，1995. Intestinal sugar transport in ruminants ［J］. Proceedings of the Society of Nutrition Physiology，168：117 - 133.

Siddons R C，Nolan J V，Beever D E，et al，1985. Nitrogen digestion and metabolism in sheep consuming diets containing contrasting forms and levels of N ［J］. British Journal of Nutrition，54：175 - 187.

Simpson J E，Walker N M，Supuran C T，et al，2010. Putative anion transporter - 1 （Pat - 1，Slc26a6） contributes to intracellular pH regulation during H^+-dipeptide transport in duodenal villous epithelium ［J］. American Journal of Physiology Gastrointestinal & Liver Physiology，298：G683 - G691.

Steed E，Balda M S，Matter K，2010. Dynamics and functions of tight junctions ［J］. Trends in cell biology，20：142 - 149.

Tagari H，Webb K，Theurer B，et al，2008. Mammary uptake，portal-drained visceral flux，and hepatic metabolism of free and peptide-bound amino acids in cows fed steam-flaked or dry-rolled sorghum grain diets ［J］. Journal of Dairy Science，91：679 - 697.

Thorens B，Charron M J，Lodish H F，1990. Molecular physiology of glucose transporters ［J］. Diabetes Care，13：209 - 218.

Torres-Lugo M，García M，Record R，et al，2002. pH-sensitive hydrogels as gastrointestinal tract absorption enhancers：transport mechanisms of salmon calcitonin and other model molecules using the Caco-2 cell model ［J］. Biotechnology Progress，18 （3）：612 - 616.

Turner，Jerrold R，2009. Intestinal mucosal barrier function in health and disease ［J］. Nature Reviews Immunology，9：799 - 809.

Zhao F Q，Okine E K，Cheeseman C I，et al，1998. Glucose transporter gene expression in lactating bovine gastrointestinal tract ［J］. Journal of Animal Science，76：2921 - 2929.

第四章
反刍动物机体内代谢

第一节　长链脂肪酸代谢

幼龄反刍动物（断奶前）瘤胃未发育成熟，其对长链脂肪酸的消化吸收与单胃动物相似。随着日龄增加，瘤胃微生物逐渐发育成熟，反刍动物对长链脂肪酸（16～18 个碳原子）的代谢开始有别于单胃动物。瘤胃中的长链脂肪酸主要来源于日粮脂肪和微生物合成脂的水解。在微生物水解过程中，瘤胃细菌脂肪酶活性比原虫强。研究表明，这些未被保护的脂肪进入瘤胃后，85％～90％脂肪在瘤胃微生物脂肪酶作用下水解生成脂肪酸。脂肪酶的活性与日粮成分有关：高蛋白质日粮中脂肪酶活性最高；高纤维日粮要高于高淀粉日粮，但在高纤维日粮中适当补给淀粉能促进脂肪水解。瘤胃对长链脂肪酸的吸收速度很慢，游离脂肪酸随食糜进入小肠，主要在空肠被吸收，在空肠前部仅被吸收 15％～26％，其余部分在空肠的后 3/4 部位被吸收。

一、长链脂肪酸的分解代谢

长链脂肪酸的分解代谢主要是 β-氧化分解，此过程原核细胞发生在细胞质，真核细胞发生在线粒体基质。长链脂肪酸活化后才能发生 β-氧化，其进入线粒体基质之前，先与辅酶 A（CoA）结合形成硫酯化合物，催化此类反应的酶称为脂酰-CoA 合成酶，又称硫激酶 I，存在于线粒体外膜。催化反应需要 1 分子腺苷三磷酸（ATP），生成的焦磷酸（PPi）在无机焦磷酸酶的作用下立即水解。反应式如下：

$$R-COOH+CoA+ATP \longrightarrow RCOSCOA+PPi$$

10 个碳原子以下的短链或中长链脂肪酸可较容易地穿过线粒体内膜，但长链的脂酰-CoA 不能轻易地穿过线粒体膜，需要特殊的转运机制。膜间隙中的脂酰-CoA 通过线粒体内膜外侧面肉碱脂酰转移酶 I 的催化与肉碱结合，同时脱下 CoA，又通过线粒体内膜上的肉碱脂酰移位酶被运送到线粒体基质内，在此又通过肉碱脂酰移位酶 II 立即将脂酰基转移到基质的 CoA 上，形成脂酰-CoA，而肉碱本身通过原来的肉碱脂酰移位酶返回到膜间隙中。脂肪酸跨线粒体内膜转运机制如图 4-1 所示：

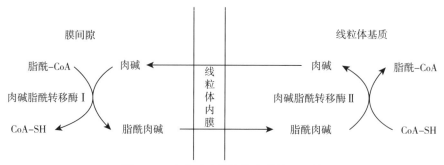

图 4-1　脂肪酸跨线粒体内膜转运机制

在脂酰-CoA 分子羧基邻位的 2 个碳原子之间脱氢形成一个反式双键，生成反式-烯酰-CoA。氧化脱氢由脂酰-CoA 脱氢酶催化，其中辅酶为 FAD，脱氢的同时产生一个 FADH$_2$ 分子。此反应过程中形成的双键为反式，而自然界存在的不饱和脂肪酸的不饱和双键都是顺式。在烯酰-CoA 水合酶的催化作用下，在烯酰-CoA 的反式双键处加水，形成 β-羟酰-CoA。在 β-羟酰-CoA 脱氢酶的催化下，二级醇氧化脱氢形成 β-酮酰-CoA，此酶的辅酶为 NAD$^+$，于是脱氢产生一个 NADH。β-酮酰-CoA 裂解，产生 1 分子乙酰-CoA 和比原来脂酰-CoA 少 2 个碳原子的脂酰-CoA。催化此反应的酶为酰基-CoA 乙酰基转移酶（硫解酶或 β-酮硫解酶），催化中还需要另外 1 分子辅酶 A（CoA-SH）参加反应。长链脂肪酸 β-氧化过程如图 4-2 所示。

奇数碳原子长链脂肪酸主要存在于反刍动物（Vlaeminck 等，2006）。具有 17 个碳原子的长链脂肪酸的氧化也是通过 β-氧化途径，产生 7 个乙酰-CoA 和 1 个丙酰-CoA。丙酰-CoA 经过 3 步酶促反应，最后形成琥珀酰-CoA。由于瘤胃内具有高度还原性，大部分不饱和脂肪酸会在瘤胃内发生氢化作

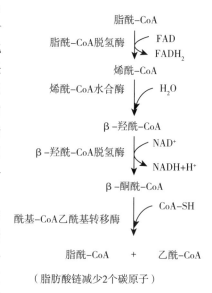

（脂肪酸链减少2个碳原子）

图 4-2　长链脂肪酸的 β-氧化过程

用，主要生成饱和脂肪酸。小部分的不饱和长链脂肪酸随食糜进入小肠内氧化分解。不饱和脂肪酸的氧化与饱和脂肪酸的氧化基本相同，也是 β-氧化降解；但在双键处，还需由另外的附加步骤加以完成。

脂肪酸 β-氧化的结果直接产生还原型 FADH$_2$ 和 NADH，所形成的乙酰-CoA 通过三羧酸循环也产生 FADH$_2$ 和 NADH，通过电子传递即可合成大量供能 ATP。因此脂肪酸氧化的过程是产生能量的过程。

二、长链脂肪酸的合成代谢

研究表明，瘤胃细菌和纤毛虫能结合和合成不同的长链脂肪酸，不仅能利用丙酸合成

奇数碳链脂肪酸，也能利用缬氨酸、亮氨酸和异亮氨酸的碳链合成一些支链脂肪酸，合成产物主要是 15～18 个碳原子的长链脂肪酸。脂肪酸的生物合成最早是由大肠杆菌的无细胞提取液开始研究。一般认为，动物体内脂肪酸的合成有两种体系：胞质体系和线粒体体系。两种体系都是以乙酰-CoA 为基础合成。两种体系中所用的乙酰-CoA 是在细胞质内通过丙酮酸的氧化脱羟、氨基酸氧化降解和长链脂肪酸 β-氧化反应生成。

1. 细胞质中脂肪酸的合成　脂肪酸的合成是以乙酰-CoA 为基础，这一体系高度活跃，其中最终结果是通过乙酰-CoA 生成棕榈酸。脂肪酸的 β-氧化分解在线粒体中进行，可产生大量的乙酰-CoA。线粒体内的乙酰-CoA 不能穿过线粒体内膜，因此乙酰-CoA 必须被加以改造，成为可以穿过内膜的分子（图 4-3）。乙酰-CoA 与草酰乙酸缩合形成柠檬酸可穿过线粒体膜进入细胞质，细胞质中的 ATP-柠檬酸裂解酶将柠檬酸裂解为乙酰-CoA 和草酰乙酸。草酰乙酸不参与脂肪酸的合成，并且不能穿过线粒体膜进入线粒体。细胞质中，草酰乙酸发生酶促反应生成苹果酸，苹果酸可通过线粒体膜进入线粒体，同时苹果酸可由苹果酸酶氧化脱羧生成丙酮酸，丙酮酸也可通过线粒体膜进入线粒体。线粒体内的苹果酸在苹果酸脱氢酶作用下生成草酰乙酸，同时丙酮酸在丙酮酸羧化酶作用下消耗能量和二氧化碳生成草酰乙酸。细胞质内的乙酰-CoA 参与脂肪合成。

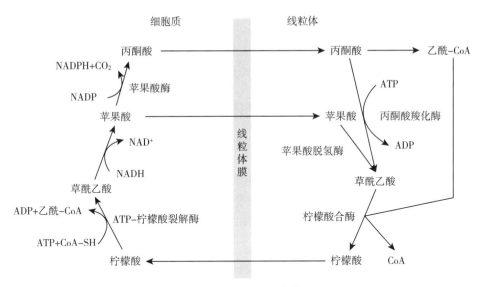

图 4-3　乙酰-CoA 的跨膜过程

长链脂肪酸的合成过程需要还原型 $NADP^+$、ATP、二氧化碳和锰离子。其第一阶段是乙酰-CoA 转化成丙二酸单酰辅酶 A。然后，丙二酸单酰辅酶 A 在丙二酸单酰基转移酶的催化下与脂酰基载体蛋白（ACP）反应生成丙二酸单酰-ACP 复合体。然后，乙酰-CoA 在乙酰基转移酶的存在下与 ACP 耦合生成乙酰-ACP，使碳链增加 2 个碳原子，生成丁酰-ACP 复合体。丁酰-ACP 复合体与丙二酸单酰-ACP 复合体反应，增加 2 个碳原子生成己酰-ACP，如此反应使脂肪酸碳链不断延长，直至生成棕榈酰-ACP 复合体为止。该复合体在脱酰基酶的作用下释放出棕榈酸。

2. 线粒体中脂肪酸的合成　线粒体在合成脂肪酸过程中需要供给 ATP、还原型 NAD$^+$ 和还原型 NADP$^+$。Jr 等研究发现，此过程中乙酰-CoA 并入中链和长链脂肪酸中，但是不能确定脂肪酸的合成过程是否要从乙酰-CoA 开始进行全程合成。反应体系的脂肪酸合成途径如图 4-4 所示。

线粒体合成的脂肪酸通常是由在细胞质体系中所合成的棕榈酸生成 18～24 个碳的饱和脂肪酸。长链饱和脂肪酸和长链不饱和脂肪酸的延长反应也可在内质网中进行，以丙二酸单酰辅酶 A 作为 2 个碳原子的来源。在哺乳动物体内，长链多不饱和脂肪酸由棕榈酸和油酸生成，各个双键位于末端甲基和第 7 位碳原子之间，长链多不饱和脂肪酸也可由亚油酸和亚麻酸生成。长链多不饱和脂肪酸生成过程中的去饱和反应主要发生在肝脏中。

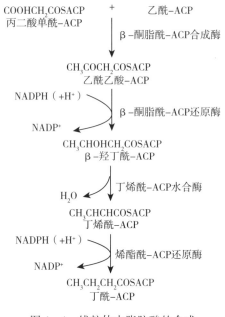

图 4-4　线粒体中脂肪酸的合成

第二节　反刍动物氨基酸代谢

一、组织器官对氨基酸吸收与代谢

（一）瘤胃内氨基酸代谢

因需考虑瘤胃微生物及反刍动物本身的需求，所以反刍动物氨基酸（AA）营养比较复杂。实际日粮蛋白质转化成为生物产品的效率，与宿主消化和吸收氨基酸有关。前胃微生物发酵主要消化哺乳动物消化酶不足以消化的、含大量复杂多糖的粗饲料；优质牧草的前胃发酵，有利于营养素的利用，但会降低蛋白质利用率。

瘤胃微生物可以降解饲料中的蛋白质，瘤胃微生物发酵对到达宿主吸收位点氨基酸的量和特性有巨大影响。反刍动物的瘤胃和瓣胃是小肽吸收的主要部位，几乎不吸收游离的氨基酸，而肠道则吸收大量的游离氨基酸，其中空肠和回肠是游离氨基酸吸收的主要部位。如前所述，小肠可吸收氨基酸主要来自 MCP、RUP 及内源蛋白质消化后的氨基酸。康奈尔净碳水化合物与蛋白体系（CNCPS）将 MCP 氨基酸分为细胞壁氨基酸和细胞内容物氨基酸。李树聪等研究发现，各种 MCP 氨基酸在小肠中的真消化率差异不大，为 73%～89%。饲料 RUP 的消化率因饲料种类不同而有差异，苜蓿半干草 RUP 消化率显著低于苜蓿干草；大豆粉和全棉籽的 RUP 的小肠消化率较高，而玉米糠和玉米青贮的 RUP 的小肠消化率相对较低（25% 以下）（Kononoff 等，2007）。瘤胃的降解作用对未降解饲料氨基酸小肠消化率影响不大。因此，提高日粮中 RUP 量可以提高小肠可吸收氨基酸量。Atkinson 等研究表明，随着 RUP 水平的提高，进入小肠的氨基酸量则增加。

（二）肠道内氨基酸代谢

肠道内游离氨基酸的吸收主要靠逆浓度梯度转运，依赖于不同的 Na^+ 和非 Na^+ 离子泵转运系统进行。肠道对必需氨基酸（EAA）的吸收速度大于非必需氨基酸（NEAA），小肠对 EAA 的相对吸收速度依次为蛋氨酸（Met）、亮氨酸（Leu）、缬氨酸（Val）、苯丙氨酸（Phe）、异亮氨酸（Ile）和精氨酸（Arg）。另外，除肠道吸收氨基酸外，小肠中对小肽的吸收会促进 EAA 的吸收，这与吸收时的转运机制有关（陈宇光等，2006）。肠道中的氨基酸和部分小肽经小肠吸收后进入肠系膜静脉并汇总至门静脉。但肠道中消失的氨基酸数量与门静脉血液中的氨基酸数量并不相等，到达肝脏的氨基酸流量只占从肠道吸收并通过肠系膜静脉释放到血液循环的氨基酸总量的 60%～65%。研究证明门静脉排流组织会利用大量氨基酸，比如，肠壁组织会利用大量的谷氨酸（Glu）和天冬氨酸（Asp），因此门静脉血液中 Glu 和 Asp 浓度很低（MacRae 等，1997）。经小肠吸收的氨基酸有将近 1/3 会被代谢，其中 20% 的氨基酸主要以分解代谢的方式为肠壁细胞提供能量来源。因此，门静脉排流组织的氨基酸流量是随着日粮和胃肠组织内能量载体物质的变化而变化的。如氨基酸流量也受小肠葡萄糖供应量的影响，无论通过提高瘤胃丙酸利用率，还是向小肠灌注葡萄糖或淀粉，均可提高门静脉氨基酸的流量。但是，对奶山羊皱胃灌注葡萄糖和蛋白质试验发现，灌注葡萄糖能够降低肝脏的糖异生作用，一定程度上会降低肠道吸收过程中氨基酸的代谢，但不会净增加门静脉排流组织释放的游离氨基酸的浓度。

日粮氮水平对肠道氨基酸代谢影响甚微。研究发现，与日粮能量水平相比，日粮中氮的水平对肠道氨基酸代谢几乎没有影响（Freetly 等，2010）。目前，调节这些反应的机制还不清楚，但可能是由于降低了胃肠道内氨基酸的分解，改变了肠管中食糜的运转，或是由于小肠内可消化淀粉不足，食糜内蛋白质螯合等原因。研究证明，氨基酸净流量对很多因素敏感，包括来自动脉供应所汇集氨基酸的代谢。应用动-静脉插管技术和稳定同位素动态测量相结合的方法，在绵羊上进行研究表明（MacRae 等，1997），虽然一些 EAA 来自肠道吸收，但大部分来自供组织利用的血液循环。这种摄取氨基酸的方式，反映了在胃肠道组织中可观察到的蛋白质快速周转，以及氨基酸在消化道黏膜层内的代谢消耗（Lobley 等，1980），也就是说氨基酸在被机体吸收过程中将要参与消化道壁的代谢，并且这些代谢显著影响着肝脏和上皮组织对氨基酸的利用。

二、肝脏中的氨基酸代谢

肝脏是动物机体内营养成分转化的重要枢纽，直接影响着酮体、葡萄糖与甘油三酯的生成。肝动脉的血流量只占肝脏血流量的 2%～17%，因此肝脏的血液主要来源于门静脉。由胃肠道吸收和利用后进入门静脉的剩余的营养物质对肝脏的代谢起着决定性作用。肝脏的血流量占到心脏排血量的 30%～40%，几乎一半的血液要经过肝脏处理。此外，肝脏也是内分泌调控的重要器官，分布着大量的生长激素受体，是产生 IGF－1 的主要部位，对反刍动物的蛋白质代谢起调控作用。肝脏对平衡内脏器官和外周组织蛋白质代谢起着中心作用（董文超等，2012）。

（一）氨基酸的代谢途径

肝脏虽是一个很小的器官（不足体重的 2%），但其代谢是相当活跃的。肝脏与门静脉回流内脏一起构成内脏组织，其重量不足整个机体的 10%，其却占整个身体能量（如葡萄糖和氧）消耗的 50%。由于肝脏清除了大量的氨基酸，从小肠吸收进入肝门静脉的总氨基酸只有一小部分以游离氨基酸的形式到达外周循环。由于肝门静脉、动脉血流量和相应氨基酸浓度的准确测定问题，各种动物的氨基酸摄取量的变化极大，控制其摄取量的因素目前尚不十分清楚（甄玉国等，2002）。

吸收后的氨基酸在肝脏一般有四条潜在途径：一是以游离氨基酸的形式滞留在血管内外；二是转化为特殊的氮代谢物 ［如芳香族氨基酸转化为神经递质，甘氨酸（Gly）转化为马尿酸，小寡肽的合成］；三是氧化提供能量和非氮中间代谢物；四是合成并入肝脏和外运蛋白（Wray-Cahen 等，1997）。被肝脏摄取的 EAA 基本用于肝脏蛋白质周转和外运蛋白的合成，而用于氧化和糖异生作用的 EAA 是有限的。肝脏的氨基酸代谢与外周组织氨基酸和葡萄糖需要直接相关，并且很多机制（如肝脏氨基酸的供应量、葡萄糖的需求和激素调节等）可以改变肝脏的氨基酸流通量。

（二）氨基酸代谢与葡萄糖的异生

反刍动物体内所需要的葡萄糖主要来源于糖异生作用产生的内源葡萄糖。在大量进食粗饲料或处于绝食状态下，反刍动物通过肝脏糖异生作用合成的葡萄糖占体内葡萄糖周转量的比例高达 85%～90%（卢德勋等，2010）。在维持营养水平下，至少有 15% 的内源性葡萄糖是由氨基酸转化而来，其中约 32% 来自肝脏摄取的氨基酸（Larsen 等，2009）。除赖氨酸（Lys）、亮氨酸（Leu）外，大部分氨基酸可转化为糖，其中主要以丙氨酸（Ala）和丝氨酸（Ser）为主。研究表明，在高精饲料日粮条件下，泌乳奶牛通过糖异生作用生成的葡萄糖有 8.6% 由 Ala、Gly、Ser 及苏氨酸（Thr）的转化而来，肝脏内通过乳酸和氨基酸生成的葡萄糖占总产量的 33.9%，其他的可能来自丙酸和丁酸等（Lomax 等，1983）。对于泌乳奶牛，Ala 是肝脏内参与糖异生作用的固定氨基酸。氨基酸用于生糖的比例也受到动物对氨基酸和能量需求的制约。由于绝大部分氨基酸都可参与肝脏内糖异生作用，因此反刍动物肝脏内氨基酸的代谢与葡萄糖代谢密切相关，两者之间应当保持适宜比例。但随葡萄糖供应的增加，肝脏中氨基酸的产出并没有增加。数据表明只有当氨基酸供应超过机体需求时，氨基酸才会参与肝脏内的分解代谢，研究发现动物机体对葡萄糖的需求并不能刺激肝脏内氨基酸的分解代谢（Lobley 等，2001）。

（三）氨基酸代谢与氨的清除

作为到达肝脏过量氨的一种解毒方法，氨基酸的另外一条途径与碳架的分解代谢有关。例如，随门静脉 NH_3－N 吸收的增加，被肝脏清除的氨基酸也增加。在高蛋白质日粮条件下，由于氨产量增加而导致肝脏氨基酸清除增加的机制目前还不十分清楚，但Reynolds（1992）已提出，具体原体可能是尿素生物合成所需谷氨酰胺（Gln）和Asp的转氨基反应提高了氨基酸-氮的需要量。在正常条件下，线粒体和胞质的Asp-Glu转酰胺基作用库是平衡的，并且谷氨酸脱氢酶的反应是不可逆的，这意味着尿素分子中的2个氮原子可以由氨或氨基酸来产生。相反，在尿素流量高的条件下，包括动用专门用于尿素合成的氨基酸在内，线粒体的氨供应可能不足以提供尿素分子的2个氮原子。把从饲喂尿素形式可溶性氮的绵羊分离的肝细胞进行体外培养，观察到Ala氧化增加葡萄糖的异生作用降低。用从绝食绵羊分离的肝细胞在^{15}N标记物质中体外培养研究表明氨基酸-N对尿素合成不是必需的。目前氨和氨基酸脱氨基作用之间相互作用机制还不清楚，有待进一步研究（董文超等，2012）。

三、非蛋白氮对氨基酸代谢的影响

非蛋白氮（non-protein nitrogenous compounds，NPN）包括所有非蛋白质状态的含氮化合物。从动物营养学角度看，包括对所有动物具有营养学价值的肽类和氨基酸类含氮化合物。这些含氮化合物有着共同的特性，就是在反刍动物的瘤胃内可以被一些瘤胃微生物分解成氨，又被反刍动物瘤胃内的另一些微生物同化利用合成菌体蛋白（MCP），再进一步变成可代谢蛋白质，在皱胃和肠道中，MCP被反刍动物消化吸收，用于维持反刍动物的生命、生长和生产。

日粮中存在的天然含氮化合物中，除蛋白质、核酸外，还包括硝酸盐、胆胺、胆碱。有些植物中硝酸盐的含量较高，其不仅可为微生物合成蛋白质提供氮源，还能作为厌氧呼吸末端电子的接受者，因而可增加能量的产生。尽管该方面证据尚少，但反刍兽新月单胞菌属的一些菌株能利用硝酸盐作为氮源。在瘤胃中，如果亚硝酸盐不能被快速降解成氨，则硝酸盐代谢会引起宿主体内的亚硝酸盐中毒（Holtenius等，1957），当在体外试验加入氢气和葡萄糖作为电子供体时，硝酸盐量大大降低，而亚硝酸盐则积累；当以甲酸盐类作为电子受体时，可减少亚硝酸盐的积累。目前，人们尚不清楚反刍动物体内在硝酸盐降解中起重要作用的细菌种类。胆胺对原虫中内毛虫（*Entodinium caudatum*）的生长是必需的，其被快速地用于合成磷脂，而胆碱被利用的速率较慢，不能用于替代胆胺。事实上，利用胆胺形成磷脂的这种作用是原虫在瘤胃微生物中起有益作用的一个方面，然而，胆碱主要被转化成三甲胺，然后再由产甲烷菌巴氏甲烷八叠球菌（*Methanosarcina barkeri*）转化成甲烷。

尿素等一些NPN（表4-1），它们都不是蛋白质，但能为反刍动物提供合成瘤胃微生物蛋白所需的氮源。因此，这些NPN化合物可用作反刍动物蛋白质补充饲料，代替一部分蛋白质饲料。因为这些NPN都是化工合成产品，能够大批量工业化生产，成本低，所以逐渐在生产中被推广使用，其中以尿素的应用最为普遍。用尿素作为蛋白质补充饲料是20世纪国际养牛业的一大进展。

瘤胃微生物的氮代谢特点是，既可把饲料中的蛋白质分解为NPN，也能够利用饲料的NPN合成蛋白质，就这种蛋白质的分解和合成来说，在瘤胃中是可逆的，而且总趋势是合成大于分解。据 Satter 和 Roffler 等研究，反刍动物蛋白质代谢汇总如图 4-5 所示。

表 4-1　反刍动物常用的 NPN 饲料来源

名　　称	分子式	含氮量（%）	相当于蛋白质的含量（%）*
纯尿素	$(NH_2)_2CO$	46.7	292
饲料级尿素		42～45	262～281
醋酸铵	$CH_3CO_2NH_4$	18	112
碳酸氢铵	NH_4HCO_3	18	112
氨基甲酸铵	$NH_2CO_2NH_4$	36	225
乳酸铵	$CH_3CHOHCO_2NH_4$	13	81
双缩脲	$NH_2CONHCONH_2H_2O$	35	219

* 含氮量（%）×6.25。

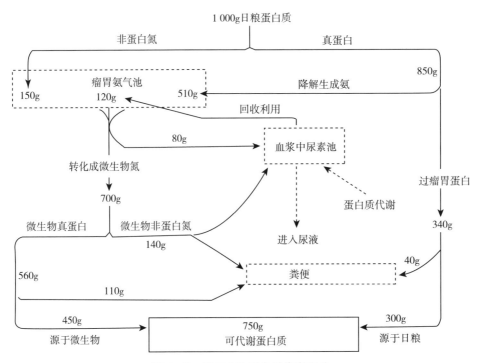

图 4-5　反刍动物蛋白质代谢汇总

由图 4-5 可以看出，反刍动物食入的日粮粗蛋白质中只有 30% 直接变成了可代谢蛋白质，70% 在瘤胃中经瘤胃微生物的降解和代谢，通过 NPN 形式，80% 最后变成 MCP，MCP 中又有 80% 变成可代谢蛋白质，占可代谢蛋白质形成总量的 60%。由此可见，NPN 可用于满足反刍动物日粮的部分蛋白质需要。日粮蛋白质的需要量中，可以用一定量的 NPN 满足。

氨基酸的代谢中主要有转氨基、脱氨基及脱羧基反应。通过上述代谢反应，氨基酸转变成酮酸、氨、胺化物和 NEAA。酮酸可用于合成葡萄糖和脂肪，也可进入三羧酸循环氧化供能。氨可在肝脏中形成尿素或尿酸。胺则可用于核糖体、激素及辅酶的合成。肠道吸收的氨基酸，有一半左右是机体进入肠道的内源含氮物质的消化产物。吸收的氨基酸、体蛋白质降解和体内合成的氨基酸均可用于蛋白质的合成。因此，NPN 对反刍动物氨基酸代谢是非常重要的。

第三节　反刍动物对 SCFA 的代谢

一、瘤胃上皮对 SCFA 代谢机制

单胃动物碳水化合物消化产物以葡萄糖为主，而反刍动物则是以 SCFA 为主，经瘤胃吸收入血转运至各组织器官，反刍动物组织中有许多促进 SCFA 利用的酶系。SCFA 可氧化供能，提供的能量占吸收的营养物质总能的 2/3。

（一）瘤胃上皮对乙酸的代谢

乙酸主要为外周体组织利用，在上皮组织中的代谢相对少一些，Ash 认为主要是由于这种组织中乙酰-CoA 合成酶的活性低的缘故，除了小部分由瘤胃壁吸收并转变为酮体，大部分未经改变通过门静脉进入肝脏，进行氧化供能或合成脂肪酸。

（二）瘤胃上皮对丙酸的代谢

被吸收的丙酸，仅少量（2%～5%）可在瘤胃上皮细胞内转变为乳酸，大部分被转运至肝脏进行糖异生或进入三羧酸循环。Weekes 等对离体瘤胃上皮的研究结果也表明，瘤胃上皮中丙酸的代谢量很少。Baird 等（1975）用泌乳奶牛进行的试验研究表明，如果进入门静脉的乳酸全部来自丙酸，也仅占吸收丙酸的 15%。综合已有试验结果，瘤胃上皮组织中存在由丙酸转化为乳酸的代谢通路，但就丙酸由此通路代谢的数量看，该代谢通路是不重要的。

（三）瘤胃上皮对丁酸的代谢

丁酸转化为酮体的代谢被认为是为瘤胃上皮提供能量需要的机制（Hird 和 West，1964）。丁酸的代谢主要发生在瘤胃上皮细胞内，大部分转变为酮体，可占吸收量的 90%，代谢产物主要为 β-羟丁酸（β-hydroxybutyric acid，BHBA）（80% 以上）、乙酰乙酸盐和丙酮。β-羟丁酸和细胞内质子可通过位于细胞基底部的单羧酸转运蛋白（MCT）转运出细胞。以生长羊为试验动物的研究证明：所有循环中有 78%～94% 的 β-羟丁酸来自瘤胃丁酸，只有少部分来自乙酸和未酯化的长链脂肪酸（Leng 和 West，1969）。Beck 等认为，丁酸氧化为二氧化碳或转化为酮体的竞争取决于底物的浓度和瘤胃的 pH（Beck 等，1984）。同时 Ash 和 Baird 研究了 SCFA 在消化道组织中代谢时的相互影响，研究证

实丁酸可抑制乙酸和丙酸在瘤胃上皮中的激活，从而使丁酸为瘤胃上皮优先利用，减少了对乙酸和丙酸的代谢量（Ash 和 Baird，1973）。

二、机体对 SCFA 的代谢

SCFA 是反刍动物重要的能源物质，瘤胃发酵产生的大部分 SCFA 在瘤胃、网胃和瓣胃内（到达皱胃的很少）被吸收后进入体组织，进行氧化供能或用于合成脂肪或葡萄糖。

（一）机体对乙酸的代谢

除了小部分乙酸由瘤胃壁吸收并转变为酮体外，大部分未经改变通过门静脉进入肝脏。乙酸代谢的最初反应发生在胞质中，在乙酰- CoA 合成酶催化下转变为乙酰- CoA。到达肝脏的 80% 乙酸逃脱氧化而进入外周循环（表 4 - 2）。血液中的乙酸被组织吸收后，大部分通过三羧酸循环氧化供能，或用作脂肪酸合成的原料。

表 4 - 2 育肥和绝食绵羊乙酸代谢的部位及利用率（%）

类　别	吸收乙酸在不同器官的利用率		
	胃肠组织（包括肠系膜）	肝脏	外周组织（乳腺、脂肪组织等）
育肥羊	18±5	4±7	78±11
绝食羊	15±3	8±6	77±4

乙酸是反刍动物脂肪合成的主要前体物，由于缺乏足够量的 ATP -柠檬酸裂解酶，由葡萄糖分解提供用于合成脂肪酸的乙酰- CoA 数量很少。反刍动物脂肪组织中乙酰- CoA合成酶的活性比大鼠高 2～3 倍，说明在反刍动物脂肪组织中，乙酸能以相当高的速度转变为脂肪酸。瘤胃产生足够量的乙酸在维持一定的乳脂率方面是必需的。

乙酸是泌乳反刍动物乳腺合成乳脂中脂肪酸的重要原料。Rook 等在 1983 年的研究表明，奶山羊动脉血液中乙酸盐的浓度为 89mg/L，被乳房提取高达 63%。乙酸能合成乳脂中 C4～C16 脂肪酸，泌乳反刍动物乳腺中有乙酰- CoA 合成酶，而且其活性较高，能将血液中进入乳腺的乙酸合成乙酰-CoA，乙酸用于合成乳脂的效率较高。从表 4 - 3 中可以看出，乙酸转化为乳脂的效率为 67%～71%。

表 4 - 3 各种成分转化为乳成分的效率（%）

养　分	乳成分	效　率
氨基酸	蛋白质	75～87
葡萄糖	乳糖	95～96
丙酸	乳糖	75～80
乙酸	乳脂	67～71
体脂肪	乳脂	94～98

资料来源：Baldwin 等（1980）。

尽管乙酸转化为乳脂的效率低于体脂肪转化为乳脂的效率，但却高于转化为体脂肪的效率，乙酸转化为体脂肪的效率平均为 33%。这是由于乙酸转化为体脂肪时，必须同时提供充足的 NADPH（还原型辅酶 Ⅱ），否则会使更多的乙酸进入三羧酸循环，从而造成额外的能量损失。当以粗饲料为主或瘤胃中丙酸比例较低时，葡萄糖及生糖前体（丙酸及生糖氨基酸）的供应不足，造成乙酸合成脂肪酸过程中氢供体即 NADPH 和 $FADH_2$ 的不足，而 NADPH 和 $FADH_2$ 的生成主要依赖于葡萄糖氧化分解的磷酸戊糖途径，因而造成了乙酸在产脂方面的低利用效率。Knox 等试验表明，泌乳牛体内 20%～30% 的葡萄糖经磷酸戊糖途径分解；Bull 等研究发现，如果葡萄糖及生糖前体供应不够，乙酸合成脂肪酸的第一步反应（限速反应）乙酰-CoA 的酰基化反应所需 ATP 供应不足，进一步限制了乙酸的利用。此时已形成的乙酰-CoA 进入三羧酸循环。

（二）机体对丙酸的代谢

通过瘤胃上皮吸收的丙酸，2%～5% 转变为乳酸，其余进入门静脉的丙酸在肝脏中的主要代谢途径是通过糖异生作用生成葡萄糖或者进入三羧酸循环氧化。从表 4-4 中可以看出，门静脉和肝静脉血中的丙酸浓度的差别（187 $\mu mol/L$ 与 20 $\mu mol/L$），说明肝脏是丙酸最重要的代谢途径；肝静脉与动脉血中的丙酸浓度的差别（20 $\mu mol/L$ 与 12 $\mu mol/L$），说明心脏也利用了部分丙酸。

表 4-4　绵羊肝脏中丙酸和丁酸的吸收

SCFA	血液中的浓度（$\mu mol/L$）		
	动脉血	门静脉血	肝静脉血
丙酸	12±2	187±20	20±41
丁酸	4±2	25±5	5±3

资料来源：Church（1988）。

Masson 和 Phillipson 研究证明，肝细胞中葡萄糖异生量占绵羊体内葡萄糖周转量的 87%，维持水平饲养的羊，超过 80% 的吸收入门静脉的丙酸在肝脏中被利用合成葡萄糖；对非泌乳牛，在精粗比为 3：7（以干物质计）的条件下，肝脏中糖异生的葡萄糖可以基本满足维持的需要；而对于产奶牛，肝脏中的丙酸合成的葡萄糖只能满足泌乳需要的 55%，因此，对泌乳牛肝脏组织外的额外代谢，仅由丙酸进行糖异生合成葡萄糖是不够的。

（三）机体对丁酸的代谢

丁酸主要通过瘤胃上皮细胞被吸收，在瘤胃上皮中，大部分丁酸转变为酮体，数量可占吸收量的 90%，因而门静脉血中丁酸含量很低，由丁酸生成的酮体 80% 以上是 β-羟丁酸，其余是乙酰乙酸和丙酮。β-羟丁酸可在骨骼肌和心肌中氧化，也可用于脂肪组织和乳腺的脂肪酸合成。从表 4-4 所示的门静脉与肝静脉血中丁酸浓度值的差异（25 $\mu mol/L$ 与 5 $\mu mol/L$）可见，进入肝脏的丁酸迅速被肝脏组织代谢。

（毛胜勇　撰稿）

参考文献

陈宇光，张彬，李丽立，等，2006. 小肽对山羊门静脉血糖血氨和血浆氨基酸浓度的影响 [J]. 草业学报，15（1）：97-101.

董文超，2012. 不同精粗比日粮对干奶期奶山羊肝脏氨基酸代谢及相关激素的影响 [D]. 南京：南京农业大学.

李树聪，2005. 不同精粗比日粮泌乳奶牛氮素代谢及限制性氨基酸的研究 [D]. 北京：中国农业科学院.

卢德勋，2010. 反刍动物葡萄糖营养调控理论体系及其应用 [J]. 畜牧与饲料科学（z1）：402-409.

甄玉国，2002. 内蒙古白绒山羊氨基酸利用和蛋白质周转规律的研究 [D]. 呼和浩特：内蒙古农业大学.

Allison M J, Bryant M P, Doetsch R N, 1962. Studies on the metabolic function of branched-chain volatile fatty acids, growth factors for ruminococci. I. Incorporation of isovalerate into leucine [J]. Journal of Bacteriology, 83: 523-532.

Aschenbach J, Penner G, Stumpff F, et al, 2011. Ruminant nutrition symposium: Role of fermentation acid absorption in the regulation of ruminal pH [J]. Journal of Animal Science, 89: 1092-1107.

Ash R, Baird G, 1973. Activation of volatile fatty acids in bovine liver and rumen epithelium. Evidence for control by autoregulation [J]. Biochemical Journal, 136: 311-319.

Atkinson R, Toone C, Robinson T, et al, 2007. Effects of supplemental ruminally degradable protein versus increasing amounts of supplemental ruminally undegradable protein on nitrogen retention, apparent digestibility, and nutrient flux across visceral tissues in lambs fed low-quality forage [J]. Journal of Animal Science, 85: 3331-3339.

Baird G, Symonds H, Ash R, 1975. Some observations on metabolite production and utilization in vivo by the gut and liver of adult dairy cows [J]. The Journal of Agricultural Science, 85: 281-296.

Baldwin R L, Smith N E, Taylor J, et al, 1980. Manipulating metabolic parameters to improve growth rate and milk secretion [J]. Journal of Animal Science, 51 (6): 1416-1428.

Bauchart D, Legaycarmier F, Doreau M, et al, 1990. Lipid metabolism of liquid-associated and solid-adherent bacteria in rumen contents of dairy cows offered lipid-supplemented diets [J]. British Journal of Nutrition, 63: 563-578.

Beck U, Emmanuel B, Giesecke D, 1984. The ketogenic effect of glucose in rumen epithelium of ovine (Ovis aries) and bovine (Bos taurus) origin [J]. Comparative Biochemistry and Physiology Part B: Comparative Biochemistry, 77: 517-521.

Connor E, Li R, Baldwin R, 2010. Gene expression in the digestive tissues of ruminants and their relationships with feeding and digestive processes [J]. Animal, 4: 993-1007.

Freetly H, Ferrell C, Archibeque S, 2010. Net flux of amino acids across the portal-drained viscera and liver of the ewe during abomasal infusion of protein and glucose [J]. Journal of Animal Science, 88: 1093-1107.

Hazlewood G P, Orpin C G, Greenwood Y, et al, 1983. Isolation of proteolytic rumen bacteria by use of selective medium containing leaf fraction 1 protein (ribulosebisphosphate carboxylase) [J]. Applied & Environmental Microbiology, 45: 1780-1784.

Hird F, Weidemann M, 1964. Ketone-body synthesis in relation to age of lambs [J]. Biochemical Journal, 93: 423.

Holtenius P, 1957. Nitrite poisoning in sheep, with special reference to the detoxification of nitrite in the rumen: an experimental study [J]. Acta Agriculturae Scandinavica, 7: 113 - 163.

Katiyar S S, Porter J W, 1977. Mechanism of fatty acid synthesis [J]. Life Sciences, 20: 737 - 759.

Kononoff P J, Ivan S K, Klopfenstein T J, 2007. Estimation of the proportion of feed protein digested in the small intestine of cattle consuming wet corn gluten feed [J]. Journal of Dairy Science, 90: 2377 - 2385.

Larsen M, Kristensen N B, 2009. Effect of abomasal glucose infusion on splanchnic amino acid metabolism in periparturient dairy cows [J]. Journal of Dairy Science, 92: 3306 - 3318.

Leng R, West C, 1969. Contribution of acetate, butyrate, palmitate, stearate and oleate to ketone body synthesis in sheep [J]. Research in Veterinary Science, 10: 57 - 63.

Lennarz W J, 1966. Lipid metabolism in the bacteria [J]. Advances in Lipid Research, 4: 175.

Lobley G, Bremner D, Brown D, 2001. Response in hepatic removal of amino acids by the sheep to short-term infusions of varied amounts of an amino acid mixture into the mesenteric vein [J]. British Journal of Nutrition, 85: 689 - 698.

Lobley G, Milne V, Lovie J M, et al, 1980. Whole body and tissue protein synthesis in cattle [J]. British Journal of Nutrition, 43: 491 - 502.

Lomax M, Baird G, 1983. Blood flow and nutrient exchange across the liver and gut of the dairy cow [J]. British Journal of Nutrition, 49: 481 - 496.

MacRae J C, Bruce L A, Brown D S, et al, 1997. Absorption of amino acids from the intestine and their net flux across the mesenteric-and portal-drained viscera of lambs [J]. Journal of Animal Science, 75: 3307 - 3314.

Reynolds C K, 1992. Metabolism of nitrogenous compounds by ruminant liver1 [J]. The Journal of nutrition, 122: 850.

Rock C O, Cronan J E, 1996. Escherichia coli as a model for the regulation of dissociable (type II) fatty acid biosynthesis [J]. Biochimica Et Biophysica Acta, 1302: 1 - 16.

Roffler R, Schwab C, Satter L, 1976. Relationship between ruminal ammonia and nonprotein nitrogen utilization by ruminants. III. influence of intraruminal urea infusion on ruminal ammonia concentration1 [J]. Journal of Dairy Science, 59: 80 - 84.

Seal C, Parker D, 1996. Effect of intraruminal propionic acid infusion on metabolism of mesenteric-and portal-drained viscera in growing steers fed a forage diet: II. Ammonia, urea, amino acids, and peptides [J]. Journal of Animal Science, 74: 245 - 256.

Vlaeminck B, Fievez V, Arj C, et al, 2006. Factors affecting odd-and branched-chain fatty acids in milk: A review [J]. Animal Feed Science & Technology, 131: 389 - 417.

Weeks T, Webster A, 1975. Metabolism of propionate in the tissues of the sheep gut [J]. British Journal of Nutrition, 33: 425 - 438.

Wray-Cahen D, Metcalf J, Backwell F, et al, 1997. Hepatic response to increased exogenous supply of plasma amino acids by infusion into the mesenteric vein of Holstein-Friesian cows in late gestation [J]. British Journal of Nutrition, 78: 913 - 930.

第五章
反刍动物繁殖与泌乳生理

　　繁殖是动物生产过程中的重要环节，动物数量的增加、质量的提高均需通过繁殖环节实现。繁殖过程包括生殖细胞的形成和生长，雌雄双方的性活动，胚胎发育，新生个体的出生等。

　　泌乳是哺乳动物的重要生理机能，为哺育幼畜、繁衍种族所必需。现代乳用家畜特别是奶牛，经过长期选育和精心饲养，其产奶量已远超幼畜哺乳的需要。近年来，我国奶牛养殖业发展迅速，很多养牛场奶牛年均产奶量高达 10 t，部分特别优秀的养牛场可达 11～12 t。

　　本章从生殖器官与生理功能、发情与发情鉴定、配种及妊娠与分娩等方面阐述反刍动物繁殖生理，帮助读者了解繁殖生理相关知识，并为实际生产提供理论依据和基础。同时以奶牛为重点，从乳腺发育、乳的生物合成，到乳的分泌和排出方面，系统地介绍奶牛泌乳生理相关知识及研究进展，旨在更好地为我国高产奶牛的培育提供相关理论基础。

第一节　繁殖生理

一、生殖器官和生理功能

（一）雄性生殖器官及其生理功能

　　反刍动物雄性生殖器官主要由睾丸、附睾、输精管、尿生殖道、精囊腺、前列腺、尿道球腺、阴茎和阴囊等组成（王峰等，2003）。

　　1. 睾丸　睾丸为雄性动物的生殖腺，在胎儿期经过腹腔迁移至内侧腹股沟环，再通过腹股沟管降至阴囊内。睾丸降至阴囊的时间大约在胎儿期的中期，受睾丸引带和性激素的影响，有时睾丸未能降入阴囊，称为隐睾。睾丸的生理功能主要包括：曲细精管生殖上皮的生殖细胞生成精子；曲细精管之间的间质细胞分泌雄激素，激发公畜性欲和性行为，刺激第二性征，促进生殖器官和副性腺的发育，维持精子的发生和附睾中精子的存活；精细管、直细精管、睾丸网等睾丸管道系统的管壁细胞产生睾丸液，有助于维持精子的生存和推送精子向睾丸头部移动。

2. **附睾**　牛的附睾位于睾丸的后外缘，由头、体、尾三部分组成。附睾头由 13～20 条睾丸输出管与附睾管相接，形成附着于睾丸的扁平结构，其延伸狭窄部为附睾体，终止于另一端扩张而成附睾尾，最后逐渐过渡为输精管，经腹股沟进入腹腔。附睾的生理功能主要包括：附睾头和附睾体的上皮细胞吸收来自睾丸的水分和电解质，使附睾中的精子浓度大大升高；精子在附睾管移动的过程中，逐渐获得运动能力和受精能力；精子主要储存部位；通过管壁平滑肌的收缩及柱状上皮细胞管腔面上纤毛的摆动将精子悬浮液从附睾头运送至附睾尾。

3. **输精管**　输精管是附睾管的延续，其管壁由外向内为浆膜层、肌层和黏膜层。输精管起始于附睾尾部，经腹股沟管进入骨盆腔，开口于膀胱颈附近的尿道壁。输精管在射精、分泌、吸收和分解老化精子方面发挥重要作用。射精时可借助管壁的肌肉层蠕动，将精子送至尿生殖道内，牛和羊的输精管壶腹部具有精囊腺的分泌功能。

4. **尿生殖道及副性腺**　尿生殖道起始于膀胱颈末端，止于阴茎的龟头，是尿液和精液排出的共同管道。公牛副性腺的分泌物对精子的稀释、活化、营养及尿生殖道的冲洗等都具有重要作用。

5. **阴茎和包皮**　公牛的阴茎长达 80～100 cm，海绵体欠发达，呈 S 状弯曲。包皮是一种皮肤被囊，对阴茎起保护和滋润作用。

（二）雌性生殖器官及其生理功能

反刍动物雌性生殖器官主要由卵巢、输卵管、子宫、阴道、尿生殖前庭、阴唇及阴蒂等组成（王峰等，2003）。

1. **卵巢**　卵巢为雌性动物的生殖腺，具有内外分泌双重功能。牛的卵巢为扁卵圆形，位于子宫角尖两侧，初产牛卵巢均在耻骨前缘之后，经产牛卵巢随妊娠而移至耻骨前缘的前下方。羊的卵巢比牛的圆而小，位置与牛的相同。卵巢的生理功能主要包括产生卵泡及卵泡的内膜和外膜细胞合成雌激素。

2. **输卵管**　输卵管是卵子进入子宫的通道，通过宫管连接部与子宫相连，附着在子宫阔韧带外形成的输卵管系膜上，长而弯曲。输卵管的腹腔口紧靠卵巢，扩大成漏斗状，称为漏斗，其面积牛为 20～30 cm^2，羊为 6～10 cm^2。漏斗的边缘不整齐形成花边，称为伞，牛、羊的伞不发达。紧接漏斗的膨大部称输卵管壶腹部，约占输卵管长的一半，是精子和卵子受精的部位。壶腹后段变细称峡部，壶腹部与峡部的连接处称为壶峡连接部。峡部末端有输卵管子宫口直接与子宫角相通，输卵管与子宫连接处称为宫管连接部。牛、羊由于子宫角尖端较细，所以输卵管和子宫角之间无明显界限。输卵管的生理功能主要包括：输送卵子和精子；是精子获能、受精及受精卵分裂的部位；分泌精子、卵子及受精卵所需的培养液。

3. **子宫**　牛、羊的子宫分为子宫颈、子宫角和子宫体三部分。牛的子宫颈长 5～10 cm，直径为 2.5～5 cm，子宫颈肌的环状层很厚，颈管呈螺旋状、颈口壁厚而硬，并突入阴道 2～3 cm。母牛妊娠后，子宫颈闭锁，并由黏稠的子宫栓（黏液栓）封口，以防异物和细菌感染。临产前约 10 d，子宫栓开始化解，子宫颈扩张，以使胎儿顺利娩出。母牛的子宫角长 20～40 cm，青年母牛的子宫角弯曲如绵羊角状，位于骨盆腔内，经产母牛的子宫角较长，垂入腹腔。子宫内膜上散布着 80～120 个呈扁圆形的子宫阜，母牛妊娠时发育成母体胎盘。羊的子宫形状与牛的相似，但较小，绵羊子宫角的黏膜有时有黑斑。子宫体是两个子宫角汇合的地方，长 3～4 cm，呈圆筒状管道，两角基部之间的纵隔上有一纵沟，称为角间沟。子宫的生理功能主要包括：运送精液，利于精子获能；孕体的早期发育、附植、妊娠和分娩；分泌前列腺素（$PGF_{2\alpha}$）溶解卵巢黄体。

4. 阴道　阴道背侧为直肠，腹侧为膀胱和尿道，阴道腔为一扁平的缝隙。前端有子宫颈阴道部突入其中。子宫颈阴道部周围的阴道腔称为阴道穹隆，后端和尿生殖前庭间以尿道为界，上面和两旁以阴唇为界。牛的阴道长 22～28 cm，羊的阴道长 10～14 cm，穹隆的下部较窄。阴道既是交配器官，又是分娩的产道，自然交配时储存于子宫颈阴道部的精子，不断向子宫颈内供应精子；另外，阴道也是子宫颈、子宫黏膜和输卵管分泌物的排泄管道。

5. 尿生殖前庭　尿生殖前庭是从阴瓣到阴门裂的短管，长约 10 cm，在前庭两侧壁黏膜下层有前庭大腺，发情时分泌液增多。

6. 阴唇　阴唇为生殖道的最末端部分，由左右两片构成，中间形成阴门裂。

二、发情与发情鉴定

（一）性机能的发育

1. 初情期　初情期是指雌性动物初次出现发情或排卵的时期。此时雌性动物开始具有繁殖能力，但发情表现不完全，发情周期往往也不正常，其生殖器官仍在继续发育之中，此时不宜配种。

2. 性成熟期　性成熟是生殖机能成熟的过程。雌性动物生殖器官一旦发育成熟，发情和排卵正常并具有正常的生殖能力时，即达到性成熟。但此时身体的发育尚未完成，故一般不宜配种；过早妊娠会对奶牛自身的生长发育及胎儿的发育不利，导致自身和后代生长发育不良。

3. 适配年龄和体成熟　适配年龄又称配种年龄，是指适宜配种的年龄。体成熟是指机体各器官组织发育完全，并具有动物固有的外貌特征。在生产中，一般选择性成熟后、体成熟前的一定时期开始配种。适配年龄除考虑上述影响初情期和性成熟的因素外，还应根据个体生长发育情况和使用目的而定，适配年龄一般比性成熟晚，在开始配种时体重应为其成年体重的 70%。

4. 繁殖机能停止期　雌性动物繁殖能力有一定年限。随年龄增长，卵巢生理机能逐渐退化，繁殖力下降甚至不再出现发情和排卵。动物繁殖能力消失的时期，称为繁殖机能停止期或繁殖终止期（杨利国，2010）。该期的长短与动物的种类、饲养管理及动物本身健康状况等因素有关。

（二）发情表现

1. 发情　发情指具有明显的性欲及生殖器官形态与机能的内部变化。卵巢上的卵泡发育、成熟和雌激素的分泌是发情的本质，而外部生殖器官和性行为的变化是发情的外部现象。

2. 发情特征　发情特征是指性欲表现与生殖系统在发情时的特征，主要表现在卵巢、生殖道和行为变化，这些变化的程度因所处发情期不同阶段而有差异。

（三）发情周期

发情周期是指雌性动物周期性的性活动，即在初情期后，雌性动物生殖器官出现周期性的卵泡发育和排卵，并伴随生殖器官及整个机体发生一系列的生理变化。这种变化周而复始，一直到性机能停止。发情周期是指从此次发情开始到下一次发情开始的间隔周期。一般牛、水牛、山羊为 21 d，绵羊为 14～20 d（王根林，2006）。在反刍动物发情周期中，根据其发情的一系列生理变化可分为：发情前期、发情期、发情后期和休情期。

（四）发情鉴定的方法

发情鉴定是动物繁殖工作的重要环节。通过发情鉴定，可以判断动物的发情阶段，预测排卵时间，以确定适宜配种期，及时进行配种或人工授精，从而达到提高受胎率的目的；还可以发现动物发情是否正常，以便发现问题及时解决。发情鉴定的方法有多种，包括外部观察法、直肠检查法、阴道检查法、试情法等。

1. 外部观察法　此法是各种动物发情鉴定最常用的方法，主要通过观察动物的外部表现和精神状态来判断其发情情况。例如，动物在发情时，常表现为精神不安、食欲减退、频繁排尿，并对周围环境和雄性动物反应敏感，及外阴部充血肿胀、湿润，流有黏液且黏液的数量、颜色和黏性等发生变化。

2. 直肠检查法　将手臂伸入母畜直肠内，隔着直肠壁用手指触摸卵巢及卵泡的发育情况，如卵巢的大小、形状、质地，卵泡发育的部位、大小、弹性、卵泡壁厚薄以及卵泡是否破裂，有无黄体等。检查时要有步骤地进行，触摸卵泡发育情况，切勿用力压挤，以免挤破卵泡。

3. 阴道检查法　将阴道开张器或阴道扩张筒插入动物阴道，借用光源观察阴道黏膜颜色、充血程度，子宫颈的颜色、肿胀度、开口大小，有无黏液流出及黏液的数量、颜色和黏度等判断发情的方法。检查时，阴道开张器或阴道扩张筒要洗净消毒，防止感染，同时在插入时要小心谨慎，以免损伤阴道黏膜和尿道外口。本法由于不能准确判断动物的排卵时间，在生产中只是作为一种辅助性的检查手段。

4. 试情法　此法根据雌性动物在性欲及性行为上对雄性动物的反应，判断其是否发情和发情程度。雌性动物在发情时，通常表现为喜欢接近雄性，接受爬跨等；而不发情或发情结束后则表现为远离雄性，当强行牵引接近时，往往会出现躲避，甚至踢、咬等抗拒行为。本法适用于羊、水牛等各种动物，应用较广泛。

三、配种

配种是动物繁衍后代的自然生殖现象，配种方法一般可分为自然交配和人工授精。人工授精可显著提高优秀种公畜的利用率，减少种公畜的数量，从而节省圈舍及饲养管理费用，在现代化牧场中人工授精已逐渐取代自然交配。

1. 自然交配　自然交配分为自由交配和人工辅助交配。

（1）自由交配　自由交配是在群体自然状态下雄性和雌性动物的随意交配，多见于群体放牧饲养条件下公母畜的繁殖。若控制适宜的公母比例，一般不会造成雄性动物的过度交配。但缺点是后代血缘不清，易造成近亲交配或早配，可通过每年群与群之间有计划地公畜调换避免近交。

（2）人工辅助交配　人工辅助交配是将公母畜分群隔离饲养，在配种期内用试情公畜试情，有计划地安排公母畜配种。这种交配方式可提高种公畜的利用率，增加利用年限，且能有计划地选配，提高后代质量。

2. 人工授精　人工授精是利用器械采集雄性动物的精液，在体外对精液进行处理或保存，再用器械将精液输入雌性动物生殖道内使其受孕的一种配种方式。人工授精包括精液的采集、品质检查、稀释、分装、保存和输精等技术环节，其优点是最大限度地提高良种公畜的繁殖效能和种用价值。运用人工授精技术，可减少种公畜的饲养头数，降低繁殖成本；扩大优秀种公畜的遗传基因，加快品种改良速度，促进育种进程；避免自然配种时公母畜直接接触的时空特点，防止各种疾病的传播；克服公母畜因体格相差过大不易交配，或因生殖道异常不易受胎的困难，及时发现不孕症等生殖疾病，有利于提高母畜的受胎率；在国际和地区间的交流和贸易中，代替种公畜的引进。

四、妊娠和分娩

（一）妊娠诊断

母畜在自然交配、人工授精或胚胎移植后，为判断是否妊娠、妊娠时间及胎儿和生殖器官的生理状况，应用临床和实验室方法进行检查，称为妊娠诊断。妊娠诊断的方法有很多，但在生产实践中要考虑到准确、经济和实用等因素。

1. 妊娠诊断的依据　通过对配种后母畜进行内部和外部检查、实验室诊断等，按照以下依据判断是否妊娠（王峰，2012）：直接或间接检查胎儿、胎膜和羊水的存在；检查或观察与妊娠有关的母体变化，如腹部轮廓变化，通过直肠触摸子宫动脉变化等；检查与妊娠有关的激素变化，如尿液雌激素检查、血中孕酮测定及血中人绒毛膜促性腺激素（HCG）测定等；检查相应母体变化，如发情表现、阴道变化、宫颈黏液性状和外源激素诱导的生理反应等；检查由于胚胎出现和发育产生的特异物质，如早孕因子的免疫诊断；检查由于妊娠，母体阴道上皮的细胞学变化等。

2. 妊娠诊断的方法　妊娠诊断的方法有很多，主要包括外部检查法、直肠检查法、阴道检查法、免疫学诊断法、超声波诊断法等。每种方法各有优缺点，生产中应根据实际情况灵活选用。

（二）分娩

1. 分娩征兆

（1）牛　奶牛在产前（经产牛约 10 d）可由乳头挤出少量清亮的胶样液体或初乳；产前 2 d，除乳房极度膨胀、皮肤发红外，乳头中充满初乳，乳头表面被覆一层蜡样物质。

部分奶牛在临产前乳汁成滴或成股流出，称为漏奶；漏奶开始后数小时至 1 d 即分娩。分娩前约 1 周阴唇开始逐渐柔软、肿胀，增大 2~3 倍。分娩前 1~2 d 子宫颈开始肿大、松软（张忠诚，2004）。封闭子宫颈管的黏液软化，流出阴道，有时吊在阴门外，呈透明索状。荐坐韧带从分娩前 1~2 周即开始软化，至产前 12~36 h 荐坐韧带后缘变得非常松软，荐骨两旁组织塌陷，俗称"塌窝"或"塌胯"。但这些变化初产牛表现不明显。产前 1 个月到产前 7~8 d 体温逐渐上升，可达到 39 ℃；分娩前 12 h 左右，体温下降 0.4~1.2 ℃。

（2）羊　羊在分娩前子宫颈和骨盆韧带松弛，胎羔活动和子宫的敏感性增强。张栓林研究发现分娩前 12 h 子宫内压增高，子宫颈逐渐扩张。分娩前数小时，母羊精神不安，出现刨地、转动和起卧等现象。山羊阴唇变化不明显，产前数小时或十几小时才显著增大，产前排出黏液。

2. 分娩过程　分娩过程从母畜子宫和腹肌收缩开始，到胎儿和附属物排出为止，可分为开口期、胎儿产出期和胎衣排出期 3 个阶段（王峰，2008）。

（1）开口期　子宫开口期也称宫颈开张期，是指从子宫开始阵缩到子宫颈口完全开张，与阴道的界限消失为止的这段时间。在此期间，产畜寻找不易受干扰的地方等待分娩，初产母畜表现不安、常做排尿姿势、呼吸加快、起卧频繁、食欲减退等，经产者表现不甚明显。此阶段只有阵缩，没有努责。开始时，收缩频率低、间歇时间长、持续收缩的时间和强度低；随后收缩频率加快、收缩强度和持续时间增加，到最后每隔几分钟收缩 1 次。牛在开口期进食及反刍均不规则，子宫阵缩为每隔 15 min 左右出现 1 次，每次维持 15~30 s；随后阵缩的频率加快，可达每 3 min 收缩 1 次；在胎儿产出前 2 h，阵缩每小时 12~24 次，胎儿产出时每小时达 48 次。牛、羊到开口末期，有时胎膜囊露出阴门之外。

（2）胎儿产出期　胎儿产出期简称产出期，指从子宫颈完全开张到胎儿排出为止的这段时间。在这段时间内，子宫的阵缩和努责共同发生作用，并以强烈的努责将胎儿排出体外。此时子宫肌收缩期延长，松弛期缩短，弓背努责，经多次努责后，阴户可见淡白或微黄色、半透明、膜上有少数细而直的血管，膜内有羊水和胎儿的羊膜囊，接着羊膜囊破裂，羊水同胎儿一起排出。此阶段一般持续 0.5~4 h。若羊膜破裂后半小时以上胎儿不能自行产出，须进行人工助产。

（3）胎衣排出期　胎衣排出期指胎儿排出后到胎衣完全排出为止的时间。胎儿产出后，母畜稍加休息，几分钟后子宫恢复阵缩，但收缩的频率和强度都较弱，伴随轻微的努责将胎衣排出。胎衣能够排出主要得益于分娩过程中子宫强有力的收缩，使胎盘中大量血液被排出，子宫黏膜窝（母体胎盘）张力减小，胎儿绒毛（胎儿胎盘）体积缩小、间隙加大，使绒毛容易从腺窝中脱出。

第二节　泌乳生理

一、乳腺发育

1. 乳蕾的形成　乳腺组织功能发育的细胞分化阶段发生在胚胎早期，这一连续、快速的过程依次为乳带、乳斑、乳线、乳峰、乳丘和乳蕾的出现。当牛胚胎生长到 32 日龄时（胚胎长约 1 cm），乳带开始出现。乳带进一步发育形成乳斑。在胎龄第 4~5 周时（胚胎长 1.4~1.7 cm），乳斑进一步分化形成乳线。随着胚胎的发育生长，乳线逐渐延伸，直到乳带区的最边缘。此后，乳线开始变短，外胚层细胞开始分裂、生长进入间质细胞层。随后，乳峰慢慢出现在乳腺最终形成的区域。进入间质细胞层的外胚层细胞继续生长、分裂，直到其在横截面上形成半球状时，即为乳丘出现。在胎龄第 6 周左右（胚胎长约 2.1 cm），外胚层细胞继续生长形成球状结构，形成乳蕾。乳蕾的形成标志着胚胎已发育成为成熟胎儿。

2. 初级乳芽和次级乳芽 当胎龄 60 d 左右时（胎牛长约 8 cm），乳蕾周围的间质层细胞快速增殖，使乳蕾逐渐突起；而与乳蕾关联的间质区域中，血管也已开始形成；同时，乳蕾逐渐内陷侵入间质细胞层，将其向周围慢慢挤压。胎龄 80 d 左右时，乳蕾通过细胞增殖形成初级乳芽。初级乳芽在 95 d 左右时分支形成次级乳芽，次级乳芽初始时同样呈硬核状，最终通过成管作用发育成乳腺导管，以形成乳腺叶，并将乳池中的乳排出体外。虽然次级乳芽发生了成管作用，但在其分支末端仍呈硬核状，细胞还在增殖和分支。此外，Lu 研究发现胚胎期还可见少量三级乳芽分支。

3. 脂肪垫 胚胎生长分化过程中，乳腺上皮细胞层来自外胚层，就像胚胎的皮肤；中胚层则分化为结缔组织，如弹性纤维、脂肪组织和血管等。胎龄 2~3 个月时，乳房外廓开始成形，脂肪垫开始发育。脂肪垫的大小和后续发育对乳腺实质的最终发育和功能分化至关重要。限制脂肪垫的发育可限制乳腺实质的生后发育（Russell，1999）。某种程度上，早期乳腺发育特征就是一层脂肪细胞包围着乳蕾，随即乳腺上皮细胞进行分化。在胚胎发育早期，牛、山羊、绵羊等物种雌性脂肪垫要比雄性发达得多。原因是雄性乳腺的位置靠近阴囊区域，导致其脂肪垫没有足够的增殖空间，在初始阶段就不得不终止发育。

4. 中悬韧带 中悬韧带是奶牛乳房的主要支持结构，由弹性纤维和结缔组织形成，发源于中胚层（Frandson，2009）。胎牛长 8~12 cm 时，间质层细胞开始发育成结缔组织元件，其呈纤维束状，垂直正交于乳房基底部。同时，血管系统和淋巴系统也逐渐开始形成。有资料表明，成纤维细胞产生的弹性蛋白和胶原蛋白组成了韧带（Jalakas，2000）。当胎牛长 12~13 cm 时，结缔组织细胞逐渐生成没有分泌功能的结缔组织和脂肪；在胎牛长 60 cm 左右，即妊娠 6 个月左右，胎牛的中悬韧带开始形成。随着乳腺的发育，脂肪垫逐渐变大，中悬韧带越来越显著（Frandson，2009）。

二、乳的生物合成

乳汁的生成是在乳腺腺泡和细小乳导管的分泌上皮细胞内进行的。生成过程包括从血液中摄取营养物质和新物质的合成两个过程。乳中的球蛋白、酶、激素、维生素和无机盐类，是乳腺分泌上皮细胞对血液营养物质选择性吸收和浓缩的结果。乳腺新合成的物质有蛋白质、乳糖和乳脂。

1. 乳蛋白合成 乳蛋白是构成牛奶营养品质的重要物质基础，主要由酪蛋白和乳清蛋白组成。邹思湘等研究发现，奶牛乳腺上皮细胞中乳蛋白有两个来源：由乳腺从头合成的，90％以上的乳蛋白来自血液中的游离氨基酸（也包括少量的小肽）从头合成；其余5％～10％的蛋白质（如血清白蛋白和免疫球蛋白）直接来源于血液。在泌乳早期，血液中产生的抗体也会输送到乳腺中，这也正是初乳中 IgG 的来源。

与其他组织合成蛋白质过程相同，乳蛋白的合成包括 DNA 的转录、mRNA 的翻译和加工、分泌等过程。乳蛋白的合成部位是粗面内质网（rough endoplasmic reticulum，RER）。通常，乳蛋白合成的前体氨基酸经特殊的氨基酸运输系统被细胞的基底膜吸收，氨基酸在 RER 多聚核糖体通过共价键结合形成蛋白质。RER 合成的蛋白质包括分泌蛋白（如乳蛋白中的酪蛋白、β-乳球蛋白、α-乳白蛋白）和膜结合蛋白（如与细胞间接触有关的蛋白质和与膜结合的酶）。新合成的蛋白质由 RER 转移到高尔基体处理后，包装成分泌囊泡运输到细胞顶膜。最后，大多数乳蛋白以顶膜分泌的方式分泌到腺泡腔中。

2. 乳糖合成 乳糖是维持渗透压的关键成分，与奶产量密切相关。合成乳糖所需的葡萄糖来自肝脏。葡萄糖通过特殊的运输机制经基底外侧膜进入细胞，部分葡萄糖转化为半乳糖。葡萄糖和半乳糖进入高尔基体发生反应合成乳糖。乳糖经分泌囊泡随乳蛋白一起分泌。血液中 25％以上的葡萄糖在经过乳腺后被乳腺所吸收。葡萄糖进入乳腺分泌组织后有以下 4 条主要用途：① 60％～70％将用于合成乳糖。② 用于刺激蛋白质生成。③ 转化成甘油成为乳脂合成的前体。④ 用于脂肪合成所需的酶（戊糖途径）。乳糖之所以能够决定乳汁的体积是因为乳糖决定 50％乳汁的渗透压，由此控制乳汁中的水分，因此乳糖合成量可决定乳汁体积和整个泌乳期的产奶量。乳糖合成酶由两种蛋白质组成：α-乳白蛋白和半乳糖转移酶。对于奶牛来讲，α-乳白蛋白的遗传变化情况可能是预测其产奶潜力的重要指标。

3. 乳脂合成 乳脂是牛乳中主要能量成分，主要包括甘油三酯（占总脂肪含量的95％）、甘油二酯（约占 2％）、胆固醇（占＜0.5％）、磷脂（约占 1％）及游离脂肪酸（占＜0.5％）。牛乳中的乳脂只有一半来自奶牛日粮，其余的乳脂来自乳腺细胞。乳脂合成的前体经基底外侧膜被腺泡上皮细胞吸收。一些游离的脂肪酸主要是长链脂肪酸，可以从血液中直接进入乳腺细胞。但牛乳中脂肪主要是含有少于 16 个碳原子的 SCFA，这些SCFA 是直接由乳腺细胞合成的。乙酸和 β-羟丁酸是其脂肪酸合成的重要前体，通过基底外侧膜被吸收。此外，已形成的脂肪酸、甘油和甘油单酯也是通过基底外侧膜进入乳腺上皮细胞的。以上成分均参与乳汁中甘油三酯的合成。甘油三酯在滑面内质网中合成并形成小脂滴，各种小脂滴融合扩大向膜移动，大脂滴脱离顶膜进入腺泡腔。所以，在腺泡腔乳脂肪球（现被称为脂质小球）包裹着一层膜，这层膜是上皮细胞顶膜的一部分。在细胞内脂质与膜是不结合的，称为脂质小滴。

三、乳的分泌和排出

1. 乳的分泌途径 乳的分泌主要有 5 条途径：①膜途径，来自组织液的物质穿过基侧膜，经过细胞通过顶膜进入乳汁。如尿素、葡萄糖和一些离子。②高尔基体途径，产物被合成、隔离或包装进从高尔基体膜片层芽生出来的分泌小泡。这些小泡单独或成批与顶膜融合释放内容物作为乳汁的一部分。如乳糖、酪蛋白、乳蛋白、柠檬酸、钙。③乳脂途径，物质通过出芽脂滴由顶部细胞表面释放成为部分乳汁。④胞转，来自基侧膜的小泡（胞饮或内吞）在顶膜处与膜结合，通过胞吐转运出去。⑤细胞旁分泌，上皮细胞间连接紧密，除了水和一些离子，细胞间几乎没有任何物质流入，有时一些物质穿过细胞紧密连接被称为旁细胞途径。

2. 乳的排出　乳汁在乳腺上皮细胞内形成后，连续分泌入腺泡腔。当乳汁充满腺泡腔和细小乳导管时，依靠腺泡腔周围的肌上皮细胞和输乳管平滑肌的反射性收缩，乳汁被周期性地转移到乳导管和乳池内。乳的排出是神经激素共同作用的结果。排乳涉及多种影响乳汁生成的机制，包括局部抑制成分的去除、局部血流的调节，甚至腺泡的物理因素等。排乳频率与乳汁分泌局部调节密切相关。刺激乳腺，尤其乳头促使垂体后叶分泌催产素；催产素经血液流经到乳腺引起环绕腺泡的肌上皮细胞收缩，使得腺泡腔中乳汁从腺泡排出进入导管流出腺体，最终完成物理排乳。奶牛吮吸或挤奶时，最先排出的是乳池乳。当乳头括约肌开放时，乳池乳只需依靠本身的重力作用就可顺利排出。腺泡腔和导管内的乳必须由排乳反射的作用才会排出，这些乳称为反射乳。在两次挤奶或哺乳之间，乳汁的分泌并不均衡。刚排完乳后的乳房，内压下降，乳汁的生成和分泌增强。随着乳导管及乳池的充盈，内压又将升高，压迫腺泡上皮细胞，使泌乳速度减慢或停止。即使有适宜的激素环境，不经常排空乳腺，乳汁合成也不能维持。因此，排乳对维持泌乳必不可少。

3. 乳腺的退化及干奶期　奶牛两次泌乳期之间的干奶期通常为 $40\sim60\,\mathrm{d}$，干奶期过短（少于 $40\,\mathrm{d}$）或过长（大于 $60\,\mathrm{d}$）对下一泌乳期的产奶量均有不良影响。缺少干奶期，后续产奶量减少约 20%。因此，干奶期对于奶牛来说至关重要，其可补给体内储存、更新乳腺组织、使分娩时的内分泌环境达到最佳条件（Annen，2004）。在干奶晚期，乳腺继续生长，乳腺上皮细胞为泌乳做准备。妊娠期和泌乳期的重叠部分是奶牛排干乳汁、准备分娩的时期。乳腺萎缩的过程将被乳腺准备进入下一泌乳期的妊娠发育所补偿。如果没有另一次妊娠刺激，腺体将逐渐转变成一种类似性成熟但未交配时的结构。一旦泌乳开始，泌乳的维持就依赖于有规律地吮吸或挤奶。乳汁不及时去除，腺泡结构最终退化，大量乳腺细胞凋亡。当细胞经历"停止"分泌的过程时，细胞代谢活性降低，乳腺小叶中分泌上皮细胞的数量下降和体积缩小。在乳腺萎缩的过程中只有腺泡缩小，但乳腺导管系统仍保持完整。

第三节　营养与繁殖和泌乳

繁殖和泌乳是动物生产过程中的重要环节。尽管不同动物繁殖和泌乳阶段的营养需要各不相同，但合理的营养管理对于最大限度提高动物的繁殖和泌乳性能十分重要。

一、营养与繁殖

（一）蛋白质营养与反刍动物繁殖性能

为提高反刍动物的生产性能和养殖的经济效益，实际生产中通常饲喂高蛋白质日粮。以奶牛为例，在产后阶段提供高蛋白质日粮可以提高其适口性、干物质采食量和产奶量，缓解产后能量负平衡。日粮配制不合理，瘤胃易出现能氮不平衡。能氮平衡为负值时，瘤胃中高浓度的氨可使瘤胃 pH 升高和瘤胃壁吸收增加，进而使血和乳中尿素氮水平提高，对繁殖性能产生不利影响。

1. 蛋白质水平对繁殖的影响　饲料蛋白质水平过高会对奶牛繁殖产生影响。日粮干物质中粗蛋白质超过 19%，增加奶牛空怀天数、延长产后第一次排卵时间、降低受胎率。泌乳早期饲喂 19%～20% 蛋白质日粮可降低血浆孕酮浓度（Butler，1998）。放牧条件下，添加不同蛋白质水平（22.8%、16.6% 和 16.2%）的日粮，研究结果表明饲喂高蛋白质日粮初配妊娠率最低。李红宇等（2011）研究表明奶牛围产期和泌乳盛期最适宜蛋白质水平分别为 12.6% 和 16.2%。给奶牛分别饲喂含蛋白质 17.58%、18.24% 和 20.01% 的日粮，20.01% 组奶牛乳尿素氮、空怀天数和平均配种次数均高于其他组，情期受胎率和 100 d 总受胎率均低于其他组。虽然不少研究认为饲喂高蛋白质日粮对奶牛的繁殖性能产生不利影响，但也有不一致的报道。Howard 等（1987）报道，饲喂 20% 和 15% 粗蛋白质日粮对奶牛第二泌乳期及以后各泌乳期的受精率没有影响。Carroll 等发现，给奶牛分别饲喂 20% 和 13% 粗蛋白质日粮，在总受胎率和情期受胎率方面没有差异。Barton 等给奶牛分别饲喂 13% 和 20% 的蛋白质后发现，当奶牛有重大健康问题时，高蛋白质日粮可以增加空怀天数。

2. 瘤胃降解蛋白质水平对繁殖性能的影响　瘤胃降解蛋白质的比例与动物繁殖性能紧密相关。Garcia-Bojalil 等（1998）分别给奶牛饲喂 11.1% 和 15.7% 的可降解蛋白质，发现产后头 9 周内采食高含量可降解蛋白质的奶牛卵泡发育较少，第一次黄体活动延迟（38.6 d 和 25.2 d），黄体组织生长减缓（小于 15 mm 和 70 mm），血浆孕酮含量较低。Aboozar 等（2012）给奶牛提供 6.65%（低）、7.72%（中）和 8.79%（高）3 种浓度的瘤胃可降解蛋白质，发现高浓度过瘤胃蛋白质组奶牛空怀天数和初配受孕率都显著增加。Tamminga（2006）推荐日粮中可降解蛋白质的含量应控制在干物质的 10% 以下。

3. 尿素氮水平对繁殖性能的影响　尿素氮分为血清尿素氮（BUN）和乳尿素氮（MUN）。根据蛋白质在动物体内的代谢规律，奶牛在采食高蛋白质日粮后，可导致血液中氨和尿素氮以及乳尿素氮浓度提高，因此血液和乳中尿素氮水平可作为动物繁殖性能的评定指标。刘坤等研究表明乳中尿素氮含量对个体情期受胎率有显著影响，对产后首次配种天数有极显著影响，MUN 含量大于 150 mg/L 的奶牛产后第一次配种天数显著高于 MUN 低于此数值的奶牛，且个体情期受胎率显著低于此数值低的奶牛，同时 MUN 含量与个体情期受胎率呈极显著负相关。奶牛采食 22%～27% 粗蛋白质的日粮可使血氨浓度增加 25%～50%。Butler（1998）用 19% 粗蛋白质的全混合日粮进行试验，BUN 在食后 4～6 h 达到高峰，8 h 后显著减少。蛋白质含量为 20%～23% 的日粮与 12%～15% 的日粮相比，前者可降低子宫内 pH 和增加血液中尿素水平，改变子宫内液休的组成。另有研究认为，高蛋白质日粮降低奶牛繁殖力可能是由于高蛋白质和能量负平衡（NEB）互作引起，而不是氮摄入量增加的直接影响。

虽然大量研究表明提高日粮蛋白质水平可显著增加血液和乳中尿素氮浓度，但是对血液中血糖、孕酮和胰岛素浓度无显著影响。Laven 等（2002）给奶牛饲喂含 20% 蛋白质的日粮，显著增加奶牛血液中氨和尿素浓度，增加乳中尿素氮浓度，而血液中 α-羟基丁酸酯、胰岛素、IGF-1 和孕酮无显著变化。Dawuda 等（2002）认为，高蛋白质日粮对血液中胰岛素、IGF-1 和孕酮无显著影响，对雌二醇浓度以及生长激素和黄体的释放无显著影响。目前普遍认为两个重要因素影响高蛋白质日粮的作用效果：日粮氮增加的时间相对于受精和排卵的时间，间隔越短影响越大；严重的能量负平衡加剧高氮日粮对繁殖性能的不利影响。奶牛长时间处于能量负平衡状况会损害排卵前卵母细胞和卵泡健康，并降低排卵后孕酮浓度，高水平蛋白质的代谢将进一步使胚胎的发育受损。

4. 氨基酸对繁殖性能的影响　氨基酸是奶牛必需营养成分，其可通过糖异生生成葡萄糖，从而影响奶牛的生产性能和脂肪动员。奶牛血液中胰岛素的浓度受日粮变化影响，因此日粮中添加氨基酸将影响奶牛血液中胰岛素的浓度，而胰岛素浓度影响产后卵巢功能的恢复，从而影响奶牛的繁殖性能。某些支链氨基酸如亮氨酸、异亮氨酸和缬氨酸影响激素的代谢，尤其是催乳素和胰岛素，其中以亮氨酸作用最好，可直接刺激胰腺细胞胰岛素 mRNA 的表达水平。Garnsworthy 等（2008）研究表明，日粮中添加亮氨酸大大降低了血液中胰岛素的浓度，提高了胰高血糖素的浓度，对卵巢卵泡细胞的数量和繁殖激素无显著影响。亮氨酸对代谢性激素的影响依赖于日粮中总可代谢蛋白质的量。低胰岛素日粮中添加亮氨酸会抑制胰高血糖素分泌。胰岛素和胰高血糖素的适宜比例依赖于日粮中氨基酸的平衡。

（二）能量供应与反刍动物繁殖性能

在日粮中添加脂肪或脂肪酸可以为反刍动物提供能量，通过影响胆固醇的合成及产后能量负平衡进而改善反刍动物繁殖性能。同时，不同脂肪水平及种类对繁殖性能影响不同。

1. 添加脂肪对胆固醇合成的影响　日粮中添加脂肪可提高血浆和脂蛋白中胆固醇的含量。用瘤胃惰性脂肪、高度饱和脂肪喂牛，血浆高密度脂蛋白中胆固醇的含量也提高。用含有 5.4% 豆油（占干物质）的日粮饲喂肉牛，卵泡液中总胆固醇和高密度脂蛋白中的胆固醇含量均提高；全棉籽日粮也提高了卵泡液中高密度脂蛋白含量。胆固醇是黄体细胞合成孕酮的前体物，脂蛋白的浓度与合成孕酮的能力呈正相关。孕酮是胚胎着床子宫获得营养的必需激素，妊娠早期有 25%～55% 的胚胎死亡归因于黄体细胞功能不足。血浆中孕酮浓度与受胎率、妊娠率高度相关。研究证实，荷斯坦奶牛和娟珊牛在初配前的发情周期的后半期，孕酮水平平均每变化 1 ng/mL，受胎率分别相差 12.4% 和 7.4%。

2. 添加脂肪对能量负平衡状况的影响　日粮中添加脂肪的另一目的是改善产后能量负平衡的状况，脂肪代替谷实类或粗饲料可增加能量浓度，在干物质采食量（DMI）相同和不增加产奶量的情况下，能缓解产后能量负平衡的状况。但由于添加脂肪的日粮通常会使牛产生饱腹感而减少瘤胃发酵及内源性胆囊收缩素的增加导致干物质采食量的降低，其结果也众说不一。产后早期日粮中添加瘤胃惰性脂肪、瘤胃惰性脂肪加全棉籽（Horner和Sartin，1986）、全棉籽（Cummins和Sartin，1987）、牛羊脂不会显著降低干物质采食量进而影响产后能量负平衡的状况。但全棉籽（Horner，1986）、牛羊脂加钙皂（Blau-wiekel等，1986）、加氢牛羊脂会降低干物质采食量而加剧产后能量负平衡的状况。Stegeman等（1992）用占干物质含量3%的牛羊脂饲喂奶牛，虽加剧了产后（2～12周）能量负平衡的状况，但提高了妊娠率。因此，日粮中添加脂肪虽加剧了产后能量负平衡的状况，却有利于提高受胎率，但其机制有待于进一步探索。

3. 脂肪水平及种类对繁殖性能的影响　日粮中添加脂肪可以改善泌乳奶牛的产后第一情期受胎率、总受胎率、平均受胎率等繁殖功能。郑家三等（2011）发现，奶牛摄入高能量日粮能够缓解能量负平衡，促进卵泡正常性周期活动，其中饲喂300g过瘤胃脂肪组的奶牛产后发情最早、繁殖性能最高、效果最佳。Sinedino等（2017）研究发现，日粮中添加含二十二碳六烯酸（DHA）的水藻100g可以缩短头胎牛的发情周期，增加首次人工授精成功率。Csillik等（2017）给奶牛饲喂共轭亚油酸后，产后血浆中瘦素和IGF-1浓度升高，刺激早期黄体功能和降低妊娠间隔。日粮中添加脂肪不仅可提高泌乳母牛总受胎率，且在泌乳早期能持久地刺激卵泡发育。在全棉籽占14.5%的日粮中，用2.2%的钙皂取代2.2%的玉米，从产犊开始饲喂，产后25d发现中卵泡数量增加，小卵泡数目降低，说明脂肪促进小卵泡向中卵泡发育。产后25d时进行同期发情处理，小卵泡数和大卵泡数增加，小卵泡数增加反映卵泡库中可发育数目增加，其大卵泡和次大卵泡直径明显增大。

（三）维生素与反刍动物繁殖性能

维生素是一类动物体所必需而需要量极少的有机化合物，体内一般不能合成，必须由日粮提供，或者提供其前体物。一般认为反刍动物的瘤胃微生物能合成自身所需的B族维生素和维生素K，但近来研究表明给成年反刍动物提供B族维生素也能够改善其繁殖性能。本部分介绍维生素A、维生素D、维生素E和B族维生素对反刍动物繁殖性能的影响。

1. 维生素A　维生素A是含有β-白芷酮环的不饱和一元醇，它有视黄醇、视黄醛和视黄酸三种衍生物，只存在于动物体中，植物中不含维生素A，而含有其前体物质——胡萝卜素。胡萝卜素有多种类似物，其中β-胡萝卜素的活性最强，牛羊转化β-胡萝卜素为维生素A的能力约为30%。维生素A可以维持细胞上皮、视觉和基因调节及细胞的免疫功能。奶牛日粮中缺乏维生素A可导致生殖器官发生炎症，产后发情期推迟和隐性发情增多，延迟排卵甚至不排卵，黄体和卵泡囊肿增多等问题，同时也可能出现受胎率降低，胎盘形成受阻，早期胚胎死亡、流产，胎衣不下和子宫内膜炎等问题。李嵩等（2010）在围产期奶牛日粮中添加维生素A，发现每千克体重添加165IU的维生素A可促进卵泡更早发育，对奶牛产后繁殖机能的恢复有积极作用。

2. 维生素D　维生素D是固醇类衍生物，有维生素D₂（麦角钙化醇）和维生素D₃（胆钙化醇）两种活性形式。麦角钙化醇的先体是来自植物的麦角固醇，胆钙化醇来自动物的 7-脱氢胆固醇。先体经紫外线照射可转化成维生素 D_2 和维生素 D_3，奶牛维生素 D_2 的效价只有维生素 D_3 的 $1/4\sim1/2$。奶牛临产前添加维生素 D 可有效预防产后瘫痪，保证奶牛机体健康。此外，维生素 D 对奶牛繁殖也有间接作用，可以提高奶牛受胎率，使发情症状明显。

3. 维生素 E 维生素 E 又名生育酚，是一组化学结构类似的酚类化合物。自然界中有 8 种具有维生素 E 活性的生育酚，其中以 α-生育酚活性最高。维生素 E 具有抗氧化功能，可以防止细胞膜中脂质在氧化过程中的一系列损害。它与前列腺素的合成有关，因此对改善繁殖功能有重要作用。Pontes 等（2015）在产前给奶牛注射维生素 E，发现其能降低胎衣不下的概率。维生素 E 和微量元素硒具有协同作用，在妊娠母牛前 $60\sim70\,d$ 注射亚硒酸钠维生素 E 后，可明显改善母牛健康和生产状况，特别是对降低胎衣不下发病率和临床型乳腺炎发病率效果明显。Gozalez-Maldonado 等 2014 年研究发现，在热应激情况下给奶牛注射维生素 E 和维生素 C 后，其对排卵前卵泡和黄体的发育以及妊娠率没有影响。王丽等（2010）给围产期奶牛饲喂维生素 E 发现，其能降低奶牛产后子宫内膜炎、胎衣不下、卵巢囊肿、乳腺炎等疾病的发生率，同时奶牛空怀天数下降，首次配种受胎率提高。

4. B 族维生素 一般认为，反刍动物瘤胃微生物能合成足够的动物所需的 B 族维生素，一般不需日粮提供，瘤胃功能不健全的幼年反刍动物除外。但近来研究指出，给奶牛添加 B 族维生素能够改善其生产和繁殖性能。Duplessis 等（2014）给奶牛饲喂叶酸和维生素 B_{12} 的复合物发现，其能够降低经产牛的难产率。詹小立等（2015）给围产期奶牛添加过瘤胃保护 B 族维生素后，奶牛亚临床酮病和胎衣不下的发病率降低。

（四）矿物质与反刍动物繁殖性能

矿物元素是动物营养中的一大类无机营养素。矿物元素分为常量元素和微量元素。常量元素一般指在动物体内含量高于 0.01% 的元素，微量元素指在动物体内含量低于 0.01% 的元素。矿物元素对动物正常生长和生产有重要作用，本部分主要阐述矿物元素对反刍动物繁殖性能的影响。

1. 钙和磷 钙和磷是奶牛生长发育和维持机体正常生理机能所必需的矿物质，在繁殖中起着重要作用。奶牛日粮中钙含量不足，可导致骨骼软化和骨质疏松，繁殖性能下降，妊娠母牛缺钙常导致胎儿发育受阻甚至死胎，并引起产后瘫痪；奶牛日粮中磷含量不足，可延迟小母牛性成熟，导致奶牛生产力下降和繁殖力降低。实际生产中，配制日粮不仅要保证钙磷总量的充足，还要保证其比例的平衡，日粮中钙磷比在 $(1.5\sim2.5):1$ 时效果最好。当奶牛日粮中钙磷比小于 $1.5:1$ 时，会导致奶牛出现难产，受胎率下降，同时还容易发生子宫输卵管炎；钙磷比小于 $1:1$ 时，导致奶牛发生阴道炎、乳腺炎、子宫脱出和产后瘫痪等疾病。

2. 锌 锌主要通过影响奶牛性激素分泌而影响其繁殖性能。锌参与垂体促卵泡激素的合成，因此缺锌可导致其分泌不足，影响对雌激素的调控，造成发情周期紊乱、卵巢萎缩、排卵数减少、受胎率和产仔率下降。Nocek 等（2002）研究报道，补锌组的奶牛从初次发情到初次受孕的天数明显缩短，且产奶量显著高于对照组。妊娠期补锌，可使奶牛产后有较好的繁殖性能，缩短奶牛产后发情时间间隔，提高产后第一次发情期受胎率

（Griffiths，2007）。向公牛日粮中添加锌，每100 kg体重添加75 mg锌，可显著改善其精液品质，提高母牛受胎率（马群山等，2006）。

3. 硒　Chauhan发现硒可防止生物膜氧化损伤，对动物生长、繁殖、免疫功能、健康和产品质量有重要影响。母畜缺硒常导致发情周期紊乱，出现乏情、胎衣不下，还可导致不孕。徐魁梧等的研究报道，产前补硒和维生素E不但可以防止胎衣不下，而且可改善产后繁殖性能。Mehdi等（2016）认为，补充硒可降低奶牛产后子宫炎和卵巢囊肿发病率及妊娠初期的死胎率。

4. 碘　碘可通过参与甲状腺激素的合成而影响奶牛的生殖机能。妊娠期日粮中碘含量不足，常引起母牛流产、妊娠期延长、出现死胎或弱胎、分娩困难、胎衣不下等症状。母牛长期缺碘，卵巢功能受损，脑垂体的促黄体机能受到影响，及时补碘性功能会恢复正常。给妊娠母牛饲喂碘化钾，可提高受胎率，并降低胎衣不下和不规则发情的发生率；但补碘过多亦能引起母牛流产和产畸形犊。

5. 铜　铜对动物的生殖机能也有重要作用，缺铜使红细胞和结缔组织在胚胎发育阶段发生缺陷，由于红细胞不能正常供应母畜和胎儿，常引起流产。牛的许多繁殖功能障碍都是由于日粮中缺铜造成的。缺铜会造成奶牛卵巢机能低下，发情延迟或受阻、受胎率降低、分娩困难、胎衣不下、所产犊牛常表现先天性佝偻病。铜可提高前列腺素（PG）与受体的结合力，从而提高前列腺素$PGF_{2\alpha}$的作用。

二、营养与泌乳

（一）营养供应与乳蛋白合成

牛乳中蛋白质主要由乳腺上皮细胞合成的蛋白质、间质中浆细胞分泌的免疫球蛋白，以及来自血液中未被修饰的血清白蛋白和免疫球蛋白组成。乳腺上皮细胞合成乳蛋白所需的氨基酸部分来自血液，部分来自乳腺上皮细胞合成的氨基酸。乳腺上皮细胞主要合成两大类蛋白质，即酪蛋白（80%）和乳清蛋白。影响乳蛋白合成的因素主要是氨基酸和小肽、激素及日粮粗饲料组成等。

1. 氨基酸和小肽

（1）氨基酸　氨基酸是乳蛋白合成的前体物质，日粮提供氨基酸的种类和含量对奶牛乳腺合成乳蛋白具有重要作用（Appuhamy等，2012），并能够影响乳腺组织中信号转导蛋白的表达。关于颈静脉灌注不同模式氨基酸混合物对泌乳奶牛乳蛋白合成影响的研究，发现颈静脉灌注酪蛋白模式氨基酸和理想模式氨基酸均可提高泌乳奶牛的乳蛋白含量，且前者优于后者。Doepel等2011年研究发现当为奶牛日粮提供72%的可代谢蛋白质时，通过皱胃灌注350.2 g的酪蛋白模式氨基酸混合物可显著提高乳蛋白产量和乳糖产量。Haque等（2012）认为供给理想模式氨基酸可以提高乳蛋白产量4.3%，奶产量3%。在奶牛乳腺细胞的体外试验中，Lin等和Dai等2018年研究了赖氨酸或蛋氨酸对乳蛋白合成的影响，结果表明赖氨酸或蛋氨酸均能提高细胞的增殖活性、酪蛋白的表达水平，并且可能通过上调雷帕霉素（mammalian/mechanistic target of rapamycin，mTOR）与信号转导和转录激活子（signal transducer and activator of transcription，STAT5）信号通路提高了乳蛋白的产量。

Appuhamy 等（2011）在奶牛乳腺细胞和组织中添加 10 种游离的氨基酸，研究发现必需氨基酸（EAA）能够显著增加 mTOR、核糖体 S6 激酶（ribosomal S6 kinase，S6K1）、4E 结合蛋白（4E binding protein，4EBP1）和亮氨酰-tRNA 合成酶（leucyl-tRNA synthetase，LRS1）的磷酸化，同时减少真核生物翻译延长因子 2（eukaryotic translation elongation factor，eEF2）和真核生物翻译起始因子（eukaryotic translation initiation factor，eIF2α）的磷酸化。Nan 等（2014）研究了赖氨酸和蛋氨酸比例对乳蛋白合成基因转录和翻译的影响，结果表明当赖氨酸：蛋氨酸为 3：1 时牛乳中酪蛋白浓度最高，该过程通过上调 mTOR 和 JAK - STAT 信号途径的 mRNA 表达实现。Rius 等（2010）研究了给泌乳奶牛分别灌注水、酪蛋白、淀粉和淀粉与酪蛋白的混合物对乳蛋白合成的影响，发现灌注淀粉组提高了奶产量、乳蛋白产量和乳腺血浆流量，同时提高了乳腺对氨基酸的净吸收量和 S6K1 的磷酸化，灌注酪蛋白和淀粉组提高了 mTOR 的磷酸化。以上结果表明，不同氨基酸的刺激，调控乳蛋白合成的信号转导因子反应不同。

（2）小肽　氨基酸可以为奶牛提供合成乳蛋白所需的底物，而完整蛋白质或其降解产生的小肽也能被动物直接吸收（Jensen，1992）。杨金勇于 2006 年研究发现，在体外奶牛乳腺上皮细胞中添加蛋氨酸二肽（Met-Met）和赖氨酸蛋氨酸二肽，比添加相同含量的游离氨基酸更能促进乳腺上皮细胞 α_{s1}-酪蛋白基因表达。可能是由于小肽能减少氨基酸之间的吸收竞争，并参与乳蛋白合成的信号通路及其调控，进而促进乳腺对氨基酸的摄取和乳蛋白的合成（周苗苗，2011）。杨建香（2014）进一步研究表明，在奶牛乳腺乳蛋白合成（α_{s1}-酪蛋白）中，蛋氨酸二肽不仅能提供合成乳蛋白的底物，还通过促进氨基酸吸收，激活 mTOR 和 JAK2 - STAT5 信号通路发挥作用。同时，肽转运载体 2（PepT2）和小肽水解酶在此过程中起到重要作用。

2. 激素

（1）胰岛素　在奶牛和小鼠的乳蛋白合成中，胰岛素具有中枢作用（Menzies，2009）。成功的泌乳需要胰岛素的参与，它能增加 α-乳清蛋白和 β-酪蛋白基因的转录活性。胰岛素参与多种信号途径的激活，包括丝裂原活化蛋白激酶（mitogen-activated protein kinase，MAPK）途径。胰岛素对乳蛋白基因转录活性的调节是通过激活转录因子 4EBPα 和 4EBP3。Janjanam 等（2014）鉴定了乳腺上皮细胞在泌乳前中后期蛋白质的变化，同时比较了高产和低产奶牛的乳腺上皮细胞的蛋白质表达，结果显示蛋白质表达的差异与泌乳通路网络的有效性有关，泌乳后期上调的蛋白可能是与核因子激活的 B 细胞的κ轻链增强子（nuclear factor kappa-light-chain-enhancer of activated B cells，NF-κB）诱导的应激信号通路有关，高产奶牛则是通过胰岛素信号通路与蛋白激酶 B（AKT）、胞内磷脂酰肌醇激酶（phosphoinositide 3 - kinases，PI3K）、p38 丝裂原活化蛋白激酶（p38 mitogen-activated protein kinases，p38/MAPK）信号通路起作用。在泌乳期奶牛乳腺中胰岛素受体（INSR）和胰岛素受体底物（IRS）基因表达上调，其中 IRS 上调较高。在整个泌乳期，胰岛素信号通路下游基因中丝氨酸/苏氨酸蛋白激酶 3（AKT3）和磷酸肌醇依赖性蛋白激酶 1（PDK1）基因表达显著升高。这些数据表明胰岛素在泌乳期奶牛乳腺中发挥重要的作用。胰岛素信号通路基因表达与血浆中胰岛素浓度无关。血浆胰岛素浓度在围产期显著降低，并且在分娩后至少 2 个月内保持低浓度状态（Accorsi，2002）。奶牛血浆中 IGF-1 浓度是胰岛素的 10 倍以上。因此，绝大部分胰岛素信号基因表达的升高（假定基因表达升高的同时翻译也增多）与 IGF-1 相关；然而，在围产期后血浆中 IGF-1 与胰岛素的浓度均显著降低，且在绝大部分泌乳期维持低水平状态。胰岛素信号通路相关基因高表达表明泌乳期乳腺对胰岛素或 IGF-1 的敏感性增强，这可能会补偿血浆激素低浓度的状态。

（2）生长激素　生长激素（GH）是由脑垂体前部分泌的一种蛋白质激素，它对维持乳产量或延迟乳产量减少发挥重要作用。GH 对泌乳期奶牛发挥较强的催乳作用，可使营养物质优先向乳腺分配，并提高乳产量。它能刺激 IGF 的分泌，IGF 和 GH、甲状腺激素可共同刺激乳腺上皮细胞乳蛋白的合成，以及脂肪细胞脂肪酸的释放。GH 处理后乳产量增加是由于输入乳腺内的营养物质流量变化产生的间接作用或对乳腺上皮细胞直接作用或是两种作用联合产生的。奶牛注射 GH 4～6 d 后，其血液中 IGF-1 浓度显著提高，而且研究表明 IGF-1 对乳蛋白合成比 GH 更重要，尽管其他研究（Molento，2002）已表明乳蛋白合成依赖于 GH、IGF-1 和胰岛素之间复杂的相互作用。Sciascia 等（2013）利用奶牛在体试验研究了外源添加 GH 对奶牛乳蛋白合成的影响，发现 GH 能够影响 mTOR 蛋白复合体 1（mTORC1）信号蛋白的表达，但不影响其下游靶基因的表达；并且添加 GH 后，乳腺细胞可能通过 IGF-1/IGF-1R-MAPK 信号通路级联调节核起始因子 4E 介导的细胞核和细胞质的输出和 mRNA 的翻译过程。此外，Zhou 等（2008）也证实了生长激素能够提高乳蛋白合成。

3. 日粮粗饲料组成　除氨基酸、小肽、激素等因素外，日粮组成、日粮中蛋白质水平等因素也会对乳蛋白的合成造成影响。Zhu 等在 2013 年分别以玉米秸和苜蓿为日粮粗饲料来源，研究不同粗饲料来源对奶牛乳蛋白前体物生成和泌乳性能的影响。结果表明，与玉米秸作为粗饲料来源相比，苜蓿组可显著提高奶产量、乳蛋白产量和氮的利用效率。基于此试验，Wang 等（2014）研究了用玉米秸秆和稻草替代苜蓿对奶牛泌乳性能的影响，发现与稻草组和玉米秸组相比，苜蓿组的乳产量、乳脂、乳蛋白、乳糖和固形物的产量显著提高，但是稻草组和玉米秸组没有显著差异；同样，苜蓿组乳蛋白含量高于稻草组。这可能是由于苜蓿日粮具有较高的营养可消化性，可以给奶牛提供较高的能量。并且，苜蓿组可以提供较高浓度容易发酵的碳水化合物和瘤胃非降解蛋白质，进而提供较多的可代谢蛋白质，导致了乳蛋白产量显著高于稻草组和玉米秸组。由于此类动物实验只能阐明表观现象，借助转录组学和蛋白组学方法，进一步研究了给奶牛饲喂玉米秸秆、稻草、苜蓿日粮时乳腺调节乳合成的机制。研究发现低质粗饲料（玉米秸秆组和稻草日粮组）乳蛋白合成减少，可能是因为动物体自身减少了蛋白合成的能力，蛋白降解增加，能量产生不足，进而导致乳腺细胞生长缓慢。然而，其详细的作用机制仍需进一步研究。

（二）营养供应与乳脂合成

脂肪是乳中的重要组成部分，其能提高反刍动物乳和乳制品的加工属性和感官特性。反刍动物的乳脂中有超过 400 种脂肪酸，它们的区别主要是链长和不饱和键的数量及方向（Jensen，1992）。乳脂中超过 95% 的脂肪酸以甘油三酯的形式存在，其余以磷脂、胆固醇酯、甘油二酯、甘油单酯和游离脂肪酸等形式存在。乳脂是牛乳中最易发生变化的组成部分，受营养、遗传、生理状态和环境等因素影响，其中营养因素影响最大。通过改变日粮配方或日粮供给改变乳脂含量和组成，了解日粮对乳脂合成的作用及调控乳脂生成的机制非常必要。已有研究表明营养对奶牛乳脂合成的影响（Bauman，2003），以及日粮引起乳脂合成和分泌改变的分子机制。影响乳脂肪合成的营养因素主要有脂肪酸、激素和脂肪代谢酶等。

1. 脂肪酸　日粮中脂肪酸水平能够影响乳脂的合成。饲喂含有植物油、鱼油、海洋藻类或富含迅速发酵碳水化合物的日粮，导致牛乳中脂肪含量降低，被称为乳脂降低综合征（MFD）。在日粮诱导的MFD过程中，乳脂产量的减少通常发生在几天内，一些情况下乳脂产量可降低50％以上（AbuGhazaleh等，2004）。在日粮诱导的MFD过程中，所有脂肪酸的分泌均减少，从头合成的脂肪酸产量减少更多（Bauman，2003）。研究发现，添加不饱和脂肪酸和甘油三酯可以显著降低乳脂浓度，而短期饲喂棕榈酸可显著提高饲喂效率，影响低产和高产奶牛乳脂肪酸表达谱。但关于乳脂增加的报道较少，可能是因为脂肪酸从头合成的减少导致乳脂的变化。此外，日粮中添加C16：0能够提高乳脂的含量和产量，并且能够提高饲料向牛乳的转化效率。Vyas等2013年研究了在共轭亚油酸诱导乳脂抑制时，皱胃灌注乳脂对泌乳奶牛乳脂合成的应答影响。结果表明，皱胃灌注共轭亚油酸减少了脂肪酸的从头合成，在皱胃灌注乳脂时脂肪酸的从头合成有增加的趋势。中短链脂肪酸和共轭亚油酸同时添加能够显著减少硬脂酰-辅酶A脱氢酶1（SCD1）、脂蛋白脂酶（LPL）、1-酰基甘油-3-磷酸-O-酰基转移酶6（AGPAT-6）、固醇调节元件蛋白裂解活化蛋白（SCAP）和过氧化物酶体增殖活化受体γ（PPAR-γ或PPARG）的基因表达。此外，在皱胃灌注共轭亚油酸时，脂肪酸从头合成相关的基因［乙酰-CoA羧化酶（ACACA）和脂肪酸合成酶（FASN）］和甘油三酯合成相关的基因［（AGPAT-6和二酰甘油-O-酰基转移酶6（DGAT-6）］表达显著降低。然而，增加中短链脂肪酸对脂肪合成基因表达无显著影响，这说明营养调节增加小肠内中短链脂肪酸的可利用性不能缓解由共轭亚油酸诱导的乳脂抑制作用。由于许多长链脂肪酸是非反刍动物PPARG的天然配体，PPARG通过与脂肪合成基因的启动子结合，长链脂肪酸能够上调脂肪合成基因的表达量。通过在奶牛乳腺上皮细胞中添加C16：0和C18：0等长链脂肪酸，发现添加C16：0和C18：0可以增加细胞内脂滴的形成。此研究提示，长链脂肪酸可能具有激活PPARG进而调节乳脂肪合成的作用。

2. 激素　激素水平可以调节乳脂的合成。雌激素、孕酮和催乳素可以直接作用于乳腺。代谢类激素，如生长激素、糖皮质激素、胰岛素和瘦素，可以协同体内对代谢稳态的应答。Feuermann等研究提示瘦素和催乳素是通过乳腺脂肪层或脂肪细胞对奶牛乳腺组织起作用的。奶牛泌乳初期，乳腺中葡萄糖转运载体与乳脂合成相关酶的表达迅速增加。Shao等2013年研究表明，添加胰岛素、氢化可的松和羊催乳素组或胰岛素、氢化可的松、催乳素和β-雌二醇组（96 h），β-酪蛋白和α-乳白蛋白的mRNA表达明显提高。

3. 脂肪代谢酶　转录因子固醇调节元件结合蛋白1（sterol regulatory element-binding protein transcription factor 1，SREBP）是脂肪合成基因的关键调节因子。当营养类

刺激信号到达 mTORC1 后，mTORC1 促进脂类合成以 S6K -依赖和 S6K -不依赖的形式激活 SREBP。Sengupta 等和 Yecies 等的细胞试验表明，激活 mTORC1 是激活 SREBP 必须而充分的过程，肝脏特异性结节性硬化复合体（tuberous sclerosis complex，TSC1）敲除小鼠可以导致 SREBP 活性降低以及脂肪生成减少，这可能因为 AKT 的活性通过负反馈回路的弱化作用造成。此外，有研究者通过 RNA 干扰和过表达技术，发现 SREBP1 对乳脂肪的合成具有积极的调节作用，主要通过调节乳脂合成关键酶实现其功能。并且，Li 等研究发现硬脂酸和血清也可以调节 SREBP1 的表达（Li 等，2014），SREBP1 可以进一步调节 ACACA、FASN、SCD1 的表达丰度；当降低 SREBP1 的表达，激活肝脏 X 受体 α（liver X receptor α，LXR α）能够增加 ACACA、FASN、SCD1 的基因表达，潜在表明这些基因也能够直接由 LXR 调节（Oppi-Williams 等，2013）。此外，甲状腺激素敏感蛋白点 14（thyroid hormone responsive protein spot 14，THRPS14）能够通过调节 PPARG 和 SREBP1 的表达提高奶牛乳腺上皮细胞的脂肪合成（Cui 等，2015）。脂肪酸结合蛋白（fatty acid-binding protein 3，FABP3）能够通过上调 SREBP1 和 PPARG 的表达增加脂滴的积累。并且，油酸、硬脂酸和棕榈酸也能够通过影响 FABP3 的表达增加脂滴的形成（Liang 等，2014）。

（三）营养供应与乳糖合成

乳糖是乳中主要的糖类，在自然界中只存在于乳中。乳糖合成速率是乳产量的主要决定因素，其在调节乳腺渗透压中起重要作用。牛乳中乳糖的含量基本保持不变，浓度约5%。葡萄糖是合成乳糖的主要前体物，乳腺产生 1 kg 牛乳，需要约 72 g 的葡萄糖。乳腺吸收葡萄糖后有多种代谢途径，55%～70% 葡萄糖被用于乳糖合成，50%～60% 的葡萄糖转化为半乳糖。70% 的半乳糖来自葡萄糖、甘油和其他代谢途径，80%～85% 的乳糖碳来自葡萄糖，剩余 30%～34% 的葡萄糖参与供应 ATP。葡萄糖通过提供甘油和脂肪酸延长的 NADPH 也参与乳脂的合成。葡萄糖还少量地为非必需氨基酸合成提供碳源。影响乳糖合成的营养因素主要是葡萄糖供应。

葡萄糖可由淀粉降解产生，淀粉降解的终产物主要是 VFA 中的乙酸、丁酸、丙酸及乳酸。这些小分子有机酸被吸收进入肝门静脉，并被运输到肝中。丙酸和乳酸在肝中又重新合成葡萄糖，肝内合成的葡萄糖 43%～67% 来自丙酸，约 12% 来自乳酸，重新合成的葡萄糖提供给乳腺合成乳糖。反刍动物的乳腺组织中没有 6 -磷酸葡萄糖酯酶，所以无法通过其他生糖物质合成乳腺细胞可利用的葡萄糖（Threadgold 等，1979）。葡萄糖供应对奶牛乳腺葡萄糖摄取研究较多，但结果却各不相同。借助葡萄糖灌注技术，Clark 等（1977）研究发现奶产量未受影响，Lemosquet 等（1997）研究发现奶产量反而降低。不同的试验日粮中过瘤胃葡萄糖和血浆基础葡萄糖浓度不同可能是造成这种现象的主要的原因。考虑不同日粮影响，提供无过瘤胃葡萄糖日粮，增加葡萄糖的灌注量，发现奶牛的泌乳量呈现先增加后减少的趋势（Hurtaud 等，2000；Rigout 等，2002）。因此，增加葡萄糖的供应量在一定的范围内可以增加泌乳量，但是并不是越多越好。目前认为，当葡萄糖的供应量正常或偏低的时候，葡萄糖摄取的限速步骤是葡萄糖转运；但若葡萄糖供应量偏高，己糖激酶催化葡萄糖的磷酸化才是限速步骤。所以恰如其分地协调葡萄糖供应和摄取的关系，为奶牛提供最佳的葡萄糖供应量，是增加泌乳质和量的有效方式。

　　一般认为，乳腺中可利用葡萄糖借助葡萄糖转运载体被吸收进入细胞内，研究这些葡萄糖转运载体的表达和分布特点在一定程度上可以推断乳腺细胞对葡萄糖的摄取情况。研究表明葡萄糖转运载体表达也受机体生理状态的影响，与奶牛葡萄糖代谢的趋势相一致（Zhao 等，2007）。机体的生理变化受各种激素的调控，葡萄糖转运载体的表达可能也和激素的分泌有关。泌乳期奶牛乳腺葡萄糖转运蛋白（glucose transporter 1，GLUT1）表达显著高于非泌乳期，而肌肉和脂肪组织的 GLUT1 的表达却相反。在奶牛分娩前 40 d 到分娩后的 7 d 期间，乳腺组织葡萄糖转运载体的表达显著增加，尤其是 GLUT1 和 GLUT8（Zhao 等，2007）。这些结果说明 GLUT1 或 GLUT8 等载体的表达可能受到相关激素影响。

（刘红云　撰稿）

参考文献

李红宇，苗树君，邵广，等，2011. 日粮蛋白质水平对奶牛产后卵巢机能恢复及生殖激素的影响［J］. 中国牛业科学，37（3）：6 - 10.

李嵩，2010. 围产期奶牛日粮不同维生素 A 添加水平对免疫功能、生产性能和繁殖机能的影响［D］. 呼和浩特：内蒙古农业大学.

刘坤，张美荣，陈亮，等，2013. 泌乳早期乳中尿素氮含量对奶牛繁殖性能的影响［J］. 中国奶牛，6：21 - 24.

马群山，付云超，李善文，等，2006. 微量元素对奶牛繁殖性能的影响［J］. 养殖技术顾问，12：54 - 55.

王峰，王元兴，2003. 牛羊繁殖学［M］. 北京：中国农业出版社.

王峰，2008. 动物繁殖学实验教程［M］. 北京：中国农业大学出版社.

王峰，2012. 动物繁殖学［M］. 北京：中国农业大学出版社.

王根林，2006. 养牛学［M］. 2 版. 北京：中国农业出版社.

王丽，2010. 围产期奶牛日粮添加不同水平维生素 E 对其生产性能、免疫功能及繁殖机能的影响［D］. 呼和浩特：内蒙古农业大学.

王元兴，介金，1997. 动物繁殖学［M］. 南京：江苏科学技术出版社.

杨建香，2014. 蛋氨酸二肽在奶牛乳蛋白合成中的作用及其乳腺摄取机制研究［D］. 杭州：浙江大学.

杨利国，2010. 动物繁殖学［M］. 2 版. 北京：中国农业出版社.

詹小立，阳成波，2015. 日粮中添加过瘤胃保护 B 族维生素对奶牛健康、产奶量和繁殖性能的影响［J］. 中国乳业（8）：40 - 42.

张栓林，2008. 反刍动物繁殖调控研究［M］. 北京：中国农业科学技术出版社.

张忠诚，2004. 家畜繁殖学［M］. 4 版. 北京：中国农业出版社.

郑家三，夏成，朱玉哲，等，2011. 日粮能量水平对奶牛繁殖性能、血浆代谢产物和生殖激素的影响［J］. 中国奶牛（10）：28 - 31.

周苗苗，2011. 奶牛乳腺中小肽的摄取及其在乳蛋白合成中的作用［D］. 杭州：浙江大学.

Aboozar M，Amanlou H，Aghazadeh A M，et al，2012. Impacts of different levels of RUP on performance and reproduction of Holstein fresh cows [J]. Journal of Animal and Veterinary Advances，11 (9)：1338 – 1345.

Abughazaleh A A，Schingoethe D J，Hippen A R，et al，2004. Conjugated linoleic acid increases in milk when cows fed fish meal and extruded soybeans for an extended period of time [J]. Journal of Dairy Science，87 (6)：1758 – 1766.

Accorsi P A，Pacioni B，Pezzi C，et al，2002. Role of prolactin，growth hormone and insulin-like growth factor 1 in mammary gland involution in the dairy cow [J]. Journal of Dairy Science，85 (3)：507 – 513.

Anderson R R，Allen-Tucker H，Collier R J，et al，1985. Lactation [M]. London：The Iowa State University Press.

Annen E L，Collier R J，Mcguire M A，et al，2004. Effects of dry period length on milk yield and mammary epithelial cells [J]. Journal of Dairy Science，87 (E Suppl.)：E66 – E76.

Appuhamy J A，Bell A L，Nayananjalie W A，et al，2011. Essential amino acids regulate both initiation and elongation of mrna translation independent of insulin in MAC-T cells and bovine mammary tissue slices [J]. Journal of Nutrition，141：1209 – 1215.

Appuhamy J A，Knoebel N A，Nayananjalie W A，et al，2012. Isoleucine and leucine independently regulate mTOR signaling and protein synthesis in MAC-T cells and bovine mammary tissue slices [J]. Journal of Nutrition，142：484 – 491.

Bauman D E，Griinari J M，2003. Nutritional regulation of milk fat synthesis [J]. Annual Review of Nutrition，23：203 – 227.

Blauwiekel R，Kincaid R L，Reeves J J，1986. Effect of high crude protein on pituitary and ovarian function in Holstein cows [J]. Journal of Dairy Science，69 (2)：439 – 446.

Brisken C，Rajaram R D，2006. Alveolar and lactogenic differentiation [J]. Journal of Mammary Gland Biology and Neoplasia，11：239 – 248.

Butler W R，1998. Effect of protein nutrition on ovarian and uterine physiology in dairy cattle [J]. Journal of Dairy Science，81 (9)：2533 – 2539.

Capuco A V，Ellis S E，Hale S A，et al，2003. Lactation persistency：insights from mammary cell pro-Life ration studies [J]. Journal of Dairy Science，81 (Suppl. 3)：18 – 31.

Carroll D J，Barton B A，Anderson G W，et al，1988. Influence of protein intake and feeding strategy on reproductive performance of dairy cows [J]. Journal of Dairy Science，71 (12)：3470 – 3481.

Chapman T E，Holtan D W，Swanson L V，1983. Relationship of dietary crude protein to composition of uterine secretions and blood in high-producing postpartum dairy cows [J]. Journal of Dairy Science，66 (9)：1854 – 1862.

Chauhan S S，Liu F，Leury B J，et al，2016. Functionality and genomics of selenium and vitamin E supplementation in ruminants [J]. Animal Production Science，56 (8)：1285 – 1298.

Cherepanov G G，Makar Z N，2007. The conjugate regulation of mammary blood flow and secretory cell metabolism：analysis of problem [J]. Uspekhi Fiziologicheskikh Nauk，38 (1)：74 – 85.

Clark J H，Spires H R，Derrig R G，et al，1977. Milk production，nitrogen utilization and glucosesynthesis in lactating cows infused postruminally with sodium caseinate and glucose [J]. Journal of Nutrition，107：631 – 644.

Csillik Z，Faigl V，Keresztes M，et al，2017. Effect of pre-and postpartum supplementation with lipid-encapsulated conjugated linoleic acid on reproductive performance and the growth hormone-insulin-like growth factor-I axis in multiparous high-producing dairy cows [J]. Journal of Dairy Science，100 (7)：5888 – 5898.

Cui Y，Liu Z，Sun X，et al，2015. Thyroid hormone responsive protein spot 14 enhances lipogenesis in bovine mammary epithelial cells [J]. In Vitro Cellular & Developmental Biology-Animal，51 (6)：586 – 594.

Cummins K A，Sartin J L，1987. Response of insulin，glucagon，and growth hormone to intravenous glucose challenge in cows fed high fat diets [J]. Journal of Dairy Science，70 (2)：277 – 283.

Dawuda P M，Scaramuzzi R J，Leese H J，et al，2002. Effect of timing of urea feeding on the yield and quality of embryos in lactating dairy cows [J]. Theriogenology，58 (8)：1443 – 1455.

Duplessis M，Girard C L，Santschi D E，et al，2014. Effects of folic acid and vitamin B_{12} supplementation on culling rate，diseases，and reproduction in commercial dairy herds [J]. Journal of Dairy Science，97 (4)：2346 – 2354.

Frandson R D，Wilke W L，Fails A D，2009. Anatomy and physiology of farm animals [M]. 7th ed. Iowa：John Wiley and Sons Press.

Garcia-Bojalil C M，Staples C R，Risco C A，et al，1998. Protein degradability and calcium salts of long-chain fatty acids in the diets of lactating dairy cows：reproductive responses [J]. Journal of Dairy Science，81 (5)：1374 – 1384.

Garnsworthy P C，Gong J G，Armstrong D G，et al，2008. Nutrition，metabolism，and fertility in dairy cows：3. amino acids and ovarian function [J]. Journal of Dairy Science，91 (11)：4190 – 4197.

Griffiths L M，Loeffler S H，Socha M T，et al，2007. Effects of supplementing complexed zinc，manganese，copper and cobalt on lactation and reproductive performance of intensively grazed lactating dairy cattle on the South Island of New Zealand [J]. Animal Feed Science and Technology，137 (1)：69 – 83.

Haque M N，Rulquin H，Andrade A，et al，2012. Milk protein synthesis in response to the provision of an "ideal" amino acid profile at 2 levels of metabolizable protein supply in dairy cows [J]. Journal of Dairy Science，95 (10)：5876 – 5887.

Horner J L，Coppock C E，Schelling G T，et al，1986. Influence of niacin and whole cottonseed on intake，milk yield and composition，and Systemic responses of dairy cows [J]. Journal of Dairy Science，69 (12)：3087 – 3093.

Howard H J，Aalseth E P，Adams G D，et al，1987. Influence of dietary protein on reproductive performance of dairy cows [J]. Journal of Dairy Science，70 (8)：1563 – 1571.

Hurtaud C，Lemosquet S，Rulquin H，2000. Effect of graded duodenal infusions of glucose on yield and composition of milk from dairy cows. 2. diets based on grass silage [J]. Journal of Dairy Science，83：2952 – 2962.

Jalakas M，Saks P，Klaassen M，2000. Suspensory apparatus of the bovine udder in the estonian black and white holstein breed：increased milk production (udder mass) induced changes in the pelvic structure [J]. Anatomia Histologia Embryologia，29 (1)：51 – 62.

Janjanam J，Singh S，Jena M K，et al，2014. Comparative 2D-DIGE proteomic analysis of bovine mammary epithelial cells during lactation reveals protein signatures for lactation persistency and milk yield [J]. PLos One，9 (8)：e102515.

Jensen J L S, 1992. Swine and poultry appear to require intact protein [J]. Food Technology, 7: 31 - 38.

Johnson T L, Tomanek L, Peterso D G, 2013. A proteomic analysis of the effect of growth hormone on mammary alveolar cell-T (MAC-T) cells in the presence of lactogenic hormones [J]. Domestic Animal Endocrinology, 44 (1): 26 - 35.

Kass L, Erler J T, Dembo M, et al, 2007. Mammary epithelial cell: Influence of extracellular matrix composition and organization during development and tumorigenesis [J]. Cell Biology, 39: 1987 - 1994.

Klaus D B, Robert E H, Christoph K W, et al, 2011. Bovine Anatomy: An Illustrated Text [M]. London: Manson Publishing.

Laven R A, Biggadike H J, Allison R D, 2002. The effect of pasture nitrate concentration and concentrate intake after turnout on embryo growth and viability in the lactating dairy cow [J]. Reproduction in Domestic Animals, 37 (2): 111 - 115.

Lemosquet S, Rideau N, Rulquin H, et al, 1997. Effects of a duodenal glucose infusion on therelationship between plasma concentrations of glucose and insulin in dairy cows [J]. Journal of Dairy Science, 80: 2854 - 2865.

Li N, Zhao F, Wei C, et al, 2014. Function of SREBP1 in the milk fat synthesis of dairy cow mammary epithelial cells [J]. International Journal of Molecular Sciences, 15 (9): 16998 - 17013.

Liang M Y, Hou X M, Qu B, et al, 2014. Functional analysis of FABP3 in the milk fat synthesis signaling pathway of dairy cow mammary epithelial cells [J]. In Vitro Cellular & Developmental Biology-Animal, 50 (9): 865 - 873.

Lu L M, Li Q Z, Huang J G, et al, 2013. Proteomic and functional analyses reveal MAPK1 regulates milk protein synthesis [J]. Molecules, 18 (1): 263 - 275.

Lu L, Gao X, Li Q, et al, 2012. Comparative phosphoproteomics analysis of the effects of L-methionine on dairy cow mammary epithelial cells [J]. Journal of Animal Science, 92 (4): 433 - 442.

Lu P, Sternlicht M D, Werb Z, 2006. Comparative mechanisms of branching morphogenesis in diverse systems [J]. Journal of Mammary Gland Biology and Neoplasia, 11 (3 - 4): 213 - 228.

Manrico M, Antonio G, Maria C Z, et al, 2004. Reversible transdifferentiation of secretory epithelial cells into adipocytes in the mammary gland [J]. Pnas, 101 (48): 16801 - 16806.

Mehdi Y, Dufrasne I, 2016. Selenium in cattle: a review [J]. Molecules, 21 (4): 545.

Menzies K K, Lefevre C, Macmillan K L, et al, 2009. Insulin regulates milk protein synthesis at multiple levels in the bovine mammary gland [J]. Functional & Integrative Genomics, 9 (2): 197 - 217.

Molento C F M, Block E, Cue R I, et al, 2002. Effects of insulin, recombinant bovine somatotropin, and their interaction on insulin like growth factor 1 secretion and milk protein production in dairy cows [J]. Journal of Dairy Science, 85: 738 - 747.

Nan X, Bu D, Li X, et al, 2014. Ratio of lysine to methionine alters expression of genes involved in milk protein transcription and translation and mTOR phosphorylation in bovine mammary cells [J]. Physiological Genomics, 46 (7): 268 - 75.

Nishimura T, 2003. Expression of potential lymphocyte trafficking mediator molecules in the mammary gland [J]. Veterinary Research, 34: 3 - 10.

Nocek J E, Allman J G, Kautz W P, 2002. Evaluation of an indwelling ruminal probe methodology and effect of grain level on diurnal pH variation in dairy cattle [J]. Journal of Dairy Science, 85 (2): 422 - 428.

Oppi-Williams C，Suagee J K，Corl B A，2013. Regulation of lipid synthesis by liver X receptor alpha and sterol regulatory element-binding protein 1 in mammary epithelial cells [J]. Journal of Dairy Science，96 (1)：112 – 121.

Ordonez A，Parkinson T J，Matthew C，et al，2007. Effects of application in spring of urea fertiliser on aspects of reproductive performance of pasture-fed dairy cows [J]. New Zealand Veterinary Journal，55 (2)：69.

Pontes G C S，Monteiro P L J，Prata A B，et al，2015. Effect of injectable vitamin E on incidence of retained fetal membranes and reproductive performance of dairy cows [J]. Journal of Dairy Science，98 (4)：2437 – 2449.

Prosser C G，Davis S R，Farr V C，et al，1996. Regulation of blood flow in the mammary microvasculature [J]. Journal of Dairy Science，79：1184 – 1197.

Rigout S，Lemosquet S，Eys J E V，et al，2002. Duodenal glucose increases glucose fluxes and lactose synthesis in grass silage-fed dairy cows [J]. Journal of Dairy Science，85 (3)：595 – 606.

Rius A G，Appuhamy J A，Cyriac J，et al，2010. Regulation of protein synthesis in mammary glands of lactating dairy cows by starch and amino acids [J]. Journal of Dairy Science，93 (7)：3114 – 3127.

Russell C，Hovey，Thomas B，et al，1999. Regulation of mammary gland growth and morphogenesis by the mammary fat pad：a species comparison [J]. Journal of Mammary Gland Biology and Neoplasia，4 (1)：53 – 68.

Schlenz I，Kuzbari R，Gruber H，et al，2000. The sensitivity of the nipple-areola complex：an anatomic study [J]. Plastic and Reconstructive Surgery，105：905 – 909.

Sciascia Q，Pacheco D，Mccoard S A，2013. Increased milk protein synthesis in response to exogenous growth hormone is associated with changes in mechanistic (mammalian) target of rapamycin (mTOR) C1 – dependent and independent cell signaling [J]. Journal of Dairy Science，96 (4)：2327 – 2338.

Sinedino L D P，Honda P M，Souza L R L，et al，2017. Effects of supplementation with docosahexaenoic acid on reproduction of dairy cows [J]. Reproduction，153 (5)：707 – 723.

Smith M C，Sherman D M，2009. Goat Medicine [J]. 2nd ed. Lowa：John Wiley and Sons Press.

Stegeman G A，Casper D P，Schingoethe D J，et al，1992. Lactational responses of dairy cows fed unsaturated dietary fat and receiving bovine somatotropin 1 [J]. Journal of Dairy Science，75 (7)：1936 – 1945.

Tamminga S，2006. The effect of the supply of rumen degradable protein and metabolizable protein on negative energy balance and fertility in dairy cows [J]. Animal Reproduction Science，96 (3)：227 – 239.

Threadgold L C，Kuhn N J，1979. Glucose 6 – phosphate hydrolysis by lactating rat mammary gland [J]. International Journal of Biochemistry，10：683 – 685.

Wang B，Mao S Y，Yang H J，et al，2014. Effects of alfalfa and cereal straw as a forage source on nutrient digestibility and lactation performance in lactating dairy cows [J]. Journal of Dairy Science，97 (12)：7706 – 7715.

Zhao F Q，Keating A F，2007. Expression and regulation of glucose transporters in the bovine mammary gland [J]. Journal of Dairy Science，90 (E. Suppl)：E76 – E86.

Zhou Y，Akers R M，Jiang H，2008. Growth hormone can induce expression of four major milk protein genes in transfected MAC-T cells [J]. Journal of Dairy Science，91 (1)：100 – 108.

第六章
营养免疫与代谢障碍

营养物质是动物生长发育的物质基础。动物主要从饲料中获取营养物质，其中包含能量、物质和信息。能量成分为动物提供维持生命活动需要的能量，如淀粉和脂肪类；物质成分为动物提供结构的物质基础，如糖类、脂类、蛋白质类等；信息成分为动物提供相应的信号，即对动物机体产生调节作用，如多糖、多肽、氨基酸、维生素、部分离子和其他非营养性物质。这三要素构成了机体的动态需求，为动物的生长、发育、繁殖、免疫等生理机能的正常进行提供了基础条件（张永亮，2012）。以往人们只考虑满足动物机体生长、产蛋、产肉、泌乳和繁殖等对营养物质的需求量，而忽略了动物抵抗疾病、产生免疫反应时对营养物质的需求量。日粮中各种营养物质在维持机体最佳免疫状态中发挥着重要的作用，营养素可以在胃肠道、胸腺、脾脏、淋巴结和机体的循环免疫细胞等组织和细胞水平上，以多种方式对动物机体的免疫功能进行调节（Gershwin 等，2002）。

第一节　营养素与机体免疫功能

免疫系统是由膜（皮肤、上皮和黏液）、细胞和分子组成的能清除入侵机体的病原体和癌细胞的复杂体系。通过协同作用，免疫系统的各个组成部分在有效地杀死病原体或癌细胞而不导致机体自身损害方面起着重要的平衡调节作用。饲料中的几乎所有营养素在维持最佳免疫应答中都发挥着重要作用，葡萄糖、脂肪、氨基酸为免疫活动提供能量；维生素及其衍生物形成的辅酶为免疫活动传递电子；蛋白质和脂类合成抗体等免疫相关物质，能量、核苷酸、氨基酸、脂肪、碱基、磷酸基团和其他脂类物质参与细胞分化和增殖活动。可见，营养物质是维持正常免疫功能的基础和必要条件。

有研究表明营养不良会导致动物机体出现获得性免疫缺陷综合征，降低机体的机能和免疫功能。而免疫防御功能的降低又会降低机体对病原的抗病力，最终导致感染的发生发展，形成"营养缺乏—免疫降低—感染发生"的恶性循环。营养不良既指多种营养素的缺乏和供给不平衡，也指单一营养素缺乏、不平衡、过量。多种营养素严重缺乏损害机体健康，导致免疫功能受损，机体抵御应激能力减弱，造成感染和疾病发生率增加；单一营养素缺乏、不平衡、过量可诱发免疫功能障碍。由于营养是可调控的因素，因此，恰当地供给动物适量的营养素可以有效增强机体的免疫力（王建等，2016）。

一、碳水化合物与免疫功能和抗病力

碳水化合物是反刍动物获得能量的主要途径。碳水化合物为多羟基的醛、酮及其多聚物和衍生物的总称。碳水化合物分为结构性碳水化合物和非结构性碳水化合物两大类。结构性碳水化合物存在于细胞壁中，其测定指标为粗纤维、中性洗涤纤维和酸性洗涤纤维。非结构性碳水化合物（包括糖、淀粉、有机酸等）是存在于细胞内容物中的储备碳水化合物。

日粮中结构性碳水化合物，如足够的纤维素对于反刍动物而言具有重要的生理作用，可以促进唾液分泌、反刍，保持瘤胃液缓冲体系和瘤胃健康（李玉军等，2012），在免疫学上暂无显著意义。而非结构性碳水化合物对反刍动物机体免疫功能却有重要意义。

（一）寡糖的促免疫作用

寡糖为 2～10 个单糖通过糖苷键连接形成的聚合物。根据生物学功能分为普通寡聚糖和功能性寡聚糖，后者通过促进有害菌的排泄、免疫佐剂和激活动物特异性免疫等途径，增强动物机体的免疫功能。寡糖不能被肠道吸收，因此它主要是通过调节动物肠道微生态区系而实现免疫调节功能。有益菌群扩大和有害菌群减弱使得肠道黏膜能够维持健康状态，从而使得黏膜免疫的功能得以发挥，血清免疫球蛋白 A（immunoglobulin A，IgA）分泌增加（呙于明和杨小军，2005）。

研究发现，$\beta-1,3-$葡聚糖能诱导巨噬细胞增殖，增加一氧化氮、白细胞介素-1（IL-1）释放，对白细胞介素-6（IL-6）无影响；日粮中添加 $\beta-1,3-$葡聚糖，能增强肉鸡巨噬细胞吞噬活性，提高绵羊红细胞（sheep red blood cells，SRBC）抗体水平，肠上皮淋巴细胞 $CD4^+$、$CD8^+$、$CD4^+/CD8^+$ 的值均上升。研究表明 $\beta-1,3-$葡聚糖作为一种免疫调节剂可提高体液免疫、细胞免疫和肠道黏膜免疫水平（Guo 等，2002；2003）。还有研究表明，给绵羊在等量基础日粮基础上添加不同水平的大豆寡糖，结果发现：大豆寡糖能增加绵羊外周血中 $CD4^+T$ 淋巴细胞数量，提高 $CD4^+/CD8^+$ 的值和血清中免疫球蛋白 G（IgG）和 IgA 含量。可见寡糖能增强动物机体的免疫功能（曹礼华等，2010）。

（二）多糖增强动物机体免疫的作用

主要包括以下作用：①能量性作用。免疫过程的细胞分化、增殖等及抗体的合成需要的能量主要来源于糖。②信息性作用。免疫细胞上的受体、抗体以及一些补体分子起作用的部分氨基酸都有一定程度的糖基化，这种糖基化氨基酸残基与免疫功能的发挥密切相关。③促进免疫器官的发育及调节免疫功能。对于红细胞免疫有促进和调节作用，其机理是通过提高红细胞膜补体受体 1（complement receptor 1，CR1，也称为 CD35）免疫活性，来达到调节和增强红细胞免疫功能的作用。

多糖能影响循环血液中细胞因子的含量，也能影响体外培养的淋巴细胞因子的分泌，能激活补体系统活性。多糖与血液中补体蛋白的相互识别作用能够使蛋白活化，诱发增强补体蛋白的抵御吞噬能力；多糖可以增强 T、B 淋巴细胞的杀伤功能；多糖可促进抗体的生成，提高免疫保护率。另外，一些多糖还具有清除自由基、抗氧化作用（张永亮等，2012）。

二、脂肪与免疫功能和抗病力

脂肪作为反刍动物日粮中的供能物质，具有热增耗低、能量利用效率高的特点。一般认为，脂肪消化能或代谢能转变为净能的利用效率比蛋白质和碳水化合物高 5%～10%，多数试验证明，奶牛日粮中补充脂肪，可提高产奶量和乳脂率，补偿高产奶牛泌乳高峰期能量负平衡等。反刍动物不同于单胃动物，其唾液中脂肪分解酶的活性很低，而瘤胃中多种细菌具有脂解活性。日粮中脂肪到达瘤胃后立即被微生物降解为脂肪酸和甘油。甘油随后又被分解为丙酸，最终在变位酶的作用下为机体提供葡萄糖。而脂肪酸是具有极性的分子，它能立即吸附于微生物表面或进入饲料颗粒内。具有自由羧基和多个不饱和双键的游离脂肪酸，对微生物的细胞膜具有破坏作用，产生后立即被瘤胃细菌氢化。

脂肪由甘油和脂肪酸组成，后者可分为饱和脂肪酸和不饱和脂肪酸。日粮脂肪对动物免疫功能影响的研究多集中在多不饱和脂肪酸方面。多不饱和脂肪酸与免疫关系密切，其机制可能是：影响细胞膜磷脂脂肪酸构成；影响细胞膜流动性；能竞争性抑制环氧化酶信号转导和细胞因子表达。脂类既能影响体液免疫也能影响细胞免疫。

1. 脂肪酸缺乏和过量对免疫产生的影响　对哺乳动物而言，缺乏多不饱和脂肪酸会降低淋巴细胞增殖、白细胞介素-2（IL-2）的产生量以及单核细胞、多形核细胞的趋化性。饲料中必需不饱和脂肪酸含量过多，引起广泛的免疫缺陷，造成淋巴组织萎缩、T 淋巴细胞对抗原刺激的免疫应答降低。

2. 脂肪过量对免疫的影响　有报道称高脂肪日粮会降低雏鸡对肺炎球菌的抗病力，却能够提高猪对肺炎支原体的抗体滴度。但是脂肪过量也会引起畜禽的黄脂病，其是一种营养代谢疾病，是以脂肪组织发生炎症为特征的疾病。给动物饲喂高脂肪食物，病死率会提高。

3. 脂肪对细胞和体液免疫的影响　有研究在母鸡日粮中添加亚油酸和亚麻酸，结果表明饲喂这两种日粮的鸡血清抗体滴度免疫球蛋白 G（IgG）水平与对照组相比显著提高（Parmentier，1997），说明日粮中添加适量的多不饱和脂肪酸可促进抗体生成，提高动物的体液免疫。脂肪的不饱和程度越高提高体液免疫的作用越强（肖翠红等，2005）。

4. 脂肪对细胞因子的影响　细胞因子是一类具有免疫调节效应的小分子多肽和蛋白，是机体在炎症和免疫应答过程中由免疫细胞产生的。日粮中添加多不饱和脂肪酸可调节炎性因子过量和适量间的平衡，从而减轻炎症疾病的恶化。

三、蛋白质与免疫功能和抗病力

蛋白质是免疫器官以及参与体液免疫的抗体、干扰素和补体蛋白的重要组成部分，起支持免疫系统细胞及攻击病毒、细菌等其他物质的作用，是构成机体免疫防御功能的物质基础。例如，免疫球蛋白是构成免疫系统的关键部件，可以称为"血液中流动的蛋白质"，是机体免疫防御体系的"建筑原材料"。

（一）蛋白质对免疫功能的影响

机体蛋白质摄入过剩会因增加肝脏和肾脏的代谢负荷而影响动物的免疫功能（陈炳卿，2000）。机体缺乏蛋白质会导致生理代谢紊乱，免疫功能下降，生长发育受阻。蛋白质缺乏时，淋巴器官发育受阻，机体免疫系统受到严重损害，淋巴组织器官中淋巴细胞数量减少，吞噬细胞活力显著降低，继而体液免疫和细胞免疫的作用降低，机体的抗感染能力下降（吕继蓉等，2009）。

蛋白质缺乏可降低机体对感染的抵抗力，改变 T 淋巴细胞免疫反应和细胞因子的产生，这可能由缺少合成免疫因子所必需的蛋白质所致（Fluharty，1995）。蛋白质影响免疫功能的机制：一方面可能因为机体蛋白质水平低时，导致细胞内合成抗体需要的酶合成不足，降低了抗体合成的速率，因而使得补体的合成也受到影响，抗原抗体结合反应下降，体液免疫作用降低。另一方面，某些蛋白质本身也具有一定的抗菌抗感染作用，在体内起到免疫调节的作用，该种蛋白质缺乏时，也可导致机体抗感染能力下降。如乳铁蛋白具有抗微生物、抗病毒、抗细菌活性的作用，缺乏乳铁蛋白的小鼠，更容易被病毒感染（Wakabayashi 等，2014）。

（二）小肽对免疫功能的影响

小肽吸收理论的突破，使人们重新认识到小肽在动物营养方面的作用。除了易于吸收而为动物提供营养外，小肽可以促进肠道有益菌群的生长与繁殖，提高 MCP 的合成效率，增强机体抗病力。有些小肽如蛋白质水解产生的肽具有某些免疫活性。

（三）氨基酸对免疫功能的影响

蛋白质组成对动物免疫功能的影响，其实质上是氨基酸组成对免疫功能的影响。氨基酸是合成淋巴细胞、抗体、急性期应答蛋白及细胞因子的基本营养单位之一，对体液免疫和细胞免疫都起相当重要的作用。以下分别对几种常见的氨基酸对免疫功能的影响进行简单的介绍。

1. 蛋氨酸　由于蛋氨酸参与免疫器官、免疫组织、免疫细胞和免疫分子的形成过程，因此，其对动物机体非特异性免疫、细胞免疫和体液免疫均有影响。免疫应激时，蛋氨酸水平既影响体液免疫，也会影响细胞免疫。研究发现妊娠期和哺乳期大鼠缺乏蛋氨酸，对脾脏淋巴细胞刀豆素 A（ConA）、胸腺细胞丝裂原等的刺激反应性降低（Williams，1979）。

2. 缬氨酸　缺乏时，单核-巨噬细胞系统功能下降，胸腺和脾脏萎缩。

3. 色氨酸　色氨酸缺乏时不影响细胞免疫，但可使 IgM 和 IgG 水平下降。

4. 精氨酸　精氨酸可通过增加过氧化物酶体增殖活化受体 γ mRNA 的表达，减少炎性因子 mRNA 的表达。

5. 苏氨酸　在机体的免疫系统中，抗体和免疫球蛋白都是蛋白质，而苏氨酸是免疫球蛋白分子中的一种主要氨基酸，它的缺乏会抑制免疫球蛋白、T 淋巴细胞、B 淋巴细胞和抗体的产生。动物饲养试验表明，免疫系统的成分对苏氨酸采食量的变化比较敏感。低蛋白质水平日粮中添加苏氨酸能显著提高初乳和常乳中的 IgG 含量。

6. 赖氨酸　赖氨酸不能在动物体内直接合成，必须通过饲料供给，在体内主要用于蛋白质的合成，具有增强免疫功能和增加食欲的作用，还能提高机体抵抗应激和疾病的能力。研究显示给断奶仔猪饲喂赖氨酸缺乏的日粮导致其抗应激能力下降，血中 IgG、低密度脂蛋白（LDL）等的浓度受到影响，仔猪的抗病能力下降（马琴琴，2015）。

四、常量元素与免疫功能和抗病力

矿物元素对动物的健康的重要性不言而喻，但个别元素的功能目前仍不十分清楚。19世纪初，证实动物生命必需的矿物元素作用方面的研究有了显著的进步。钙、磷、钾、钠、氯、镁和硫已被确定为日粮必需的营养元素，并且其在畜体中的存在量和需要量较多，常被称为常量元素。常量元素不仅是机体组织（淋巴组织、器官）的重要组成部分，也是体液的重要组分，参与体内许多至关重要的代谢过程，与机体免疫功能有密切关系（呙于明和杨小军，2005）。

1. 钙　钙是机体中含量最多的矿物元素，体内的钙通常以离子的形式存在，99％的钙离子以磷酸盐或碳酸盐的形式存在于骨骼和软组织中，其余的钙主要以离子状态或与蛋白质结合等结合状态分布于细胞外液。体液中钙含量虽然很少，但其在维持机体的正常功能中发挥着重要的作用。它不仅作为动物机体结构组成物质参与骨骼和牙齿的组成，起支持和保护作用，同时还起着维持神经肌肉兴奋性和增强血液凝固的功能。同时，钙离子作为一种重要的信使分子，对淋巴细胞功能有重要作用，可调节淋巴细胞分裂，介导巨噬细胞吞噬功能。正常生理活动中，奶牛血钙浓度必须保持在相对恒定的水平，以确保神经和肌肉终极电位的正常传导功能。这需要一个精确的钙稳态调控系统发挥作用，当细胞外钙离子浓度降低时，调控系统会增加进入细胞外液的钙离子，以维持细胞外液中钙离子浓度的相对稳定。由于奶牛产后大量泌乳，离开细胞外液进入乳腺的钙大大超过了肠道吸收的钙，机体对钙的需求量猛增，但机体尚处在分娩的应激中，肠道吸收和骨骼动员机制尚未准备好供给泌乳需要的钙。当机体血钙不足时，通常由骨钙动员的钙来补入血液，维持钙代谢平衡。奶牛在妊娠时需要充足的钙、磷和维生素 A 或维生素 D，尤其在分娩泌乳期时。然而在分娩前后，奶牛机体不仅钙消耗量增多，而且肠道吸收钙量减少，此时如果血钙得不到补充，血钙水平就会剧烈下降从而失去平衡，发生乳热症。

2. 磷　缺磷是导致牛软骨症的主要原因，通常是由于饲料中磷含量不足，导致钙磷比例不平衡而发生。其致病机理大概为：骨骼代谢过程中，骨骼与血中钙磷保持不断地交换，即成骨过程与破骨过程维持着动态平衡。如果磷严重缺乏，血磷浓度明显下降，为了保持钙磷正常比例，以便维持生理需要，甲状旁腺激素（PTH）大量分泌，使得骨盐溶解加强以维持血磷稳定。然而，骨骼中钙磷溶解后，偏多的血钙可经尿液排泄，并随之带走部分磷，使骨盐溶解加剧，骨骼发生进行性脱钙，未钙化骨质形成过度，结果骨骼变得疏松、易脆，发生病理性骨折。但如果日粮磷水平过高，则会对免疫系统产生一定的影响。研究发现，随日粮磷水平增加，断奶仔猪的绵羊红细胞抗体和卵清蛋白抗体水平都呈线性下降；植物血凝素（phytohaemagglutinin，PHA）刺激的淋巴细胞增殖反应显著增强；皮下注射 PHA 后，皮褶厚度（超敏反应）呈曲线增强，表明提高日粮磷水平，可增强细胞免疫功能，但降低体液免疫功能（Kegley，2001）。

五、微量元素与免疫功能和抗病力

微量元素在体内含量虽少，但它们在生命活动过程中起着广泛而重要的作用。机体内的微量元素不仅与新陈代谢和繁殖机能的关系十分密切，而且还与免疫机能有关。研究表明：铁、铜、锌和硒对机体的免疫机能具有重要的调节作用。动物体内某些矿物质的缺乏可引起体液性及细胞性的特异免疫反应和非特异性的免疫功能不全。

1. 铁 铁是动物体内必需的微量元素，缺铁时免疫器官发育受到影响，免疫系统防御性降低（Ahluwalia，2004）。机体对铁特别敏感，铁缺乏主要引起 T 淋巴细胞数减少，可抑制活化 T 淋巴细胞产生巨噬细胞移动抑制因子，中性粒细胞的杀菌能力也减退，因此可导致机体感染敏感性的增加（曹华斌等，2006）。

铁影响免疫功能的机制：

（1）影响细胞免疫 机体内铁元素可促使机体合成和释放大量活性氧自由基，攻击微生物的细胞膜，使其发生氧化反应，改变其结构和功能；攻击胞质、胞核和基因；干扰其生长、发育、繁殖和毒素的产生等过程，以至杀灭微生物。

（2）影响体液免疫 当机体受到细菌、病毒或其他微生物侵染，机体免疫机制启动，内源致热原样的物质被分泌，促使血清铁降低，血浆总结合铁降低，运铁蛋白减少，不饱和程度加大；同时消化道减少铁的吸收，肝、脾和骨髓等器官储存的铁元素不易释放和利用，导致血清铁进一步降低。血清铁降低，一方面运铁蛋白及乳铁蛋白的抗菌性提高，微量元素铁及复合物的这些变化均有利于抑制和杀灭微生物；另一方面，使微生物得不到足够铁元素，使其生长、分裂和繁殖等代谢过程受到干扰和抑制，降低其毒素的分泌和释放，以致微生物的感染和毒害作用减弱。与此同时，肝摄取的铁增多，促进铁蛋白、各种金属酶、DNA、RNA 和核糖体的合成，有利于合成众多免疫过程需要的物质。

2. 铜 铜是体内许多酶的辅助因子，如亚铁氧化酶、细胞色素氧化酶、铜锌-超氧化物歧化酶（Cn/Zn-SOD）、酪氨酸酶、赖氨酰氧化酶和多巴胺-β-羟化酶的辅助因子。铜还是凝血因子和金属硫蛋白的组成成分。参与机体免疫反应的铜缺乏时，淋巴细胞数量减少，并对丝裂原如刀豆素（ConA）和革兰氏阴性菌脂多糖（LPS）的反应性降低；血液免疫球蛋白水平降低；中性粒细胞数量减少；巨噬细胞内铜锌-超氧化物歧化酶活性及其杀伤白色念珠菌的活性降低；天然杀伤细胞（natural killer cell，NK）功能受到损害。

3. 锌 锌对机体免疫功能，包括胸腺的发育、免疫球蛋白的合成和以迟发型皮肤过敏反应为指标的细胞免疫等具有重要作用。锌对机体免疫功能的影响：一是锌缺乏导致免疫器官（淋巴结、脾脏和胸腺）重量明显减轻，T 淋巴细胞功能下降，抗体产生能力降低；二是缺锌作用于机体其他组织的营养、生长和代谢，间接引起免疫功能下降；三是缺锌使得机体发生感染的风险增加，导致患脓毒症的动物死亡率显著增加，机体清除细菌的能力显著降低，且很多重要器官 NF-κB 介导的信号也随之增强（Knoell 和 Liu，2010）。

4. 硒 硒与动物的免疫机能密切相关，硒能增强免疫细胞的功能，促进免疫球蛋白和抗体的生成，缺硒则对动物的免疫有很大的影响。牛羊缺硒，淋巴器官变得结构疏松，吞噬细胞和淋巴细胞数目减少，网状细胞增生，导致不同程度的免疫抑制或衰退。机体缺硒时白细胞活性很低，白细胞杀死微生物能力降低，从而降低牛羊对传染病的抵抗力。适度过量的硒可增强灭活疫苗的保护作用，剂量过大则会削弱硒增强细胞免疫黏附的功能。

六、维生素与免疫功能和抗病力

目前已知许多营养素对动物抗病力有影响，特别是几种脂溶性维生素（维生素 A、维生素 D、维生素 E）和水溶性维生素 C，对增强动物抗应激、抗感染能力，提高免疫力、抗氧化或抗自由基的能力等至关重要。

1. 维生素 A 维生素 A 在机体的免疫功能及抵抗疾病的非特异性反应方面起着重要的作用。大量的研究表明，适宜水平的维生素 A 与免疫紧密相关，其缺乏或过量均会影响动物的免疫功能。维生素 A 缺乏可引起慢性营养代谢疾病（李宝荣等，2013）。维生素 A 缺乏使免疫器官组织萎缩，间质结缔组织增生、上皮角化、法氏囊和胸腺的相对重量明显减少（赵翠燕等，2005）。维生素 A 缺乏将不同程度地影响淋巴细胞组织，导致淋巴细胞分化成 T 淋巴细胞和 B 淋巴细胞的胸腺（鸡为法氏囊）发生萎缩，鸡的法氏囊过早消失。在体液免疫方面，维生素 A 缺乏的动物其抗体抗原的应答下降，黏膜免疫系统机能减弱，病原体易于入侵。在细胞免疫反面，维生素 A 的缺乏会影响机体非抗原系统的免疫功能，如吞噬作用、外周淋巴细胞的捕捉和定位、天然杀伤细胞的溶解、白细胞溶解酶活性的维持及黏膜屏障抵抗有害微生物侵入机体的能力。维生素 A 对于某些癌症也有一定的作用。

2. 维生素 C 维生素 C 是机体不可或缺的营养添加剂，是畜禽发挥正常免疫功能所必需的。维生素 C 是抗氧化剂，同时也是一种有效的免疫调节剂，具有抗组胺和缓激肽的作用，可直接作用于支气管 β-受体而使支气管扩张，还具有类似和增强皮质激素的作用，可消除烟酰胺腺嘌呤二核苷酸对皮质激素形成的抑制。维生素 C 具有抗应激和抗感染作用，与机体免疫功能密切相关。维生素 C 通过 4 个途径影响免疫功能：影响免疫细胞的吞噬作用；降低血清皮质醇，改善应激状态；抗氧化功能；增加干扰素的合成量。

3. 维生素 E 维生素 E 是细胞膜的一种重要组分，能有效防止细胞内不饱和脂肪酸在合成与分解代谢的过程中不被氧化破坏，进而影响花生四烯酸的代谢和前列腺素 E（PGE）的功能。维生素 E 通过促进体液、细胞免疫和细胞吞噬作用以及提高白细胞介素-1（IL-1）含量来增强机体的整体免疫机能。维生素 E 和硒一起发挥作用。

4. 维生素 D 对于维生素 D 来说，单核细胞和激活的淋巴细胞都有 1,25-二羟胆钙化醇的受体，可激活巨噬细胞，但抑制 T 淋巴细胞增殖、白细胞介素-2（IL-2）合成及免疫球蛋白合成。维生素 D 可能是一个重要的免疫调解因子。

5. B 族维生素 缺乏泛酸、维生素 B_6 和维生素 B_{12} 时，抗体浓度降低。与生长相比，维持血清正常淋巴细胞数量需要较多的维生素 B_6，其机制可能和核酸及蛋白质合成有关。

第二节　碳水化合物、脂肪和蛋白质营养代谢障碍

一、奶牛酮病

奶牛酮病又称奶牛酮血症，是由于碳水化合物和脂肪代谢紊乱引起的全身性功能失调的代谢病性疾病。其特征性表现为酮血、酮尿、酮乳、低血糖，伴随着消化机能紊乱和产奶量下降，偶尔出现神经症状。各种年龄的奶牛都可以发生此病，一般 3~6 胎的母牛发生最多，初产母牛也常见发生。本病一般发生在母牛产犊后的第一个泌乳月内，大多数病牛出现在产后 3 周内，第二个月后发病数减少。高产的奶牛发生本病较多。本病发生的基本原因是奶牛的日粮中精饲料多，碳水化合物类饲料供应不足，使糖类缺乏，导致牛体蛋白质和脂肪分解后产生过量的酮体。

人们习惯上将奶牛酮病根据有无临床症状分为临床型和亚临床型。临床型奶牛酮病的主要特征是血液、尿液或乳中酮体水平升高，同时伴随着临床症状如食欲下降、体重显著下降及粪便干燥等。亚临床型奶牛酮病主要表现为血液、尿液及乳中酮体的含量高于阈值，但不表现明显的临床症状。实际上，酮病临床症状是与牛本身对酮体的代谢和耐受能力有关，因此有人认为更好的命名方式应该是高酮体血症，而不区分临床型和亚临床型，因为有的奶牛表现明显的临床症状，但血液中酮体的含量却很低（Jessica 等，2013），同时，不同的牛对酮体的承受能力也不尽相同，因此会有不同的表现（Herdt 等，2000）。但是集约化养殖使确定某一头奶牛是否患酮病变得更加困难。

（一）病因

奶牛酮病病因涉及的因素很广泛，且较为复杂。根据发生原因可分为原发性酮病、继发性酮病、食源性酮病、饥饿型酮病和由于某些特殊营养缺乏引起的酮病。原发性酮病发生在体况极好，具有较高的泌乳潜力，且饲喂高质量日粮的母牛中，是因能量代谢紊乱，体内酮体生成增多所引起的。继发性酮病是因其他疾病，如皱胃变位、创伤性网胃炎、子宫炎、乳腺炎等引起食欲下降，血糖浓度降低，导致脂肪代谢紊乱、酮体产生增多而发生。食源性酮病是因为青贮饲料中含有过量的丁酸盐，牛采食后易产生酮体，也可能是由于含有高水平丁酸盐的青贮饲料适口性差，采食量减少所致。饥饿性酮病发生在体况较差、饲喂劣质饲料的母牛中，由于机体的生糖物质缺乏，引起能量负平衡，产生大量的酮体而发病。下列因素在酮病的发生中起重要作用：

1. 营养不均衡 奶牛在生产后 5~6 周会出现乳汁分泌的高峰期，但在这段时期内奶牛的食欲还没有恢复，在生产之后的 8~9 周其采食量才会恢复到生产之前的水平。由于泌乳期间，奶牛体内会流失大部分营养造成能量负平衡，这会导致奶牛体内营养物质的缺

失，奶牛体内的糖类和蛋白质就会转化成大量酮体，从而导致酮病的发生。

2. 奶牛的过度肥胖 奶牛在产犊前，如果过于肥胖，体内肌肉中就会富含大量的脂肪及脂肪酸等物质，在产犊后，由于泌乳期间需要消耗大量的能量，而产犊后的一段时间内奶牛不会恢复产犊前的采食量，随着泌乳的进行会导致母体本身生长发育所需的营养物质缺乏，导致能量负平衡的出现。机体为了满足营养需要就要动用体脂产生过量的游离脂肪酸，脂肪酸可以被酯化成低密度脂蛋白而转移出肝脏，但当能量或蛋白质缺乏时就会使脂肪酸沉积于肝脏，使肝脏的代谢能力大大降低，这会促使脂肪酸向生酮的方向发展，从而促使酮病发生。

3. 饲喂不合理 如不在饲喂方面严格控制，饲料供应过少，品质低劣，饲料单一，或精饲料过多、粗饲料不足都会加大本病的发病率。如果饲喂富含 SCFA 尤其是丁酸及丁酸盐的饲料（如青贮饲料）并且长期饲喂，会使奶牛血液中 β-羟丁酸的含量升高，而血液中 β-羟丁酸的升高会导致奶牛的食欲下降，从而引发酮病。

4. 其他原因 一些特殊元素，如钴、碘磷等的缺乏也会引发本病。

（二）发病机理

1. 瘤胃消化对酮病的影响 反刍动物血糖主要是由丙酸通过糖异生作用转化而来，通过消化道吸收的单糖（葡萄糖、半乳糖）远不能满足能量代谢的需要。丙酸是在瘤胃消化的过程中产生的，同时还会产生乙酸和丁酸，凡是造成瘤胃生成丙酸减少的因素都可能使血糖含量下降，某些原因导致奶牛产前和产后采食量减少，前胃消化功能下降，饲料中碳水化合物不足，或精饲料太多粗纤维不足时都会造成丙酸生成不足。当钴缺乏时，不仅会使维生素 B_{12} 合成减少，影响丙酸代谢和糖的生成，而且还会影响瘤胃微生物的生长发育，进而影响瘤胃的消化机能，使丙酸生成减少（黄克和，2008）。

2. 血糖浓度降低引起酮病的机制 母牛产奶量过高，引起体内糖消耗过多、过快，造成糖消耗供给的不平衡也会导致血糖下降。

肝脏是糖异生的主要场所，原发性和继发性的肝脏疾病，都可能影响糖的异生，使血糖浓度降低，尤其是肝脏的脂肪变性。奶牛的过度肥胖可能会导致奶牛脂肪肝的发生，从而导致肝糖原储备减少，糖异生作用减弱，最终导致酮病的发生。

血糖浓度下降是酮病的中心环节。当血糖浓度下降时，脂肪组织中脂肪的分解作用大于合成作用。脂肪分解后会形成甘油和脂肪酸，甘油可作为生糖先质转化为葡萄糖弥补血糖的不足，而游离的脂肪酸则进入血液导致血液中游离脂肪酸浓度的升高。长时间的血糖水平低下会引起脂肪组织的大量分解，使血液中游离的脂肪酸浓度升高，同时会引起肝脏内脂肪酸的 β-氧化加快，生成大量的乙酰-CoA。因糖缺乏，没有足够的草酰乙酸，乙酰-CoA 不能进入三羧酸循环，则沿着合成乙酰乙酰-CoA 的途径，最终生成大量酮体（β-羟丁酸、乙酰乙酸和丙酮）。此外，脂肪酸在肝脏内生成甘油三酯，因缺乏足够的极低密度脂蛋白（VLDL）将之运出肝脏，从而蓄积在肝脏中导致脂肪肝，使糖异生发生障碍，造成恶性循环。

3. 脂肪、蛋白质和激素与酮病的关系 当血糖浓度下降动员体脂时，体内的蛋白质也加速分解，生糖氨基酸可参加三羧酸循环而供能，或经糖异生合成葡萄糖进入血液；生酮氨基酸因没有足够的草酰乙酸不能通过三羧酸循环供能，而是经过丙酮酸的氧化脱羧作用最终生成大量酮体。

激素也在酮体生成的过程中起重要的调节作用。当血糖下降时，胰高血糖素分泌增多，胰岛素分泌减少，垂体内葡萄糖受体 2 兴奋，促进肾上腺素的分泌。三种激素的作用促使糖原分解、脂肪水解、蛋白质分解，最终亦可导致酮体生成增多。甲状腺功能低下，肾上腺皮质激素分泌不足，也与本病的发生有密切的关系。

酮体本身毒性作用小，但高浓度的酮体对中枢神经系统有抑制作用，加之脑组织缺糖而使病牛出现嗜睡，甚至昏迷，当丙酮还原或 β-羟丁酸脱羧后会生成异丙醇，可使动物兴奋不安。酮体还有一定的利尿作用，引起病牛脱水，粪便干燥，迅速消瘦，因消化不良以致拒食，病情迅速恶化。

（三）诊断

1. 临床症状诊断 临床型酮病的临床症状主要表现为食欲降低，奶产量下降，便秘，粪便上附有黏液，体况消瘦，血酮、乳酮及尿酮含量异常升高，严重时呼出的气体含有丙酮的气味，少部分牛还会出现神经症状。病牛呈拱背姿势。乳汁易形成泡沫，类似初乳。

2. 检测酮体含量进行诊断 酮体包括乙酰乙酸、β-羟丁酸及丙酮。健康的奶牛酮体的含量保持在一定范围内，但奶牛发生酮病时血液、乳汁及尿液中酮体的含量异常升高。血酮的正常含量为 6～60 mg/L，平均为 20 mg/L。血酮高于 200 mg/L 时可表现出临床症状。乳酮和尿酮的变化较大。

酮体含量的测定可分为定性检测法和定量检测法。

（1）定性检测法 主要包括酮粉法、试剂法和试纸法。

酮粉法的配方为亚硝基铁青化钾 0.5 g，无水硫酸钠 10 g，硫酸铵 20 g，研磨混匀。取研磨好的粉剂于反应盘或载玻片上，加新鲜的乳汁或尿液 1～2 滴，出现颜色变化则为阳性，且颜色越深含量越高。

试剂法：取新鲜的尿液或乳汁 5 mL 于试管中，加入 5% 亚硝基铁氰化钾水溶液及10% 的氢氧化钠水溶液各 0.5 mL，颠倒混匀，加入 20% 醋酸 1 mL，颠倒混匀，颜色变为红则为阳性。

试纸法：已有商品化的检测试纸条，根据颜色变化的深浅可判定酮体含量的多少。

（2）定量检测 主要有改良水杨醛比色法和 β-羟丁酸脱氢酶法。其中 β-羟丁酸脱氢酶法操作简单，结果准确，主要通过检测 β-羟丁酸含量来判断奶牛是否患有酮病。市场上有相关检测试剂盒。

（四）治疗及预防

1. 酮病的治疗 治疗原则是升糖降酮。静脉注射 50% 的高糖溶液 500 mL 可快速提高血液中葡萄糖的含量，效果明显但需重复注射。也可给奶牛灌服丙酸盐及丙二醇等生糖物质，饲喂方法是每天 2 次，每次 500 g，持续 2 d，随后减半再继续饲喂 10 d 左右。此法既可快速提高循环血液中葡萄糖的含量，同时还可降低血液中酮体的含量。另外，也可用激素治疗，一般选用糖皮质激素，也可用肾上腺皮质激素。肾上腺皮质激素可促进肾上腺皮质分泌糖皮质激素，糖皮质激素可促进糖异生作用并产生大量葡萄糖。有神经症状的奶牛可用水合氯醛进行治疗，方法是首次 30 g，之后每次 7 g，每天 2 次，连用 3～5 d。此外，还需纠正酸中毒，并饲喂健胃药，补充维生素和微量元素。

2. 酮病的预防　本病的预防主要是从干奶期开始加强管理，在妊娠后期应尽量饲喂优质甘草，并饲喂高能量饲料（压片玉米及大麦），但应注意蛋白质和能量的比例要适中。还应多进行放牧，避免母牛过于肥胖。奶牛生产后应在不减少饲料摄入量的前提下饲喂更多的能量，并在初期减少青贮饲料的饲喂，多饲喂干草，精饲料应选取易于消化的高能量饲料，此外，应保证其他营养物质的均衡摄入。对于高产奶牛还可饲喂丙酸盐等生糖物质预防酮病的发生。另外，有研究表明在饲料中合理地添加莫能菌素可使酮病的发生率减半（Duffield 等，1998），同时已经有实验室研制出复合菌发酵剂，此发酵剂可有效降低血酮水平，并提高葡萄糖含量，从而预防酮病的发生。

二、肥胖母牛综合征

肥胖母牛综合征，又称母牛脂肪肝病或母牛妊娠毒血症（pregnancy toxaemiain cattle），是过度肥胖的母牛在分娩前后因能量代谢陷入严重的负平衡，动员体内脂库的脂肪，使脂肪在肝脏和其他组织器官内沉积而导致体重锐减、全身状况恶化的一种代谢性疾病。本病可发生于各个品种及任何年龄的母牛，但多见于干奶期饲喂水平过高的高产奶牛及过度肥胖的妊娠母牛。实验室检测以患牛血液中游离脂肪酸及 β-羟丁酸的含量升高为主要特征，发病率为 25%，病死率可达 90%。

（一）病因

本病有一系列症候，而不是由单一致病因子导致的，有许多不同的原因会导致本病的发生，但病因尚不完全清楚。可能的原因有：①妊娠母牛过度肥胖，发生脂肪肝。干奶期日粮能量水平过高，或母牛的实际进食量超过营养需要量都会引起母牛体况超标。有繁殖障碍的母牛泌乳期会延长，这会造成奶牛干奶期前过肥。一般奶牛产犊时过度肥胖，会伴有不同程度的脂肪肝，但产前一般不表现症状。②妊娠后期母牛肥胖，但由于饲料采食量不足，在分娩前营养不足。③分娩时血钙低、皱胃变位、消化不良均可促使本病的发生。④遗传因素。本病的发生与牛的品种也有一定的关系，有些品种的奶牛，本身患脂肪肝的风险很高，产后发病的可能性也大大增加。

（二）临床症状

病牛显得异常肥胖，脊背展平，毛色光亮。对于乳牛，急性病例分娩后立即表现症状。患牛精神沉郁，食欲废绝，反刍停止逐渐虚弱，并出现严重的酮尿，甚至完全卧地不起，经 7～8 d 死亡。大部分时间体温、心跳和呼吸频率均正常，有些病牛则表现神经症状，如凝视、头高举及头颈肌肉震颤，最终昏迷、心动过速。肉牛则表现为共济失调，烦躁不安，有攻击行为，有时站立困难，步态踉跄，易于摔倒，心动过速。如发生于生产前2 个月，母牛表现持续性沉郁（10～14 d），食欲废绝，呼吸频率加快，并可能出现呻吟声，鼻液清亮透明，鼻镜上皮可能脱落。多会出现腹泻，且色白有恶臭。本病病死率很高，最后可能出现昏迷，并在安静中死亡。

（三）诊断

本病的发生有其自身特点，病牛肥胖，生产后饮食骤停并躺卧应怀疑是本病。诊断本病需要检查奶牛的精神状态，排泄物的颜色、气味和黏稠度等物理性质，这些是临床诊断奶牛妊娠毒血症的关键因素。但只进行临床检查很难确诊，诊断时还应使用一些辅助的手段助诊。常见的辅助诊断方法有奶牛排泄物的检测、硝酸银检测法等。但这些辅助的手段要有相应的试剂和仪器设备。还可以检测肝功能的指标酶来确定肝功能是否受到损伤。

另外，在进行本病的诊断时，还应与其他疾病进行鉴别诊断。如奶牛酮病与本病的类似症状为母牛肥胖，食欲减退，腹痛；但不同之处在于奶牛酮病常在产后几天或几周发病，且有明显的酮尿，酮粉法检验为阳性。母牛卧倒不起综合征与本病的相似处为体温、呼吸无异常，奶牛卧倒不起；不同之处在于母牛卧倒不起综合征常发生于分娩过程中或分娩48 h内，粪尿正常。皱胃阻塞与本病的类似之处在于体温、心跳、呼吸均无异常，不采食、不反刍，粪便干小，步态不稳，喜卧；不同之处在于皱胃阻塞在右肋弓下方至膝襞处可摸到硬块，有压痛。

病理变化：解剖可见肝脏轻度肿大，脂肪浸润，呈黄色，脆而油润，肝脏中脂肪含量在20%以上。肾小管上皮脂肪沉着，肾上腺肿大，色黄。还常出现寄生虫性胃炎、霉菌性瘤胃炎和局灶性霉菌性肺炎。

（四）预防和治疗措施

治疗时应遵循以下原则：保持母牛在妊娠期体况优良，预防奶牛过于肥胖，增强奶牛的免疫力，严格控制饲喂时间及饲喂量，并实时监控牛的体况以及早发现早治疗。此外还应定期检测血液中游离脂肪酸（产前）和β-羟丁酸（产后）的含量，对血酮升高的病牛及时治疗酮病。应用丙二醇促进肥胖牛糖异生，并减少脂肪的动员。对于过胖的母牛应喂优质干草，并补充谷类饲料、含碘和钴的矿物质，并加强运动。

1. 急性发病的治疗　如果奶牛干奶期较长，奶牛过度肥胖，且表现产后3 d内食欲下降、磨牙、目光呆滞，排泄物黄褐色且稀臭。此时应使用150 mL维生素B_{12}，225 mg三磷酸腺苷二钠和20 mL亚硒酸钠维生素E，分别肌内注射，再灌服100 g促反刍散和500 g健胃消食散，并针对母牛的体况适当增减药物，连续用药7 d（于亮，2015）。

2. 慢性发病的治疗　母牛生产后7 d发病，在经过治疗后仍未痊愈，精神不振、食欲下降，排泄物呈黑色且稀少，但可采食秸秆和干玉米时为慢性母牛妊娠毒血症。这种情况下应肌内注射20 mL 20%的安钠咖，并用中药（当归、甘草等）进行调理。

3. 辅助治疗　治疗本病时不仅要平衡生产母牛的身体机能，还应优化外部环境以提高生产母牛自身的免疫力，因此在病情开始好转时应适时为母牛注射细胞增殖的药剂，以促使母牛彻底痊愈。

4. 其他疗法　①将正常牛的瘤胃液（5～10 L）灌入病牛瘤胃，或用五倍子、龙胆、大黄各 50 g 水煎服，候温加 200～300 片干酵母（压碎），灌服以维持食欲。②皮下注射胰岛素（精蛋白锌胰岛素）200～300 IU，每天 2 次，以促进葡萄糖的利用，促进合成反应的进行，减少脂肪的动员。

第三节 反刍动物常量元素营养代谢障碍

常量元素的营养代谢，属于矿物质营养代谢的主要范畴。常量元素一般指在动物体内含量高于 0.01% 的元素，诸如钙、磷、钠、钾、镁、硫、铜等，是反刍动物体组织器官的重要组成成分。相对于糖、蛋白质、脂肪三大营养物质等，机体对常量矿物质元素的需求少之又少，但这些元素在极低水平就能对机体代谢产生极大影响，是动物机体代谢所必需的（Shinde 等，2008；张勇等，2013），并在物质代谢中起着重要的调节作用。这些常量元素主要参与机体骨骼和组织成分的组成，可作为酶和内分泌激素的组成成分参与机体的调控和代谢，维持体液的酸碱平衡、渗透压、神经传导和细胞膜电子的传递，也参与反刍动物乳、肉、毛等产品的生产。实际生产中，随着奶牛产奶量的不断上升及高精饲料的开发利用，奶牛营养代谢性疾病发病率也随之上升（Sharma 等，2007）。这些常量元素的量高于或低于反刍动物机体所需的正常量时，都会引起机体内多个代谢过程的异常，造成机体内环境紊乱，引起一系列营养代谢障碍性疾病，影响反刍动物身体健康和生产性能（Radwinska 等，2014）。

随着营养学的不断研究和发展，人们越来越重视常量元素的营养作用，不断深入研究其在生理、生化过程中的作用。这些元素不仅同动物机体免疫功能密切相关，也同机体代谢、生产和健康密切相关，因此目前研究热点越来越趋向于联系实际的生产上。本节就实际生产中常见的两种常量元素代谢障碍性疾病来说明常量元素在反刍动物机体代谢中的重要作用。

一、反刍动物生产瘫痪

生产瘫痪，也称乳热症，是奶牛在分娩前后突然发生的一种急性的钙调节代谢障碍疾病。

钙元素是动物机体中重要的组成成分，主要存在于骨骼和牙齿中，其余存在于软组织和体液中，血液中主要以钙离子、钙结合蛋白及其他结合钙的形式存在，成年母牛血钙正常范围在 2.25～2.75 mmol/L。血钙水平的维持很大程度上依赖骨骼中钙的代谢。钙参与维持神经肌肉的兴奋性，血钙浓度过高会抑制其兴奋性，血钙浓度过低，神经肌肉就会过于兴奋。钙元素还参与正常血凝的过程，其可促进凝血酶的激活。钙参与乳等的生产。另外，钙还是多种酶活性的调节剂。

反刍动物机体对外源钙的吸收主要通过小肠，尤其在十二指肠和空肠。钙主要以钙离子的形式被吸收。在皱胃和小肠上段吸收的钙的主要形式也是离子钙。成年反刍动物正常钙的吸收率为 38%～68%。

反刍动物生产瘫痪，主要是分娩前后血钙浓度急剧降低引起的意识抑制、肌肉松弛、四肢瘫痪。本病多在产后 12～48 h 突然发病，少数也发生在分娩前或分娩过程中，发病奶牛多是饲养良好的高产奶牛，并在产奶量最高时期突发（5～8 岁），多发于 3～6 胎次时的经产奶牛。产奶量会随着胎次增加而增加，然而机体骨钙动员能力、小肠吸收营养物质的能力会随着年龄、产犊次数等下降，分娩时产生大量的雌激素也会减少肠道内钙的吸收，并抑制骨钙的动员。主要特征是低血钙，全身肌肉无力，突然丧失知觉，四肢瘫痪，体温下降（蒋维政，2013）。

（一）病因

本病病因主要是分娩前后血钙浓度急剧降低。分娩后的反刍动物其血钙含量都会降低，只是患本病的反刍动物降低得很明显而已。有关资料显示，产后母牛正常的血钙浓度在 2.15～2.78 mmol/L，患病牛则在 0.75～1.94 mmol/L，甚至 0.5～1.25 mmol/L，显著低于正常水平。

奶牛发生本病可能是由单一或多种因素共同作用的结果。引起本病的因素如下：

1. 原发性因素　分娩过程中，母畜体能消耗很大，这期间子宫间断性收缩强烈努责，并且大脑中枢不仅处于高度兴奋状态，内分泌活动也加强，这些内分泌激素调节着由于分娩产生的一系列复杂、高度的应激反应，脉搏会加快加强，血压升高，血糖也升高。

当分娩结束，这种应激反应突然消失，所有活动还原至低水平态，母畜机体极度虚弱，抵抗力和自身调节力大大下降；分娩后又由于大量血钙进入初乳，生产初乳期会消耗大量的钙，导致血钙水平明显下降，同时体液也因此重新分配，更多的血液流向乳房，其他组织器官如脑、四肢相对血液量缺乏，从而引起突然的组织功能紊乱，引发本病。大脑缺血而引起供氧不足，也可能引起本病（胡连喜，2014），原因是脑缺氧症状同本病症状相似，且临床中补钙后病情多不见好转。

另外，血钙降低，机体会启动骨钙代谢机制，来缓解改善血钙下降程度，如果反刍动物机体骨钙代谢能力减弱，这可能同干奶期奶牛甲状旁腺机能减退有关。分娩前后奶牛体质虚弱，妊娠末期缺乏营养，分娩后，血钙大量流入初乳中，体内钙流出速度远超过机体从外界小肠吸收及机体骨钙动员的速度，而甲状旁腺是钙调节器官，它的重要功能是当血钙水平有下降倾向时，把骨中钙转移到血液中，甲状旁腺功能发生障碍，分泌激素不足，转移钙能力就降低。因此甲状旁腺功能发生障碍与本病发生有密切相关。有研究表明，干奶期母牛甲状旁腺机能降低，使甲状旁腺激素分泌减少，因而动用骨钙的能力降低。加之妊娠末期饲料配合不当，饲喂高钙低磷饲料，血钙浓度高，刺激甲状腺的 C 细胞分泌的降钙素增多，同时抑制甲状旁腺激素的分泌，导致动用骨钙的能力降低。研究表明，钙是牛奶的重要组成成分，钙缺乏导致奶牛产奶量和牛奶品质下降，奶牛产后瘫痪、胎衣不下及皱胃变位等疾病发生。日粮中添加脂肪酸钙，不仅提高牛奶产量和品质，而且可延长其泌乳 60 d 以后的产奶高峰期（Bjelland，2011）。

机体无法快速平衡体内血钙水平，使得机体血钙浓度下降，就会发病。分娩前后肠道吸收钙能力下降，吸收钙减少，引起血钙降低；此外，妊娠末期，胎儿变大，胎水增多，子宫因此压迫腹腔内肠道，影响其消化机能，进而影响肠道钙的吸收。

分娩过程中，大脑由过度兴奋转为抑制状态。另外，体液重新分配，大量糖分也转移至乳房，用于合成乳糖，脑内血糖水平暂时性地下降，大脑供能不足，大脑皮层受到抑制，进而影响甲状旁腺调节钙的功能，不能及时动员骨钙来恢复并维持血钙水平。

2. 诱发性因素

（1）高蛋白质水平饲料的饲喂　高蛋白质饲料易导致瘤胃生理功能被破坏，从而引起代谢性疾病。

（2）缺乏碘、镁　碘、镁等元素参与骨钙和血钙的调节，碘缺乏可造成甲状腺肿大，从而影响甲状腺素、降钙素和甲状旁腺激素的分泌，使甲状腺调节功能失调，从而影响钙、磷的吸收及排出。而分娩前饲料中镁的含量不足，导致机体从骨骼中动员钙的能力降低而诱发生产瘫痪。

（3）维生素 D 的缺乏　妊娠后期光照不足，维生素 D 的合成不足，也影响钙的吸收（李利民，2013）。奶牛产前患有前胃疾病，可使食欲下降，消化功能障碍，从而影响钙、磷的重新吸收和利用。

（二）临床症状

1. 典型症状　病程发展很快，一般在 12 h 之内出现典型症状。病初精神沉郁，有轻度不安，食欲减退或废绝，停止反刍，瘤胃蠕动以及排尿排粪，泌乳量下降，后肢交替负重，站立不稳，有时肌肉震颤。呼吸缓慢，头部及四肢肌肉痉挛，鼻镜干燥，四肢及身体末端发凉，皮温下降。之后知觉丧失，全身肌肉无力，眼睑反射减弱，瞳孔散大，对外界刺激无反应。肛门松弛，反射消失。心音、脉搏减弱，心率加快，呼吸深慢，听诊有啰音。四肢屈曲，头向后弯至一侧。有时会出现舌麻痹，拉出不再自行缩回。体温随病程发展逐渐下降，可降至 35 ℃（蒋维政，2013）。

2. 非典型症状　生产前后较长时间发生的生产瘫痪的表现型，精神极度沉郁，不昏睡，食欲废绝。头颈姿势不自然，成 S 状弯曲。各种反射减弱。四肢瘫痪，有时站立，但步态不稳，行动困难。体温则一般表现正常，不低于 37 ℃（蒋维政，2013）。

临床上血钙水平低于正常参考值一半，血糖含量下降。有些病畜后期会出现血酮含量升高，之后会有尿胆素。

（三）诊断

病牛刚刚生产不久（3 d 之内），一般为 3～6 胎次的经产高产奶牛，伴随特征性的知觉丧失、意识抑制、四肢瘫痪以及血钙（一般在 0.4～1.25 mmol/L）水平降低。

本病要同产后截瘫、酮病相鉴别，产后截瘫只是生产过程中神经、骨关节等受到机械性损伤造成的后肢瘫痪，并没有神经症状和血钙的下降；而酮病主要发生于产奶高峰期，血、尿、乳中酮体含量均很高，血钙含量无变化，且呼出气体有烂水果的味道。

（四）预防与治疗

1. 预防　干奶期，加强饲养管理，保持环境整洁干燥，适当增加光照和运动，控制精饲料喂量，保证蛋白质供应，但蛋白质含量不能过高；增加粗饲料（优质干草、苜蓿）的饲喂量。适当减少日粮饲喂量，最迟在产前 2 周前，饲喂钙含量低但磷含量高的饲料，从而适当减少钙的摄取，以免饲料中钙含量过高。注意产前饲料中钙、磷的比例，钙不应过高，磷不应过低，摄入的钙磷比保持在（1～1.5）:1 为宜，奶牛产前给予高钙日粮可降低本病的发生率从而预防生产瘫痪。分娩前 2～8 d，一次性肌内注射维生素 D₂ 1 000 万 IU，或者每千克体重 2 万 IU 剂量注射，同样可有效预防生产瘫痪。

2. 治疗　静脉注射钙制剂和乳房送风疗法是最常用的治疗方法。治疗越早，疗效越好。

（1）静脉注射钙制剂疗法　主要进行补钙，还要补糖、补磷，另外配合刺激瘤胃运动，缓解酸中毒，补充适量维生素，兴奋神经中枢。最常用硼葡萄糖酸钙溶液（葡萄糖酸钙溶液中加入 4% 的硼酸，用于提高葡萄糖酸钙的溶解度和稳定性），静脉注射的剂量一般为 20%～25% 硼葡萄糖酸钙溶液 500 mL。如果效果不好，可重复注射，但整个治疗期内注射不能超过 3 次。注射时，一定要缓慢，以免注射钙制剂过快引起心率过快或节律不齐，一般注射 500 mL 钙制剂需要 10 min。钙制剂治疗不明显，也可使用激素治疗，如胰岛素或肾上腺皮质激素。同时可静脉注射 200 mL 20% 的磷酸二氢钠溶液，或 25% 硫酸镁溶液 100 mL，针对可能低血磷、低血镁的病例。

（2）乳房送风疗法　主要是通过增加乳区内的压力，压迫乳房内血管，减少乳房血流量，从而有效抑制流向乳汁的血钙量，如此使得乳房内大量血液重新进入血液循环，改善脑的血液循环，缓解脑内血压下降（可能和脑缺氧有关）。

打入空气前，需要消毒乳房送风器，并在其中放置干燥的消毒棉花，过滤空气，以防止乳房感染。乳房需要提前挤除积奶，乳头需要消毒，将消毒好的乳导管插入乳头管内，提前打入 10 万 IU 青霉素 0.25 g（溶于 20 mL 生理盐水内），打入空气量以乳房皮肤紧张，乳腺基部边缘清楚并变厚，轻敲乳区有鼓音为宜。打入空气量不够，不会有效果；打入空气量过多，可能导致乳腺腺泡破裂，引起皮下气肿。

二、母牛产后血红蛋白尿

母牛产后血红蛋白尿是由于缺乏常量元素磷而引起的一种营养代谢障碍性疾病。临床上主要以低磷酸盐血症、急性溶血性贫血和血红蛋白尿为特征（陆科鹏，2011）。发生本病后，病死率高达 50%，常发生于产后 4 d 至 4 周的 3～6 胎次的高产奶牛。

磷作为机体中重要的常量元素之一，大约 80% 存在于骨骼和牙齿中，正常动物机体中，钙磷比是 2:1，反刍动物血磷正常范围在 350～450 mg/L，大多以 $H_2PO_4^-$ 形式存在于血细胞中，成年反刍动物血浆中一般含量在 40～80 mg/L，常作为缓冲物质存在。但幼龄动物其血磷含量不稳定。磷元素主要参与糖、脂肪、蛋白质三大营养物质的代谢，能量代谢中以 ATP、ADP 形式进行着重要的能量的储存和传递；磷还作为重要组成成分参与遗传物质及蛋白质的生物合成过程。磷主要在十二指肠和空肠部位被吸收，胃部吸收量很少。磷的主要来源是植物性饲料中的磷。反刍动物瘤胃内的微生物可分解植物性饲料中的植酸磷，使之成为可吸收磷。有研究结果表明，磷对奶牛的繁殖性能有着重要的影响，缺磷是母畜不孕或流产的主要原因（Phiri 和 Nkya，2007）。

（一）病因

1. 饲料中缺乏磷元素　高产奶牛随产奶量增加排出高量的磷，从而引起血磷过低。但应注意的是，不是所有低磷血症都发生血红蛋白尿。

2. 饲喂植物　如甜菜块根和叶、青绿燕麦、多年生黑麦草、埃及三叶草、苜蓿和十字花科植物等，这些植物含有 S-甲基半胱氨酸二亚砜（SMCO），可破坏红细胞引起血管内溶血性贫血（孙满吉，2013）。

3. 铜缺乏　铜为正常红细胞代谢所必需，产后大量泌乳，同样引起大量铜流失，铜缺乏时，会引起大细胞性低色素贫血。

此外，应注意本病一般发生在冬季，寒冷可能是一诱因。

（二）临床症状

红尿是本病初期唯一症状。最初 $1\sim3$ d，尿色逐渐变为淡红、红色、暗红色、紫红色甚至棕褐色，镜检看不到红细胞，若病情缓解或恢复，尿色会渐渐由深而浅至正常。排尿次数增加，排尿量减少。贫血程度会随着病程加重而加重，可视黏膜及皮肤（乳房、乳头、股内侧及腋间下）淡红或苍白、黄染，食欲下降。呼吸次数增加，脉搏加快，心搏动过速过强，颈静脉怒张及颈静脉搏动。心脏听诊偶有贫血性杂音。血液稀薄，凝固性降低，血清呈樱桃红色。病牛都表现低磷酸盐血症，结合这些症状，血液检查无机磷的水平下降至 $3\,mg/L$，就能确诊为奶牛血红蛋白尿（曾宪东等，2014）。

（三）诊断

根据红尿和贫血性可视黏膜苍白、黄染等特征性症状，结合低磷酸盐血症和磷制剂治疗效果来确诊。

鉴别诊断：血尿和血红蛋白尿；另外，可引起血红蛋白尿的因素不仅仅只是磷缺乏，可能是细菌性的，寄生虫（巴贝斯虫病等）、铜中毒、某些药物（大黄等）、洋葱中毒等也会引起血红蛋白尿，因此需要做出鉴别诊断。

（四）防治

治疗原则：消除病因，纠正低磷酸盐血症。

常用 20% 磷酸二氢钠，每头 $300\sim500$ mL 静脉注射，12 h 后重复使用 1 次。一般注射 $1\sim2$ 次后红尿消失；严重者，可连续治疗 $2\sim3$ 次。也可用 3% 次磷酸钙注射，用量 $1\,000$ mL。切忌使用磷酸氢二钠、磷酸氢二钾和磷酸二氢钾。

建议的相关治疗方法：静脉注射磷酸二氢钠 60 g（溶于 300 mL 蒸馏水中），100 g 骨粉 1 d 2 次经口喂服，输血，静脉输液维持血容量和体液平衡。

维持血容量和能量需求：可静脉注射复方生理盐水、葡萄糖生理盐水、5% 葡萄糖等，所用剂量在 $5\,000\sim8\,000$ mL。

适当补充叶酸、铜、铁及维生素 B_{12}，促进并补充造血。

进行科学喂养，喂给全价混合饲料，补充饲喂富含磷的饲料，如花生饼、豆饼、麸皮、米糠和骨粉等。

第四节　微量元素缺乏症

微量元素是酶的必需组分和激活剂，作为机体重要的营养物质以维持动物的正常生长发育，虽然反刍动物对微量元素所需的量较小，但其对反刍动物的生长和高效生产具有不可或缺的作用。

反刍动物自身不能合成微量元素，必须通过日粮供给才能满足其生长发育的需要。动物在健康时，体内的微量元素的水平处于一定的范围内，但是在特殊生理阶段或环境条件下，日粮内微量元素含量不足等造成幼畜生长发育受阻，成年家畜生产性能降低和繁殖力下降的一类疾病统称为微量元素缺乏症。微量元素缺乏可能导致各种生化学、病因学障碍。随着集约化饲养的发展，这类疾病日益占有重要地位。因此日粮中添加微量元素对反刍动物营养优化很重要。已知的各种反刍动物微量元素缺乏症主要有硒、铜、铁缺乏症等。

一、硒-维生素 E 缺乏症

硒（selenium，Se）是动物体内谷胱甘肽过氧化物酶的组成部分，能够分解动物体内由于生物氧化产生的剧毒过氧化物，保护细胞及亚细胞结构的脂质膜免受破坏，同时又是体内多种蛋白质的组成成分，在动物机体抗氧化、抗应激、提高免疫力等方面起着重要作用。维生素 E 不仅是一种抗氧化剂，也影响动物的生殖功能，可使垂体前叶促性腺分泌细胞兴奋、分泌量增加，维持生殖系统的正常功能。鉴于硒与维生素 E 缺乏在病因、病理变化、临床症状及防治等方面均存在着复杂而紧密的关联性，所以将两者合称为硒-维生素 E 缺乏症，因其导致动物肌肉营养不良，又称为白肌病。

硒-维生素 E 缺乏症是指由于硒或维生素 E 缺乏或两者都缺乏而引起的以骨骼肌、心肌和肝脏组织变性、坏死为特征的一种营养代谢病。本病多发于冬春季节气候骤变、青绿饲料缺乏时，发病率和病死率较高，常呈现地方性发病。临床上以运动功能障碍、心脏功能障碍、消化功能紊乱、神经功能紊乱和繁殖功能障碍为特征。

（一）病因

机体硒或维生素 E 缺乏或两者同时缺乏是导致本病的根本原因，而饲料、牧草中硒含量不足或缺乏是引起机体硒缺乏的先决条件。土壤含硒量一般在 $0.1 \sim 2\,mg/kg$，当土壤中的硒含量低于 $0.5\,mg/kg$ 时即认为是贫硒土壤。植物性饲料的适宜含硒量应大于 $0.1\,mg/kg$，当饲料中的硒含量低于 $0.05\,mg/kg$，或饲料加工存储不当，就出现硒和维生素 E 缺乏症。土壤、牧草和动物组织中硒的存在有明显的相关性（Ramírez 等，2001a，2001b）。

在硒含量很高的土壤中，钙、硫、铜和砷等其他矿物质的存在会影响牧草的利用（Combs 等，1986）。因此，土壤低硒是硒缺乏症的根本原因，低硒饲料是致病的直接原因，水土食物链则是基本途径。

（二）发病机理

动物机体在新陈代谢中（特别是运动强度大的骨骼肌和心肌）不断产生大量过氧化物，这些物质对细胞线粒体、溶酶体的脂质膜具有极强的损害作用，而硒-维生素 E 是谷胱甘肽过氧化物酶的重要组分和催化剂，谷胱甘肽过氧化物酶可将脂肪过氧化物还原为无毒性的羟基化合物从而保护细胞线粒体、溶酶体的脂质膜，还可防止过氧化物的游离基重新产生过氧化作用。当动物机体组织中硒-维生素 E 缺乏或耗竭时，谷胱甘肽过氧化物酶的活性降低，细胞线粒体、溶酶体的脂质膜发生损坏，细胞器内物质外流，造成骨骼肌、心肌、肝细胞、血管内皮等高度耗氧组织的细胞发生变性、萎缩、坏死等一系列病理变化，表现运动障碍、心率加快等症状（王金华等，2011）。

（三）流行病学

本病多呈地方流行性。发病原因多和当地土壤的土质情况有关。如果土壤中硒元素含量缺少，那么相对来讲，当地的牧草硒含量也就不足，动物经常采食这种草就容易发生缺硒的营养代谢病。在我国，西北的青海、新疆、甘肃、宁夏等地区和东部的山东、江苏北部一带土壤硒元素含量较低，往往容易发生本病。

本病一年四季都可发生，但是在每年的冬末春初多发，这可能与漫长的冬季舍饲状态下青绿饲料缺乏，某些营养物质不足有关。

另外，本病在幼畜中发病较多，是由于幼畜新陈代谢快，生长发育迅速，相对来讲对营养的要求就高，进而对营养元素的缺乏就更敏感。而成年畜由于代谢均衡且体内都有硒元素的储备，所以发病较少。

反刍动物更容易受到硒-维生素 E 缺乏症的侵袭，而在小型反刍动物（绵羊和山羊）中则更为严重，这与成年羊和羔羊心肌营养不良的退行性变化相关（Ramírez 等，2005）。反刍动物更易感归因于瘤胃环境，并且由于瘤胃微生物对硒的代谢作用而导致硒的显著损失。瘤胃微生物将硒的一部分转化成不溶性形式，另一部分转化为细菌蛋白质中的硒氨基酸。

（四）病理变化

剖检牛、羊等反刍动物时，其骨骼肌切面干燥，呈鱼肉样外观，肌肉变性或坏死，肌肉苍白，质地松软，故又称白肌病，这是本病的典型特征；整个腹腔内有大量积液；肝脏肿大、脆硬，切面呈大理石样变化；胃内食物滞留呈恶臭味，胃幽门处有玻璃球大的毛球阻塞（刘利等，2014）。

（五）临床症状

硒和维生素 E 缺乏的共同症状包括：骨骼肌疾病所致的姿势异常及运动功能障碍；

顽固性腹泻或以腹泻为主的消化功能紊乱；心肌病造成的心率加快、心律不齐及心功能不全；神经机能紊乱，尤其伴发维生素 E 缺乏时，出现由于脑软化所致的明显神经症状，兴奋、抑郁、痉挛、抽搐、昏迷等；繁殖机能障碍，公畜精液不良，母畜受胎率低下甚至不孕，妊娠母畜流产、早产、产死胎，产后胎衣不下，泌乳母畜产奶量减少。

羊群缺硒和维生素 E 时，羔羊表现为生长缓慢，被毛凌乱，甚至掉毛脱毛，多为夜间无症状突然死亡，死亡率极高。母羊繁殖能力下降，特别是妊娠后期的母羊缺乏硒和维生素 E 时，胎儿不能正常发育，甚至被母体吸收。羊群中常会出现流产、早产、死产的现象。种公羊运动出现障碍，严重影响采精和配种。

牛缺硒和维生素 E 时，犊牛表现为生长发育不良，腹泻，药物治疗无效，营养性肌肉萎缩，步样僵直，行走困难，甚至出现全身麻痹而死亡。妊娠母牛表现为喜卧，站立困难，应用其他药物治疗无效，妊娠后期瘫痪、流产、产弱犊，患病犊牛很少成活。

（六）诊断

1. 初步诊断　根据基本症状群（幼龄，群发性），结合临床症状（运动障碍，心力衰竭，神经机能紊乱）和特征性病理变化（骨骼肌、心肌、肝脏、胃肠道、生殖器官见有典型的营养不良病变），参考病史及流行病学特点，可以进行初步诊断。对幼畜不明原因的群发性、顽固性、反复发作的腹泻，应进行补硒治疗性诊断。

2. 实验室检验进一步确诊　肝组织硒含量低于 2 mg/kg，血硒含量低于 0.05 mg/kg，饲料硒含量低于 0.05 mg/kg，土壤硒含量低于 0.5 mg/kg，可诊断为硒缺乏症。肝脏维生素 E（α-生育酚）含量低于 5 mg/kg，血清中低于 2 mg/L，即可能发生缺乏症。

（七）防治

0.1% 亚硒酸钠肌内注射，配合维生素 E，效果确实。成年牛亚硒酸钠 15～20 mL，羊 5 mL，维生素 E 成年牛、羊 5～20 mg/kg；犊牛亚硒酸钠 5 mL，羔羊 2～3 mL，维生素 E 犊牛 0.5～1.5 g，羔羊 0.1～0.5 g，肌内注射。

加强饲养管理，饲喂富含硒和维生素 E 的饲料。在低硒地带饲养的动物或由低硒地区运入饲料时必须补硒和维生素 E。补硒的方法：直接投服硒制剂；将适量硒添加于饲料、饮水中喂饮；对饲用植物作植株叶面喷洒，以提高植株及籽实的含硒量；低硒土壤施用硒肥。另外，应注意日粮配合和饲草要多样化，满足各个生长阶段的营养需要，加强运动，常年满足青绿饲料的供应。

二、铜缺乏症

铜（copper，Cu）是动物体内细胞色素氧化酶、血浆铜蓝蛋白酶、赖氨酰氧化酶、过氧化物歧化酶、酪氨酸酶等一系列酶的重要成分，以酶的辅助形式广泛参与氧化磷酸化、自由基解毒、黑色素形成、儿茶酚胺代谢、结缔组织交联、铁和胺类氧化、尿酸代谢、血液凝固和毛发形成等过程。除此之外，铜还是葡萄糖代谢、胆固醇代谢、骨骼矿化作用、免疫功能、红细胞生成和心脏功能等机能代谢所必需的物质。而铜缺乏主要通过影响中性粒细胞功能和急性期蛋白质血浆铜蓝蛋白来影响反刍动物的先天免疫反应，从而导致反刍动物对细菌和真菌更易感，但对特异性免疫反应没有明确的影响（Minatel 等，2000）。从目前研究的情况所知，铜在反刍动物机体内具有广泛的生物学功能，对反刍动物瘤胃代谢、骨骼生长、繁殖性能和生产性能都有积极的促进作用。但反刍动物对铜元素利用率很低，日粮中铜水平过低或存在影响铜生物学效率的因素都会引起反刍动物铜缺乏。

铜缺乏症是动物体内铜含量不足所致的以贫血、腹泻、运动失调和被毛褪色为特征的一种营养代谢性疾病。目前，本病几乎遍布世界各地，并多以地方性铜缺乏症形式出现。

（一）病因

1. 原发性铜缺乏症　该症是指饲养环境中铜先天缺乏，在反刍动物生长、繁殖过程中采食的牧草、饲料及饮水中铜的含量偏低，而在饲养过程中也未添加铜，从而导致缺铜症。主要表现为腹泻、骨质代谢障碍、运动障碍、贫血和被毛生长差等。

2. 继发性铜缺乏症　该症是指动物采食铜能够满足需要，但由于某些原因影响了铜的吸收、利用而导致铜缺乏。常见情况有动物机体吸收功能紊乱，饲料、饮水及环境土壤中含有干扰铜吸收的因子，如草料中的钼和硫在瘤胃中形成硫钼酸盐而导致铜的可用性降低（Unny 等，2002）。此外，锌也会干扰铜的吸收。锌摄入过多，在胃肠道中大量存在时，可引起铜的吸收障碍。

（二）发病机理

铜是体内许多酶的组成成分或活性中心，如与铁利用有关的铜蓝蛋白酶（含铜的核心酶），与色素代谢有关的酪氨酸酶，与结缔组织有关的单胺氧化酶，与软骨生成有关的赖氨酰氧化酶，与过氧化作用有关的超氧化物歧化酶（SOD），与磷脂代谢有关的细胞色素氧化酶等。当机体缺铜后，这些酶活性下降，动物出现贫血，运动障碍，神经机能被扰乱，被毛褪色，关节变形，骨质疏松，血管壁弹性和繁殖力下降的表现。

继发性缺铜症中，影响最大的是钼酸盐和硫。钼酸盐可以与铜形成钼酸铜或与硫化物形成硫化铜沉淀，影响铜的吸收。钼和硫可形成硫钼酸盐，特别是三硫钼酸盐和四硫钼酸盐与瘤胃中可溶性蛋白质和铜形成复合物，降低了铜的可利用性。

（三）临床症状

缺铜的表现，随年龄、性别、种类以及缺铜的程度和持续时间的不同而异，大多数的典型症状为贫血、生长受阻以及发育不良，其他的症状有骨骼的形成受阻与自发性骨折，发生黄疸，死胎，繁殖率下降，毛发脱色，色素沉着异常，胃肠道功能紊乱、腹泻，脑脊髓受损，抗病原感染能力减弱等。

不同的反刍动物铜缺乏以后，会产生不同的症状。犊牛缺铜时被毛稀疏、无弹性、无光泽，眼睛周围被毛褪色或脱毛，形成所谓的"铜眼睛"。羊如果缺铜则被称为"摆腰病"。鹿缺铜后，脑脊髓神经纤维鞘变性、坏死，部分神经元萎缩、变性，血管壁胶原纤维增生，因而导致运动失调。

（四）诊断

对铜缺乏的诊断要从临床表现、历史状况、血清铜水平和肝脏铜水平等方面综合考虑，还可测定饲料中铜、铁、钼和硫的含量，分析水中硫酸盐的含量，以帮助判断和确定添补量。

根据发病动物临床上出现的贫血、腹泻、消瘦，关节肿大，关节滑液囊增厚，肝、脾、肾内含血铁黄素蛋白沉着等特征，补饲铜以后疗效显著，可做出初步诊断。通过对饲料、血液、肝脏等组织铜浓度和某些含铜酶活性的测定进一步确诊。肝脏中正常的铜浓度为每千克干重 200～300 mg。肝铜浓度小于每千克干重 20 mg（即每千克湿重 5 mg）或血浆中铜浓度小于 0.5 mg/L 时出现铜缺乏。

（五）防治

原发性铜缺乏症是由客观条件决定的，所以要给动物补饲铜，可通过口服、注射等方法处理。有研究表明，补铜能有效地改善铜缺乏奶牛机体能量代谢和抗氧化能力。

继发性铜缺乏症主要是因动物自身吸收的制约造成，如何改善反刍动物对铜的吸收利用已成为热门课题。铜缺乏造成的疾病宜以预防为主，以治疗为辅，加强平时的饲养管理工作很重要。

目前，在日粮中添加适量的铜对养殖者而言至关重要。因此生产中的补铜方法也在不断更新，考虑到当前普遍存在的超量添加的情况，而且超量添加已给环境带来严重的污染，有机铜（有机酸系列和氨基酸系列与铜离子所形成的复合物）应是今后研制发展方向。因为有机铜不仅能提高铜的吸收利用率，还可以降低铜在动物日粮中的添加量，对于环保和养殖均有利。

三、铁缺乏症

铁（iron，Fe）在反刍动物机体内发挥着重要的生理功能，它可以作为反刍动物体内酶和激素的组成成分，参与调节动物机体的新陈代谢。铁是构成血红蛋白、肌红蛋白、细胞色素和多种氧化酶的重要成分，作为氧的载体保证组织内氧的正常输送，血红蛋白中的铁对于维持机体每个器官和每种组织的正常生理作用是不可缺少的。研究证明，铁参与蛋白质合成和能量代谢，因此微量元素铁对反刍动物机体有着极其重要的生理功能。

在一般情况下，天然饲料中的铁即可满足动物对铁的需要，但在某些情况下不能满足，如自由采食全乳和脱脂代乳的犊牛易缺铁。

铁缺乏症是由于饲草料中铁含量不足或机体铁摄入量减少，引起动物以贫血和生长受阻为主要特征的营养代谢性疾病。铁缺乏症可发生于各种动物，常见于犊牛、羔羊等。

（一）病因

1. 原发性铁缺乏 主要见于新生幼畜，由于对铁的需要量大，但铁储存少，一般幼畜肝储存的铁仅能维持2～3周血液的正常生成，并且母乳中铁含量较少而不能满足机体的需要，故在补充不足的情况下极易发病。另外，日粮中铜、钴、锰、蛋白质、叶酸和维生素 B_{12} 缺乏可诱发本病。

2. 继发性铁缺乏 多见于成年动物，如肠道寄生虫的严重感染导致羔羊和犊牛缺铁性贫血，包括寄生虫吸血直接损失血液，还有寄生虫产生的有毒物质抑制造血或者加快造血血细胞降解速率。还有某些慢性传染病、慢性出血性和溶血性疾病等，使铁的消耗过多而发生铁缺乏。如果日粮同时缺铁和铜，缺乏症及不良影响更严重。

（二）发病机理

铁是血红蛋白和肌红蛋白的组成成分，在运输氧气和二氧化碳中起决定性作用。铁元素的不足或铁缺乏可引起血红蛋白合成的减少从而导致小细胞低色素性贫血（Gisbert 和 Gomollon，2009）。轻微贫血一般对动物健康无明显影响，但当贫血较为严重时，动物会表现出来一系列的缺氧症状，如酸中毒。贫血还可以影响动物在寒冷环境中保持体温的能力、抗感染的能力，产生不良的妊娠后果，导致机体生长发育受阻。此外，长期缺铁可导致多巴胺受体敏感性降低，苯丙氨酸浓度增加，引起脑神经系统异常，有的病例还会出现异食癖。

（三）临床症状

动物缺铁时的共同症状为易疲劳，懒于运动，稍运动后则喘息不止，可视黏膜色淡甚至苍白，饮欲食欲减退。幼畜生长停滞，对传染性疾病的抵抗力下降，易感染和死亡。

犊牛生长发育迟缓，精神沉郁，不喜运动，喜卧，食欲不振，甚至拒食；被毛粗糙，逆立，缺乏光泽，出现异食癖，尤其喜欢吃炉灰渣和泥土等异物；重症病例可见皮肤干燥，被毛粗糙易脱落，体质衰弱，个别的呕吐或腹泻，或者兼有腹泻和呕吐；病犊心跳加快，呼吸急促，渐进性消瘦，贫血症状随时间的延长而逐渐加重，后期极度虚弱，有的有神经症状甚至痉挛死亡；血液稀薄，黏度降低，色淡，血凝速度缓慢。

（四）病理变化

缺铁性贫血常表现为小细胞低色素性贫血，并伴有成红细胞性骨髓增生，其中几乎没有含铁血黄素蛋白。羔羊和犊牛主要表现为血红蛋白浓度下降，红细胞数减少，呈小细胞低色素性贫血。血清铁及血清铁蛋白浓度低于正常，血清总铁结合能力高于正常，铁传递蛋白的饱和度下降。

目前铁传递蛋白的饱和度已被列为诊断缺铁性贫血的依据之一。此外，血清铁蛋白浓度也可作为体内铁储备的指标。羔羊和犊牛肝脏铁含量明显下降。

（五）诊断

根据流行病学调查结果和临床症状（主要是初生吮乳幼畜发病，有贫血症状等）建立初步诊断，再通过实验室检测（血红蛋白、红细胞数、红细胞比容以及铁传递蛋白的饱和度等）进一步确诊。

（六）防治

原则是补充铁质，增加机体铁的储备，并适当补充 B 族维生素和维生素 C。同时加强妊娠母畜的饲养管理，给予富含蛋白质、矿物质和维生素的全价饲料，保证母畜充分的运动。幼畜出生后 3～5 d 即开始补喂铁剂。

①右旋糖酐铁深部肌内注射，200～600 mg，并配合应用叶酸、维生素 B$_{12}$、复合维生素等。

②用含甲肿酸铁 10 mg 的复方甲肿酸铁注射液，0.5～5 mL，于后肢深部肌内注射，每天 1 次，数日（此法适用于对慢性贫血及久病、虚弱犊牛的治疗）。

③补铁时，可利用溶于酸的铁盐，如硫酸亚铁、氯化铁、柠檬酸铁、葡萄糖酸铁等，添加到饲料或饮水中都可。

四、锰缺乏症

锰（manganese，Mn）是动物生长、生殖和骨骼形成中的一种不可缺少的微量元素，它在机体内参与许多物质的代谢。它是形成骨基质的黏多糖成分硫酸软骨素的主要成分，也是体内多种酶的成分和催化剂，对脂类代谢具有促进作用。

锰缺乏症是由于日粮中锰含量过低或机体对锰的吸收发生障碍而导致的一种营养代谢病。锰缺乏以母畜不孕和幼畜骨骼变形、生长发育缓慢为特征。

（一）病因

1. 原发性锰缺乏　主要由反刍动物摄食锰含量过少的饲料所致。当土壤中的锰含量在 3 mg/kg 以下、牧草锰含量在 50 mg/kg 以下时，便会造成成年牛发生不孕症、犊牛发育缓慢和先天性或后天性骨骼变形等。玉米及大麦锰含量最少，若长期大量饲喂这类饲料易引起锰缺乏。

2. 继发性锰缺乏　主要由于反刍动物对饲料中锰的吸收率和利用率降低所致。在饲养过程中饲料中钙、磷含量过多可影响锰的吸收。反刍动物患慢性胃肠道疾病，妨碍了机体对锰的吸收、利用。

（二）临床症状

锰缺乏主要症状为动物先天性或后天性无生殖力和骨骼畸形。牛、羊缺锰时，膝关节肿大，腿畸形。犊牛站立困难。绵羊因关节疼痛而不愿站立，山羊胫关节出现赘疣。羔羊骨骼短而脆。母畜发情和受孕推迟，或发生流产或产死胎。本病症状易与佝偻病及骨软症混淆，锰缺乏症长骨虽变粗短，但骨质仍很坚硬；而佝偻病骨质疏松，症状更为严重。

（三）诊断

主要根据不明原因的不孕症，繁殖机能下降，骨骼发育异常，关节肿大，前肢呈"八"字形或罗圈腿，后肢跟腱滑脱，头短而窄，新生幼畜平衡失调等做出初步的临床诊断。日粮或动物器官组织中的锰含量的测定有助于确诊。

（四）防治

本病的防治根本措施是改善饲养管理，饲喂锰含量丰富的青绿饲料或在日粮中加入各种锰化合物。母牛每日补饲锰含量为 2 g 的添加剂，对繁殖性能恢复有较好作用。犊牛连续投服硫酸锰，4 g/d，有预防作用。应注意的是投服剂量不要过大，因为锰能干扰机体对钴和锌的利用。

五、钴缺乏症

钴（cobalt，Co）是反刍动物体内一种必需的微量矿物元素。钴在动物体内的生成量较少，且动物体内不需要无机态的钴，只需要体内不能合成而存在于维生素 B_{12} 中的有机钴。钴在反刍动物体内主要是通过形成维生素 B_{12} 来发挥其生物学作用，对反刍动物的繁殖、生长、消化和免疫性能等方面都会产生影响。

钴缺乏症是由于饲料和稻草中钴缺乏，以及维生素 B_{12} 合成因子受到阻碍导致的，临床表现以厌食、营养不良（消瘦和贫血）等为特征的营养代谢病。本病属世界性地方病之一，春季发病率较高。各种动物对钴缺乏的敏感程度不一样，羔羊最敏感，其次为绵羊、山羊、犊牛和成年牛。

（一）病因

1. 钴缺乏　风沙堆积性草场、沙质土、碎石或花岗岩风化的土地、灰化土或是火山灰烬覆盖的地方，土壤钴含量低于 0.11 mg/kg。在这些地方生长的饲草钴含量过低。同时，土壤 pH 及钙、锰、铁含量过高，可降低植物的含钴量。另外，植物品种、耕作方法均可影响饲草钴含量。所以长期放牧在钴缺乏土壤（钴含量在 0.25 mg/kg 以下）的牧草场地或持续性饲喂钴缺乏（每千克干物质含钴 0.04~0.07 mg）草类的反刍动物，多有发病。

2. 维生素 B_{12} 缺乏　凡阻碍反刍动物瘤胃内发酵过程中合成维生素 B_{12} 的因子或疾病，均可导致钴缺乏症发生。

（二）发病机理

反刍动物能量来源与非反刍动物不同，它主要由在瘤胃中产生的丙酸，通过糖异生的途径合成体内的葡萄糖，并供给能量。在由丙酸转为葡萄糖的过程中，需要甲基丙二酰辅酶 A 变位酶参与。维生素 B_{12} 是该酶的辅酶，如果缺乏，则可产生反刍动物能量代谢障碍，引起消瘦、虚弱。钴可加速体内储存铁的动员，使之容易进入骨髓。钴还可抑制许多呼吸酶活性，引起细胞缺氧，刺激红细胞生成素的合成，代偿性促进造血功能。此外，钴还可改善锌的吸收。锌与味觉合成密切相关，缺钴情况下，可引起食欲下降，甚至异食癖（张传师等，2007）。

（三）病理变化

剖检可见病畜极度消瘦，肝、脾中呈血铁黄素蛋白沉着，脾脏中更多。肝、脾中铁含量升高，钴含量减少，因而可使上述器官呈现铁黄色。

瘤胃中钴的浓度可从（1.3±0.9）mg/kg 降低至（0.09±0.06）mg/kg。血液中的维生素 B_{12} 可从 2.3ng/mL 降低至 0.47ng/mL。肝脏维生素 B_{12} 含量由正常的（0.2~0.3）mg/kg 降为 0.11mg/kg 以下，或者尿液中甲基丙二酸（MMA）浓度小于 $15\mu mol/L$ 为亚临床缺钴，大于 $15\mu mol/L$ 为临床性缺钴。放牧动物，草场土壤钴含量在 3 mg/kg 以下，草中钴浓度在 0.07 mg/kg 以下，均可作为诊断钴缺乏的指标。

（四）临床症状

牛、羊出现异食癖，食欲减退或废绝，羊毛、奶产量下降，毛脆而易断，易脱落，家畜痒感明显。贫血，消瘦，便秘，被毛由黑色变为棕黄色。后期可导致繁殖机能下降、腹泻、流泪，绵羊表现尤为明显。由于流泪而使面部被毛湿润，此为严重钴缺乏症的外观表现。当牛、羊长期缺乏钴时，则这些症状表现逐渐显著，症状出现后的几个月内可导致死亡。

（五）诊断

当反刍动物出现不明原因的流泪、贫血、消瘦时，可试用钴制剂对牛、羊等进行治疗，观察动物采食量是否增加、体增重是否改善，可做出初步诊断，但仅从临床症状很难做出结论。确切诊断则依赖病理诊断。

Fishera 和 Macpherson（1990）对于血清维生素 B_{12} 和甲基丙二酸的测定在妊娠母羊钴缺乏症的诊断中的应用进行研究，结果表明血清甲基丙二酸比血清维生素 B_{12} 能更准确诊断钴缺乏症，亚临床疾病尤其如此。

（六）防治

反刍动物补钴的方法有多种，对舍饲动物，可以用硫酸钴、氯化钴或碳酸钴等钴盐添加到矿物质预混料、食盐或饮水中供给；而对放牧动物来说，在缺钴草地上喷洒少量的钴盐是补钴的较好方式。此外，还可用钴丸补钴法，将氧化钴和铁粉制成的小弹丸投于反刍动物瘤胃内，以供缓慢地释放钴来满足其营养需要。有研究结果表明，这 3 种方法均可防治反刍动物钴缺乏症。

口服硫酸钴，羊每天 1 mg，连服 1 周，间隔 2 周重复用药，不仅可以降低死亡率，而且能改善家畜生长发育。用药后 24 h，便可使血清维生素 B_{12} 升高。幼畜在瘤胃未发育成熟之前，可用维生素 B_{12} 注射，羊每次 $100 \sim 300 \, \mu g$。注射维生素 B_{12} 可使成年羊 40 周内、羔羊在 14 周内免患钴缺乏症。

第五节　维生素缺乏症和过多症

维生素是反刍动物维持正常生理功能所必需的低分子有机化合物。维生素既不能为机体提供能量，也不是构成机体组织的物质，却在动物机体新陈代谢过程中发挥着重要的调控作用。体内任何维生素缺乏或不足都将引起机体代谢障碍，从而出现一系列的营养代谢疾病，称为维生素缺乏症；反之，体内维生素过多，也会引起相应的营养代谢疾病，称为维生素过多症或维生素中毒。

维生素及其前体广泛存在于大多数的动植物饲料中，有些维生素还可以由动物体内的细菌合成。饲料中的维生素及其前体遭到破坏或动物机体对维生素的摄入、吸收、转化、合成发生障碍以及机体的消耗量大于补充量，都会引起机体维生素的缺乏，从而出现维生素缺乏症；反之，则可造成维生素过多。

根据化学性质的不同可将维生素分为脂溶性维生素和水溶性维生素。脂溶性维生素（包括维生素 A、维生素 D、维生素 E、维生素 K）易在体内储存并且排泄缓慢，大量摄入之后可引起维生素过多或中毒。水溶性维生素（包括 B 族维生素和维生素 C）不易在机体储存，易造成机体水溶性维生素缺乏。

一、脂溶性维生素

脂溶性维生素包括维生素 A、维生素 D、维生素 E、维生素 K，在反刍动物体内脂溶性维生素与脂肪一起在肠道内被吸收，并储存于机体。机体的维生素 A 和维生素 E 不能自身合成，部分维生素 D 可通过紫外线照射后从皮肤中合成；维生素 K 可通过瘤胃和肠道微生物合成。

（一）维生素 A 缺乏症和过多症

维生素 A 是一类含有 β-白芷酮环的不饱和一元醇，是一种动物机体所必需的脂溶性维生素。维生素 A 有三种衍生物，分别是视黄醇、视黄醛和视黄酸。维生素 A 只存在于动物机体中，植物体中没有维生素 A，但含有维生素 A 的前体——胡萝卜素，其中 β-胡萝卜素的活性最强。动物采食植物性饲料后，β-胡萝卜素经肠黏膜细胞吸收并在酶的作用下先裂解为视黄醛，进而被还原为视黄醇而发生生理功能。但维生素 A 和胡萝卜素易被氧化破坏，尤其是在湿热和与微量元素及酸败脂肪接触的情况下。

1. 维生素 A 的吸收和转化　维生素 A 进入小肠后被胰脏分泌的水解酶水解成棕榈酸和维生素 A 醇。维生素 A 醇在肠黏膜细胞中再次被存在于肠细胞微粒体中的酯化酶酯化结合成乳糜微粒经淋巴进入肝脏。动物摄取的 β-胡萝卜素在进入小肠黏膜细胞后，被存在于小肠黏膜细胞液中的二价氧酶催化分解成 2 分子的视黄醇。这一催化反应需要氧与

Fe^{2+}的参与，同时也需要维生素 E、胆盐及卵磷脂的存在。维生素 E 能保护 β-胡萝卜素易氧化敏感的双键，胆盐则提高了 β-胡萝卜素的溶解度，促进其进入小肠细胞，而卵磷脂则能刺激肠黏膜对胡萝卜素的吸收。牛小肠黏膜细胞对 β-胡萝卜素的吸收是一个不受酶或受体调控，也不需能量的被动扩散过程。

反刍动物中牛能将未被分解的 β-胡萝卜素转运到肝脏和脂肪组织中储存，而绵羊、山羊则将绝大部分 β-胡萝卜素在肠道中分解代谢。运载 β-胡萝卜素的脂蛋白不同，牛主要是高密度脂蛋白，绵羊和山羊血液中的 β-胡萝卜素主要与低密度脂蛋白和极低密度脂蛋白结合。

维生素 A 主要以视黄醇与极低密度脂蛋白相结合的形式储存于肝脏主细胞中。影响肝脏储存的因素较多，主要包括摄入量、机体的储存效率以及储存维生素的释放效率，同样还受到日粮构成及内分泌的影响。当机体需要时，肝储维生素 A 被水解成为游离视黄醇并与特异的转运蛋白——视黄醇结合蛋白（retinol binding protein，RBP）相结合，这种 RBP 称为视黄醇/视黄醇结合蛋白复合物，再与血浆中的其他蛋白质如前白蛋白结合，经血流到达靶器官。RBP 由肝主细胞内的多核糖体合成。当日粮蛋白质不足时，RBP 的合成量相应减少，不利于将维生素 A 运载到血浆或组织中。

2. 维生素 A 缺乏症　维生素 A 缺乏症是由于维生素 A 或（和）其前体供应不足或消化道吸收障碍导致机体缺乏而引起的一种营养代谢病。

3. 引起维生素 A 缺乏症的因素　引起反刍动物维生素 A 缺乏症的原因有多种，通常将其分为原发性因素和继发性因素。

（1）原发性维生素 A 缺乏症

①长期饲喂维生素 A 缺乏或者不足的饲料　动物性饲料如鱼粉和一些植物性饲料如劣质干草、菜籽饼、马铃薯、谷类及其加工副产品（麦麸）等饲料中几乎不含维生素 A，长期饲喂这样的饲料，极易造成维生素 A 缺乏。

②饲料加工、储存方式不当使维生素 A 或胡萝卜素结构遭到破坏　饲料储存温度过高、烈日暴晒、环境潮湿等都可导致胡萝卜素含量减少、维生素 A 的活性降低。

③母源性维生素 A 缺乏　对于刚出生的幼畜，若母源性维生素 A 缺乏，则可导致动物先天性维生素 A 缺乏。

（2）继发性维生素 A 缺乏症

①肝脏疾病和慢性消化道疾病　肝脏是维生素 A 储存和转化的主要器官，肠黏膜上皮细胞是维生素 A 和胡萝卜素吸收和转化的主要部位。反刍动物机体的肝脏和肠道长期有病变，将会使维生素 A 的吸收、储存和转化发生障碍，从而引起机体维生素 A 缺乏。

②机体脂肪、蛋白质等缺乏　反刍动物机体处于蛋白质缺乏状态不能合成足够的视黄醇结合蛋白，从而不能够将维生素 A 运送到全身各处；脂肪不足会影响维生素 A 在肠道内的吸收和转化。这两种因素使机体得不到足够的维生素 A 的供应，从而造成维生素 A 缺乏。

③维生素 A 的需要量增加　妊娠期、泌乳期的高产奶牛维生素 A 的需要量明显增加；当出现肝、肠道疾病和环境温度过高等情况时也会使机体对维生素 A 的需要量增多，因此出现维生素 A 的相对缺乏。

此外，饲养管理条件不良，过度拥挤，缺乏运动和光照等应激因素亦可促进本病的发生。

4. 维生素 A 缺乏与反刍动物疾病 维生素 A 是构成视觉细胞内感光物质的成分，是消化道、呼吸道、泌尿生殖道、眼结膜和皮脂腺等上皮细胞发挥正常生理功能所必需的物质，对维持上皮系统的完整、正常的视觉、骨骼的生长发育以及动物的繁殖机能起重要作用。维生素 A 还可促进体内的氧化还原反应和结缔组织中黏多糖的合成，影响细胞的代谢，可促进水解酶的释放而间接地调节糖和脂肪的代谢。因此当维生素 A 缺乏时可引起一系列病理变化。

（1）视力障碍 视网膜中有两种感光细胞，一种是视杆细胞，另一种是视锥细胞，前者感受暗光而后者感受强光。进入视锥细胞和视杆细胞的视黄醇以 11-顺式视黄醛的形式在视锥细胞和视杆细胞中视色素的光敏发色基团起作用，在光诱导下 11-顺式视黄醛发生异构化反应，转变为全反式视黄醛；黑暗时呈逆反应。而杆状细胞之所以感受暗光，是因为其内有感光物质——视紫红质，它是由维生素 A 产生的顺式视黄醛与蛋白质结合而成的。当维生素 A 缺乏时，杆状细胞不能合成足够的顺式视黄醛，视紫红质生成量减少，导致动物对暗光的适应能力减弱，从而出现在暗光、黄昏和夜间视物不清的现象，称为夜盲症。

维生素 A 对泌乳奶牛至关重要。如妊娠母牛妊娠初期维生素 A 缺乏，会发生妊娠期缩短、胎衣滞留增多、产出死胎等一系列症状。

（2）上皮组织生长与分化 维生素 A 缺乏可导致所有上皮细胞发生萎缩，如分泌细胞不能从未分化的上皮母细胞中分化和发育出来，这些分泌细胞逐渐被没有分泌能力的复层角质化上皮细胞所替代，其病理性变化主要发生于唾液腺、泌尿生殖道、泪腺、甲状腺等器官，临床症状表现为胎盘退化、眼球干燥症和角膜变化等。

（3）脑脊髓液压升高 当犊牛发生维生素 A 缺乏症时首先出现的病理性变化是脑脊髓液压升高。这是由于蛛网膜长绒毛的组织渗透性降低和连接硬膜脑脊髓膜的组织基质增厚而削弱了脑脊髓液的吸收造成的。临床上可出现昏厥和痉挛等症状。

（4）对繁殖性能的影响 维生素 A 和 β-胡萝卜素对公牛繁殖机能的影响主要表现在 3 个方面。

①对内分泌系统的影响 维生素 A 不足时可引起垂体囊肿，腺垂体细胞排列疏松、水肿，肾上腺也受到不同程度的破坏。

②对生殖器官的影响 维生素 A 对睾丸组织上皮的正常分化有很大影响，公犊牛缺乏维生素 A 导致睾丸生殖上皮细胞发生退行性变化，精子生成减少或停止，青年公牛生殖上皮细胞有不同程度的变形。

③对精液品质的影响 精子活力与血浆中维生素 A 和 β-胡萝卜素的浓度呈正相关。有研究表明，维生素 A 能够有效地促进泌乳性能的提高，增强机体的免疫力，降低乳中体细胞数量。Oldham 等（1991）研究指出，奶牛分娩前 60 d 至分娩后 42 d，每天饲喂 17 万 IU 的维生素 A 组比每天饲喂 5 万 IU 维生素 A 组的产奶量显著提高。

（5）对免疫机能的影响 维生素 A 和 β-胡萝卜素对宿主防御机能的作用机制尚不清楚，但许多学者研究认为，维生素 A 和 β-胡萝卜素可能是通过影响特异性和非特异性防御机制来防止感染的，其保护作用可能是通过增强多形核白细胞的功能来介导的，但这种保护作用也受到动物的生理状态如奶牛的哺乳期状态的影响。维生素 A 缺乏的动物，其机体的上皮组织完整性遭到破坏，导致机体免疫力下降，对细菌、病毒、立克次氏体和寄生虫感染的敏感性增加。试验表明，羔羊发生严重的维生素 A 缺乏时，其免疫功能发生改变，但准确的发病机制尚不清楚。研究表明，在围产期给奶牛饲喂维生素 A 可以显著增加血液中性粒细胞的体外吞噬活性和减少乳中体细胞的数量。

5. 反刍动物维生素 A 缺乏症的防治 首先，做好全年草料储备工作，储备充足的富含维生素 A 和胡萝卜素的饲料。在冬春季节每天应该让每头牛进食 2～3 kg 胡萝卜或者大白菜；其次，做好泌乳期母牛饲养管理工作。在泌乳期应注意蛋白质饲料的供给，使日粮干物质中粗蛋白质含量达到 15%～18%，为满足泌乳高峰期营养需要，日粮要含有适量的优质降解蛋白质（如鱼粉、血粉、豆饼等），这样能够保证乳汁中维生素 A 的含量，避免犊牛因为长期进食维生素 A 含量低的乳汁而出现维生素 A 缺乏症。特别是对初乳或全乳喂量不足的犊牛、饲喂以玉米青贮为基础饲料而精饲料胡萝卜素含量低的日粮的奶牛应预防性补饲维生素 A。

当犊牛确诊为维生素 A 缺乏症后，立即停止饲喂原来的饲料，排除致病因素后，补充维生素 A，并进行对症治疗。先使用维生素 A 5 万 IU 肌内注射，每天 1 次，连续使用 5 d。同时，强心补液解毒。使用 25% 葡萄糖溶液 500 mL，加入 10% 安钠咖 10 mL、10% 氯化钙溶液 50 mL 和维生素 C 20 mL，静脉注射，每天 1 次，连续使用 3 d。

对于维生素 A 的补充，应该在合理的饲养管理下确定最低添加量。在配合饲料中的最低添加量是指能满足畜禽每日需要量以预防维生素 A 缺乏症所必需的添加量。泌乳期、干奶期奶牛的维生素 A 推荐喂量分别为每天每头 10 万～12.5 万 IU 和 5 万～7.5 万 IU，泌乳奶牛的维生素供给量应不低于 15 万 IU。

6. 维生素 A 过多症 维生素 A 过多症是指由于动物采食过量的维生素 A 而引起的骨骼发育障碍，以生长缓慢、跛行、外生骨疣等为临床特征的一种营养代谢病。各种年龄的反刍动物均可发生。

7. 引起维生素 A 过多症的因素 引起维生素 A 过多症的病因：①长期饲喂维生素 A 含量过多的饲料。当计算或称量失误等原因造成饲料中维生素 A 的添加量超过正常需要量的 100 倍以上时，易发生维生素 A 过多症。②医源性维生素 A 过多。在治疗维生素 A 缺乏症时使用维生素 A 过量所致。

8. 维生素 A 过多与反刍动物疾病 维生素 A 对软骨的正常生长、钙化都是十分重要的。维生素 A 过多可引起骨皮质内成骨过度生长，骨的脆性增加，受伤时易碎。犊牛表现生长减慢、跛行，第三趾骨外生骨疣，形成"第四"趾骨，骨骺软骨消失。此外，过量维生素 A 将影响其他脂溶性维生素（维生素 D、维生素 E、维生素 K）的正常吸收和代谢，造成这些维生素的相对缺乏。

9. 维生素 A 过多症的防治 治疗原则是更换饲料，降低维生素 A 的含量。病情较严重的家畜，应给予消炎止痛药，同时补充维生素 D、维生素 E 等。由于脂溶性维生素在机体内存在的时间较长、排泄的速率较慢，所以在一段时间内，维生素 A 可能一直处于一个较高的水平。

（二）维生素 D 缺乏症和过多症

维生素 D 是脂溶性类固醇衍生物，其中主要是维生素 D_2 和维生素 D_3 对动物有营养意义。动物的维生素 D 主要来源于内源性维生素 D（维生素 D_3）和外源性维生素 D（维生素 D_2）。内源性维生素 D_3 是由哺乳动物皮肤中的维生素 D 的前体物质 7 - 脱氢胆固醇，在紫外线照射下形成的，皮肤中 7 - 脱氢胆固醇生成维生素 D_3 的过程是一种纯光化学反应。在此反应过程中生成的维生素 D_3 前体，经光解作用，不需要酶的参加，且也不伴有蛋白质的合成即生成了维生素 D_3。外源性维生素 D_2 主要是由植物中的麦角固醇经紫外线照射后而产生。

在皮肤中形成或小肠吸收的维生素 D 被运送到肝脏，在肝脏酶的作用下生成 25 - 羟胆钙化醇，然后运送到肾脏，在 1 - α - 羟化酶的作用下至少进行两次附加的衍生作用，一次是 1,25 - 二羟胆钙化醇，另一次是 24,25 - 二羟胆钙化醇。在需要钙的情况下，肾脏所转化的主要形式是 1,25 - 二羟胆钙化醇。目前认为，1,25 - 二羟胆钙化醇是能引起小肠钙的运送和吸收的最具活性的维生素 D 代谢物，这种代谢物又在调节磷酸盐的吸收和排泄过程中发挥作用。维生素 D 及其活性代谢物与降钙素、甲状旁腺激素一起参与机体钙磷代谢的调节，促进小肠近端对钙的吸收、远端对磷的吸收，促进肾小管对钙磷的重吸收，保持血钙、血磷浓度的稳定以及钙磷在骨组织的沉积和溶出。机体内肝脏、脂肪和肾脏是维生素 D 储存的主要部位，其分布与供给的方法和剂量相关，大剂量经口服或注射的维生素 D_3 主要储存在动物肝脏和肾脏内；小剂量给予缺乏维生素 D_3 的动物，则维生素 D_3 在脂肪中含量最高，肾脏中次之。

小肠内的钙不能以扩散的方式直接透过小肠上皮细胞膜进入细胞内，需要钙结合蛋白和钙 ATP 酶的协助。1,25 - 二羟胆钙化醇的作用是在小肠上皮细胞的细胞核内推动 mRNA 的转录，促进钙结合蛋白和钙 ATP 酶的合成，钙结合蛋白聚集在小肠黏膜刷状缘，并依靠钙 ATP 酶的活性使钙离子通过肠黏膜上皮进入细胞腔，从而促进小肠对钙的主动吸收作用；钙离子（阳离子）主动转运所形成的电化学梯度同时导致磷酸根（阴离子）的被动扩散和吸收，从而间接地增加磷的吸收。1,25 - 二羟胆钙化醇能直接促进肾小管对磷的重吸收，也可促进肾小管黏膜合成钙结合蛋白，从而提高血钙、血磷的浓度。

1. 维生素 D 缺乏症　维生素 D 缺乏症是指由于机体维生素 D 摄入或生成不足而引起的钙磷吸收和代谢障碍，以食欲不振、生长阻滞、骨骼病变为主要特征，幼年动物发生佝偻病，成年动物发生骨营养不良的软骨症。

2. 引起维生素 D 缺乏症的因素　反刍动物饲料中维生素 D 或其前体物质缺乏，长期舍饲缺乏阳光照射是引起维生素 D 缺乏症的根本原因。

（1）饲料维生素 D 缺乏　动物常用的鱼粉、谷物、油饼、糠麸等饲料中维生素 D 含量很少，如果饲料中维生素 D 的添加量不足则易导致动物发病。如果长期饲喂幼嫩青草或未被阳光照射而风干的青草，以及干草的加工方式不当，则易导致动物发生维生素 D 缺乏症。动物性饲料中以鱼肝油中维生素 D_3 含量最丰富，其次为牛乳、动物肝脏。如果缺乏富含维生素 D_3 的动物性饲料，则动物易发生维生素 D 缺乏症。

（2）缺乏紫外线照射　在高纬度地区和阳光不充足的冬季，光照时间较短以及紫外线的强度不能够满足反刍动物机体代谢合成维生素 D；黑皮肤的动物（尤其某些品种的牛）、毛皮较厚的动物（尤其是绵羊）、快速生长的动物和长期舍饲的动物都容易造成维生素 D 缺乏。有研究报道，放牧绵羊的血浆维生素 D_3 水平全年有不同的变化，在英国，冬季绵羊维生素 D_3 水平低于正常水平，而夏季则高于正常水平；长毛羊和短毛羊的维生素 D_3 水平明显不同，尤其是阳光照射充足，短毛羊较大面积皮肤暴露于阳光下，血浆维生素 D_3 水平较高。

（3）饲料中钙磷总量不足或比例失调 饲料中钙磷比例适宜，维生素 D 的需要量就减少，如果饲料中钙磷比例偏离正常比例太远，则需摄入更多量的维生素 D 才能平衡钙磷元素的代谢。如果钙磷比例不平衡，即便是轻微的维生素 D 缺乏，也会导致动物发生严重的维生素 D 缺乏症。动物日粮中钙磷比的正常范围为（1～2）∶1。

（4）母源性维生素 D 缺乏 母源性维生素 D 状况是很重要的，它决定着新生畜血浆钙的浓度。母源性 1,25 -二羟胆钙化醇水平决定新生畜维生素 D 相关的代谢物水平。胎儿胎盘能维持较高的血浆钙或磷水平，主要取决于母源性 1,25 -二羟胆钙化醇的状况。因此，当母源性维生素 D 缺乏时，仔畜会发生先天性维生素 D 缺乏症。

（5）胃肠道疾病 小肠存在胆汁和脂肪时，维生素 D 才能较易被吸收，在肠道内吸收后，85% 维生素 D 出现在乳糜微粒中，经淋巴系统进入血液循环，并与内源性维生素 D（维生素 D_3）一道以脂肪酸酯的形式储于脂肪组织和肌肉中，或转运到肝脏进行转化。如果胃肠功能长期发生紊乱、消化吸收功能出现障碍，则会影响脂溶性维生素 D 的吸收，导致维生素 D 缺乏。

（6）肝、肾疾病 维生素 D 本身并不具备生物活性或生物活性非常低，必须经过肝脏转变成 25 -羟胆钙化醇，再在肾脏皮质转变成 1,25 -二羟胆钙化醇，之后被血液送到靶器官（肠、骨），才能发挥其对钙磷代谢的调节作用。因此，当动物患有肝、肾疾病时，维生素 D_3 羟化作用受到影响，肾脏不能转化 1,25 -二羟胆钙化醇，导致钙磷吸收水平降低，骨骼矿化能力下降，矿物质从肾脏中过量丢失。

（7）维生素 D 的需要量增加 幼年动物生长发育阶段，母畜妊娠阶段、泌乳阶段等对维生素 D 的需要量均增加，若补充不足，则易导致维生素 D 相对缺乏。当维生素 D 不足或缺乏时，小肠对钙磷的吸收和运输能力降低，血液钙磷的水平随之降低。低血钙首先引起肌肉-神经兴奋性增高，导致肌肉抽搐或痉挛，血液钙水平下降进一步引起甲状旁腺分泌量增加，致使破骨细胞活性增强，使骨盐溶出。作用于甲状旁腺细胞内的 1,25 -二羟基维生素 D_3〔1,25 -（OH)$_2D_3$〕受体增加甲状旁腺细胞外液钙离子浓度的敏感性，减少、抑制甲状旁腺激素的分泌，从而减少甲状旁腺激素对肾小管吸收磷酸盐的抑制作用而保存磷。同时抑制肾小管对磷的重吸收，造成尿磷增多、血磷减少，导致血液中沉积的钙磷减少，致使钙磷不能在骨生长区的基质中沉积。此外，还使原来已经形成的骨骼脱钙，引起骨骼病变。幼年动物因成骨作用受阻而发生佝偻病，成年动物因骨不断溶解而发生软骨症。但是，过量的维生素 D 可使大量钙从骨组织中转移出来沉积于动脉管壁、关节、肾小管、心脏以及其他软组织中，导致血钙浓度提高，生长停滞。

3. 维生素 D 缺乏与反刍动物疾病 维生素 D 缺乏对奶牛（特别是对犊牛、妊娠和泌乳母牛）的影响主要表现在钙磷沉积障碍引起的骨骼疾病方面。

（1）佝偻病　在反刍动物幼龄期，母源性维生素 D 缺乏以及饲养过程中维生素 D 的添加量不能满足机体代谢的需要，从而出现维生素 D 缺乏症状。主要临床表现为骨骼的畸形发育。脊椎和四肢骨骼变形而使背部和四肢弯曲似弓状；骨骼的软骨连接处及骨骺部位增大，其中膝关节、后踝关节尤为显著。行走时步态僵硬，后肢拖曳地面。患有佝偻病的幼龄动物生长十分缓慢，甚至完全停滞。

（2）软骨病　成年动物若缺乏维生素 D，可使骨骼脱钙而发生骨软化病。临床表现为食欲大减，生长发育不良，消瘦，被毛粗糙、无光泽；同时，骨化过程受阻导致掌骨肿大，前肢向前或侧方弯曲，膝关节增大，出现肋骨念珠状突起、胸廓变形等。随着病势发展，病牛运动量减少，步态强拘。知觉过敏，不时发生搐搦，甚至强直性痉挛，被迫卧地，不能站立。由于严重胸廓变形引起呼吸促迫或呼吸困难，有的伴发前胃弛缓和轻型瘤胃臌气等。本病以妊娠和哺乳母畜发生较多，发病部位则以骨盆和四肢最为显著。

佝偻病和软骨病并非是维生素 D 缺乏引起的特异性疾病，日粮中钙磷不足或比例不平衡也可引起这两种病的发生。

4. 维生素 D 缺乏症的防治　维持机体摄入一定量的维生素 D 是防治维生素 D 缺乏症发生的方法之一。1989 年版的美国国家科学研究理事会（National Research Council，NRC）饲养标准中成年奶牛维生素 D 需要量是每千克体重 30 IU，2001 年版的 NRC 饲养标准中尚无确切的奶牛维生素 D 建议饲喂量。Lacasse 等（2014）每日给干奶牛补饲 5 000～10 000 IU 维生素 D，测定血浆中钙、磷与 25 -羟维生素 D_3 ［25 -（OH）D_3］浓度，结果表明，采食青贮基础日粮的舍饲干奶牛每日补饲 10 000 IU 维生素 D（大约为按每千克体重 20 IU）即可满足其对维生素 D 的需要量。另外的方法主要是消除病因，调整日粮组成，在饲料中添加维生素 D_3，增加户外运动和晒太阳时间，可防止本病。维生素 A 和维生素 D 复合注射液，犊牛 2～4 mL/次，成年牛每千克体重 2.75 μg 剂量一次性肌内注射，可保持动物 3～6 个月不会发生维生素 D 缺乏。

5. 维生素 D 过多症　维生素 D 过多症是指日粮中维生素 D 添加过量或维生素 D 治疗量过大所造成的一种中毒性疾病，主要是由于饲料中维生素 D 添加过量或医源性维生素 D 过量。饲料来源的维生素 D 一般不会过量，但由于维生素 D 在体内的代谢比较缓慢，大量摄入可造成蓄积，故易引起动物中毒。

不同种的动物或同一种动物的不同个体对维生素 D 的耐受性有一定的差别，临床症状也不相同。但对大多数动物来说，长时间饲喂时，维生素 D_3 的耐受量为动物需要量的 5～10 倍；短时间饲喂时，维生素 D_3 的最大耐受量是动物需要量的 100 倍左右。如牛以 1 500 万～1 700 万 IU 非肠道大剂量使用维生素 D_3 可发生高钙血症、高磷酸盐血症，导致维生素 D_3 及其代谢物的血浆浓度升高。一般认为，维生素 D 代谢产物的毒性比维生素 D 要高；维生素 D_3 的毒性比维生素 D_2 大。日粮中钙磷水平较高时，可加重维生素 D 的毒性；日粮中钙磷水平低时，可减轻维生素 D 的毒性。

6. 维生素 D 过多与反刍动物疾病　摄入过量维生素 D 的中毒机制是：肝脏无限制地将大量维生素 D 转变为 25 -（OH）D_3，导致血浆 25 -（OH）D_3 水平升高，而 1，25 -（OH）$_2D_3$ 水平并无明显改变。目前已有研究证明，高浓度的 25 -（OH）D_3 有类似 1，25 -（OH）$_2D_3$ 的作用，可促进肠道钙的吸收，引起骨钙的重吸收，致使血清钙和血清磷水平升高，最终导致软组织钙化和肾结石。软组织普遍钙化，包括肾脏、心脏、血管、关节、淋巴结、肺脏、甲状腺、结膜、皮肤等，使其正常的功能发生障碍。

7. 维生素 D 过多症的防治 首先停止使用维生素 D 制剂，并给予低钙饲料，静脉输液，纠正电解质紊乱，补充血容量，使用利尿药物，促进钙通过尿液排出，以使血钙恢复到正常的水平。糖皮质激素如氢化可的松可抑制 $1,25-(OH)_2D_3$ 的生成和阻止肠中钙的运输，待血钙维持正常水平 2～3 个月以后，可逐渐减少并停止使用糖皮质激素。若同时给予大量的其他脂溶性的维生素（维生素 A、维生素 E、维生素 K）则可降低维生素 D 的毒性。

二、水溶性维生素缺乏症

水溶性维生素包括许多不同种类的化合物，如 B 族维生素、维生素 C 和胆碱。大多数水溶性维生素作为机体生化代谢的辅酶或构成物参与机体的重要新陈代谢。反刍动物瘤胃内能够合成大部分水溶性维生素，并能在机体组织合成维生素 C。在常用饲料中，大多数水溶性维生素含量均较高。正常健康的反刍动物极少发生水溶性维生素缺乏症。在高产、应激等特殊情况下，瘤胃微生物有可能不能合成足够的 B 族维生素，对瘤胃机能尚未发育好的犊牛、羔羊采食人工合成饲料时易发生 B 族维生素缺乏症。

（一）维生素 B_1 缺乏症

维生素 B_1 又称硫胺素，在动物体内主要以硫胺素单磷酸（TMP）、焦磷酸硫胺素（TPP）、硫胺素三磷酸（TTP）等形式存在（Manzettis 等，2014）。维生素 B_1 缺乏症是指体内硫胺素缺乏或不足所引起的大量丙酮酸蓄积，以致神经机能障碍，以角弓反张和脚趾屈肌麻痹为主要临床特征的一种营养代谢病，也称多发性神经炎或硫胺素缺乏症。硫胺素广泛存在于植物性饲料中，含量高达 7～16 mg/kg，如谷物、谷物加工副产品、豆粕、玉米、大麦等。

1. 维生素 B_1 的吸收和转化 硫胺素主要是在十二指肠吸收，高浓度时以被动扩散为主；低浓度时则以主动运输为主。反刍动物瘤胃能吸收游离的硫胺素，但不能吸收结合的或微生物中的硫胺素。硫胺素进入组织细胞后即被磷酸化而成为磷酸酯，硫胺素的磷酸化过程主要是在肝脏组织中进行，经硫胺素激酶催化，在 ATP 及 Mg^{2+} 存在的条件下转化成硫胺素焦磷酸，硫胺素焦磷酸参与糖代谢过程及 α-酮酸（丙酮酸、α-酮戊二酸）的氧化脱羧反应。同时硫胺素焦磷酸还对维持神经和消化机能的正常起着重要的作用。体内硫胺素总量约 80% 为硫胺素焦磷酸。硫胺素在体内组织中储存很少，当大量摄入硫胺素后，吸收减少，排泄增多。

引起硫胺素缺乏的因素有多种，下面列举了一些常见的因素。

（1）饲料中硫胺素缺乏 如饲料未添加维生素 B_1，或单一地饲喂大米等谷类精饲料则易引起发病。

（2）饲料中硫胺素遭破坏 硫胺素属水溶性维生素且不耐高温，因此，饲料如被蒸煮加热、碱化处理、用水浸泡，则硫胺素会被破坏或丢失。

（3）存在拮抗因子 已知硫胺素拮抗因子有两种类型，即合成的结构类似物和天然的抗硫胺素化合物。合成的有吡啶硫胺、羟基硫胺，能竞争性抑制硫胺素。在动植物组织中发现能改变硫胺素结构的天然抗硫胺素化合物，即硫胺素酶Ⅰ、硫胺素酶Ⅱ。羊大量采食蕨类植物的叶和根茎易造成硫胺素缺乏。从油菜籽中分离出来的抗硫胺素因子为甲基芥酸酯，从木棉籽中分离出的抗硫胺素因子为3，5-二甲基水杨酸。

（4）微生物紊乱 发酵饲料及蛋白质饲料不足而糖类过剩，或胃肠机能紊乱、长期慢性腹泻、大量使用抗生素等致使大肠微生物紊乱，导致维生素 B_1 合成发生障碍，易引起发病。

（5）某些特定的条件 动物在某些特定的条件下，如酒精中毒致硫胺素的消化、吸收和排泄发生障碍，应激、妊娠、泌乳、生长阶段，机体对维生素 B_1 的需要量增加，容易造成相对缺乏或不足。

（6）给肉牛长期过量饲喂富含碳水化合物的精饲料 这种情况可引起脑灰质软化而呈现神经症状，对这种病例可用硫胺素治疗。

2. 维生素 B_1 缺乏与反刍动物疾病 体内如缺乏硫胺素则丙酮酸氧化分解不易进行，丙酮酸不能进入三羧酸循环中氧化产能，而积累于血液及组织中，导致能量供给不足，以致影响神经组织、心脏和肌肉的功能。由于神经组织所需能量主要靠糖氧化供给，因此神经组织受害最为严重。动物表现心脏功能不足、运动失调、肌力下降、强直痉挛、角弓反张、外周神经麻痹等明显的神经症状。因而这种硫胺素缺乏症又被称为多发性神经炎。

硫胺素缺乏不仅影响糖代谢，而且还会影响蛋白质和脂肪的代谢，因这3种物质的代谢和互变都要通过三羧酸循环，其中 α-酮戊二酸、草酰琥珀酸是三羧酸循环的组成部分，而硫胺素参与两者的氧化脱羧基反应。因此，硫胺素缺乏是以糖代谢障碍为主，同时伴有蛋白质和脂肪代谢障碍的综合征。

此外，硫胺素还能抑制胆碱酯酶活性，减少乙酰胆碱的水解，加速和增强乙酰胆碱的合成过程。硫胺素缺乏时，胆碱酯酶的活性异常增高，乙酰胆碱被水解而不能发挥增强胃肠蠕动、腺体分泌，以及对消化系统和骨骼肌的正常调节作用，导致胆碱能神经兴奋传导障碍，胃肠蠕动缓慢，消化液分泌减少。所以，发生多发性神经炎时，常伴有消化不良、食欲不振、消瘦、骨骼肌收缩症状。

3. 维生素 B_1 缺乏症的防治 预防本病主要是加强饲养管理，提供富含维生素 B_1 的全价日粮；控制抗生素等药物用量及期限；根据机体需要及时补充维生素 B_1。

若为原发性缺乏症，则需要提供富含维生素 B_1 的优质青草料、麦麸皮、米糠等。对于反刍动物幼畜添加的量为 $5\sim10\,mg/kg$。如果维生素 B_1 缺乏得特别严重，则可以采用复方维生素 B 进行治疗。

（二）维生素 B_2 缺乏症

维生素 B_2 缺乏症是指由于动物体内核黄素缺乏或不足所引起的黄素酶形成减少，生物氧化机能障碍，临床上以生长缓慢、皮炎、胃肠道及眼损伤为特征，又称核黄素缺乏症。发生本病时常伴发其他 B 族维生素缺乏症状。

1. 维生素 B_2 的吸收和转化 维生素 B_2 在体内消化、吸收、分解都是在肠道内，小肠黏膜细胞的发育情况直接影响到维生素 B_2 吸收和利用。Subramanian 等（2011）研究表明，人肠道上皮细胞的表面可以合成维生素 B_2。核黄素在体内与 ATP 相互作用转化为黄素单核苷酸（FMN）。再经 ATP 磷酸化成为黄素腺嘌呤二核苷酸（FAD），作为多种酶的辅酶，具有生理活性，并在代谢中发挥作用。核黄素主要以辅酶的形式存在于反刍动物机体内，肝脏、肾脏、心脏的存储含量最多。甲状腺激素促进和提高肝脏和肾脏 FMP 的合成；雌激素能够诱导核黄素结合蛋白的形成，有利于核黄素的储存。核黄素是组成体内12 种以上酶系统的活性部分，其中 FMN 和 FAD 2 种重要黄素酶的组成部分也是核黄素，参与体内蛋白质、脂肪、糖的代谢和氧化还原过程，并对中枢神经系统的营养、毛细血管的机能活动有着重要影响，也可影响上皮和黏膜的完整性。

2. 引起维生素 B_2 缺乏症的因素　由于植物性饲料和动物性蛋白质饲料中富含维生素 B_2，且动物消化道内微生物都能合成核黄素，因此一般不会发生维生素 B_2 缺乏。但如果长期饲喂缺乏维生素 B_2 的日粮（如禾谷类饲料）；饲料发生霉变，或经热、碱、重金属、紫外线的作用；长期大量使用广谱抗生素；动物患有胃肠疾病；饲喂高脂肪、低蛋白质饲料；存在某些遗传因素；在生长发育、妊娠、泌乳、高产育肥期、环境温度或高或低等特定条件下；或吸收、转化、利用发生障碍；或需要量增加等，则易导致大量维生素 B_2 被破坏。

3. 维生素 B_2 缺乏与反刍动物疾病　犊牛表现为厌食，生长不良，腹泻，脱毛，口角、唇、颊等黏膜发炎；有时呈现全身痉挛等神经症状。

4. 维生素 B_2 缺乏症的防治　调整日粮配方，添加富含维生素 B_2 的饲料，或补充复合维生素 B 添加剂。对于富含维生素 B_2 的饲料不宜过度煮熟，以免破坏维生素 B_2 或导致其丢失。将维生素 B_2 按照每头 $30\sim50$ mg 的量拌饲。若反刍动物出现维生素 B_2 缺乏症，使用维生素 B_2 注射液，每千克体重 $0.1\sim0.2$ mg，皮下或肌内注射，$7\sim10$ d 为 1 个疗程。

（三）维生素 B_3 缺乏症

维生素 B_3 又称为泛酸，广泛存在于动植物饲料中，但玉米和蚕豆中含量较少，动物的胃肠道可以合成。成年反刍动物瘤胃中可合成大量维生素 B_3，瘤胃微生物合成维生素 B_3 的量比从外界获取的维生素 B_3 的量高 $20\sim30$ 倍。

游离型的维生素 B_3 在肠道中以被动扩散的形式被吸收，在组织中维生素 B_3 被转化成 CoA 及其他化合物。维生素 B_3 在动物机体中基本不储存，主要通过尿液的形式被排泄出体外。

1. 维生素 B_3 缺乏症　此症是由于动物体内维生素 B_3 缺乏或不足所致的 CoA 合成减少，糖、脂肪、蛋白质代谢障碍，以生长缓慢、皮炎、神经症状、消化功能障碍、被毛发育不全和脱落为主要临床特征的一种营养代谢病，又称泛酸缺乏症。

2. 引起维生素 B_3 缺乏症的因素　如果给动物长期饲喂维生素 B_3 含量低的饲料，或在过热、过酸或过碱的条件下加工饲料则会发生维生素 B_3 缺乏。机体处于应激状态，高产、生长阶段，维生素 B_3 需要量增加，如不及时添加，则会发生维生素 B_3 缺乏症。

3. 维生素 B_3 缺乏与反刍动物疾病　维生素 B_3 是体内合成 CoA 的原料，它以乙酰-CoA 的形式参与物质代谢，与草酰乙酸相结合形成柠檬酸，然后进入三羧酸循环。乙酰-

CoA 也能与胆碱结合形成乙酰胆碱，从而影响植物性神经的机能，进而调控心肌、平滑肌和腺体（消化腺、汗腺和部分内分泌腺）的活动。乙酰-CoA 又是胆固醇和固醇激素的前体，可在脂肪酸、丙酮酸、α-酮戊二酸的氧化及乙酰化作用等酶反应过程中发挥功能。因此，维生素 B_3 缺乏时，可导致糖类、脂肪和蛋白质代谢障碍，乙酸胆碱合成减少，肝脏乙酰化解毒作用减弱，肾上腺皮质激素合成及造血功能障碍等一系列临床病理变化。犊牛发生维生素 B_3 缺乏症时，主要临床症状有厌食、生长缓慢、皮毛粗糙、皮炎以及腹泻，以及眼部、鼻子周围出现鳞状皮炎。

4. 维生素 B_3 缺乏症的防治　饲料中适当地添加泛酸进行预防，以保证日粮中有足够的泛酸。也可以饲喂富含泛酸的饲料，如酵母、米糠、青绿饲料等。发病较轻时，在每千克饲料中添加 $10 \sim 20$ mg 泛酸钙即可；病情较为严重的，可以直接肌内注射泛酸钙，同时补充维生素 B_{12} 效果会更好。

（四）维生素 B_6 缺乏症

维生素 B_6 又称为吡哆素，主要包括吡哆醇、吡哆醛、吡哆胺三种化合物，主要存在于饲料中。在反刍动物组织中，吡哆醇可以转化为吡哆醛和吡哆胺，最后是以活性最强的磷酸吡哆醛和磷酸吡哆胺的形式存在于组织中，并参与体内代谢过程，主要有氨基酸的脱氨基作用、转氨基作用和不饱和脂肪酸的代谢过程。

1. 维生素 B_6 缺乏症　此症是指由于动物体内吡哆醇、吡哆醛或吡哆胺缺乏或不足所引起的转氨酶和脱羧酶合成受阻、蛋白质代谢障碍，以生长不良、皮炎、癫痫样抽搐、贫血、骨短粗病等为临床特征的一种营养代谢病。幼年反刍动物和猪多发，但单纯性维生素 B_6 缺乏症很少发生。

2. 引起维生素 B_6 缺乏症的因素　各种动植物性饲料中广泛存在有吡哆醇、吡哆醛和吡哆胺，一般情况下，动物胃肠道的微生物可合成维生素 B_6，因此动物一般不会发生维生素 B_6 缺乏症。但是，当饲料中维生素 B_6 被破坏，如加工、精炼、蒸煮或低温储藏、碱性或中性溶液、紫外线照射等均能破坏维生素 B_6；或饲料中含有维生素 B_6 拮抗剂，如巯基化合物、氨基脲、羟胺、亚麻素等影响维生素 B_6 的吸收和利用；或对动物维生素 B_6 的需要量增加，如日粮中蛋白质水平升高，氨基酸不平衡，高产、生长、应激等因素，均能导致维生素 B_6 缺乏症的发生。

3. 维生素 B_6 缺乏与反刍动物疾病　维生素 B_6 参与氨基酸的转氨基反应，对体内的蛋白质代谢有着重要的影响。磷酸吡哆醛或磷酸吡哆胺是转氨酶的辅酶，也是某些氨基酸脱羧酶及半胱氨酸脱硫酶等的辅酶。氨基酸脱羧后，产生有生物活性的胺类，如谷氨酸脱去羧基生成的 γ-氨基丁酸，与中枢神经系统的抑制过程有密切关系。维生素 B_6 缺乏时，γ-氨基丁酸的生成量减少，导致中枢神经系统的兴奋性异常增高，因而动物表现出特征性的神经症状。动物育肥时特别需要维生素 B_6，如果维生素 B_6 缺乏将影响其育肥、增重等生产性能。

4. 维生素 B_6 缺乏症的防治　病情较轻者，在日粮中添加酵母、米糠等维生素 B_6 含量丰富的饲料；病情严重者，肌内注射维生素 B_6。

（五）维生素 B_{12} 缺乏症

维生素 B_{12} 是一种含钴的化合物，故又称为钴维生素。自然条件下，维生素 B_{12} 是由许多细菌和放线菌合成的，植物性饲料中不含有维生素 B_{12}。维生素 B_{12} 易被氧化剂、还原剂、醛类等破坏。反刍动物瘤胃微生物能够合成维生素 B_{12}。

1. 维生素 B_{12} 的吸收和转化　反刍动物瘤胃内微生物合成的维生素 B_{12} 与胃壁细胞分泌的糖蛋白结合后沿消化道下移至回肠，进一步与钙离子结合，进入回肠黏膜的刷状缘，在回肠黏膜中所含的一种特殊释放酶的作用下，维生素 B_{12} 与钙离子分离，并被肠黏膜吸收。维生素 B_{12} 被吸收进入血液之后，与主要运载蛋白（运载钴胺素 I、运载钴胺素 II、运载钴胺素 III）结合被转运至全身各个部位，发挥生理功能。

2. 维生素 B_{12} 缺乏症　此症指由于动物体内维生素 B_{12}（或钴胺素）缺乏或不足所引起的核酸合成受阻、物质代谢紊乱、造血机能及繁殖机能障碍，以巨幼红细胞性贫血为主要临床特征的一种营养代谢性疾病。本病与维生素 B_{11} 缺乏症很相似，多为地区性流行，钴缺乏地区多发，以犊牛多发，其他动物发病率较低。

3. 引起维生素 B_{12} 缺乏症的因素　动物性蛋白质饲料中维生素 B_{12} 含量丰富，而植物性饲料中几乎不含有维生素 B_{12}。动物机体可在胃或大肠内微生物作用下，利用微量元素钴和蛋氨酸来合成维生素 B_{12}。如果动物患有胃肠道、肝脏疾病；或长期使用广谱抗生素导致胃肠道微生物区系受到抑制或破坏；或因品种、年龄、饲料中过量的蛋白质等导致机体对维生素 B_{12} 的需要量增加，均可导致维生素 B_{12} 的缺乏。

4. 维生素 B_{12} 缺乏与反刍动物疾病　维生素 B_{12} 是促红细胞生成因子，在肝脏中可转化为具有高度代谢活性的甲基钴胺而参与氨基酸、胆碱、核酸的生物合成，并对造血、内分泌、神经系统和肝脏机能具有重大影响。当机体维生素 B_{12} 缺乏时，红细胞发育受阻，出现巨幼红细胞性贫血和白细胞减少症；血浆蛋白含量下降，肝脏中的脱氢酶、细胞色素氧化酶、转甲基酶、核糖核酸酶等酶的活性减弱，神经系统受损。因此，患病动物出现生长发育受阻、可视黏膜苍白、皮肤湿疹、神经兴奋性增高、触觉敏感、共济失调等症状，易发肺炎和胃肠炎等疾病。

5. 维生素 B_{12} 缺乏症的防治　应保证日粮中有足量的维生素 B_{12}，一般犊牛维生素 B_{12} 的需要量是每千克体重 $0.34\sim0.68\mu g$。常见富含维生素 B_{12} 的日粮有鱼粉、肝粉、酵母等。反刍动物患病时，一般不需要补充维生素 B_{12}，口服钴制剂即可。

⊙参考文献

鲍坤，李光玉，钟伟，等，2010. 微量元素铜与反刍动物营养关系的研究进展 [J]. 黑龙江畜牧兽医，7：27.

曹华斌，郭剑英，唐兆新，2006. 微量元素铁对动物免疫功能的研究进展 [J]. 江西饲料，4：1-4.

曹礼华，沈赞明，江善祥，2010. 营养因素对动物免疫功能的影响 [J]. 饲料研究，8：27-31.

陈炳卿，2000. 营养与食品卫生学 [M]. 北京：人民卫生出版社.

达能太，唐雪荣，王尚礼，2013. 反刍家畜磷锌缺乏综合症的治疗试验［J］. 中国畜牧兽医文摘，29（7）：101.

丁春雨，刘忠秀，2016. 母畜常见产后疾病及诊治［J］. 黑龙江动物繁殖（4）：60-61.

丁丽敏，张日俊，2004. 维生素 A 最适需要量的研究进展［J］. 饲料工业，25（10）：14-19.

董淑红，王洪荣，潘晓花，等，2013. 硫胺素对亚急性瘤胃酸中毒状态下山羊瘤胃发酵特性的影响［J］. 动物营养学报，25（5）：1004-1009.

高庆江，郝金法，2004. 锌元素对动物机体的作用［J］. 山东畜牧兽医（1）：12-13.

高义彪，闫素梅，2008. 奶牛维生素 A 的营养研究［J］. 养殖与饲料，11（2）：61-63.

呙于明，杨小军，2005. 营养与免疫互作［J］. 中国畜牧杂志，41（5）：3-9.

洪金锁，刘书杰，崔占鸿，等，2009. 犊牛铜、铁、硒-维生素 E、锰缺乏症防治［J］. 四川畜牧兽医，1：48-49.

胡连喜，2014. 奶牛生产瘫痪的防治措施［J］. 畜牧兽医科技信息（12）：53.

胡延涛，2014. 动物碘缺乏症的病因、发病机理与诊断［J］. 养殖技术顾问，6：166.

胡志松，梁成山，2009. 一起犊牛硒-维生素 E 缺乏症的诊治［J］. 饲料博览，12：37.

黄克和，2008. 奶牛酮病和脂肪肝综合症研究进展［J］. 中国乳业，6：62-66.

贾超超，2016. 母牛产后血红蛋白尿病的治疗［J］. 乡村科技（3）：38.

江栋材，韩娟，巨晓军，2014. 叶酸在畜禽生产中的应用研究进展［J］. 中国饲料，6（7）：29-36.

蒋维政，2013. 母牛生产瘫痪的症状及防治措施［J］. 中国牛业科学（6）：93-94.

李宝荣，李宽阁，吴秀芹，2013. 动物维生素 A 缺乏的症状及防治［J］. 养殖技术顾问，2：105.

李成艺，张忠赞，肖岩保，等，2015. 怀孕母山羊患碘缺乏症病的诊防［J］. 畜牧业，2：80-81.

李春光，2016. 犊牛硒-维生素 E 缺乏症的病因、症状及防治措施［J］. 现代畜牧科技（5）：64.

李建红，姚晓鹏，2016. 绵羊青草搐搦的诊治［J］. 现代农业科技（7）：282-283.

李利民，2013. 奶牛生产瘫痪［J］. 民营科技（8）：68.

李四元，李文，李清，2006. 微量元素铜在反刍动物营养中研究进展［J］. 家畜生态学报，27（6）：223.

李玉军，赵珊珊，葛林，等，2012. 反刍动物碳水化合物营养的研究进展［J］. 山东畜牧兽医（8）：85-87.

刘芳，张培艺，2012. 奶牛锌缺乏症的诊断与防治研究［J］. 畜牧与饲料科学，33（3）：92-93.

刘海英，2017. 肉牛青草搐搦症的病因、临床症状、诊断和防治措施［J］. 现代畜牧科技（8）：129.

刘利，邓杰，邹曙芳，2014. 畜禽硒和维生素 E 缺乏症的临床症状、剖检变化与防治［J］. 养殖技术顾问，5：114.

刘天阳，单安山，2011. 微量元素钴在反刍动物营养中的应用研究［J］. 中国畜牧兽医，38（5）：35-36.

刘伟，赵瑞，2015. 羊生产瘫痪的病因分析及综合防治措施［J］. 畜牧与饲料科学（8）：98-99.

刘向阳，2012. 动物营养中维生素 E 的研究与应用进展［J］. 中国畜牧杂志，48（20）：28-31.

刘宗平，2003. 现代动物营养代谢病学［M］. 北京：化学工业出版社.

陆科鹏，2011. 母牛产后血红蛋白尿病的临床诊断及治疗［J］. 中国畜禽种业（1）：44-45.

吕继蓉，陈邦云，喻麟，等，2009. 日粮蛋白质水平及组成对动物免疫功能的影响［J］. 饲料工业，30（6）：42-44.

吕咸坤，2017. 家畜缺乏微量元素铜、锌、锰的症状及防治［J］. 饲料博览，5：58.

马琴琴，何流琴，伍力，等，2015. 日粮赖氨酸缺乏对仔猪内脏器官及血液生化指标的影响［J］. 农业现代化研究，36：149-153.

那春颖，2015. 牛羊钴缺乏症的诊断和治疗［J］. 畜牧兽医科技信息，4：55.

钱礼春，2014. 动物铜缺乏症的病因、发病机理与诊断［J］. 养殖技术顾问，5：171.

孙满吉，2013. 第2讲：奶牛疾病防治篇之奶牛血红蛋白尿症的诊治［J］. 黑龙江畜牧兽医（12）：59-60.

唐晓艳，张洪友，夏成，2007. 反刍动物铜缺乏症的研究进展［J］. 黑龙江畜牧兽医，10：22.

陶孙信，王志兵，成倩倩，2011. 也议犊牛硒和维生素 E 缺乏症的防治［J］. 动物卫生保健，12：30.

王桂芹，王艳辉，任艳，等，2003. 放牧羊钴缺乏症的防治［J］. 吉林农业大学学报，25（6）：664-668.

王建，孙鹏，卜登攀，等，2016. 营养素缺乏或充分补给对动物机体免疫功能的调控作用机制［J］. 华北农学报，31：490-496.

王金合，2014. 奶牛低磷性红尿病的防治［J］. 北方牧业（7）：25.

王金华，伍有才，施冬梅，等，2011. 马龙县羔羊维生素 E-硒缺乏症调查与诊治［J］. 中国畜牧兽医文摘，27（4），86.

王小龙，2004. 兽医内科学［M］. 北京：中国农业大学出版社.

王影，马景欣，2014. 动物铁缺乏症和铁中毒的症状与防治［J］. 养殖技术顾问，11：144.

吴长明，王志，2009. 几种微量元素缺乏引起的母牛营养代谢及繁殖障碍［J］. 黑龙江动物繁殖，17（3）：34.

武福平，夏成，张洪友，等，2010. 补铜对铜缺乏奶牛血浆7项生化指标的影响［J］. 黑龙江农业科学，2：80-81.

肖翠红，苗树君，李馨，2005. 动物营养水平与免疫及疾病关系的研究［J］. 黄牛杂志，1：47-50.

邢立东，周明，2014. 微量元素铁的研究进展［J］. 新饲料，11：57-63.

徐高骁，段赛星，2011. 叶酸对圈养隆林黑山羊生长性能的影响研究［J］. 饲料与畜牧，8：38-40.

杨光波，陈代文，余冰，2011. 叶酸水平对断奶仔猪生长性能及血清组织中蛋白质代谢的指标影响［J］. 中国畜牧杂志，47（5）：24-28.

杨克敌，2003. 微量元素与健康［M］. 北京：科学出版社.

杨亮珍，贾丽萍，2014. 奶牛维生素 A 缺乏症的防治［J］. 中国畜牧兽医文摘，30（7）：124.

杨森，罗文毅，2006. 绵羊妊娠毒血症的诊断与治疗［J］. 江西畜牧兽医杂志（3）：45.

杨文平，高建广，2013. 铁对畜禽的影响及机体内铁状况的评估［J］. 饲料研究，9：43.

于亮，2015. 奶牛妊娠毒血症的诊治［J］. 草食动物，3：81.

曾宪东，高峰，2014. 奶牛血红蛋白尿的诊治与体会［J］. 养殖技术顾问（4）：100.

张传师，吕永智，赵蝉娟，等，2007. 反刍动物钴缺乏的研究进展［J］. 养殖技术顾问，1：56-57.

张海涛，杨丽，2014. 反刍动物青草搐搦的发病原因与临床表现［J］. 养殖技术顾问（4）：157.

张永亮，2012. 营养因素对动物免疫机能的影响［J］. 广东饲料，1（24）：43-46.

张勇，陶金忠，2013. 矿物质元素对动物繁殖性能的影响［J］. 黑龙江动物繁殖（6）：10-13.

赵翠燕，许钦坤，2005. 维生素 A 与机体免疫［J］. 养禽与禽病防治，1：40-41.

郑启刚，郭诚，2014. 糖尿病肾病患者血清 1,25-二羟维生素 D_3 水平及临床意义［J］. 中华实用诊断与治疗杂志，28（2）：163-164.

周学民，高睿，吴美玲，2017. 母牛妊娠毒血症的发生和防治［J］. 黑龙江动物繁殖，25（3）：46-47.

Adams J S, Hewison M, 2010. Update in vitamin D [J]. The Journal of Clinical Endocrinology & Metabolism, 95 (2): 471 - 478.

Ahluwalia N, Sun J, Krause D, et al, 2004. Immune function is impaired in iron-deficient, homebound, older women [J]. American Journal of Clinical Nutrition, 79 (3): 516 - 521.

Bjelland D W, Weigel K A, 2011. The effect of feeding dairy heifers diets with and without supplemental phosphorus on growth, reproductive efficiency, health, and lactation performance [J]. Journal of Dairy Science, 94 (12): 6233 - 6242.

Calsamiglia S, Blanch M, Ferret A, et al, 2012. Is subacute ruminal acidosis a pH related problem? Causes and tools for its control [J]. Animal Feed Science and Technology, 172 (1): 42 - 50.

Chesters J K, 1978. Biochemical functions of Zn in animals [J]. World Review Nutrition Dietetics, 32: 135 - 164.

Chesters J K, 1991. Trace element-gene interactions with particular reference to zinc [J]. Proceedings of the Nutrition Society, 50: 123 - 129.

Combs G F, Combs S B, 1986. The role of selenium in nutrition [M]. Orland: Academic Press Inc.

Czeizel A E, Dudas I, Vereczkey A, et al, 2013. Folate deficiency and folic Acidsupplementation: the prevention of neural-tube defects and congenital heartdefects [J]. Nutrients, 5 (11): 4760 - 4775.

Deori S, Bam J, Paul V, 2014. Efficacy of prepartal vitamin E and selenium administration on fertility in Indian yaks (Poephagus grunni-ens) [J]. Veterinarski Arhiv, 21 (84): 513 - 519.

Dove H, 2010. Balancing nutrient supply and nutrient requirements in grazing sheep [J]. Small Ruminant Research, 92 (1): 36 - 40.

Duffield T F, Sandals D, Leslie K E, et al, 1998. Efficacy of monensin for the prevention of subclinical ketosis in lactating dairy cows [J]. Journal of Dairy Science, 81: 2866 - 2873.

Fishera G E, MacPherson A, 1990. Serum vitamin B_{12} and methylmalonic acid determinations in the diagnosis of cobalt deficiency in pregnant ewes [J]. British Veterinary Journal, 146 (2): 120 - 128.

Fluharty F L, Leroch S C, 1995. Effects of protein concentration and protein source on performance of newly arrived feedlot steers [J]. Journal of Animal Science, 33 (6): 1585 - 1594.

Garcia-Gomez, F, Williams P A, 2000. Magnesium metabolism in ruminant animals and its relationship to other inorganic elements [J]. Asian-Australasian Journal of Animal Sciences, 13 (SI): 158 - 170.

Gershwin M E, German J B, Keen C L, 2000. Nutrition and immunology: principles and practice [M]. Totowa: Humana Press.

Gisbert J P, Gomollon F, 2009. An update on iron physiology [J]. World Jornal of Gastroenterology, 15: 4617 - 4626.

Grace N D, Rounce J R, Knowles S O, et al, 1999. Effect of increasing elemental sulphur and copper intakes on the copper status of grazing sheep [J]. Proceedings of the New Zealand Grassland Association, 60: 271 - 274.

Guo Y M, Ali R A, Qureshi M A, 2002. Beta-glucan stimulates invitro nitrite production in broiler chicken macrophages [J]. Poultry Science, 81 (suppl): 121.

Guo Y M, Ali R A, Qureshi M A, 2003. The influence of β-glucan on immune responsesin broiler chicks [J]. Immunopharmacology and Immunoto xicology, 25 (3): 461 - 472.

Harrison J H, Conrad H R, 1984a. Effect of selenium intake on selenium utilization by the non-lactating dairy cow [J]. Journal of Dairy Science, 67: 219 - 223.

Harrison J H，Conrad H R，1984b. Effect of dietary calcium on selenium absorption by the non-lactating dairy cow [J]. Journal of Dairy Science，67：1860－1864.

Herdt T H，2000. Ruminant adaptation to negative energy balance [J]. Veterinary Clinics of North America Food Animal Practice，16（2）：215－230.

Ivana Novotny Núnez，Galdeano C M，Carmuega E，et al，2013. Effect of aprobiotic fermentedmilk on the thymus in Balb/C mice under non-severe protein-energy malnutrition [J]. The British Journal of Nutrition，110（3）：1－9.

Gordon J L，LeBlanc S J，Duffield T F，2013. Ketosis treatment in lactating dairy cattle [J]. Veterinary Clinics of North America Food Animal Practice，29：433－445.

Jiang P，Zhang L，Zhu W，et al，2014. Chronic stress causes neuro-endocrine-immune disturbances without affecting renal vitamin Dmetabolism in rats [J]. Jendocrinol Invest，37（11）：1109－1116.

Kegley E B，Spears J W，Auman S K，2001. Dieary phosphorus and influence challenge affect performance and immune function of weaning pigs [J]. Journal of Animal Science，79：413－419.

Knoell D L，Liu M J，2010. Impact of Zinc metabolism on innate immune function in the setting of sepsis [J]. International Journal for Vitamin and Nutrition Research，80（4/5）：271－277.

Lacasse P，Vinet C M，Petitclerc D，2014. Effect of prepartumphotoperiod and melatonin feeding on milk production and prolactinconcentration in dairy heifers and cows [J]. Journal of Dairy Science，97（6）：3589－3598.

Leggett R W，2012. A biokinetic model for zinc for use in radiation protection [J]. Science of the Total Environment，420：1－12.

Leung A，Cheung M，Chi I，2015. Supplementing vitamin D through sunlight：Associating health literacy with sunlight exposure behavior [J]. Archives of Gerontology & Geriatrics，60（1）：134－141.

Manzetti S，Zhang J，David V D S，2014. Thiamin function，metabolism，uptake，and transport [J]. Biochemistry，53（5）：821－835.

Minatel l，Carfagnini J C，2000. Copper deficiency and immune response in ruminants [J]. Nutrition Research，20（10）：1525－1526.

Nursalim A，Siregar P，Widyahening I S，2013. Effect of folic acid，vitamin B_6 and vitamin B_{12} supplementation on mortality and cardiovascular complication among patients with chronic kidney disease：an evidence-based case report [J]. Acta medica Indonesiana，45（2）：150－156.

Oldham E R，Eberhart R J，1991. Effects of supple-mental vitamin A or b-carotene during thedry perled and early lactation Oil udderhealth [J]. Journal of Dairy Science，74：3775－3781.

Parmentier H K，Mike G B，Nicuwland，et al，1997. Dictary unsaturated fatty acids affect antibody responses and growth of chickens divergently selected for humoral responses to sheep red blood cells [J]. Poultry Science，76（8）：1164－1171.

Phiri E C J H，Nkya R，Pereka A E，et al，2007. The effects of calcium，phosphorus and zinc supplementation on reproductive performance of crossbred dairy cows in Tanzania [J]. Tropical Animal Health and Production，39（5）：317－323.

Preynat A，Lapierre H，Thivierge M C，et al，2009. Influence of methionine supply on the response of lactational performance of dairy cows to supplementaryfolic acid and vitamin B_{12} [J]. Journal of Dairy Science，92（4）：1685－1695.

Radwinska J，Zarczynska K，2014. Effects of mineral deficiency on the health of young ruminants ［J］. Journal of Elementology，19（3）：915－928.

Ramírez-Bribiesca J E，Tórtora J L，Huerta M，et al，2005. Effect of selenium-vitamin E injection in selenium-deficient dairy goats and kids on the Mexican plateau ［J］. Arquivo Brasileiro de Medicina Veterinária e Zootecnia，57（1）：77－84.

Ramírez-Bribiesca J E，Tórtora J L，Hernánde L M，et al，2001a. Main causes of mortalities in dairy goat kids from the Mexican plateau ［J］. Small Ruminant Research，41（1）：77－80.

Ramírez-Bribiesca J E，Tórtora J L，Huerta M，et al，2001b. Diagnosis of selenium status in grazing dairy goats on the Mexican plateau ［J］. Small Ruminant Research，41（1）：81－85.

Saun V，Robert J，2000. Pregnancy toxemia in a flock of sheep ［J］. Journal of the American Veterinary Medical Association，217（10）：1536－1539.

Sharma M C，Joshi C，Das G，et al，2007. Mineral nutrition and reproductive performance of the dairy animals：A review ［J］. The Indian Journal of Animal Sciences，77（7）：599－608.

Shinde A K，Sankhyan S K，2008. Mineral contents of locally available feeds and fodders in flood prone eastern plains of Rajasthan and dietary status in ruminants ［J］. Animal Nutrition and Feed Technology，8（1）：35－44.

Subramanian V S，Rapp L，Marchant J S，et al，2011. Role of cysteine residues in cell surface expression of the human riboflavin transporter－2（hRFT2）in intestinal epithelial cells ［J］. American Journal of Physiology Gastrointestinal & Liver Physiology，140（5）.

Unny N M，Pandey N N，Dwivedi S K，2002. Biochemical studies on experimental secondary copper deficiency in goats ［J］. Indian Journal of Animal Sciences，72：52－54.

Wakabayashi H，Oda H，Yamauchi K，et al，2014. Lactoferrin for prevention of common viral infections ［J］. Journal of Infection and Chemotherapy：Official Journal of the Japan Society of Chemotherapy，20（11）：666－671.

West，Hilary J，1996. Maternal undernutrition during late pregnancy in sheep. Its relationship to maternal condition，gestation length，hepatic physiology and glucose metabolism ［J］. British Journal of Nutrition，75（4）：593.

Williams E A，Gebhardt B M，Morton B，et al，1979. Effects of early marginal methioninecholine deprivation on the development of the immune system in the rat ［J］. The American Journal of Clinical Nutrition，32（6）：1214－1223.

Zhang K，Chang G J，Xu T L，et al，2016. Lipopolysaccharide derived from the digestive tract activates inflammatory gene expression and inhibits casein synthesis in the mammary glands of lactating dairy cows ［J］. Oncotarget，7（9）：9652－9665.

第七章

环 境 与 营 养

动物生产和环境条件是相互影响、密不可分的。动物的环境一般指作用于动物机体的一切外界因素，不仅包括自然环境，如气候条件、土壤、地形地势、大气环境等，还包括人为的环境因素，如畜舍、饲养设施、管理方式等。环境影响动物生产，动物生产也不断地改造着环境，人们也正在积极地重新审视动物养殖与环境的关系。反刍动物的生产性能、繁殖性能、健康状况等除了受品种、饲料、管理等因素的影响，环境因素也起到了重要作用。因此，研究环境与营养的关系对于今后更好地发展生态畜牧业有重要意义。

第一节　温度环境

根据动物对温热环境的反应，温热环境划分为温度适中区（thermoneutral zone，TNZ）、热应激区和冷应激区（图 7-1）。温度适中区也称为等热区。在此温度范围内，

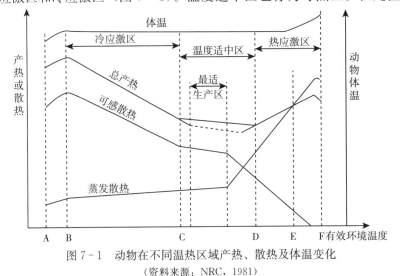

图 7-1　动物在不同温热区域产热、散热及体温变化

（资料来源：NRC，1981）

A. 冻死点　B. 代谢顶峰与降温点　C. 下限临界温度　D. 上限临界温度　E. 升温点　F. 热死点

注：总产热的虚线段表示饥饿时产热。

动物的体温保持相对恒定，若无其他应激（如疾病）存在，动物的代谢强度和产热量正常。等热区的下限有效环境温度称为下限（最低）临界温度（lower critical temperature，LCT）；上限有效环境温度称为上限临界温度（upper critical temperature，UCT）。在等热区，温度偏低方向有一段区域最适合动物生产和健康，称为最适生产区。在此区域，动物的代谢强度和产热量保持生理最低水平，不需要增加代谢产热速度就能维持体温恒定。

一、高温环境

反刍动物作为恒温动物，必须使散热量和产热量达到平衡，才能维持体温的相对恒定，保证机体各器官组织执行正常的生理机能。

热应激区是指高于上限临界温度的温度区域。在热应激区，动物仅依靠物理性调节不能将热量散失，难以保持体温恒定。这时动物机体开始运用化学调节，提高代谢强度来增强散热，以维持体温恒定，如动物心跳加快、出汗、热性喘息等，但代谢率提高又会增加产热量。当外界有效环境温度持续升高，多余热量无法散失时，动物体温开始升高，直至热死。

热应激是指机体对环境温度超过等热区中的温度舒适区的上限临界温度所致的非特异性防御应答反应。高温所造成的热应激是影响奶牛产奶性能和奶品质的一个重要因素。

（一）热应激生理变化

1. 热应激的表现 荷斯坦奶牛起源于北欧，其汗腺不发达，皮肤蒸发热量少，单位体表散热面积小，散热负担重，如果生活在热带或亚热带，极易发生热应激。随着全球温度不断上升，奶牛遭受热应激的程度不断加重，这限制了奶牛产业的发展。

奶牛生理消化过程中，需采食粗纤维含量高的日粮，反刍过程中瘤胃发酵会产生大量热量。妊娠和泌乳过程中，同样产生大量的热量。环境温度过高时，奶牛的生理活动会出现明显变化，如食欲减退、采食量下降、体温升高、心跳加快、精神倦怠、口渴贪饮、喜食精饲料、厌弃粗饲料等。饲料的转化率、营养吸收率降低，如蛋白质、脂肪利用率降低，矿物质吸收率降低，微量元素的摄入及合成减少（施正香等，2011）。

2. 热应激时内分泌的变化 热应激时，奶牛肾上腺髓质分泌的肾上腺素和去甲肾上腺素增加，作用于中枢神经系统，使其兴奋性增强，引起呼吸和心跳加快、血压升高、组织代谢加强、肝糖原分解增强、脂肪分解加速、血液中游离脂肪酸增多、葡萄糖和脂肪酸氧化过程增强、组织耗氧量和产热量增加。同时，外周神经把热刺激传入中枢神经系统，下丘脑分泌促肾上腺释放激素（corticotropin releasing hormone，CRH）作用于垂体，使之分泌促肾上腺皮质激素（adrenocorticotropic hormone，ACTH），经血液循环到肾上腺，使肾上腺皮质激素合成和释放增加。在持续高温环境下，肾上腺皮质激素和髓质激素的增加，可逆向作用于中枢神经系统，抑制中枢，最终使皮质醇分泌减少，导致机体热调节能力异常（屈军梅，2004）。

血清胰岛素（insulin，INS）是调节三大营养物质代谢的重要激素，特别是对糖代谢的调节尤为重要。胰高血糖素（glucagon，GC）由胰岛 A 细胞分泌，对于应激时维持血糖浓度以及 INS 分泌量的稳态具有重要作用。宋代军等（2013）发现与非热应激期相比，奶牛在热应激期 INS、GC、甲状腺素（thyroxine 4，T4）、瘦素浓度有下降的趋势，但差异不显著（$P>0.05$），三碘甲状腺原氨酸（triiodothyronine，T3）、皮质醇和催乳素（PRL）浓度均极显著下降（$P<0.01$），热休克蛋白 70（hot shock protein 70，HSP70）浓度极显著提高（$P<0.01$）。热应激会严重影响奶牛血清激素和 HSP70 浓度，从而影响奶牛的生产性能。

3. 热应激时血液指标变化 李建国和曹玉凤（1999）报道，中国荷斯坦奶牛在夏季慢性热应激期血清中 γ-球蛋白的含量分别比秋、冬、春季非热应激期降低 39.51%（$P<0.01$）、35.81%（$P<0.01$）和 16.48%（$P>0.05$），这可能是奶牛在夏季抗病力低、乳腺炎发病率增高的重要原因之一。热应激期奶牛血清钾、钠浓度明显下降，这是因为热应激期奶牛摄入饲料量减少，钾、钠摄入量也相应减少，同时唾液大量分泌、皮肤蒸发量增加，最终造成血液中电解质丧失。何德肆等（2006）报道，在热应激条件下泌乳牛血中锌、铬、铁元素含量下降。

在正常生理情况下动物体内自由基的产生、利用和清除保持着动态平衡，但当动物处于热应激状态时，交感神经-肾上腺系统反应增强，导致肾上腺髓质大量分泌儿茶酚胺类激素，特别是肾上腺素能神经末梢释放的去甲肾上腺素，可导致氧自由基产生量增加，进而产生组织内脂质过氧化作用。夏季热应激使奶牛血清中超氧化物歧化酶（SOD）、谷胱甘肽过氧化物酶（GSH-Px）的活性极显著降低，活性氧（ROS）和丙二醛（malondialdehyde，MDA）的含量极显著升高，总抗氧化能力显著降低，导致动物代谢性疾病（杨兵和夏先林，2010）。

郭延生等（2015）通过气相色谱-质谱联用（GC-MS）技术研究奶牛热应激血液代谢组学，结果表明，8 个内源性代谢物可作为奶牛热应激的潜在生物标志物。其中，葡萄糖、α-亚麻酸、亚油酸、甘油、棕榈酸、β-羟丁酸和甘氨胆酸盐含量在热应激过程中显著降低，而乳酸含量显著升高。研究结果提示，热应激加剧了奶牛能量负平衡状态，主要通过增强脂肪酸氧化和甘油分解代谢，抑制糖酵解过程进行调节和应答，在此过程中伴有肝功能障碍的生理现象。研究结果可为进一步阐明反刍动物热应激的生理机制提供科学依据。

（二）热应激对反刍动物生产的影响

1. 热应激降低采食量 热应激情况下，反刍动物排汗增加，呼吸加快，体内代谢速率降低，采食量下降，进而使得生产性能下降。当反刍动物处于热应激时，就会减少粗饲料采食量，尤其是劣质粗饲料。消化 1kg 的劣质粗饲料在反刍动物胃中产生的热量要远多于消化相同质量的精饲料或优质粗饲料。另外，热应激时动物饮水量急剧增加，因为动物排汗和热喘息使体内水分大量散失，同时，水槽、饲料中水蒸发加快，饲料来源水减少。

2. 热应激影响产奶量和乳成分 热应激会降低奶牛的产奶量，同时也会降低乳中的脂肪、蛋白质、乳糖等成分。宋代军等（2013）研究发现，热应激显著降低了奶牛产奶量（$P<0.05$），极显著降低了奶牛干物质采食量（$P<0.01$）。侯引绪等研究显示，夏季的乳

脂率是一年中最低的。这是因为前期奶牛因高温摄入精饲料较多和纤维摄入量减少，瘤胃中产生的乙酸、丙酸等低级脂肪酸减少，进而合成乳脂的效率降低，乳蛋白的降低可能是由于高温导致了奶牛的蛋白质采食量降低和皮肤的氮排泄增加造成的。环境温度在 $10\sim32.2\,℃$ 时乳脂率下降，$32.2\sim40.6\,℃$ 时乳脂率升高，乳脂率升高可能是由于产奶量明显降低引起。当气温从 $18\,℃$ 上升到 $30\,℃$ 时，乳脂率、非脂固形物及乳蛋白含量分别下降 39.7%、18.9% 和 16.9%（McDowell 等，1976）。李征等（2009）研究表明，夏季热应激奶牛的产奶量极显著降低（$P<0.01$），乳成分也会发生明显的变化，乳脂率和乳蛋白率显著低于非热应激奶牛（$P<0.01$），乳糖率也有降低的趋势。艾阳等（2015）研究发现，在夏季高温高湿条件下，随着气温的升高（由 $26\,℃$ 升高至最高 $38\,℃$），奶牛的产奶量和乳蛋白产量均显著下降。血液中谷氨酸、天门冬氨酸、甘氨酸和缬氨酸等主要的生糖氨基酸以及亮氨酸、异亮氨酸等生酮氨基酸均升高或显著升高（$P<0.05$）；总支链氨基酸（缬氨酸、异亮氨酸、亮氨酸）含量显著增加（$P<0.05$），主要参加免疫反应，并在必需氨基酸中所占的比例由 54.75% 增至 67.89%。研究结果提示，热应激时奶牛血液中高水平的游离氨基酸并未完全用于乳蛋白的合成，还发挥了除此之外的其他作用，而后者的作用优先于参与乳蛋白的合成，即可能优先作为功能性氨基酸参与了机体的其他活动。

3. 热应激影响繁殖　热应激对反刍动物的繁殖也有很大的影响。热应激时，动物体温升高，卵子与精子不易结合，受精卵到子宫着床前死亡率升高。此外，热应激引起母畜激素分泌失调，子宫内温度上升，子宫血流量减少，导致供给胚胎的养分减少，从而影响胚胎的生长发育，造成胚胎的早期死亡和一些繁殖疾病。热应激条件下，母牛血清中孕酮水平明显上升，而 T3、皮质醇、促黄体激素（luteinizing hormone，LH）和雌二醇水平显著下降，这是造成受胎率下降的重要原因。田允波等（2002）研究表明，月均气温、最高平均气温、最低平均气温超过 $30\,℃$ 天数与母牛情期受胎率呈强负相关；相对湿度与情期受胎率的相关性较弱，相关系数只有 -0.16。结果表明，气温愈高，母牛的情期受胎率愈低。邓玉英等（2010）对隆林山羊的研究结果表明，最低气温、最高气温对母羊繁殖性能有不良影响，高温、高湿对母羊繁殖性能影响最大。6—9 月（月均气温 $26.4\sim29.3$ ℃）母羊的平均受胎率比 2—4 月（月均气温 $15.1\sim25.2$ ℃）低 $13.0\%\sim13.4\%$，比冬季 11 月、12 月、1 月（月均气温 $13.1\sim21.9$ ℃）低 $11.5\%\sim12.7\%$。可能是高温引起母畜体温升高，形成炎热的生殖道环境，特别是子宫环境温度升高，不利于受精卵的发育和附植，从而导致母畜受胎率的降低。因此，为了提高母羊的受胎率，配种高峰应尽量避免在夏季进行，或在夏季采取适当的降温措施。

（三）热应激对瘤胃的影响

反刍动物瘤胃细菌是一个相对稳定，但又处于持续动态变化中的群落，它的组成和分布受环境温湿度、日粮、季节、宿主健康等多种因素影响。

随着全球气候变暖，热应激已成为危害畜牧生产的重要因素。特别是对于奶牛，生产性能高，代谢强度大，加上气候炎热，会对其造成严重影响。瘤胃消化能力与其微生物组成密切相关。由于传统研究方法的局限性，关于热应激对瘤胃微生物影响的报道较少。

与非热应激期相比，热应激极显著提高了泌乳前期组奶牛瘤胃液各类微生物数量（$P<0.01$），极显著提高了泌乳后期组奶牛瘤胃液黄色瘤胃球菌数量和泌乳中期组的产琥珀酸拟杆菌数量（$P<0.01$），极显著降低了泌乳中、后期组的总细菌数量、白色瘤胃球菌数量和泌乳后期组的产琥珀酸拟杆菌数量（$P<0.01$）（杜瑞平等，2013）。Tajima 等（2007）报道了热应激对后备牛瘤胃微生物的影响。结果表明，瘤胃微生物组成有变化。王建平等（2010）研究发现泌乳后期牛瘤胃液中黄色瘤胃球菌比中期牛高 13.9%、栖瘤胃普雷沃氏菌高 5.3%、总瘤胃球菌高 3.7%，其他微生物两者差异不超过 2.0%。高产和中产乳牛瘤胃液中栖瘤胃普雷沃氏菌和黄色瘤胃球菌差异较大，高产牛栖瘤胃普雷沃氏菌高于中产牛 14.4%，黄色瘤胃球菌高 12.6%，其他微生物高产牛和中产牛差异不超过 2.0%。但各种微生物均未达到统计上的显著差异。这表明不同生理状态奶牛瘤胃中的纤维分解菌在热应激过程中有不同程度的变化。

（四）预防热应激的措施

1. 热应激防控意义　炎热对奶牛带来的负面影响远远高于寒冷对其产生的影响。在夏季避免奶牛热应激，是保证奶牛在夏季天气炎热时期有较高生产性能的根本措施。

在热应激因素作用下，泌乳牛生理代谢过程和泌乳过程产热增多以及散热效率下降是导致体温升高的两个重要原因。热应激引起奶牛体内热平衡失调，机体为了维持体内热平衡或体温的相对恒定，通过下丘脑而启动了相应的神经、体液调节功能，从而引起呼吸和心跳加快，以加强机体的散热作用，保证体内热量平衡，维持体温相对恒定。结合奶牛热应激防控措施，提升夏季牛体散热效率，降低奶牛夏季生理代谢过程中的产热量，是减缓热应激、做好奶牛热应激防控工作的基本思路。

2. 缓解热应激的物理措施　在南方实际生产中使用最广泛的是风扇加喷淋模式的系统。刘海林等（2016）研究发现，风扇加喷淋试验牛舍环境温湿度明显改善，牛舍日平均温度降低 3.89℃（$P<0.01$），在 14：00 最高降幅达 7.45℃（$P<0.01$）；全天平均温湿指数比对照牛舍低 7.02（$P<0.01$），在 14：00 最高降低 13.86（$P<0.01$）；试验组奶牛日平均直肠温度、呼吸频率和心率比对照组分别降低 0.19℃、7.9 次/min 和 3.6 次/min，在 16：00 直肠温度、呼吸频率分别降低 0.88℃和 20.2 次/min（$P<0.05$）。另外，还可以用白色涂料将牛舍屋顶及四周墙壁刷白，利用白色对太阳光的反射，减少热量在牛舍内的蓄积，降低牛舍的温度。适当降低牛舍内奶牛头数，增加活动空间，有利于空气流通，且可减少舍内牛体的总产热量，降低舍内温度。

3. 防控热应激的营养措施

（1）增加微量元素摄入　维生素作为奶牛维持生命活动必要的成分，对缓解奶牛热应激有一定的有益作用，特别是维生素 C、维生素 E 等具有抗氧化、抗应激功能的维生素。在夏季应多供给一些如胡萝卜、苜蓿、优质干草、冬瓜、南瓜、甜菜等，以增加奶牛采食量和补充维生素。董卫星等（2009）报道，在热应激奶牛日粮中添加纳米硒和维生素 E 可以提高奶牛血浆中硒和维生素 E 含量。

热应激时，动物体内代谢加强、某些矿物元素排泄增加，从而增加矿物质需要量。如热应激时，动物体内钾、钠排出量增加，而钾的吸收减少，因此日粮中要相应地提高钾、钠水平。适当提高日粮钙含量能提高动物的耐热力。添加碳酸氢钠可缓减热应激的不良影响，补充钠离子和钾离子。通常高水平的钾、钠、镁日粮只宜在泌乳阶段使用，而干奶期使用较高水平的钾、钠、镁日粮易引起奶牛乳房水肿病。在奶牛日粮中添加 0.15% 的硫，可提高干物质的可消化性。添加赖氨酸铬、烟酸铬等也可以改善奶牛生产性能，增强抗热应激的能力。

（2）均衡能量及蛋白质摄入　热应激时，动物采食量下降，饲料利用率降低。因此，必须根据奶牛的采食量相应调整日粮配方，增加营养，弥补热应激引起的动物养分摄入不足。但盲目提高日粮蛋白质水平，会增加热增耗，加重热应激。通过平衡日粮氨基酸，按可消化氨基酸需要配制日粮来降低粗蛋白质水平，保证氨基酸摄入量足够，动物生产性能就不会下降。在热应激条件下的奶牛日粮中添加一定量脂肪酸钙能显著提高奶牛产奶量和乳脂率，而添加的脂肪酸钙量应控制在 400 g/d 以内。

（3）改善动物肠道健康　近年来，国内外有很多关于酵母培养物在奶牛生产中应用的研究，在奶牛日粮中添加酶制剂和微生态制剂，能够减少热应激下奶牛的发病率，提高饲料消化率，稳定瘤胃内环境，促进有益菌群的增殖，同时可以提高奶牛的采食量以及抗应激能力（王晓宏等，2010）。添加啤酒酵母 30 g/d，可有效提高奶产量 1.2 kg/d，明显提高乳蛋白、非脂固形物、乳糖含量（Bruno 等，2009）。每头泌乳牛每天添加活性干酵母 1 g 可延长泌乳高峰，提高采食量，降低直肠温度 0.15 ℃（戴晋军等，2010）。

4. 添加中草药制剂　在当今禁用抗生素的大背景下，中草药添加剂又重新得到人们的关注。现代药理研究表明：一些中草药（如黄芪）有类肾上腺皮质激素的作用，通过作用于靶细胞的受体，可提高环腺酸酐水平，从而提高奶牛的产奶量。党参和黄芪能补气益血及生津，青蒿、薄荷、藿香和生石膏可清热解暑，甘草调和脾胃，诸药共用有补气养血、理气行气及通乳下乳之功效。金兰梅和伍清林（2008）所做相关研究结果表明，添加特殊的中草药添加剂可改善奶牛的热应激状态、提高奶牛产奶量。因此，对奶牛热应激宜采用清热解暑和益气养阴等药物进行调理。

二、低温环境

过低的温度往往会使动物处于冷应激。冷应激区是指低于下限临界温度的温度区域。在冷应激区，动物散失到环境的热量增加，单靠物理性调节难以保持体温恒定，必须利用化学调节来增加产热。

（一）冷应激生理变化

1. 冷应激的表现　寒冷应激是高寒地区一种最普遍的应激因素，已经成为制约该地区畜牧业快速发展的主要因素。冷应激可引起动物神经内分泌及免疫功能紊乱，常常伴随着反刍动物生理机能、营养代谢状况异常。而血清激素水平的变化通过影响动物的生理机能，最终导致其生产性能、繁殖力和健康状况的改变。

动物正常呼吸的次数和深度受多种环境因素和动物自身状态的影响。泌乳牛正常呼吸频率为 18～28 次/min，犊牛为 20～40 次/min。环境温度从 10 ℃下降到−15 ℃时，泌乳牛呼吸频率下降至 10～15 次/min。一般来说，奶牛在低温时呼吸变深、频率下降。王祖新研究表明，奶牛在适宜条件下的呼吸频率为 27.79 次/min，而在－20 ℃ 时平均呼吸频率为 25.29 次/min。

心率与机体的代谢密切相关，冷应激初期奶牛的心率会出现突然升高的现象。心跳加快是机体代谢增强、产热增加的一种御寒反应，机体以此来提高代谢率，维持体热平衡。王纯洁等（2001）研究发现，在外界温度为－36.4～－18.7 ℃ 时，母牛的平均心率为 67 次/min，高于正常心率的 50～60 次/min。由此可见，在低温条件下，由于散热量的大幅度增加，心率升高、产热增加，是机体保持体温恒定的一种调节反应。

2. 低温环境对动物能量代谢的影响 动物暴露于下限临界温度的环境中时，机体静止能量代谢率升高，同时产热量增加。绵羊暴露于 0 ℃ 与 20 ℃ 其产热量在低温时增加 2.14 倍。在下限临界温度时，外界温度每降 1 ℃，静止能量代谢率成年羊日升高 4.2 kJ/$kg^{0.75}$，生长期犊牛升高 2.5 kJ/$kg^{0.75}$，肉牛升高 2.9 kJ/$kg^{0.75}$。肉牛饲养在 30 ℃ 环境中时，静止能量代谢率为 13.08 kJ/$kg^{0.75}$，但将牛饲养在 17.4 ℃ 和 12.7 ℃ 的冬季室外环境中时，其静止能量代谢率分别为 16.51 kJ/$kg^{0.75}$ 和 17.93 kJ/$kg^{0.75}$。将泌乳绵羊暴露于 (21±1)℃ 和 (0±1)℃ 环境中 1d、21d 和 41d 后，(0±1)℃ 试验组的产热量较 (21±1)℃ 组分别提高 20%、43% 和 55%，而且所有冷暴露组乳脂含量亦明显增加。冷暴露 21d 后，乳蛋白和乳糖含量明显增加，SCFA 含量在冷暴露过程中相对降低，说明冷应激后乳中能量损失有增加趋势，但每日乳产量无明显改变。

3. 冷应激对血液指标的影响 研究发现，随着环境温度下降，血清 T3 和 T4、醛固酮（aldosterone，ALD）含量升高，血清 INS 含量各组间差异不显著（$P>0.05$），表明慢性冷应激可能影响奶牛血清中某些激素的分泌。寒冷应激可引起动物免疫机能的变化。其变化随遭受冷应激的程度和持续时间而存在较大差异。Sima 等（1998）认为急性冷应激常呈现免疫抑制，慢性冷应激和温和冷应激常引起免疫增强，而过强冷应激可引起免疫功能严重抑制，导致机体免疫机能下降。甲状腺激素的合成和分泌受大脑垂体分泌的促甲状腺激素（thyroid stimulating hormone，TSH）控制，其分泌过程又直接与大脑皮层接受外界的冷热刺激程度有关。哺乳动物对寒冷刺激的反应主要是引起下丘脑-腺垂体-甲状腺轴（hypothalamus-pituitary-gonad axis，HTP）功能的改变。急性寒冷刺激经皮肤感受器通过传入神经传至下丘脑，导致促甲状腺激素释放激素分泌增加，引起 TSH 分泌增强，进而引起血中 T3、T4 水平升高。INS 是由胰岛 B 细胞分泌的一种蛋白质激素，是机体重要的代谢激素之一，还是唯一能同时促进糖原、脂肪、蛋白质合成的激素。INS 对糖代谢的调节尤为重要，与胰高血糖素共同调节血糖水平的稳定。在应激条件下，INS 分泌减少而胰高血糖素分泌加强。醛固酮由肾上腺分泌，可维持血液中钾、钠离子的平衡。如果肾上腺皮质功能低下，醛固酮分泌过少，则钠和水排出过多，造成低血压、低血糖等。慢性冷应激期间奶牛血清 INS 含量表现为先下降再有所上升的趋势，但各组间差异不显著。可能是由于冷暴露使机体代谢率增加，三大营养物质代谢加强，血液中代谢产物如葡萄糖、游离脂肪酸、氨基酸增加，从而刺激 INS 的分泌。

4. 冷应激对免疫的影响 杨莉等（2015）研究了不同的冷应激温度对阿勒泰羊细胞免疫及 HSP70 的影响。在冷应激下阿勒泰羊各组织中 HSP70 的表达都有所增加，尤其是脾组织的表达增加幅度较大。ELISA 方法测定阿勒泰羊在寒冷刺激后白细胞介素-4 （interleukin 4，IL-4）浓度发生显著下降（$P<0.05$），而白细胞介素-2（interleukin 2，IL-2）在冷应激后变化不显著（$P>0.05$），出现轻微的下调。结果说明，冷应激条件下机体的免疫系统受到抑制，较高水平的热应激蛋白（HSP70）能够保护机体免受应激的损伤。景慕娴等（2015）研究了急性冷应激对牦牛乳腺上皮细胞 HSP70 表达量的影响，发现乳腺上皮细胞分别在 10 ℃ 冷处理 2 h、4 h、6 h 和 8 h，其 HSP70 mRNA 的表达量变化均不显著（$P>0.05$）；分别在 10 ℃ 冷处理 2 h、4 h、6 h 和 8 h，再复温培养 4 h，HSP70 mRNA 的表达量均极显著增加（$P<0.01$），于 6 h 达到峰值；在 10 ℃ 先冷处理 4 h，然后分别复温培养 2 h、4 h、6 h 和 8 h，HSP70 mRNA 的表达量亦均极显著增加（$P<0.01$），并于 4 h 达到峰值。因此，说明急性冷应激诱导牦牛乳腺上皮细胞 HSP70 表达量的增加不是发生在冷处理过程中，而是发生在复温过程中，并且在一定范围内随冷处理时间的增长表达量增高。

孟祥坤等（2010）研究慢性冷应激对西门塔尔杂交犊牛免疫相关指标的影响，发现随着温度的降低，试验组犊牛血清葡萄糖水平升高了 18.8%～103.3%，在接受 0 ℃ 左右（1.5 和 -1.1 ℃）慢性冷应激时，血清葡萄糖水平的升高随着应激时间的延长而更加显著，但温度对血清尿素氮（blood urea nitrogen，BUN）和血清皮质酮（corticosterone，CORT）指标的影响并不显著。舍内 -4 ℃ 日平均温度，显著提高了血清总抗氧化能力（total antioxidant capacity，T-AOC）和 MDA 的水平、降低了 SOD 和 GSH-Px 的水平。在 -2.4 ℃ 日平均温度下，8～10 月龄牛的血清 SOD 水平比 4～6 月龄组高 82.6%，生长激素（growth hormone，GH）水平比 4～6 月龄组低 26.0%。因此，慢性冷应激改变了血清中生理生化指标、免疫相关激素和抗氧化指标的水平，从而影响犊牛的免疫能力，并且温度越低、月龄越小，影响越大。

（二）对反刍动物生产性能的影响

1. 对体温的影响 于濛（2012）研究表明，气温从 10 ℃ 下降到 -15 ℃ 时对奶牛的体温没有明显的影响，若有充足的饲料供给，则奶牛在 -18 ℃ 的低温中亦能维持正常的体温。这是由于当外界环境温度下降引起体内温度下降且超过牛体温调定点的阈值时，牛骨骼肌的紧张性增加，皮肤血管收缩，使散热活动受到抑制，从而保持体温相对恒定。研究表明，奶牛的下限临界温度为 -26.7 ℃，低于该临界温度奶牛的体温开始升高。将原处于 7.2 ℃ 环境中的小母牛突然转入 -26.7～-8.9 ℃ 的冷环境中，小母牛表现颤抖、拱背、活动增加；1 h 后，小母牛体温平均从 38.8 ℃ 升到 39.1 ℃。产生这种结果的原因是在急性的低温刺激下，由于肌肉颤抖，动物的产热量往往超过散热量，使体温稍微升高（陈晨，2007）。

2. 对奶产量的影响 虽然奶牛抗寒不耐热，但当温度低于奶牛的下限临界温度后仍然能引起奶牛的冷应激。当温度低于 -4 ℃ 时，奶牛产奶量下降 5% 左右，当温度低于 -20 ℃ 时，奶牛产奶量下降 10% 以上。据张浩（2010）报道，当环境温度低于 -10 ℃ 时，奶牛的产奶量会下降 6% 以上。Schnier 等（2003）研究发现，奶牛在寒冷饲养条件下每个测定日产奶量约下降 1 L。因此，在冬季必须加强牛舍的防寒设计及管理，以减少冷应激对奶牛造成的损失。

3. 对生理指标的影响 张燕等（2016）研究发现，冷应激下荷斯坦奶牛和三河牛的卧息时间、反刍时间、排尿次数和排便次数显著性增加，站立/游走时间和呼吸频率显著性降低；同时，血清总 SOD 和 Cu/Zn‐SOD 的活力显著降低，MDA 含量显著增多。这说明冷应激能够显著改变反刍动物的躺卧息、反刍和站立/游走等维持行为和抗氧化性能。

4. 对繁殖的影响 李强等（2014）比较了西门塔尔青年母牛在发情和配种时遭遇寒流或下雪与正常气候下的有效胚胎数量。正常气候组平均回收卵为 14.95 枚，平均有效胚胎为 8.04 枚；下雪/寒流组分别为 8.6 枚和 4.47 枚，说明下雪或寒流会产生冷应激，大大降低有效胚胎数量。因为在母牛卵子受精和卵裂后，应激反应使母牛体内促肾上腺皮质激素分泌量升高，引起雌二醇浓度下降，孕酮浓度升高，此时，母牛体内的雌二醇浓度已经下降，孕酮浓度也出现小量的升高，因此，对胚胎的不利影响明显减小。

（三）冷应激防治措施

1. 物理措施 预防冷应激首先应当考虑改善环境条件。主要通过加强周围防风增强畜舍保暖性能，因地制宜，建造适合不同地区气候的畜舍。对于北方寒冷地区，冬季畜舍防寒至关重要。如通向运动场的门可用弹簧门，动物出入时可自行开关。用塑料薄膜从屋檐遮至运动场外墙，效果也较好。分娩哺育舍可通过铺垫草，增设保温箱、红外线灯、电热板等措施保温。另外，利用太阳能房舍也是畜舍保暖的有效措施之一。

2. 营养调控 一般情况下，冷应激时反刍动物的采食量要比在等热区内大，动物需要消耗大量的额外营养物质以供产热之用，但消化率却会有所下降。日粮中的能量由原来的生产功能转向产生大量的体热，以维持动物体温的恒定，这就造成了营养物质的浪费和生产成本的增加。若热量产生不足，可引起动物生长发育的继发性改变及某些疾病的产生。为了补偿动物因御寒需要所消耗掉的能量，可在日粮中添加过瘤胃脂肪、全棉籽等高能量的成分，但总脂肪含量不宜超过 6%（干物质）；在缺乏蛋白质日粮的情况下，还可添加尿素，一般 6 月龄以上的犊牛日饲喂量为 30～60 g，成年母牛的日饲喂量为 150 g。在冬季，随着胃液分泌量的增加，奶牛对食盐的需求量也增加了。可根据奶牛体重和产奶量，每天添加食盐 50～100 g。此外，每天还可添加 5～15 g 钙。

3. 增强免疫力 应激降低动物的免疫力，维生素 E 具有抗应激的作用。高剂量的维生素 E 有抗应激的良好作用，在日粮中补充高于需要量的 3～6 倍的维生素 E 可提高机体的免疫力和激发吞噬作用而刺激抗病机制。宋志宏等（1995）发现，大鼠低温冷暴露后血及肝脏组织中脂质过氧化物酶（lipid peroxidation，LPO）含量显著升高，GSH‐Px 和 SOD 的活性明显下降，而饲料中加入一定量的维生素 E 或沙棘油均可使上述指标的变化明显改善。维生素 C 在抗寒冷应激情况下亦起重要作用。一般饲养管理条件下，普通家畜的饲料中不需要添加维生素 C。但在应激条件下，因动物合成维生素 C 能力降低，补充一定量的维生素 C 可促进机体生长。维生素 C 抗应激的机理可认为维生素 C 是合成儿茶酚胺和糖皮质激素必要的辅助因子。维生素 C 参与肾上腺皮质类固醇的合成和羟化过程。除维生素 C 外，其他维生素也参与许多生化过程，在机体处于应激状态下其代谢增强，因此对其他维生素的补充亦是有益的。

4. 精细管理 在严寒中，对妊娠牛和犊牛要给予特别的护理。对于妊娠牛而言，保胎是重点。一是要满足它们的营养需要，尤其是要保证蛋白质、矿物质和维生素的供给，防止奶牛采食腐败或冰冻的饲料。二是要对妊娠牛群进行精细化管理，减少奶牛发生惊吓、滑跌及挤撞的情况。对犊牛而言，保温是重点。低温影响胃肠道运动和消化液分泌，从而影响排空速度和消化过程。如果保温措施不当，容易引起犊牛感冒、消化不良性腹泻以及其他并发症，严重者会导致犊牛死亡。

第二节 水 环 境

水既可作为营养物质，又可参与奶牛机体的生理活动，促进新陈代谢，对营养物质在体内的消化、吸收、运输以及代谢有着重要的作用。虽然人们已经深入研究了反刍动物各种重要营养成分的需要量和功能，如蛋白质、纤维素、矿物质、维生素等，并且在日粮中添加各种营养成分以达到日粮的平衡，但反刍动物的饮水和水环境的问题始终没有得到足够的重视。

一、空气湿度

(一)空气湿度对体温的影响

空气湿度对反刍动物的影响主要是水汽影响反刍动物机体的散热，湿度越大，动物通过散热调节体温的范围越小。高温高湿气候，动物体热不易散发，体温会升高。低温低湿的环境，动物散热就多，体温会下降，若维持恒温就要增加产热能量。空气相对湿度在55％～85％时，对动物影响不显著，高于90％时会对动物产生一定的危害，反刍动物的舍内空气相对湿度不宜超过85％。

(二)空气湿度对生产性能的影响

湿度过大会加剧高温或低温对反刍动物生产的负面影响。夏季空气中相对湿度以50％～70％为宜。当相对湿度超过75％时，奶牛泌乳量会明显降低。在舍饲或半舍饲的养殖模式下，高温高湿的圈舍环境会导致肉羊采食量的下降，甚至停止采食，影响生产性能（臧强等，2005）。在低温高湿的环境中，奶牛机体散热量增多，导致体温下降、生产发育受阻，饲料利用率、营养代谢率下降。另外，湿度大为环境中各类病原微生物提供了适宜的生存和繁殖条件，同时动物机体抗病力下降，传染病发病率也容易上升（李宁，2014）。湿度对反刍动物的受胎率也有影响。邓玉英等（2010）的研究结果表明，相对湿度对母羊受胎率无大影响。但母羊受胎率与月均气温之间的相关性与相对湿度有关。在高温环境下，高湿会更加剧高温的不良作用，湿热环境对母羊的影响表现为体温升高、呼吸加快，采食量降低，生殖机能产生障碍，受胎率下降且易造成流产。因此，要提高母羊的繁殖性能，在种羊的饲养管理上要重视防暑降温，保持良好的通风。

奶牛适宜的温度范围为 5～23 ℃（犊牛为 10～24 ℃），耐受范围为－15～26 ℃，适宜的空气相对湿度为 50%～70%。当环境温度超过 26 ℃、相对湿度超过 75% 时，奶牛就会出现明显的不良反应，表现为生理机能减退、采食量下降、乳脂率下降、泌乳量减少、发情紊乱及免疫机能下降。特别是高温和高湿叠加的时候，奶牛的舒适感更差。因此，在夏季除了降温之外，还应保持较低的空气湿度。牛舍安装风扇和换气扇，风扇风量要求达到 283～311 m³/min，风速 10 m/s，风扇高度 2.5 m。换气扇以轴流风机为好，通风量大，可促进蒸发和散热，促进空气流通，防止舍内湿度过大和氨气、一氧化碳等有害气体浓度过高。Tajima 等（2007）报道不同环境温度对热应激青年牛瘤胃微生物组成无显著影响，但受相对湿度和体重影响较大。

（三）影响空气湿度的因素

畜舍中的湿度主要来自家畜皮肤和呼吸道，以及潮湿地面、粪尿、污湿垫料等蒸发，当然，在我国南方地区也存在空气本身潮湿导致畜舍湿度过高。在我国北方冬季牛舍紧闭门窗，封闭保温良好，靠牛自身散热舍内温度可保持在 5 ℃ 以上，但这样造成了舍内空气流通差，舍内水分（自身蒸发）排不出去等问题，致使舍内湿度极高，有害气体浓度严重超标，造成牛皮肤、呼吸道感染等多种疾病，严重影响了生产能力。在冬季，封闭式畜舍内湿度有两种表现方式：一种是湿度大，表现不明显，这种畜舍保温性能良好；另一种是舍内能见度极低，空气呈雾状，能够感受到空气潮湿，当气温降低时，即在畜舍内表面形成液体或者固体，甚至由水凝结成冰，水分可渗入围护结构的内部，当气温升高，这些水分又再蒸发出来，使舍内的湿度经常很高。高湿不但影响肉牛的生产力，还会影响建筑的使用寿命。

在高湿的情况下，肉牛的抵抗力减弱，发病率增加。在低温高湿的情况下，家畜易患各种感冒性疾病及风湿症、关节炎、肌肉炎等，如 1 月龄的犊牛在 7 ℃ 和 15 ℃ 的条件下饲养，相对湿度为 95% 时，两种温度的腹泻日数均增多，腹泻日数与饲料利用率呈显著的负相关；而相对湿度为 75% 时，呼吸道疾病较多。

合理的畜舍结构能改变舍内的湿度，从而有利于动物的生产和健康。施力光等（2016）对肉羊规模化养殖小气候环境的相关研究表明，良好的羊舍小气候条件能显著提高饲养效果和繁殖性能，双坡顶单列式高床羊舍内平均温度与羊舍外界环境温度差异不大（$P>0.05$），但舍内温度稍低于羊舍外界环境 1～3 ℃；羊舍外界环境空气相对湿度显著低于中高饲养密度的舍内湿度（$P<0.05$）。而王强军等（2014）对西南地区夏季不同类型、不同饲养密度的羊舍内外环境相对湿度测定结果差异不显著。王金文等（2014）测定中原农区夏季半开放式羊舍内环境相对湿度较舍外增加 1.7%，可能的原因是外界环境高温导致漏缝地板下的羊粪尿蒸发水分加剧，致使相对湿度的显著增加。

二、温热环境及温湿指数

（一）温热环境

温热环境包括温度、相对湿度、空气流动、辐射及热传递等因素，它们共同作用于动物，使动物产生冷或热、舒适与否的感觉。温热环境常用综合指标来评定，如有效环境温度（effective ambient temperature，EAT）。EAT 不同于一般环境温度，一般环境温度仅仅是用温度计对环境温度的简单测定值；而 EAT 是动物在环境中实际感受的温度。

反刍动物释放热能最重要的方式是对流、辐射和蒸发，以这些方式可释放出去的热能取决于环境。当环境气温低于动物体温时，动物就以对流和辐射的方式向环境中散热；如果环境温度与动物体温相等时，以对流和辐射的散热方式就会减少甚至停止。蒸发散热取决于环境中空气的湿度，空气干燥时动物可通过蒸发方式散去大量热能；当空气湿度逐渐增大时，动物通过蒸发散热的能力越来越小；如果空气中水分达到饱和，通过这种形式可散热量将会降低到 0。当天气非常炎热，气温超过动物体温，空气湿度又特别大时，对流、辐射和蒸发散热停止，而环境中的对流热和辐射热开始走向动物使其体温升高，引起热应激。

（二）温湿指数

温湿指数（THI）通常用来描述畜禽养殖过程中动物是否处于热应激状态及其程度，是经典的评价动物热应激状态的指标。

$$THI = 0.72 \times (T_d + T_w) + 40.6$$

式中，T_d 为干球摄氏温度；T_w 为湿球摄氏温度。

当 $THI \leqslant 72$ 时，表明动物尚未处于热应激状态。当 THI 为 73～77 时，表明动物处于轻度热应激状态，动物一般表现为呼吸频率和心率轻度增加、饮水增多、轻度出汗，对动物的生产性能有一定程度的负面影响。当 THI 为 78～89 时，表明动物处于中度热应激状态，动物一般表现为呼吸频率和心率轻度增加、饮水增多、采食量减少、出汗较多、体温升高，对动物的生产性能有较大负面影响。当 $THI \geqslant 90$ 时，动物处于重度热应激状态，表现为呼吸急促、节律不齐，脉搏疾速、心悸、皮温增加、共济失调、食欲废绝、大汗淋漓、体温升高，后期动物昏迷、意识丧失、四肢呈游泳状，甚至死亡。

（三）温热指数对生理和生产的影响

1. 对生理的影响　侯引绪等（2012）发现，轻度热应激与无热应激相比，泌乳牛心率、直肠温度存在显著性差异（$P < 0.05$）；中度热应激、重度热应激与无热应激相比，泌乳牛呼吸频率、心率、直肠温度存在极显著性差异（$P < 0.01$）。因此，在热应激条件下，泌乳牛体温（直肠温度）变化的差异性相对于呼吸频率、心率更为显著；THI 与泌乳牛的呼吸频率、心率、体温（直肠温度）呈正相关。段旭东等（2011）发现，牛舍温度、相对湿度分别与 THI 呈极显著正相关和显著正相关；牛舍温度、THI 的升高会导致泌乳奶牛直肠温度升高、呼吸频率加快，但相关性并不显著；牛舍湿度的升高会导致泌乳奶牛直肠温度、呼吸频率的下降，但相关性不显著；奶牛直肠温度与呼吸频率呈极显著正相关。奶牛呼吸频率与直肠温度存在极大的显著性，表明在观察奶牛的热应激反应时，仅靠其中的一项指标就可以有效判断奶牛的热应激状况，在实际操作中根据奶牛的呼吸频率变化判断奶牛的热应激反应程度是一种简单可行的方法。Ingraham 等（1971）也认为 $THI < 72$ 对奶牛无影响，THI 为 72～78 时奶牛会产生轻微热应激，THI 为 78～89 时奶

牛会产生中度热应激，*THI* 为 90 以上时，会产生重度热应激。当 *THI* 持续高于 72 时，奶牛易处于热应激状态，活动量显著升高，反刍量明显降低。与冬季相比，夏季活动量高出 19.3%，与此相反，冬季反刍时间增加 10.4%。其中反刍时间与采食量密切相关，这与夏季奶牛采食量低、产奶量低相符（鄢新义等，2016）。

2. 对产奶量的影响 田萍等（2002）研究发现，随着 THI 的增大，产奶量明显下降，THI 与平均产奶量呈负相关，相关系数 *R* 为 0.847 8。卢跃红等（2005）研究证明，产奶量随 THI 的增大而下降，平均 THI 与水牛产奶量呈负相关。

（四）温湿指数对繁殖及健康的影响

THI 除了对生理状态、产奶量有影响外，对奶牛的繁殖效率、健康状况也有作用。田萍等（2002）研究发现随着 THI 的上升，奶牛的受胎率明显下降，乳腺炎、子宫炎等疾病的发病率呈上升趋势。杜瑞平等（2013）研究表明，整个热应激期 THI 与泌乳前期组奶牛瘤胃液总细菌数量（$P<0.05$）、厌氧真菌数量（$P<0.05$）、白色瘤胃球菌数量（$P<0.05$）和黄色瘤胃球菌数量（$P<0.05$）有较强的相关性，而 THI 与泌乳中、后期组奶牛的这些指标相关性较差。另外，不论是否处于热应激状态，荷斯坦成年奶牛均可表达 HSP70，重度热应激期（$THI=93.5\pm2.1$）HSP70 表达量分别是中度热应激期（$THI=76.7\pm2.6$）的 1.9 倍（$P<0.01$）和非热应激期（$THI=56.5\pm1.7$）的 6.9 倍（$P<0.01$），中度热应激期 HSP70 表达量是非热应激期的 3.6 倍（$P<0.05$）。并且，HSP70 表达量与 THI 呈正相关关系（$P<0.01$）。

（五）温湿指数的应用

动物在冷热应激期间多待在舍内，舍内环境比舍外环境对动物影响更大（Schuller 等，2013）。舍内的主要影响因素包括温度和相对湿度。THI 是目前判断热应激的主要指数，包括温度和湿度。但相对于在热应激上的应用，目前 THI 在冷应激判定中的应用缺乏研究。美国和加拿大气象中心联合提出的风寒指数（wind chill index，WCI），可作为判断动物冷应激的指数，包括温度和风速。热压指数（heat lond index，HLI），可作为判断动物热应激的指数，包括温度、湿度和风速。综合气候指数（comprehensive climatic index，CCI）包括温度、湿度、风速和太阳直射时间，是目前唯一可同时判断动物冷应激和热应激的指数。徐明等 2015 年的研究发现，在呼和浩特地区从 1 月 1 日到 12 月 31 日，奶牛舍内温度、THI 和 CCI 呈先升高后下降的趋势，7 月和 1 月分别为最热和最冷的月份；相对湿度呈先下降后升高的趋势，8 月和 1 月分别是舍内相对湿度最小和最大的月份。依据 CCI 回归公式判定，全年内，奶牛共有144 d处于热应激期、165 d 处于冷应激期。

三、环境水调控

（一）环境水调控的意义

集中养殖具有设施利用率高、饲料便于供应、经济效益好等优点。但是集中饲养也产生了诸多弊端，其中，养殖水环境管理的不当直接导致了动物健康水平低、养殖效益的下降。例如，羊舍内温度过低、湿度过高会导致羔羊免疫力低下，成活率降低；而育肥羊需要消耗更多能量用于产热，以维持其体温，致使日增重降低，饲料转化率大大下降，生长缓慢。免疫力低下，可诱发各种疾病。而高温高湿又容易导致羊中暑、采食量下降、增重缓慢等。

（二）影响环境湿度的因素

舍内湿度较高与畜舍构造、设备、舍内养殖密度、舍外湿度、舍内清洁次数以及其他日常管理方法密切相关。

1. 设施设备的影响　奶业发达国家（如以色列、美国）十分重视奶牛热应激环境控制，相继研发并应用湿帘-风机系统、喷淋-风扇系统、喷雾系统等降温系统和设施设备，缓解热应激对奶牛的影响，并取得了较好的应用效果。以喷雾降温设施为例，喷雾系统要求淋水量为 150~170 L/h。当环境温度超过 25℃时，适时开启喷雾，喷雾 30 s 吹风 4~5 min，使牛体皮肤表面水分蒸发完全，通过蒸发，可有效降低奶牛体温和呼吸频率，1 个周期持续 30~50 min，每天进行 5~7 次或者根据气温调整次数和间隔时间。在中午温度最高时，每天用冷水（深井水）刷拭牛体，加快牛体体表散热，为了防止喷水后因牛床光滑使牛摔倒，在牛床上铺设橡胶垫，同时，也便于冲洗牛床。也可在运动场修建沐浴池，沐浴池两端呈缓坡状，池内注入 1~1.5 m 深的清凉水，让牛自由进出，但要保持池水清洁卫生，及时换水。喷雾往往也会增加牛舍的湿度，容易造成细菌繁殖、动物疾病等情况。因此，需要加大牛舍的通风量，将牛舍内水汽排出，如增大牛舍窗户的面积、增加地窗，有条件的养殖场还可考虑安装通气扇；对产房和保育阶段的牛舍控制用水量，尤其减少地面用水，及时清理地面的积水；地面撒生石灰，利用生石灰具有吸水、消毒的特点降低牛舍的湿度。

2. 畜舍构造的影响　在我国的北方地区，冬季牛舍紧闭门窗，在保暖的同时也造成舍内水分排不出去的问题，使奶牛生长在水蒸气中，并造成奶牛皮肤、呼吸道感染等多种疾病。关正军等（2008）的调查资料显示，典型牛场 40% 的奶牛都不同程度地患有皮肤、呼吸道等疾病，产奶量下降 30%，严重影响了生产效益。以该奶牛场为试验基地，绘制出室外温度为 -20℃时牛舍内不同温度所需通风量随相对湿度变化曲线图，得出牛舍温度在 1~10℃、相对湿度为 70%~90% 时其通风量为 2.64~5.5 m³/s。牛舍温度-湿度控制是规模化养殖基础性、关键性技术，亟待解决。

马娟等（2016）研究了双坡式牛舍内采用通风管设施时的通风系统对舍内环境的影响，对通风管数量以及直径与圈舍内通风量的关系进行理论计算。发现，通风管伸出牛舍外长度对舍内通风换气的影响较大。在现有的实验条件下，屋脊高度为 4.5 m 时，通风管伸出屋面 1 m，风速最大，对舍内的通风换气效果最佳。然而通风管长度并不是越长越好，通风管伸出牛舍屋面长度小于 1 m 时，随着通风管长度的增加，风速逐步增加；通风管伸出牛舍屋面长度大于 1 m 以上，随着通风管长度的增加，风速逐步减小，故以通风管长度 1 m 为宜。

（三）环境湿度对动物健康的影响

环境湿度对犊牛健康也会产生影响。在夏季保持犊牛棚内适宜的温湿度及垫料的卫生是十分必要的。谈晨等（2010）的研究结果显示，秸秆和锯屑作为犊牛舍垫料各有优缺点。秸秆较为柔软，但是在夏季常比锯屑招引更多的苍蝇，不利于环境卫生。而锯屑易于操作，但是比秸秆更易滋生细菌，并且当空气湿度有明显升高的时候，可能导致垫料中微生物的繁殖，引发犊牛的一些疾病。冬季由于温度较低，而奶牛的排泄量又很大，这样极容易造成舍内湿度过大，导致细菌大量繁殖。因此，在冬季也应当保持牛舍内的通风良好，时刻注意圈舍内相对湿度（不宜超过55%），定期更换奶牛卧床上的垫料，尽量给其创造一个干燥的环境（曲红军，2014）。

四、饮水

（一）饮水的重要性

反刍动物中以奶牛的需水量最大。限制饮水对呼吸频率和瘤胃收缩机能都会造成不良影响。奶牛需要的水来源于饮水、饲料中的水以及体内有机物的代谢水，其中以饮水最为重要，泌乳牛大约有83%的水是通过饮水方式获取。奶牛的饮水量受产奶量、干物质进食量、气候条件、日粮组成、水的品质以及奶牛的生理状态等的影响。充足的饮水可以使饲料的适口性更好，适宜水分含量可提高奶牛的采食量，一般奶牛每采食1kg干物质就需要摄入5kg左右的水，而每产1L的牛奶则需要3~5L的水。

（二）不同季节的饮水规律

在高温状态下，反刍动物主要依靠水分蒸发来调节体温，清凉的饮水在消化道内也可使畜体降温，夏季饮水较平时增加30%~50%，因此畜舍和运动场饮水槽必须供给充足饮水，最好饮用深井水，并保证饮水清洁、新鲜，有条件的可安装自动饮水器，让动物自由饮水。拴系式的牛舍主要用饮水碗，一般每两头牛提供一个饮水碗。安装高度建议高出卧床70cm左右。散栏式牛舍则使用饮水槽，一般宽度为40~60cm，深度40cm，水槽高度不宜超过70cm，水深以15~20cm为宜，一个水槽应满足10~30头牛的饮水需要。

相对于夏季，奶牛在冬季容易出现饮水量不足的问题，因为冬季青绿多汁饲料相对不足，奶牛对于凉水的饮用量减少，奶牛在挤奶后的很短时间内急需补充全天饮水量的50%~60%。一般奶牛夏季每天的饮水量在100~150kg，冬季每天的饮水量在50~70kg。寒冷环境条件下，牛饮用温水可改善养殖福利，提高生长速度，缓解寒冷季节下牛的冷应激，显著提高肉牛日增重和奶牛日产奶量（刁小南等，2013）。李婧等（2015）发现，冬季肉牛饮用温水可减少牛体产热量，但温水期与冷水期生长牛的产热量无显著差异。寒冷季节下肉牛饮用温水后生产性能得到改善，并非一定是由于温水提供了更多的能量，瘤胃微生物与消化环节的作用也有待进一步剖析。

（三）饮水安全问题

另外需要注意的方面是水源污染问题。水污染主要有以下几个方面：一是牧场生产中动物排出的粪尿与污水；二是牧场员工等的生活污水；三是农业污水、化肥、农药残留于土壤中，沉降进入地下水中；四是外来病原微生物进入地下水。如果牛、羊饮用污染的水，可导致生产性能下降，免疫力下降，诱发多种疾病。一般符合要求的饮水水质，每升水中大肠杆菌数不超过 10 个，pH 为 7.0～8.5。水中氯化钠浓度高于 2%，则会中毒。水中不应含有毒的物质，如铅、砷和杀虫剂。牛也不应饮用有深绿色藻类生长的水，目前人们已发现 6 种藻类有潜在的中毒因子。同时，保证饮水器具清洁卫生，保证每天冲刷，定期消毒。

（四）水温对动物的影响

水温也会影响动物的生产性能。冬春季节，给奶牛饮 8.5 ℃的水比饮 1.5 ℃的水，产奶量提高 8.7%；在气温 2～6 ℃的条件下，给奶牛饮 10～15 ℃的水与饮水池的冷水相比，产奶量可提高 9%。然而，饮水温度过高，对奶牛也有害无益。在冬季长时间给牛饮 20 ℃的温水，则会使奶牛的体质变弱，表现为胃肠的消化机能减退，很容易感冒。因此，饮水的适宜温度为：成年奶牛 12～14 ℃；产奶妊娠牛 15～16 ℃；1 月龄内犊牛 35～38 ℃。

研究发现，与饮用 28 ℃水相比，饮用 22 ℃、24 ℃、26 ℃的水对奶牛直肠温度和呼吸频率无显著影响（$P>0.05$）。饮用 22 ℃的水可使干物质采食量提高 5.14%（$P<0.05$），而饮水量无显著差异（$P>0.05$）。饮用 24 ℃或者 26 ℃的水不影响奶牛干物质采食量和饮水量（$P>0.05$）。饮用 22 ℃的水可使产奶量提高 6.38%（$P<0.05$），而饮用 24 ℃、26 ℃的水对产奶量无显著影响（$P>0.05$），饮用 22 ℃、24 ℃、26 ℃的水对乳成分以及血清中常量矿物元素无显著影响（$P>0.05$）。综合分析，夏季给奶牛饮用 22 ℃的水有助于提高干物质采食量和产奶量。

（五）水摄入对生产的影响

生产中还可以把全混合日粮中的水分调至 55%～57%，以提高奶牛的水分摄入量，同时提高整个日粮的适口性并增加采食量。冬季也可将部分精饲料用开水冲调成稀粥给奶牛饮用，可明显提高产奶量。但如果温度过高的情况下，增加日粮水分可能会有负面影响。Felton 等（2010）发现随着水添加比例的提高，日粮宾州筛长颗粒份数越多，日粮温度升高越快，并且降低了干物质和淀粉及中性洗涤纤维的总采食量；产奶量和乳成分不受添加水量的影响，乳的生产效率随着水添加量的增加而增加。

第三节　气体环境

环境条件对畜牧业生产的贡献率占 20% 以上（张子军等，2013）。畜舍是集中饲养家畜的场所，同时也是其赖以生存和生产的物质条件，其气体环境与家畜的身体健康、生产性能有密切关系。由于舍内饲养密度大，家畜活动范围受到限制，对于维持舍内正常的环境卫生产生了巨大的考验。畜舍空气中危害较大的成分主要有氨气、硫化氢、二氧化碳、甲烷、微粒和微生物等。

一、气流

（一）气流对生产的影响

气流往往不容易被人们重视，但实际情况是畜舍的气流可单独或综合其他因素对动物生产产生影响。夏季，气流有利于蒸发散热，畜舍要多通风换气。冬季，气流增强畜舍的散热，加剧冷的程度。气温低于动物皮温时，气流有利于对流散热和蒸发散热。气流还能保持舍内空气组分均匀，舍内保持适当的气流，不仅可以使空气的温度、湿度和化学组成保持均匀一致，而且有利于将污浊的气体排出舍外，因此保证舍内足够的通风，是重要的防暑措施，也是保证动物健康的必要条件。冬季，在自然通风的情况下，舍内气流过慢，会使舍内空气不流通，造成有害气体无法排出；舍内气流过快，会带走动物身上的热量，产生冷应激。急性冷应激常表现为抑制免疫，温和冷应激和慢性冷应激可引起机体免疫力增强，而过强冷应激会严重抑制免疫功能，从而导致机体免疫机能下降（Shephard，1998）。通风的风速大，畜体散热多，夏季使用风机可增加牛散热量，有利于增重和提高饲料转化率，例如，使用风机比不使用风机，平均日增重增加 0.081 kg，增重 100 kg 体重少消耗饲料 41 kg（陈继民，2013）。

（二）建筑材料对气流的影响

畜舍的建筑材料对气流的影响比较大，王峰等 2005 年研究了温棚牛舍对肉牛饲养的影响。该牛舍屋顶材料为聚苯乙烯泡沫塑料，温热特性为：密度 25 kg/m³，导热系数为 0.06 W/（m² · ℃），蓄热系数为 0.84 W/（m² · ℃）。牛舍东西走向，面积为 66 m（长）× 11 m（宽），钢筋框架，屋顶涂刷防水材料。普通牛舍屋顶材料为石棉水泥瓦，其温热特征为：密度 300 kg/m³，导热系数为 0.09 W/（m² · ℃），蓄热系数为 130 W/（m² · ℃）。研究发现，温棚牛舍一天中温度变化比较小，比普通牛舍温度高 0.91 ℃，差异极显著（P＜0.01）；湿度比普通牛舍相对湿度高 3.6%，差异极显著（P＜0.01）；气流速度比普通牛舍低 0.15 m/s，差异极显著（P＜0.01）。结果说明温棚牛舍环境条件有利于肉牛的育肥。

（三）建筑构造对气流的影响

近年来，低屋面横向通风（low profile cross ventilated，LPCV）牛舍作为一种新的牛舍建筑形式得到了广泛应用（图 7 - 2），但实际运行中仍存在舍内气流分布不均匀、夏季高温高湿、冬季低温高湿等环境控制技术瓶颈。邓书辉等（2014）采用计算流体动力学（computational fluid dynamics，CFD）方法，根据现场和实验室实测值所确定的风机、湿帘等边界条件，对 LPCV 牛舍的气流分布进行了三维数值模拟。模拟结果表明，挡风板和颈枷下面矮墙的设置影响了舍内气流分布的均匀性。在既有牛舍挡风板设置和矮墙高度不能改变的情况下对牛舍进行了局部改造，改造后舍内气流分布得到明显改善，平均风速增加了 52.8%，气流不均匀性指标降低了 41.8%。模拟值与实测值的对比表明，28 个测点测试值与模拟值平均相对误差的平均值为 17.1%。吕洁等（2015）通过改变牛舍上部挡风板倾斜角度的方法来改善牛舍内空气的均匀度。其利用 Fluent 软件建立挡风板与垂直方向呈不同夹角的牛舍三维模型，设置风机和湿帘为边界条件，利用计算流体动力学方法对牛舍内的空气流场进行三维数值模拟。结果表明，当挡风板与垂直方向夹角为 60°时，牛舍中气流分布最为均匀，奶牛生存高度的气流速度也最合适。

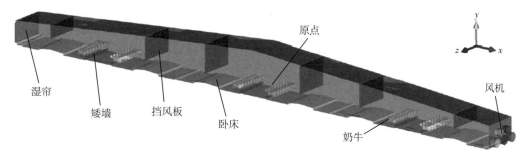

图 7-2　LPCV 牛舍三维几何模型

(资料来源：邓书辉等，2014)

在我国华东地区最炎热的月份，舍外高温高湿的气候条件，降低了 LPCV 牛舍的环境调控效果。邓书辉等（2015）又对 LPCV 牛舍的温度和相对湿度参数进行了三维数值模拟。现场实测的结果表明，舍外空气温度为 36.2℃、相对湿度为 55.5% 的条件下，舍外空气流经湿帘后的降温幅度为 7.7℃，湿帘出口处的相对湿度为 99.9%；舍内温湿度场受气流场的影响，分布不均匀，风速高的区域温度相对较低，舍内相对湿度与温度呈现强烈的耦合关系。随着空气的流动，沿气流方向平均每米长度温度升高 0.014℃、相对湿度下降 0.04%，THI 增加 0.025。

二、有害气体

反刍动物生产中产生的有害气体可分为两类，一类是温室气体，即二氧化碳和甲烷，可破坏大气臭氧层，加剧温室效应；另一类是氨气、硫化氢、一氧化碳等，可导致牛舍和周边环境空气质量下降，不但影响动物的生产性能，甚至危害到地球的生态和人类的健康。因此，有必要深入研究反刍动物生产中动物与有害气体间的利害关系。

(一) 氨气和硫化氢

1. 氨气和硫化氢的危害　氨气易溶于水，在畜舍内，氨气常被溶解或吸附在潮湿的地面、墙壁表面，也可溶于家畜的黏膜上，产生刺激和损伤。氨通常以气体形式被吸入动物机体，氨被吸入肺后容易通过肺泡进入血液，与血红蛋白结合，破坏运氧功能。进入肺泡内的氨，少部分被二氧化碳所中和，余下被吸收至血液，少量的氨可随汗液、尿液或呼吸排出体外。环境中的氨气浓度对动物的免疫力有直接的影响。低浓度的氨气可刺激三叉神经末梢，引起呼吸中枢的反射性兴奋；高浓度的氨气可直接刺激机体组织，引起碱性化学性灼伤，使组织溶解、坏死。适合动物生存的氨气浓度为 0~5 mg/m³，对于长期生活在 5～19 mg/m³ 浓度氨气下的动物而言，高浓度的氨气会给眼、呼吸道黏膜带来刺激，氨气浓度超过 20 mg/m³ 会引发炎症，炎症严重的会引起死亡。

2. 不同式样畜舍对有害气体浓度的影响　丁莹等（2017）发现，双坡式和钟楼式羊舍内氨气浓度夏季最高，分别为 8.9 mg/m³、9.1 mg/m³；双坡式舍春季氨气浓度最低，为 6.2 mg/m³，钟楼式冬季最低，为 6.5 mg/m³。冯豆等 2017 年分别在冬季和春季气温稳定时期对带窗封闭式羊舍进行连续监测，对比了基础母羊舍不同漏缝地板（竹制地板和水泥地板）、水泥地板不同饲养阶段羊舍（育肥羊和基础母羊舍）氨气浓度的变化。冬季羊舍内温度、湿度和氨气浓度均显著高于春季（$P<0.05$）；春季羊舍内氨气浓度从早到晚逐渐升高，冬季只在早上较高。不同漏缝地板羊舍中氨气浓度差异显著（$P<0.05$），育肥羊舍与基础母羊舍氨气浓度差异显著（$P<0.05$）。研究结果说明春季水泥漏缝地板具有最适宜的羊舍小气候环境。研究表明，高产奶牛舍中氨气、硫化氢浓度比中产奶牛舍高 32.5%、3.58%。随着采食量的增加，牛舍中氨气、硫化氢浓度也会增加。

3. 降低畜舍氨气及硫化氢的措施　近几年来，植物挥发油作为天然植物提取物，在饲料添加剂领域得到广泛关注，许多研究者在其抑制瘤胃甲烷排放、抑制瘤胃蛋白降解与氨氮生成以及提高瘤胃发酵效率等调控作用方面做了大量研究。Busquet 等（2006）在体外开展了瘤胃氮代谢的研究，发现一些挥发油在高剂量（3 000 mg/L）添加下可显著抑制瘤胃氨态氮浓度，然而在中等剂量（300 mg/L）和低剂量（3 mg/L）的添加下，则影响微弱或不影响氨态氮浓度。研究表明，混合挥发油（丁子香酚、甲酚、百里香酚等混合物）的浓度至少达到 35 mg/L 才能改变瘤胃氮代谢。但是，在奶牛实际生产中很难实现这个浓度。Benchaar 等（2007）在泌乳奶牛日粮中分别添加 0.75 g/d、2 g/d 的混合油并不影响瘤胃氨态氮浓度以及氮消化率。

桑断疾等（2014）研究了复合酶、复合益生菌和甘露寡糖对肉羊氮素排放及羊粪静态发酵产生氨气和硫化氢的影响。从排尿量来看，各处理组与对照组相比，差异均不显著（$P>0.05$），复合益生菌组较对照组增加 42.1%（$P>0.05$），各组间排粪量没有显著差异（$P>0.05$）。复合益生菌组采食氮素较复合酶组、甘露寡糖组和对照组分别增加 4.1%、9.1% 和 7.6%，差异均显著（$P<0.05$）。复合酶组和甘露寡糖组采食氮素与对照组间均无显著差异（$P>0.05$），各处理组尿氮均高于对照组，其中复合益生菌组尿氮最高，较对照组增加 26.4%（$P>0.05$）。试验各组间粪氮的差异均不显著（$P>0.05$）。甘露寡糖组的发酵产氨气质量浓度略高于对照组，而其他组则低于对照组，其中复合酶组降低 17.0%（$P>0.05$）。复合益生菌组的发酵产硫化氢质量浓度较对照组显著升高 81.8%（$P<0.05$），并且显著高于其他处理组（$P<0.05$）。复合酶组和甘露寡糖组的硫化氢质量浓度略高于对照组，但差异不显著（$P>0.05$）。龚飞飞等（2013）发现，各季节使用 10 L 黏土矿物吸附剂（GY-2）吸收 8 h 可极显著降低牛舍中氨气的平均浓度（$P<0.01$），各季节舍内氨气平均浓度都要低于纯水吸收试验组，其中夏季氨气平均浓度显著低于夏季纯水试验组（$P<0.05$）。

（二）二氧化碳

近年来，动物源的二氧化碳排放已成为全球关注的热点，反刍动物通过呼吸、嗳气和粪便排放的二氧化碳不容忽视。联合国粮食及农业组织（FAO）估测，畜牧业排放的二氧化碳占总二氧化碳排放量的9%。

龚飞飞等（2011）研究表明，高产奶牛舍中二氧化碳浓度比中产奶牛舍提高67.0%，并且随着采食量的增加，牛舍中二氧化碳浓度也会相应增加。史海山等（2008）运用密闭呼吸代谢箱系统研究了舍饲绵羊的二氧化碳日排放特征。结果表明，供试绵羊二氧化碳的平均排放量为147 g/d。如图7-3所示，二氧化碳在各个测定时间段内差异不显著（$P>0.05$）。由此，推算出舍饲绵羊（25±5）kg体重年排放二氧化碳总量约为53.66 kg。

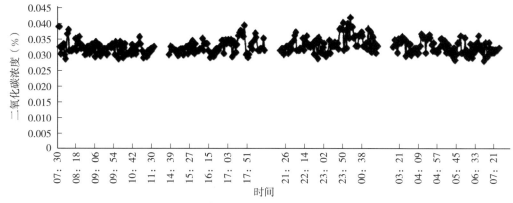

图7-3　24 h内不同时间点密闭式羊舍二氧化碳浓度

（资料来源：史海山等，2008）

丁莹等（2017）对双坡式和钟楼式两种类型羊舍进行了比较，发现双坡式羊舍二氧化碳浓度冬季最高，为1 277 mg/m³，钟楼式羊舍春季最高，为1 216 mg/m³，两种羊舍均表现为秋季最低，分别为995 mg/m³和1 046 mg/m³。研究表明，冬季羊舍内二氧化碳浓度显著高于春季，并且春季和冬季羊舍内二氧化碳浓度均在晚上较高。不同漏缝地板羊舍中二氧化碳浓度差异不显著（$P>0.05$）。育肥羊舍与基础母羊舍二氧化碳浓度差异不显著（$P>0.05$）。裴兰英等（2014）发现，组合式羊舍内平均温度比舍外环境高0.73 ℃，低温时段舍内最低温度比舍外环境提高1.42 ℃，舍内饮水基本正常使用，可保证肉羊生产正常进行。但与传统砖混结构密闭式羊舍相比，组合式羊舍内日均温度低0.70 ℃，最低温度（−7.83 ℃）低8.38 ℃，表明冬季保温效果不及传统密闭式羊舍。二氧化碳平均含量在同一羊舍7：00最高，10：00含量最低，组合式羊舍内二氧化碳平均含量比密闭式羊舍低20.9%，但氨气、硫化氢均未检出，表明组合式羊舍可以更好地保持空气质量。王亚男等（2015）研究发现，大跨度有窗密闭式奶牛舍早晚二氧化碳含量最高，约2 202 mg/m³，远超国家现行标准，半开放式奶牛舍二氧化碳含量最低，约550 mg/m³，所有奶牛舍二氧化碳的日变化均表现为早晚高、中午低的规律；单侧带窗密闭式犊牛舍的二氧化碳含量在早中晚三个时间段内均显著高于双侧带窗密闭式犊牛舍和半开放式犊牛舍（$P<0.05$），而后两种舍的二氧化碳含量间未表现出显著性差异（$P>0.05$）。此外，所有奶牛舍和犊牛舍的二氧化碳含量均显著高于舍外（$P<0.05$）。李宏双等（2017）通过对春秋季节舍内外空

气中二氧化碳含量进行检测分析，发现我国寒冷地区不同建筑类型犊牛舍的空气质量存在差异。半开放式犊牛舍和南侧带窗密闭式犊牛舍的二氧化碳含量显著高于双侧带窗密闭式犊牛舍（$P<0.05$），春秋两季三种犊牛舍二氧化碳含量均表现为早晚高、中午低的趋势，最高可达 $1\,081\,mg/m^3$（南侧带窗密闭式犊牛舍的春季早上），最低为 $397\,mg/m^3$（双侧带窗密闭式犊牛舍）。除了南侧带窗密闭式犊牛舍，犊牛舍内的二氧化碳含量均显著高于舍外（$P<0.05$）。

（三）甲烷

甲烷气体是牛、羊等反刍动物养殖过程中的一种排放物，是温室气体之一。在全球家畜的甲烷排放量中，反刍动物占 97%（贺永惠等，2001）。

1. 不同动物的甲烷排放　史海山等（2008）运用密闭呼吸代谢箱系统研究了舍饲绵羊的甲烷日排放特征。结果表明，供试绵羊甲烷的平均排放量为 $11\,g/d$，不同时间点密闭式羊舍甲烷浓度如图 7-4 所示，绵羊甲烷排放在各个时间点差异显著（$P<0.05$）。甲烷排放的峰值分别出现在 17：00 和 22：00 左右，分别达 $0.421\,7\,g/h$ 和 $0.808\,2\,g/h$，直到 0：00 降至最小为 $0.299\,3\,g/h$，之后趋于平稳，次日 8：00 左右再次达到排放高峰，排放量为 $0.658\,7\,g/h$。赵一广等（2012）研究表明，在肉羊生产中通常有 8% 左右的总能转变为甲烷能。

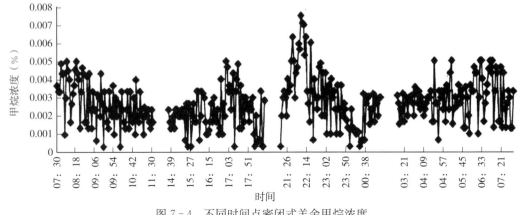

图 7-4　不同时间点密闭式羊舍甲烷浓度

（资料来源：史海山等，2008）

龚飞飞等（2011）研究表明，高产奶牛舍中甲烷浓度比中产奶牛舍高 2.69%。每头高产奶牛每天排放甲烷 $296.15\,g$，每产 $1\,kg$ 标准乳排放甲烷 $11.61\,g$。每头中产奶牛每天排放甲烷 $210.54\,g$，每产 $1\,kg$ 标准乳排放甲烷 $12.08\,g$。随着采食量的增加，牛舍中甲烷浓度也会增加。高产奶牛每产 $1\,kg$ 标准乳所排放的甲烷比中产奶牛低 3.89%。

2. 甲烷排放的营养调控　随着研究的深入，利用酶制剂、植物提取物、益生菌等来改善反刍动物对于粗饲料的利用率以及降低甲烷生成成为研究热点。酶制剂应用于反刍动物的效果变异较大。陈兴等（2013）发现添加外源纤维酶制剂可提高青贮玉米的干物质、中性洗涤纤维和酸性洗涤纤维的降解率，并可在培养前期改变甲烷的生成量，主要表现为在培养 $6\,h$ 时，部分木聚糖酶可显著降低甲烷产量（$P<0.05$），而一些纤维素酶则能显著增加甲烷产量（$P<0.05$）。随着培养时间的延长，到 $12\,h$ 时，仅一种纤维素酶显著影响

甲烷产量（$P<0.05$），而到 24 h 时，酶制剂对甲烷生成的影响变得不再显著（$P>0.05$）。林波等（2011）发现添加 50 mg/L 的牛至油和肉桂油可分别降低甲烷产量 13.3% 和 21.2%，而对总挥发性脂肪酸影响较小。200 mg/L 挥发油添加虽然更大幅度降低了甲烷产量，但同时也显著降低了总挥发性脂肪酸的浓度，不利于瘤胃发酵。陈丹丹等（2014）研究表明，天然植物提取物桑叶黄酮和白藜芦醇可以在一定程度上影响肉羊的气体代谢并降低甲烷排放量，效果最佳的添加水平分别为 2.00 g/d 和 0.250 g/d。王小晶等（2009）发现添加 5 g/kg 青蒿提取物和 70 g/kg 大黄可以替代 15 mg/kg 莫能菌素用以控制瘤胃发酵过程中甲烷排放量，并改善瘤胃发酵。

三、尘埃

（一）尘埃污染的意义

总悬浮颗粒物（TSP）是指悬浮于大气中直径小于 100 μm 的固体、液体颗粒物质的总称，可吸入颗粒物（PM10）是总悬浮颗粒物中直径小于 10 μm 的部分，是畜禽场主要空气环境质量指标。悬浮于空气中的粉尘（PM10 和 PM2.5）往往携带大量的细菌、病毒以及其他的有害物质如重金属和挥发性有机化合物等，长期或者短期暴露在粉尘污染的环境中，容易引起饲养员和动物的上呼吸道疾病、慢性支气管炎及其他呼吸道炎症（Cambra 等，2010）。虽然 PM2.5 只是地球大气成分中含量很少的组分，但它对空气质量和能见度等有重要的影响。PM2.5 粒径小，富含大量的有毒、有害物质且在大气中的停留时间长、输送距离远，因而对人体健康和大气环境质量的影响更大。PM10 则是指可吸入颗粒物，指空气动力学直径≤10 μm 的颗粒物，PM2.5 也是 PM10 中的一种。根据《畜禽场环境质量标准》（NY/T 388—1999），牛舍空气环境质量标准为 TSP 4 mg/m³、PM10 2 mg/m³。

（二）影响畜舍尘埃的因素

高玉红等（2016a）研究发现，奶牛舍空气中的 PM10 和 PM2.5 浓度分别达到 28.5～211.5 μg/m³ 和 1.9～44.2 μg/m³，并且以 PM10 的季节性较明显，夏季最高，冬季最低，且 PM10 的浓度与温度之间表现出显著正相关关系，但与相对湿度之间不存在显著相关性。双坡式羊舍与钟楼式羊舍比较，两种羊舍的可吸入颗粒物（PM10）含量均在春季最高，分别为 0.13 mg/m³、0.14 mg/m³，冬季含量最低，分别为 0.02 mg/m³、0.04 mg/m³（丁莹等，2017）。胡钟仁等（2008）研究表明，双列式羊舍舍内温度、湿度、气流速度、采光效果等物理卫生指标因舍内羊床的方位不同而变化。在每只山羊占有舍内空间 10.4 m³ 的条件下，6 月上述物理卫生指标基本符合山羊生长发育的要求，舍内 TSP 0.15 mg/m³，PM10 0.059 mg/m³。

四、微生物

（一）养殖业微生物污染的来源

在集约化养殖的高密度、封闭式饲养条件下，来自动物粪便、垫草及其他排泄物的大量微生物及其代谢产物很容易积聚并形成微生物气溶胶，并且动物舍的空气微生物通过气体交换向周围环境传播散布，使动物舍内外和邻近环境空气形成较高的微生物浓度，造成动物源性生物污染，特别是致病菌和选择性致病菌可对人类和动物健康构成威胁（Jones和Harrison，2004）。反刍动物的排泄物及生产中产生的废弃物中含有大量有害微生物，可通过滋生的蚊蝇或空气进行传播，对奶牛本身和周边人群的健康构成威胁。有报道称奶牛场工人平均每人每天大约吸入 10 m³ 空气，其中含有大量的微生物（包括致病菌、选择性致病菌以及非致病菌等）和其他颗粒物质（段会勇等，2013）。

（二）影响畜舍微生物的因素

段会勇等（2013）研究表明，牛舍环境中微生物气溶胶粒子浓度较高，而且大部分粒子的空气动力学直径较小，更容易进入呼吸道深部。所监测的牛舍内气载需氧菌含量最高为 4.19×10^5 CFU/m³，牛舍内含量最低为 8.90×10^4 CFU/m³。监测牛舍可吸入需氧菌占需氧菌总量的比例为 53.4%～63.3%。牛舍内气载大肠杆菌和气载肠球菌含量分别为 11～56 CFU/m³、13～204 CFU/m³，可吸入气载大肠杆菌与可吸入气载肠球菌含量分别为 8～39 CFU/m³、11～166 CFU/m³。可吸入大肠杆菌含量占大肠杆菌总量的比例为 62.4%～78.6%，可吸入肠球菌含量占肠球菌总量的比例为 67.8%～82.6%。高玉红等（2016b）比较了夏季不同建筑类型奶牛舍内外气载细菌和真菌数量的变化。结果表明不同建筑类型和不同时间段牛舍内微生物数量均表现出显著性差异（$P < 0.05$），气载细菌和真菌总数范围分别为（1.7～6.9）× 10³ CFU/m³ 和 175～483 CFU/m³，通风好的牛舍气载细菌和真菌总数均较低，且一天中中午的细菌和真菌总数最高。此外，舍内细菌数量显著高于净道和运动场（$P < 0.05$），但舍内真菌总数与净道之间未表现出显著性差异（$P > 0.05$），仅显著高于运动场，多数牛场外下风向 5～50 m 处的细菌和真菌总数显著高于上风向处（$P < 0.05$）。

比较双坡式和钟楼式两种类型羊舍，微生物含量在春季最高，分别为 19 585 个/m³、5 133 个/m³；双坡式羊舍在秋季最低，为 1 016 个/m³，钟楼式羊舍冬季时最低，为 916 个/m³。在时间分布上，两种羊舍有害物质的含量均呈现晚上增加的趋势。同时表现为在不同季节、不同测定时段均明显高于舍外（刘晓静等，2011；丁莹等，2017）。

（三）防控措施

养殖者往往只重视防疫免疫而忽视消毒，认为牛、羊进行了免疫预防接种就不会出现大问题，但要知道，预防接种只是对重大传染病或常见病毒病进行免疫接种，因受某些因素的影响免疫保护率不可能达到 100%，单靠免疫达到抵抗病原微生物的入侵存在一定的风险。另外，消毒表面化问题普遍存在。完全彻底的消毒是建立在清扫、清洗的基础上的，清洁卫生状况是影响消毒效果的主要障碍，多数牧场重消毒、轻清洁卫生，清洁工具简陋，通常在污染物存在的状态下开展消毒工作，消毒效果很不理想。应树立全方位消毒理念，将消毒工作贯穿到整个饲养环节中去，确保牛、羊免受环境中病原微生物的侵害。

第四节　其他环境因素

随着牛、羊等反刍动物养殖业的规模化发展，动物健康和产品安全越来越受到人们的关注，改善动物养殖环境的呼声也越来越高。除了前文所述的温湿度、气体环境的因素外，光照、噪声、养殖密度等也是影响动物代谢和生产的重要因素。

一、光照

光照能促进反刍动物的新陈代谢、加速骨骼成长、提高机体的抗病能力。

（一）自然光源

自然光源即太阳光，也称为太阳辐射。太阳辐射是地球表面光、热的主要来源，太阳辐射的波长为 4～300 000 nm，其光谱组成按人类的视觉可分为三大部分：红外线，波长 760～300 000 nm；可见光，波长 400～760 nm；紫外线，波长 10～400 nm。

太阳光对动物的影响极为深刻和广泛，一方面，太阳光辐射的时间和强度直接影响动物的行为、生长发育、繁殖和健康；另一方面，通过影响气候因素（如温度和降水等）和饲料作物的产量和质量来间接影响动物的生产和健康。光照射到生物体上，一部分被反射，另一部分进入生物组织之内。进入生物组织内的一部分光被该生物吸收，穿过生物组织的光则不被吸收。光能被吸收后，转变为其他形式的能，引起光热效应、光化学效应和光电效应。光热效应是指当入射光作用生物体表面，较小辐射能使物质分子或原子发生旋转或振动，产生热的现象。红外线和红光的能量较小，所引起的反应多属此类。光化学效应是指当入射光的能量较大时，可使物质分子或原子中的电子激发，引起物质内部发生化学变化的现象。可见光和紫外线的能量较大，往往能引起光化学反应。光电效应是入射光的能量更大，引起物质分子或原子中的电子逸出轨道，形成光电子或阳离子而产生光电效应。紫外线和可见光均可引起这种变化。通常来说，条件允许的情况下，畜舍要做到通风良好，每天光照时间应保持 6 h 以上。

（二）人工光源

人工光源现今主要是指白炽灯和荧光灯。在一定温度下（21.0～26.7 ℃），荧光灯光照效率最高；当温度太低时，荧光灯不易启亮。在舍饲和集约化生产条件下，采用 16 h 光照、8 h 黑暗制度，可使奶牛采食量增加，明显提高日增重和产奶量。在光照时间较短的季节，可用人工光源弥补自然光照射不足，根据实际情况增加人工光照时间，做好增加光照保温措施。在中午阳光充足，气温高时，把牛赶出牛舍，奶牛晒太阳可使紫外线杀死奶牛体表上的病原菌，还可以促进维生素 D 产生，增加钙的吸收和促进骨骼强壮（周旭全等，2012）。

许鑫等（2016）研究结果提示，在绒山羊非产绒期，通过光照控制可增加羊绒产量，但应适当降低日粮中营养素浓度，以保证绒纤维品质。同时，应根据圈舍空间大小，选择合适的风机数量和功率及清粪间隔，以保障圈舍内空气质量和试验羊健康。

（三）红外线

红外线常用作热源。用红外线灯照射动物，不仅可以防寒，而且可以改善动物皮肤血液循环，促进动物生长发育。红外线波长较长，能量低，其主要生物学效应是光热效应。红外线照射到动物体表面，其能量在被照射部位的皮肤及皮下组织中转变为热，引起血管扩张、温度升高，增强血液循环，促进组织中的物理、化学过程，使物质代谢加速，细胞增殖，并有消炎、镇痛和降低血压及降低神经兴奋性等作用。过强的红外线辐射引起动物的不良反应，使动物体热调节机制发生障碍。在接受过量红外线辐射的情况下，机体以减少产热、增强皮肤代谢、降低内脏代谢等生理调节来适应新环境。内脏血流量减少，使得胃肠道对营养物质的吸收代谢能力降低，对特异性传染病的抵抗力也会降低。皮肤温度升高，严重时可发生皮肤变性，形成光灼伤，若组织分解物被血液带走，会引起全身性反应。波长 600~1 000 nm 的红光和红外线能穿透颅骨，使脑内温度升高，引起全身病理反应，这种病被称为日射病。波长 1 000~1 900 nm 的红外线长时间照射在眼睛上，可使晶状体及眼内液体的温度升高，引起羞明、视觉模糊、白内障、视网膜脱离等眼睛疾病。

（四）紫外线

1. 杀菌作用　紫外线的杀菌作用，取决于波长、辐射强度及微生物对紫外线照射的抵抗力。在相同的辐射强度和照射时间下，不同波长的紫外线，杀菌效果不同，波长 253.7 nm 的紫外线杀菌作用最强。不同种类的细菌对紫外线具有不同的敏感性。空气细菌中白色葡萄球菌对紫外线最敏感，柠檬色葡萄球菌次之。对紫外线耐受能力最强的是黄色八叠球菌、炭疽芽孢杆菌。在空气中，真菌对紫外线的耐受力比细菌强。紫外线对过滤性病毒和某些毒素（如白喉杆菌及破伤风毒素）也有杀伤力。

紫外线杀菌作用的机制，目前认为是紫外线被细菌吸收后，引起光化学分解，使单核苷酸之间的磷酯键和嘌呤、嘧啶之间的氢键破裂，使 DNA 变性，细菌无法进行 DNA 的复制，从而抑制 RNA 和蛋白质的合成，使细胞分裂受阻，同时使其代谢功能发生障碍。当紫外线照射剂量足够时，还能使蛋白质凝固而使细菌死亡。

在生产中，由于紫外线的杀菌作用，常用短波紫外线灯（波长 275 nm 以下）对舍内空气或饮水进行消毒。值得注意的是，紫外线穿透力较弱，只能杀灭空气和物体表面的细菌和病毒，不能杀灭尘粒中的细菌和病毒。

2. 抗佝偻病作用　紫外线抗佝偻病作用的机制是紫外线照射动物使动物皮肤中的 7-脱氢胆固醇转变为维生素 D_3，使植物和酵母中的麦角固醇转变为维生素 D_2。维生素 D_3 和维生素 D_2 具有促进肠道吸收钙和磷的作用。若日光中的紫外线照射动物和植物，就会促进维生素 D_3 和维生素 D_2 的合成，促进饲料中钙和磷的吸收，减少佝偻病的发生。若动物缺乏日光照射且日粮中缺乏维生素 D，动物体内合成维生素 D_3 和从日粮中摄入的维生素 D 不足，肠道对钙和磷吸收减少，血液中无机磷含量小，导致钙和磷代谢紊乱，钙在骨骼中的沉积作用受阻，引起骨骼钙化作用不全，以致幼畜出现佝偻病，成年畜出现软骨病。

生产中常用长波紫外线灯（波长 280～340 nm）对动物进行照射以促进皮肤合成维生素 D_3，提高动物生产性能。抗佝偻病作用最强的紫外线波长为 280～295 nm。因为这段紫外线将麦角固醇和 7-脱氢胆固醇转化为维生素 D_2 和维生素 D_3 的能力最强。白色或浅色皮肤的家畜皮肤易被紫外线透射，形成维生素 D_3 的能力强，因而在同样条件下，黑色皮肤的家畜比白色皮肤的家畜易患佝偻病。

3. 皮肤的光生理变化　色素沉着就是动物在太阳辐射的紫外线、可见光和红外线的共同作用下，皮肤和被毛颜色变深的现象。色素沉着作用的机制是紫外线能增强酪氨酸氧化酶的活性，酪氨酸氧化酶可促进黑色素的形成，使黑色素沉着于皮肤。皮肤的黑色素沉着是机体对光线刺激的一种防御性反应，一方面黑色素增多，能增强皮肤对紫外线的吸收，防止大量紫外线进入动物体内，使内部组织免受伤害；另一方面，皮肤黑色素吸收紫外线产热，使汗腺迅速活跃起来，增加排汗散热，使体温不致升高。

在紫外线照射下，动物被照射部位的皮肤出现潮红的现象称为红斑作用。这是皮肤在紫外线照射后产生的特异反应。这种红斑是皮肤在照射后，经 6～8 h 潜伏期后出现的。红斑作用最强的紫外线波长是 297 nm。产生红斑作用的机制是动物组织内的组氨酸在紫外线作用下转变成组织胺。组织胺可使血管扩张，毛细血管渗透性增大，因而使皮肤发生潮红现象。

4. 促进机体免疫，增强机体对疾病的抵抗能力　用紫外线适量照射动物，能增强机体的免疫力和对传染病的抵抗力。其机制是紫外线的照射刺激了血液凝集，使凝集素的滴定效价增高，因而提高了血液的杀菌性，增强了机体对病原菌的抵抗力。紫外线照射增加机体的免疫力的情况决定于照射剂量、照射时间以及机体的机能状态。

5. 提高生产水平　紫外线提高动物生产水平的原因是刺激量的紫外线可增进食欲，增强胃肠的分泌机能和运动机能，并可使呼吸运动加深，气体代谢加强，提高了家畜新陈代谢水平。用长波紫外线照射奶牛，母牛产奶量增加 10%～20%。牛舍人工光照度从 15～20 lx 增加到 100～200 lx，牛氧消耗量增加 11.0%～22.6%，每千克体重沉积能量增加 16.0%～22.0%。

二、噪声

（一）噪声的来源

畜牧场的噪声，主要有三个来源：①外界传入的噪声。如飞机、火车、汽车运行以及雷鸣等产生的噪声。普通汽车的噪声约为 80 dB，载重汽车在 90 dB 以上。飞机从头上低空飞过时噪声为 100～120 dB。②畜牧场内机械运转产生的噪声。如铡草机、饲料粉碎机、风机、真空泵、除粪机、喂料机工作时的轰鸣声以及饲养管理工具的碰撞声。据测定，舍内风机的噪声强度，在最近处可达 84 dB，真空泵和挤奶机的噪声为 75～90 dB，除粪机噪声为 63～70 dB。③家畜自身产生的噪声、动物运动以及鸣叫产生的噪声。在相对安静时，动物产生的最低噪声为 48.5 dB，饲喂、挤奶、收蛋、启动风机时，各方面的噪声汇集在一起可达 70～94.8 dB。

噪声可对动物生长发育产生不利影响，噪声由 75 dB 增至 100 dB，可使绵羊的平均日增重量和饲料利用率降低。110～115 dB 的噪声会使奶牛产奶量下降 30％以上，同时发生流产和早产现象。据李宁（2014）报道，过强的噪声会导致奶牛产奶量下降，还可能出现低酸度酒精阳性乳，甚至造成母牛流产。另外，强噪声对犊牛的生长发育以及奶牛的繁殖性能也可产生不良后果。因此牛舍的噪声，白天不宜超过 90 dB、夜间不宜超过 50 dB。

（二）噪声对生产的影响

严重的噪声刺激，可以引起动物产生应激反应，导致动物死亡。噪声对动物神经内分泌系统产生影响，如使垂体促甲状腺激素和肾上腺素分泌量增加，促性腺激素分泌量减少，血糖含量增加，免疫力下降。对机体的非特异性影响主要表现为损害中枢神经、植物性神经、血液、胃肠道、生殖、内分泌和免疫系统及基础代谢、体温的平衡。陈宁等（1994）发现噪声的发生可以中断反刍，使一系列相关前胃发酵均发生改变，说明噪声可通过听觉系统经中枢神经对植物性神经进行扰乱，导致与反刍有关的网胃、瘤胃、瓣胃活动受到抑制。

三、动物福利

随着畜禽集约化饲养的迅速发展，全世界动物福利问题日益突出，已经成为研究和生产中高度关注的一个问题。

一般来说，每只羊所需的羊舍面积：春季产羔母羊 1.1～1.6 m²，冬季产羔母羊 1.4～2 m²，成年母羊 0.7～0.8 m²，3～4 月龄的羔羊占母羊面积的 20％；运动场面积一般为羊舍面积的 2～2.5 倍，成年羊运动场面积按每只 4 m² 计算（刘海军，2013）。张明等（2009）研究表明，环境富集和适宜的饲养密度有提高绵羊生产性能的趋势。环境富集和适宜的饲养密度可以极显著改善前膝清洁度指数（$P<0.01$），显著改善后膝、后臀的清洁度指数（$P<0.05$）。环境富集和适宜的饲养密度能显著降低第 37 天血清皮质醇浓度（$P<0.05$）。也有研究发现，高密度饲养组日增重显著低于低密度饲养组。施力光等（2016）研究发现，高温季节不同饲养密度的舍饲养殖对羊干物质采食量、直肠温度和脉搏影响不显著（$P>0.05$）。但在高饲养密度下，羊平均日增重显著低于低饲养密度的个体（$P<0.05$），呼吸频率也较中低饲养密度的个体明显加快（$P<0.05$）。吴荷群等（2014）研究发现，以低密度（1.40 m²/只）饲养的育肥羊在屠宰性能和肉品质方面表现较好，以高密度（0.35 m²/只）饲养的育肥羊产肉能力和肉品质较差。郭晓飞等（2014）也发现高密度组山羊 IgG 水平一直高于低密度和中密度组。

舒适度的关键在于平衡奶牛的舒适度和人的管理方便。王艳明等（2013）认为，不论是躺卧区域还是站立区域，奶牛都喜欢柔软的表面。深槽卧床是最舒适的卧床，但需要很好地维护。当设计散放场自由卧床时，物理屏障越少越好。饲养密度过高会增加牛与牛之间的攻击性，使得从属地位的牛远离采食区域。挤奶设备与牛群规模相匹配，以保证每次挤奶有足够空间，挤奶厅过道宽度一般为 $8\sim10\,m$。

第五节　环境与减排

一、磷减排

（一）磷排放过量的危害

磷是奶牛体内第二大常量矿物质元素，参与机体几乎所有的代谢反应，对奶牛的生产性能、健康状况及繁殖性能都有着重要作用。人们很早就认识到磷的重要性，在实际生产中添加大量的矿物质磷添加剂。但过量的磷排放增加，造成环境中磷的富集。磷在水中的富集将会导致藻类植物增生，剥夺水生动物所需的氧气，引起生态系统的失衡。粪磷是粪便污染的主要因素，粪磷对水的污染会影响水质，从而影响奶牛的健康和生产性能。

（二）影响磷排放的因素

奶牛粪磷对环境的污染是由于日粮中磷过量供给造成的。导致奶牛日粮磷供给量过高的根本原因是饲养标准中所推荐的日粮磷需要量高于奶牛的实际需要量。目前各国奶牛饲养标准中确定的可吸收磷需要量基本上没有太大问题，但在对饲料磷消化率的估计上长期以来一直存在偏低的现象，如 NRC《奶牛营养需要》（1989 版）将日粮磷的总吸收率定为 50%，英国农业研究委员会（ARC）定为 58%。正是由于对牛饲料磷消化率估计的过低，日粮磷推荐供给量偏高。近年来，随着奶牛磷营养研究的不断发展，一些国家的奶牛饲养标准均对饲料磷的吸收率参数进行了必要的调整，如 NRC《奶牛营养需要》（2001版）规定奶牛对粗饲料中磷的吸收率为 64%，精饲料为 70%。法国国家农业科学研究院（INRA）规定磷酸盐中磷的吸收率为 65%，谷物为 75%，谷物副产品和饼粕类为 68%，青草和青贮类为 66%，豆类为 65%。

如表 7-1 所示，按照我国现行《奶牛饲养标准》（NY/T 34—2004），以体重约为 600 kg 的奶牛为例，产奶量 10～40 kg，乳脂率 3.5%，维持需要按 1.1 倍计算，日粮磷含量推荐量为 0.47%～0.58%。与 NRC（2001）中泌乳奶牛日粮磷含量推荐量相比，我国现行标准明显偏高。

表 7-1　我国《奶牛饲养标准》泌乳奶牛钙磷含量推荐量

项　　目	产奶量（10 kg/d）		产奶量（20 kg/d）		产奶量（30 kg/d）		产奶量（40 kg/d）	
	钙	磷	钙	磷	钙	磷	钙	磷
饲养标准（g/d）	81.6	57.7	123.6	85.7	165.6	113.7	207.6	141.7
含量（%）	0.66	0.47	0.76	0.53	0.82	0.56	0.85	0.58
钙：磷	1.41：1		1.44：1		1.46：1		1.47：1	

以体重 750 kg、日产奶量 35 kg、摄入 23 kg 干物质的奶牛为例，比较美国（NRC，2001）、法国（INRA，2003）、荷兰（Dutch，2002）三国的标准，可以看出欧洲国家的磷需要量较美国更低（表 7-2）。

表 7-2 美国、法国、荷兰标准磷需要量的比较

项　目	NRC（2001）	INRA（2003）	Dutch（2002）
维持	23.0	20.5	20.9
泌乳	31.5	31.5	31.5
总计	54.5	52.0	52.4

Wu 等（2000，2001）的研究表明，日粮磷含量为 0.30%～0.34% 时，能够满足生长奶牛的正常血磷浓度、最大平均日增重和骨骼强度；日粮磷含量为 0.34%～0.57%，磷水平的增加对产奶量没有显著影响。

（三）降低磷排放的措施

奶牛磷排放主要通过粪磷形式排出，约占总磷排放的 69%。提高磷利用率的方法，是降低奶牛生产对环境污染的有效途径。当用蒸汽压片玉米饲喂奶牛时，磷的排泄量明显低于饲喂干粉玉米组。这极有可能是因为高消化率的淀粉提高了瘤胃内植酸酶的活性，从而提高了磷的消化率。奶牛可经唾液将大量的磷还原到瘤胃，其中原因可能是放牧的牛最易缺乏的矿物质就是磷和钠，磷与钠如果不足，必然会对奶牛的生长发育及瘤胃内环境造成极大的不利影响，所以奶牛便有了这样一个通过唾液还原至瘤胃的再利用循环系统。有报道称，在磷不足的放牧情况下，磷的利用率可达到 100%。

二、氮素减排

由于我国蛋白质饲料资源匮乏，蛋白质饲料价格很高，增加了畜牧业的生产成本，因此多年来我国动物营养领域一直在探索提高日粮蛋白质利用率的方法。尽管如此，由于反刍动物氮代谢生理特点及其复杂性，在如何提高奶牛氮的利用效率、降低排放量方面仍有很大的潜力与空间，因此仍然是目前研究的热点。

（一）准确预测蛋白质需要

以奶牛为例，调整日粮使提供的蛋白质满足奶牛的需要是提高氮利用率的基本原则（图 7-5）。当日粮提供的蛋白质超过需要时，多余的氮会通过粪、尿的形式排出体外，而低于需要时会导致蛋白质的缺乏，限制瘤胃微生物蛋白的生成，不能发挥动物的生产潜力。

Wang 等（2007）分别以我国的奶牛饲养标准与 NRC 标准为基准进行了不同可代谢蛋白质（metablizable protein，MP）含量日粮的奶牛饲养效果比较发现，随着 MP 含量增加，产奶量先增加达到最大值，进一步增加日粮 MP 含量则产奶量呈下降趋势

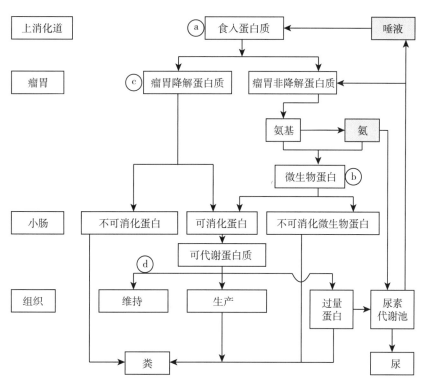

图 7 - 5 奶牛氮代谢示意及提高氮利用率的途径

a. 准确预测奶牛的蛋白质需要　b. 能氮平衡最大合成微生物蛋白

c. 提供足够的瘤胃非降解蛋白质　d. 提供适量可代谢蛋白质及适宜氨基酸比例

（图 7 - 6），说明我国现行饲养标准对奶牛蛋白质需要估测偏低，而 NRC 推荐量又显得过高，降低了氮利用率。

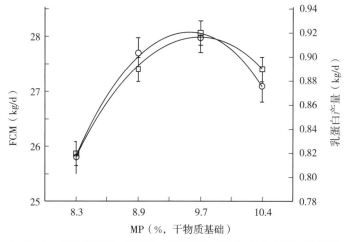

图 7 - 6　脂肪校正乳（FCM）或乳蛋白产量与 MP 含量回归关系

利用 NRC 体系预测的产奶量与实际观测值建立回归曲线，回归曲线的斜率为 0.70±

0.061，显著偏离了期望斜率（虚线斜率为 1）（图 7-7），日平均产奶量被高估了 4.2kg，相当于高估 15%。降低日粮蛋白质可以减少蛋白质的低效利用，但不能把蛋白质降至奶牛需要量以下。因此，要提高氮利用率，需要更精确地研究奶牛蛋白质营养需要量参数，以便更准确地建立模型预测动物蛋白质需要量。

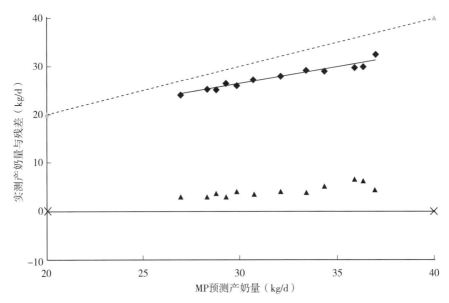

图 7-7　实测产奶量与 MP 预测产奶量比较以及残差（实测值－预测值）

（二）蛋白质瘤胃降解率及能氮平衡

瘤胃微生物蛋白（rumen microbial protein，MCP）是奶牛蛋白质的重要来源，占小肠蛋白质的 40%～80%，最大限度地合成 MCP 是提高氮利用率的有效途径。MCP 可以根据饲料可降解氮（rumen degradable nitrogen，RDN）转化为微生物氮（microbial nitrogen，MN）的效率（MN/RDN）评定。MN/RDN 在理论上不超过 1.0，当超过 0.9 时则表明因 RDN 缺乏而有过多的补偿性内源氮进入瘤胃但又未计入 RDN，使得 MN/RDN 数值偏高。这时应及时调整日粮的 RDN 与可发酵有机物（fermentable organic matter，FOM）的比例，但是瘤胃 RDN 供应不足对瘤胃发酵的影响仍不十分清楚。除了氮源，能量对 MCP 的合成至关重要，MN 与 FOM 的关系密切，MN 受 FOM 影响，平均值为 MN/FOM＝21.75g/kg 或 MCP/FOM＝136g/kg。影响 MCP 合成最主要的限制性因素是瘤胃中的 RDN 与 FOM 是否平衡及能否同步释放，所以在配合奶牛日粮时应使 RDN 评定的 MCP 与 FOM 评定的 MCP 一致。

蛋白质降解率是限制饲料氮利用效率的另一个重要因素。蛋白质降解率过低直接导致 MCP 合成的氮源缺乏，而蛋白质降解率过高易导致可溶性碳水化合物相对不足，此时氨基酸或结构性碳水化合物就会被瘤胃微生物利用供能。后两者是相对降解较慢的组分，会进一步加剧瘤胃能氮的不同步释放。降低饲料中的蛋白质降解率的另一个作用是增加瘤胃非降解蛋白质（RUP）的比例（图 7-5c）。RUP 的可消化部分在小肠中以游离氨基酸或肽的形式被吸收并直接为动物利用，这可减少瘤胃中氨氮的浓度，提高氮的利用效率，进而减少尿氮排出、增加进入小肠的氮流量。然而，各类蛋白质饲料 RUP 的小肠消化率不一致，目前我国奶牛饲养标准中取其平均值 0.65 显得过于笼统。RUP 小肠消化率由低到高的顺序为苜蓿、羊草、米糠、小麦麸、啤酒糟、玉米胚芽饼、棉籽粕、菜籽粕、玉米、酒糟蛋白、花生饼、豆粕（么学博等，2007）。当日粮蛋白质水平超过奶牛的需要时，增加 RUP 比例不能提高氮的利用率，因为过量的蛋白质被脱去氨基后以尿的形式排出体外。

（三）MP 及氨基酸营养

1. 研究 MP 的意义　对于反刍动物，以奶牛为例进行研究发现，只有 25%～35% 的食入氮进入牛乳，剩余的大部分氮则通过粪、尿的形式被排出体外而不能被利用。实际生产中往往达不到用 MP 预测的产奶量，这主要是由于 MP 供应不足或 MP 中氨基酸组成不平衡引起的。当不考虑氨基酸组成时，高 MP 日粮能增加肝门静脉的氨基酸吸收，虽然能提高产奶量和乳蛋白产量，但日粮蛋白质的效率会下降；低 MP 日粮会导致产奶量和乳蛋白产量的下降，但转化为乳蛋白的效率提高（Wang 等，2007）。申军士等 2013 年发现饲喂低蛋白质日粮可以加快日粮能量释放速率，提高饲料转化率和氮利用效率。调控可吸收限制性氨基酸平衡不仅可以降低日粮蛋白质用量，还可提高其利用效率，进而节约资源、减少氮对环境的污染。

2. MP 对生产的影响　瘤胃微生物蛋白的组成较稳定，真蛋白含量为 80%，若消化率为 80%，则从 MCP 转化为 MP 的效率为 64%。如表 7-3 所示，各类蛋白质饲料在瘤胃发酵除花生粕的氨态氮较高，能量可能成为 MCP 合成限制性因素外，其他蛋白质饲料对 MCP 的合成效率差异不显著（鲁琳等，2007）。但由于各类饲料 RUP 的消化率及氨基酸组成变异较大，导致 MP 的氨基酸组成变异也很大（刁其玉和冯仰廉，2002）。若 MP 的氨基酸组成不平衡，则会导致其转化效率不稳定、氮利用率降低，表观效率便会掩盖实际需要（冯仰廉，2006）。

表 7-3　不同蛋白质来源日粮对氮代谢的影响

项　目	豆粕	棉籽粕	菜籽粕	花生粕	胡麻粉	鱼粉
添加氮（g/d）	1.11[a]	1.24[a]	1.15[a]	1.20[a]	1.21[a]	1.20[a]
十二指肠氮流量（g/d）						
氨态氮	0.14[b]	0.14[b]	0.16[b]	0.36[a]	0.25[b]	0.16[b]
非氨态氮	0.98[a]	1.10[a]	0.99[a]	0.84[b]	0.96[a]	1.05[a]
微生物氮	0.32[a]	0.30[a]	0.26[a]	0.20[a]	0.29[a]	0.29[a]

注：不同字母表示差异显著（$P<0.05$）。

资料来源：鲁琳等（2007）。

除了满足奶牛对 MP 量的需要外，考虑 MP 中限制性氨基酸的需要及平衡各氨基酸的比例是提高 MP 转化效率的重要途径（图 7-5d）。已有研究证明，蛋氨酸和赖氨酸是奶牛以玉米-豆粕型为基础日粮的第一和第二限制性氨基酸。Sarah Ivan（2002）等研究表明，在

MP 基础上赖氨酸 6.65% 和蛋氨酸 2.22% 组的乳真蛋白率为 3.14%，而赖氨酸 6.15% 和蛋氨酸 1.8% 组的乳真蛋白率为 3.02%。NRC 对 48 个试验结果的统计分析认为同时用于维持和生产达到最佳的 MP 中赖氨酸、蛋氨酸分别为 7.2% 和 2.4%。吴慧慧（2007）等通过采用乳腺组织体外培养得出 α_{s1}-酪蛋白合成最大时 Lys：Met：Thr：Phe 为 100：40：58：60；在以二肽部分代替游离氨基酸的条件下，当 Lys：Met：Met-Met：Thr：Phe 为 100：22.5：11.5：56：63 时 α_{s1}-酪蛋白合成最大。且 Wu 等 2007 年研究表明，乳腺上皮细胞利用含蛋氨酸肽合成乳蛋白的效率要高于单个游离氨基酸。

3. MP 调控措施　在生产中奶牛日粮配制仅仅依靠常规饲料很难达到赖氨酸、蛋氨酸的推荐含量，特别是对高产奶牛必须通过日粮额外补充这些物质。利用瘤胃保护性氨基酸（rumen protected amino acid，RPAA）是平衡小肠氨基酸组成最直接的方法。目前最常用的是采用物理包被和蛋氨酸羟基类似物。在添加赖氨酸方面，近年来国外一些研究认为，未经保护的赖氨酸经过瘤胃降解仍有近 20% 可以进入小肠，因此可以和蛋氨酸类似物联合使用以达到奶牛 MP 中赖氨酸、蛋氨酸推荐含量及适宜比例。

（四）氮素排泄的分配

奶牛食入的氮除部分用于乳蛋白合成外，剩余大部分通过粪和尿排出体外。降低氮食入量不仅可以减少总氮的排泄量，更重要的是可以降低总氮排泄中的尿氮比例，减少氨的排放（Wang 等，2007）。Davidson 等发现增加的日粮 RUP 比例可以提高氮利用率，显著降低尿氮的排泄而不影响或稍降低产奶量。如图 7-8 所示，Wang 等（2008）研究表明，平衡的 RDP、RUP 供应模式不仅可以降低日粮的蛋白质含量、提高食入氮转化为乳蛋白的比例，还可以降低奶牛的氮排泄量，尤其可以减少易挥发的尿氮排泄量。因此 MP 中平衡的蛋白质降解模式对提高奶牛氮利用率也起决定性作用。

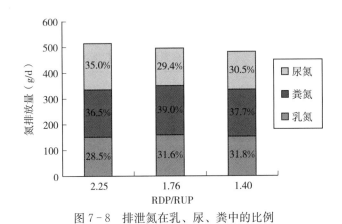

图 7-8　排泄氮在乳、尿、粪中的比例

三、碳排放

（一）碳减排背景

碳排放是关于温室气体排放的总称或简称。其中农业源甲烷、一氧化二氮的排放量对全球人为排放的甲烷和一氧化二氮总量的贡献率分别达到 50% 和 60%（Eckard 等，2010）。在政府间气候变化委员会（IPCC）2006 年发布的温室气体排放清单中，反刍动物肠胃发酵甲烷排放与粪便管理系统中的甲烷和一氧化二氮的排放均是农业温室气体的主要排放源。实现奶牛生产中温室气体减排对于奶牛生产实现环境友好型发展至关重要（王笑笑等，2012）。从营养调控方面减少温室气体排放对于实现低碳、生态型养殖具有重要意义。

（二）甲烷产生的生理机制

反刍动物瘤胃内的甲烷由产甲烷菌生成，通过嗳气排入大气。产甲烷菌参与有机物厌氧降解的最后一步，主要存在于厌氧环境中，如反刍动物的瘤胃、人类的消化系统、稻田、湖泊或海底沉积物、热油层和盐池，以及污泥消化和沼气反应器等人为环境中（Lange 和 Ahring，2001）。一些产甲烷菌是自养型微生物，但乙酸、特定的氨基酸可以刺激某些产甲烷菌的生长。许多产甲烷菌的培养基中需要添加酵母提取物或酪蛋白消化液、维生素等成分，瘤胃产甲烷菌的培养基需要添加支链脂肪酸。所有的产甲烷菌都以 NH_4^+ 为氮源。产甲烷菌培养还需要添加微量金属元素，如镍（某些酶或辅酶的辅基）、铁、钴等。据报道，当硫元素存在时，产甲烷菌可在生成甲烷的同时生成大量的硫化氢。产甲烷菌含有与甲烷生成密切相关的辅酶，包括甲烷呋喃、四氢甲烷蝶呤、脱氮黄素 F_{420}、辅酶 M、HS-辅酶 B 和吩嗪（Garcia 等，2000）。

（三）营养调控减排

准确测定甲烷排放量对阐明甲烷产生机理、研究减缓排放技术以及编制动物甲烷排放清单均具有重要意义。甲烷的测定方法分为直接测定和间接测定。

1. 直接测定　主要有呼吸代谢箱法、呼吸头箱法、呼吸面罩法、六氟化硫（SF_6）示踪法等。

（1）呼吸代谢箱法　基本原理是把动物置于密闭的呼吸箱内，通过测定一定时间内呼吸箱中甲烷浓度的变化计算甲烷排放量。

（2）呼吸头箱法和面罩法　原理与呼吸代谢箱法相似。用头箱测定时，动物整个头部固定于头箱内；用面罩测定时，动物只有口和鼻被面罩罩住。头箱和面罩比代谢箱成本低，操作也较简单，但只能测定由口和鼻排出的甲烷，忽略了直肠排出的部分，且戴上面罩后，会影响动物的自由采食和饮水。

（3）SF_6 示踪法　SF_6 物理性质与甲烷类似，可以一起通过嗳气排出。通过测定 SF_6 的排放速度和 SF_6 与甲烷的浓度，即可推算出甲烷排放量（Lassey 等，2001）。

2. 间接测定　主要有人工瘤胃法和体外产气法等。间接测定具有成本低、省时和操作简便的特点，但是否有效且可以重复，还需要与直接测定进行比较。

（王　翀　撰稿）

➡ 参考文献

艾阳, 曹洋, 谢正露, 等, 2015. 热应激时奶牛血液中游离氨基酸流向与乳蛋白下降的关系研究 [J]. 食品科学, 36 (11): 38-41.

曹玉凤, 李秋凤, 2013. 规模化生态肉牛养殖技术 [M]. 北京: 中国农业大学出版社.

陈晨, 2007. 北方寒冷地区犊牛岛的设计制作及其使用效果的研究 [D]. 哈尔滨: 东北农业大学.

陈丹丹, 屠焰, 马涛, 等, 2014. 桑叶黄酮和白藜芦醇对肉羊气体代谢及甲烷排放的影响 [J]. 动物营养学报, 26 (5): 1221-1228.

陈继民, 2013. 牛的饲养管理及防疫措施 [J]. 中国畜牧兽医文摘, 29 (10): 89.

陈宁, 刘秉颖, 王轮, 1994. 噪声对绵羊前胃肌电的影响 [J]. 甘肃畜牧兽医, 118: 15-16.

陈兴, 茅慧玲, 王佳堃, 等, 2013. 外源纤维酶制剂对青贮玉米体外发酵特性以及甲烷生成的影响 [J]. 动物营养学报, 25 (1): 214-221.

戴晋军, 周晓辉, 蔡学敏, 2010. 酵母降低奶牛热应激的试验 [J]. 饲料研究 (9): 29-30.

邓书辉, 施正香, 李保明, 2015. 低屋面横向通风牛舍温湿度场 CFD 模拟 [J]. 农业工程学报, 31 (9): 209-214.

邓书辉, 施正香, 李保明, 等, 2014. 低屋面横向通风牛舍空气流场 CFD 模拟 [J]. 农业工程学报, 30 (6): 139-146.

邓玉英, 于行峰, 江明生, 等, 2010. 温湿度与母羊繁殖力的关系研究 [J]. 中国畜牧兽医, 37 (2): 249-251.

刁其玉, 冯仰廉, 2002. 蛋白饲料经瘤胃培养和小肠酶降解后的氨基酸模型 [J]. 中国畜牧杂志, 38 (3): 5-6.

刁小南, 王美芝, 陈昭辉, 等, 2013. 冬季恒温饮水装置和屋顶采光对提高肉牛生长速率的影响 [J]. 农业工程学报, 28 (24): 164-172.

丁莹, 黎明, 岳远西, 等, 2017. 内蒙古规模化羊场不同类型羊舍空气质量评价 [J]. 家畜生态学报, 38 (2): 58-63.

董卫星, 王东梅, 李征, 等, 2009. 纳米硒和维生素 E 对热应激奶牛抗氧化性能的影响 [J]. 中国奶牛, 9: 22-24.

杜瑞平, 温雅俐, 姚焰础, 等, 2013. 热应激对奶牛瘤胃液微生物数量的影响 [J]. 动物营养学报, 25 (2): 334-343.

段会勇, 朱永红, 梁岩, 2013. 牛舍内微生物气溶胶含量检测 [J]. 中国草食动物科学, 33 (3): 47-51.

段旭东, 陈以意, 徐国忠, 等, 2011. 上海地区温湿指数与奶牛生理指标相关性的研究 [J]. 乳业科学与技术, 1: 39-41.

冯仰廉, 2006. 奶牛小肠蛋白质体系的局限性与氨基酸平衡 [J]. 动物营养学报, 18 (2): 63-68.

高玉红, 郭建军, 李宏双, 等, 2016a. 寒区奶牛舍环境温湿度、粉尘和气载细菌的季节性变化及其相关性研究 [J]. 畜牧兽医学报, 47 (3): 620-629.

高玉红, 李宏双, 邱殿锐, 等, 2016b. 奶牛舍内外环境夏季气载微生物的检测 [J]. 畜牧与兽医, 48 (10): 51-54.

龚飞飞, 孙斌, 张宝刚, 等, 2013. 不同季节吸收剂 GY-2 对牛舍内 NH_3 吸收性能的研究 [J]. 中国奶牛, 12: 18-24.

龚飞飞, 张浩, 胡登林, 等, 2011. 新疆冬季密闭高、中产奶牛牛舍碳、氮、硫排放的对比 [J]. 中国奶牛, 6: 59-62.

关正军, 王丽丽, 梁俊爽, 2008. 大型牛舍冬季温湿度控制方法研究 [J]. 东北农业大学学报, 39 (9):

108-111.

郭春晖，崔毅，张淑芬，等，2015. 温热环境对肉牛生产性能的影响 [J]. 中国畜禽种业，2：73-74.

郭晓飞，陈俊，张子军，等，2014. 不同羊舍类型及饲养密度对山羊血清生化指标的影响 [J]. 安徽农业大学学报，41（4）：585-591.

郭延生，贾启鹏，陶金忠，2015. 基于GC-MS策略的奶牛热应激血液代谢组学研究 [J]. 畜牧兽医学报，46（8）：1356-1362.

何德肆，胡述光，袁慧，等，2006. 产奶量对热应激和非热应激期奶牛体内微量元素影响的研究 [J]. 家畜生态学报，27（1）：41-45.

贺永惠，王清华，李杰，2001. 降低反刍动物甲烷排放的研究进展 [J]. 黄牛杂志，27（5）：47-50.

侯引绪，张凡建，魏朝利，2013. 中度热应激对荷斯坦牛部分血液生化指标的影响 [J]. 中国奶牛，1：11-13.

侯引绪，张凡建，魏朝利，等，2012. 热应激对泌乳牛呼吸频率、心率及体温的影响 [J]. 中国奶牛（7）：52-53.

胡钟仁，杨红远，李卫娟，等，2008. 高床山羊舍空气环境评价 [J]. 家畜生态学报，29（3）：72-75.

金兰梅，伍清林，2008. 抗热应激中草药添加剂（夏安散）对奶牛产奶量和血液生化指标的影响 [J]. 中国兽医学报，28（7）：28-30.

景慕娴，崔燕，杨琪，等，2015. 急性冷应激对牦牛乳腺上皮细胞HSP70 mRNA表达的影响 [J]. 兽类学报，35（1）：95-101.

李刚，2015. 提高奶牛舒适度的管理措施 [J]. 黑龙江畜牧兽医，7：77-78.

李宏双，吴广军，郭建军，等，2017. 不同建筑形式犊牛舍二氧化碳的比较与分析 [J]. 家畜生态学报，38（6）：59-62.

李建国，曹玉凤，1999. 热应激对中国荷斯坦牛血液生化指标及产奶性能的影响 [J]. 中国畜牧杂志，35（2）：25-26.

李婧，颜培实，2015. 饮水温度和环境因素对冬季肉牛产热量的影响 [J]. 畜牧与兽医，47（5）：38-41.

李宁，2014. 环境因素对奶牛生产风险的影响 [J]. 乳业科学与技术，37（3）：27-30.

李强，刘水涛，牛志宏，等，2014. 冷应激对西门塔尔青年牛超排效果的影响 [J]. 中国奶牛，6：54-56.

李如治，2003. 家畜环境卫生学 [M]. 3版. 北京：中国农业出版社.

李征，梅成，郭智成，2009. 热应激对荷斯坦奶牛生产性能和乳脂脂肪酸组成的影响 [J]. 中国乳品工业，37（29）：17-19.

林波，纪苗苗，梁权，等，2011. 肉桂油和牛至油及其主要成分对体外瘤胃发酵和甲烷产生的影响 [J]. 中国兽医学报，31（2）：279-283.

刘海军，2013. 环境因素对肉羊生产的影响及控制对策 [J]. 中国畜牧兽医文摘，29（7）：55.

刘海林，蔡文杰，李剑波，等，2016. 水帘风机降温系统对热应激期奶牛栏舍温湿度及生理指标的影响 [J]. 湖南畜牧兽医，191：20-22.

刘晓静，崔玉铭，史彬林，等，2011. 北方农牧交错区奶牛场环境中微生物数量季节性变化的研究 [J]. 中国奶牛，15：27-29.

卢跃红，戴志明，田应华，等，2005. 温湿指数（THI）对摩尼本水牛产奶量影响的研究 [J]. 乳业科学与技术，4：181-182.

鲁琳，许曾曾，赵凤茹，等，2007. 不同蛋白质饲料原料对瘤胃发酵参数和营养物质降解率的影响 [J]. 中国奶牛 (5)：10-13.

吕洁，吴亚平，周勃，等，2015. 低屋面横向通风牛舍倾斜挡风板流场数值模拟 [J]. 沈阳工业大学学报，37 (6)：700-704.

马娟，张杰，郭忠羽，等，2016. 基于通风管设施的双坡式牛舍冬季通风系统研究 [J]. 畜牧与兽医，48 (6)：53-56.

么学博，杨红建，谢春元，等，2007. 反刍家畜常用饲料蛋白质和氨基酸瘤胃降解特性和小肠消化率评定研究 [J]. 动物营养学报，19 (3)：225-231.

孟祥坤，曹兵海，庄宏，等，2010. 慢性冷应激对西门塔尔杂交犊牛免疫相关指标的影响 [J]. 中国农业大学学报，15 (6)：65-70.

裴兰英，孙振涛，王金文，等，2014. 组合式羊舍冬季环境参数测定及育肥鲁西黑头肉羊效果分析 [J]. 山东农业科学，46 (12)：107-109.

屈军梅，李文平，2004. 奶牛热应激及其防治对策 [J]. 畜牧与饲料科学，5：51-53.

曲红军，2014. 夏、冬季节奶牛的饲养 [J]. 养殖技术顾问，7：4.

桑断疾，郭同军，张志军，等，2014. 不同添加剂对育肥羊粪污排放和羊粪静态发酵的影响 [J]. 饲料研究，1：23-26.

施力光，周雄，曹婷，等，2016. 海南夏季羊舍小气候环境分析 [J]. 家畜生态学报，37 (3)：73-77.

施正香，王朝元，许云丽，等，2011. 奶牛夏季热环境控制技术研究与应用进展 [J]. 中国畜牧杂志，10：414-446.

史海山，丁学智，龙瑞军，等，2008. 舍饲绵羊甲烷和二氧化碳的日排放动态 [J]. 生态学报，28 (2)：877-882.

宋代军，何钦，姚焰础，2013. 热应激对不同泌乳阶段奶牛生产性能和血清激素浓度的影响 [J]. 动物营养学报，25 (10)：2294-2302.

宋志宏，高应，1995. 沙荆油和维生素 E 对冷暴露大鼠脂质过氧化作用的影响 [J]. 营养学报，17 (1)：27-31.

谈晨，薛俊欣，张峥臻，等，2010. 夏季牛舍内微环境对上海地区犊牛生长性能的影响 [J]. 乳业科学与技术 (6)：287-290.

田萍，蔡森，姚武群，2002. 温湿指数 (THI) 对荷斯坦奶牛产奶量影响的研究 [J]. 中国奶牛，4：13-15.

田允波，曾书琴，2002. 南亚热带气候对奶牛情期受胎率的影响 [J]. 中国奶牛，6：17-18.

汪志铮，2009. 浅淡水在奶牛生产中的巨大作用 [J]. 今日畜牧兽医，4：58-59.

王纯洁，敖日格乐，2001. 冬季放牧三河牛的心率、体温及步数变化的规律 [J]. 中国奶牛，3：21-22.

王建平，王加启，卜登攀，等，2010. 热应激对奶牛瘤胃纤维分解菌的影响 [J]. 农业生物技术学报，18 (2)：302-307.

王金文，崔绪奎，张果平，等，2014. 高温季节羔羊育肥舍环境参数研究 [J]. 家畜生态学报，34 (5)：80-82.

王强军，陈建飞，罗建川，等，2014 南方地区新型羊舍环境评价及对山羊日增重的影响 [J]. 中国草食动物科学，34 (5)：34-38.

王小晶，董国忠，刘智波，2009. 青蒿提取物和大黄对山羊瘤胃发酵和甲烷产量的影响 [J]. 畜禽业，4：52-55.

王晓宏，刘大程，殷兆丽，等，2010.复合酵母培养物对奶牛生产性能的影响 [J].饲料工业，1（10）：37-38.

王笑笑，高腾云，秦雯霄，2012.2010—2011年奶牛养殖中碳减排的研究概况 [J].动物营养学报，24（8）：1404-1413.

王亚男，李宏双，冯曼，等，2015.河北省北部山区夏季奶牛舍和犊牛舍二氧化碳的检测和分析 [J].中国牛业科学，41（6）：31-35.

王艳明，边四辈，崔春涛，等，2013.奶牛舒适度的科学：设计更好的卧床——奶牛感觉舒适的卧床 [J].中国奶牛，13：43-47.

王祖新，2009.不同季节温湿度指数对奶牛生产性能和生理生化指标的影响 [D].成都：四川农业大学.

吴荷群，付秀珍，陈文武，等，2014.冬季不同舍饲密度对育肥羊屠宰性能及肉品质的影响 [J].中国畜牧兽医，41（12）：152-156.

吴慧慧，2007.必需氨基酸及蛋氨酸二肽供给模式对奶牛乳腺组织 α_s-酪蛋白合成的影响 [D].杭州：浙江大学.

许鑫，王兴涛，高文瑞，等，2016.光照控制、通风设计对绒山羊绒毛生长和圈舍氨气浓度的影响 [J].中国畜牧兽医，43（10）：2591-2597.

鄢新义，董刚辉，徐伟，等，2016.北京地区奶牛反刍与活动量影响因素分析 [J].畜牧兽医学报，47（5）：955-961.

杨兵，夏先林，2010.奶牛热应激的发生机制及其预防研究进展 [J].贵州畜牧兽医，34（5）：10-12.

杨莉，黄钰，王凤丽，等，2015.寒冷应激对阿勒泰羊细胞免疫及热休克蛋白70 mRNA 表达的影响 [J].动物学杂志，50（2）：300-305.

杨效民，2012.图说奶牛养殖新技术 [M].北京：中国农业科学技术出版社.

于濛，2012.寒冷地区犊牛岛技术应用效果的研究 [D].哈尔滨：东北农业大学.

臧强，李保明，施正香，等，2005.规模化羊场羊舍夏季环境与小尾寒羊的行为观察 [J].农业工程学报，21（9）：183-185.

张浩，2010.冰雪严寒气候条件下的奶牛防寒保暖措施 [J].北京农业，15：51-53.

张明，刁其玉，赵国琦，2009.环境富集和饲养密度对绵羊福利的影响 [J].中国畜牧兽医，36（7）：17-20.

张燕，敖日格乐，王纯洁，等，2016.冷应激对荷斯坦奶牛与三河牛的维持行为和抗氧化性能的影响 [J].动物医学进展，37（3）：73-77.

张子军，陈家宏，黄桠锋，等，2013.江淮地区夏季羊舍小气候环境检测及评价 [J].农业工程学报，29（18）：200-209.

赵一广，刁其玉，刘洁，等，2012.肉羊甲烷排放测定与模型估测 [J].中国农业科学，45（13）：2717-2727.

周旭全，慕长顺，2012.奶牛生产环境的温度和光照调节 [J].养殖技术顾问，4：10.

Benchaar C，Petit H，Berthiaume R，et al，2007. Effects of essential oils on digestion, ruminal fermentation, rumen microbial populations, milk production, and milk composition in dairy cows fed alfalfa silage or corn silage [J]. Journal of Dairy Science，90（2）：886-897.

Bruno R G S，Rutigliano H M，Cerri R L，2009. Effect of feeding Saccharomyces Cerevisiae on performance of dairy cows during summer heat stress [J]. Animal Feed Science and Technology，150

(3)：175－186.

Busquet M，Calsamiglia S，Ferret A，et al，2006. Plant extracts affect in vitro rumen microbial fermentation [J]. Journal of Dairy Science，89 (2)：761－771.

Cambra-Lopez M，Aarnink A J A，Zhao Y，2010. Airborne particulate matter from livestock production systems：a review of an air pollution problem [J]. Environmental Pollution，158 (1)：1－17.

Eckard R J，Grainger C，Klein C A M D，2010. Options for the abatement of methane and nitrous oxide from ruminant production：a review [J]. Livestock Science，130 (1)：47－56.

Felton C A，Devries T J，2010. Effect of water addition to a total mixed ration on feed temperature，feed intake，sorting behavior，and milk production of dairy cows [J]. Journal of Dairy Science，93 (6)：2651－2660.

Garcia J L，Patel K C，Ollivier B，2000. Taxonomic，Phylogenetic and Ecological Diversity of Methanogenic Archaea [J]. Anaerobe，6：205－226.

Hansen P J，2002. Embryonic mortality in cattle from the embryo's perspective [J]. Journal of Animal Science，80 (2)：E33－E44.

Ingraham R H，Gilleae D D，Waner W D，1971. Relationship of temperature and humidity to conception rate of Holstein cows in subtropical climate [J]. Journal of Dairy Science，57 (4)：476－481.

Johnson-Vanwieringen L M，Harrison J H，Davidson D，et al，2007. Effects of rumen-undegradable protein sources and supplemental 2－hydroxy－4－ (methylthio) -butanoic acid and lysine-HCl on lactation performance in dairy cows [J]. Journal of Dairy Science，90 (11)：5176－5188.

Jones A M，Harrison R M，2004. The effects of meteorological factors on atmospheric bioaerosol concentrations——a review [J]. Science of The Total Environment，326：151－180.

Lange M，Ahring B K，2001. A comprehensive study into the molecular methodology and molecular biology of methanogenic Archaea [J]. FEMS Microbiol Reviews，5 (12)，553－571.

Lassey K R，Walker C F，Mcmillan A M，2001. On the performance of SF6 permission tunes used in determining methane emission from grazing livestock [J]. Chemosphere：Gglobal Change Biology，4 (18)：1－15.

McDowell R E，Hoover N W，Cameos J K，1976. Effects of climate on performance of Holsteins in first lactation [J]. Journal of Dairy Science，59：965－973.

Sarah Ivan，Normand St-pierre，2002. Effect of metabolizable undegradable protein and methionine and lysine on production parameters and nitrogen efficiency of Holstein in early and mid-lactation [J]. Journal of Dairy Science，85 (Suppl. 85)：71－72.

Schiner C，Hielms S，Saloniemi H S，2003. Comparison of milk production of dairy cows kept in cold and warm loose-housing systems [J]. Preventive Veterinary Medicine，61 (4)：295－307.

Schuller L K，Burfeind O，Heuwieser W，2013. Short communication：Comparision of ambient temperature，relative humidity，and temperature-humidity index between on-farm measurements and official meteorological data [J]. Journal of Dairy Science，96：7731－7738.

Shephard R J，1998. Immune changes induced by exercise in an adverse environment [J]. Canadian Journal of Physiology and Pharmacology，76 (5)：539－546.

Sima P，Cervmkova M，Funda D P，1998. Enhancement by mild cold stress of the antibody forming capacity in euthymic and athymic hairless mice [J]. Folia Microbiol (Praha)，43 (5)：521－523.

Tajima K，Nonaka I，Higuchi K，et al，2007，Influence of high temperature and humidity on rumen bacterial diversity in Holstein heifers [J]. Anaerobe, 13 (2): 57 - 64.

Wang C, Liu J X, Yuan Z P, et al, 2007. Effect of level of metabolizable protein on milk production and nitrogen utilization in lactating dairy cows [J]. Journal of Dairy Science, 90: 2960 - 2965.

Wang C, Liu J X, Zhai S W, et al, 2008. Effect of rumen - degradable - protein to rumen - undegradable - protein ratio on nitrogen conversion of lactating dairy cow [J]. Acta Agriculturae Scandinavica, 58 (2): 100 - 103.

Wu Z, Satter L D, 2000. Milk production and reproductive performance of dairy cows fed two concentrations of phosphorus for two years [J]. Journal of Dairy Science, 83: 1052 - 1063.

Wu Z, Satter L D, Blohowiak A J, et al, 2001. Milk production, estimated phosphorus excretion, and bone characteristics of dairy cows fed different amounts of phosphorus for two or three years [J]. Journal of Dairy Science, 84: 1738 - 1748.

第八章
反刍动物产品与人类健康

牛和羊等反刍动物是乳、肉等动物产品的主要来源。牛乳中含有丰富的生物活性肽、不饱和脂肪酸、功能性低聚糖、钙和维生素等功能性成分，这些成分与人类的心血管系统、免疫系统、神经系统、消化系统和骨骼系统等方面的健康息息相关。牛羊肉是红肉产品主要原料，其富含有益于人体健康的不饱和脂肪酸和铁等营养物质。本章概述了牛乳中各种功能性成分及其对人类健康的作用，以及牛羊肉中的营养成分对人类健康的影响。

第一节　乳与人类健康

一、乳蛋白与生物活性肽

从乳及乳制品中可获得丰富的乳源性生物活性肽，其与人类的各种器官健康和系统功能密切相关。

（一）心血管系统

1. 抗凝血肽　人们发现，自然界中κ-酪蛋白与凝结酶的作用会引起牛乳凝固，血纤蛋白原与凝血酶的作用会引起血液凝固，它们的机理是相似的。酪蛋白血小板因子（casoplatelins）是由酪蛋白水解产生的几种多肽（片段 f106～116、f106～112、f113～116），它们可以抑制二磷酸腺苷（ADP）激活的血小板的聚集，抑制人血纤蛋白原 γ 链与血小板表面的特殊受体结合。而且，κ-酪蛋白水解片段 f103～111 可以抑制血小板的聚集从而防止血液结块，但不能影响血纤蛋白原与 ADP 作用的血小板结合。

有研究表明，从几种不同种属的动物得到的κ-酪蛋白聚肽（caseinoglycopeptide）是一种抗凝血的多肽。例如，羊的κ-酪蛋白聚肽（f106～171）可以抑制凝血酶和胶原引起的血小板的聚集。通过对婴儿进行母乳或牛乳的喂养，在出生 5 d 的婴儿的血浆中可发现抗凝血多肽，这些多肽分别是人或牛的κ-酪蛋白聚肽。

2. 抗高血压肽　血压的高低是由肾素-血管紧张肽转移酶（ACE）和血管紧张肽Ⅱ组成的系统调节的。肾素作用于血管紧张肽原释放出血管紧张肽Ⅰ。肺中的血管紧张肽转移酶作用于血浆中的血管紧张肽Ⅰ将其转化为血管紧张肽Ⅱ。血管紧张肽Ⅱ是目前已知的强有力的加压物质，它可使小动脉平滑肌收缩。而血管紧张肽转移酶抑制剂（ACEI）可抑制血管紧张肽Ⅱ的形成，从而抑制其对血管的加压收缩，从而起到降压作用。

1982 年，首次报道了胰蛋白酶水解的酪蛋白可在体外抑制 ACE 的活性，这是因为其中含有干酪素的多肽，是牛乳 α_{s1}-酪蛋白上的 f23～24、f23～27 和 f194～199 片段及牛乳 β-酪蛋白 f177～183 及 f193～202 的片段。也有研究报道了水解乳酸发酵的酪蛋白中及水解的牛乳清中含有 ACEI 的活性。这些多肽分别是 α_{s1}-酪蛋白 f142～147、f157～164 和 f194～199 以及 β-酪蛋白 f108～113、f177～183 片段。研究还表明，α_{s1}-酪蛋白水解得到的多肽活性最高。其他的研究还表明，人乳的 β-酪蛋白和 κ-酪蛋白也含有 ACEI 的活性多肽。

一些传统发酵食品，如酸奶、奶酪等的降压作用很明显。日本的一种名为"Calpis"的软饮料，是由乳酸杆菌发酵的脱脂牛奶，其中含有三氨基酸多肽，氨基酸序列分别为 Val-Pro-Pro、Ile-Pro-Pro，具有明显的降压作用。各种奶酪中也含有丰富的 ACEI 活性的多肽。久熟的 Gouda 奶酪、Manchego 奶酪及一种由双歧杆菌发酵制得的低脂肪的 Festivo 奶酪中均含有 ACEI 的多肽。

目前尽管乳制品中得到的 ACEI 多肽还不太可能成为药物，但是它们可作为非常好的功能性食品，被有目的地用于人们日常的饮食当中。

（二）神经系统

很多人都会感觉在晚上睡觉前喝杯牛奶会更容易入睡，婴儿在喂奶后也会变得异常安静。研究表明，这些现象都是由于奶在消化后产生了一种作用于神经系统的生物活性肽——阿片肽所致。研究表明，阿片肽受体可分为 μ 型、δ 型、κ 型。它们分别存在于动物的内分泌系统和肠道系统中。它们具有内源性和外源性的配基，这些配基就是阿片肽。内源性阿片肽也称典型的阿片肽，如脑啡肽、内啡肽和强啡肽等，分别是阿黑皮素、前脑啡肽和强啡肽原的前体物质，是动物体内产生的内源性"吗啡"，共同点是 N 末端氨基酸序列是 Tyr-Gly-Gly-Phe。外源性阿片肽称为非典型的阿片肽，也称外源吗啡或食物激素。主要存在于外源性食物中，也称外啡肽（exorphins）。乳是外源性阿片肽的重要来源，一般把来自酪蛋白的阿片肽，称酪啡肽（casomorphin，CM），来自乳清蛋白的阿片肽，称乳啡肽（lactorphins）。

1979 年，最早报道从喂食了牛乳酪蛋白酶解物的豚鼠的回肠纵行肌毛细血管中发现了具有类吗啡活性的短肽，随后报道了牛乳 α_{s1}-酪蛋白的 3 个水解片段 f90～95、f90～96、f91～96 同样具有吗啡活性。也有研究表明，成人在大量饮用牛奶后，在其胃肠道内能检测到多种酪蛋白水解产生的酪啡肽片断，这些阿片肽可以直接作用于消化道中的阿片肽受体以影响胃肠道的运动或者作为胃肠道激素的外源性调节剂，也可能在小肠刷状缘降解成更小的疏水性阿片肽，穿过肠黏膜进入外周血液，再透过血脑屏障与中枢阿片肽受体结合，从而发挥其镇痛、呼吸抑制、促进睡眠、调节行为、刺激摄食等作用。

（三）免疫系统

人体免疫系统对入侵者的抵御是个相当复杂的过程。人们已经注意到食物可以起到免疫作用。关于乳源性食物中的免疫作用的研究是非常新的一个课题，而且这方面的研究越来越引起人们的关注。起到免疫作用的乳源性生物活性肽包括免疫调节肽和抗菌肽。

1. 免疫调节肽　人们已经注意到，人乳能大大提高婴儿免疫能力。免疫调节肽首先是从人乳的胰蛋白水解液中被发现的。陆续有研究表明对人乳或牛乳的κ-酪蛋白、β-酪蛋白及 α_{s1}-酪蛋白的水解均可得到具有免疫调节作用的多肽。近年来的研究还表明，酸奶及奶酪中也存在各种免疫调节肽。然而研究者目前对乳源性的免疫调节肽作用机理及结构与活性的关系等还存在很大分歧。但他们都认为存在于这类免疫调节肽的 N 或 C 末端的精氨酸（Arg）残基是与各种膜表面受体结合的引领模体。例如，具有免疫调节作用的β-酪激肽-10 在它的 C 末端具有精氨酸。

2. 抗菌肽　研究表明 α_{s1}-酪蛋白或乳铁蛋白的水解片段在体外具有抗菌活性。α_{s1}-酪蛋白水解片段 f165～203 可抑制大肠杆菌等的生长。由胃蛋白酶水解乳铁蛋白得到的乳铁素 f17～41，具有明显的抗菌活性。

3. 抗氧化肽　随着营养学和生物技术的发展，研究者发现介于蛋白质和氨基酸间的肽类与氨基酸、大分子蛋白质等其他生物分子相比较食用安全性更高、活性更强，与蛋白质和氨基酸相比其抗氧化性往往更为显著。关于动植物蛋白的酶解物抗氧化活性已有很多相关研究。目前已有关于乳清蛋白酶解物在脂质氧化体系中抗氧化作用的研究，如通过酶解乳清蛋白中的 α-乳白蛋白和 β-乳球蛋白制备抗氧化活性肽，以及将乳清水解物添加于熟肉制品中以抑制冷藏过程中的脂类氧化等。乳清蛋白肽的抗氧化作用日益成为研究的热点。

（四）消化系统

酪蛋白磷酸肽（CPPs）是一种促矿物质吸收肽。磷酸肽一词最早在 1950 年就被提出，当时发现酪蛋白衍生的磷酸肽在无维生素 D 的情况下，可以促进佝偻病的婴儿对钙的吸收。研究表明，乳源蛋白的水解物皆可得到 CPPs。它们对矿物质的吸收是因为 CPPs 的氨基酸序列中含有带负电的磷酸基团，提供了可以与带正电的钙、镁、铁、锌、钡、铬、镍等离子结合的位点。CPPs 对铁的作用，可以解决很多由于缺铁造成的诸如贫血等问题。研究表明，CPPs 与铁的结合，可以防止形成人体不易吸收的大分子的铁的氢氧化物。β-酪蛋白水解片段 f1～25 可促进锌的吸收。将 CPPs 加入婴儿米粉中喂养婴儿，可测到婴儿对锌和钙的吸收明显增加。乳制品中含有丰富的钙，与 CPPs 结合后形成可溶性的复合物，避免了钙的磷酸化沉淀，从而促进了钙在肠道内的吸收。钙结合的磷酸肽具有很好的防龋齿作用。研究表明，加热和灭菌会大大影响 CPPs 的活性。

（五）骨骼健康

蛋白质摄入对骨骼健康有着重要的意义，特别是对处于生长期的儿童和青少年，摄入充足均衡的蛋白质能够促进儿童骨骼生长，增加骨峰值及骨密度，减缓成年后骨量流失。对于老年人，其消化功能减退，常常导致蛋白质摄入不足。在老年性髋部骨折病例中，有很大一部分都存在蛋白质摄入不足的问题。

乳铁蛋白（LF）是一种广泛分布于哺乳动物的乳汁及各种分泌液中的天然铁结合性

糖蛋白。在乳铁蛋白的 N 端和 C 端 2 个结构域中分别含有 1 个铁结合位点，每一叶都能高亲和性地、可逆地与铁结合，当 Fe^{3+} 从乳铁蛋白中脱离后会引起乳铁蛋白构象发生变化。研究者对乳铁蛋白的功能特性开展了大量研究。近几年的研究结果表明，乳铁蛋白还具有促进成骨细胞增殖和促进体内骨合成的活性，展现出了治疗骨质疏松症的潜力。

（六）其他

1. 降胆固醇　有研究证明，饮食中添加乳清蛋白可以降低血清中的胆固醇，包括极低密度脂蛋白胆固醇（VLDL‐C）和低密度脂蛋白胆固醇（LDL‐C），能有效预防动脉粥样硬化。因此，乳清蛋白源活性肽具有潜在的巨大研究价值。目前，利用大豆蛋白和酪蛋白研究食物源蛋白生物活性肽对动物或人类血清胆固醇水平影响的研究较多，而对牛乳清蛋白源生物活性肽对血液胆固醇水平的影响研究较少。有研究利用胰蛋白酶解牛乳 β‐乳球蛋白，从酶解液中分离出一种 5 肽 Ile‐Ile‐Ala‐Glu‐Lys，通过动物实验证明与 β‐谷甾醇（一种降胆固醇药物）相比，该肽可以显著降低小鼠血清胆固醇水平。高学飞利用乳清蛋白以猪肝脏中 3‐羟基‐3‐甲基戊二酸甲酰辅酶 A（HMG‐CoA）还原酶活性变化的体外检测方法制备具有降血液胆固醇效应的生物活性肽，证明分子质量在 2 000～12 000 u 的乳清蛋白源活性肽具有较高 HMG‐CoA 还原酶抑制活性，可以降低血液中胆固醇、甘油三酯水平（$P<0.05$），减小动脉硬化指数，还能促进生长、减少脂肪沉积（$P<0.05$）。目前乳清蛋白源降胆固醇活性肽作用机理还没有完全明确。通过对胆固醇代谢及肽类物质吸收特点的分析，提出一种降胆固醇生物活性肽的作用机理的假设，即活性肽可在胆固醇肠肝循环途径中起作用，通过结合胆汁酸来抑制内源胆固醇的重吸收，从而降低血清胆固醇水平。乳清蛋白源降胆固醇活性肽同样适用这个假设。乳清蛋白源降胆固醇活性肽的另一个作用途径是减少外源胆固醇的吸收。

2. 降血糖　近年来，大量动物实验和对人群进行的临床研究都发现乳清蛋白具有降血糖尤其是餐后血糖的作用。采用碱性蛋白酶水解乳清蛋白，透析后进行动物实验，发现乳清蛋白水解多肽水解度为 14.8%，多肽分子质量分布在 900～1 900 u，大部分集中在 1 800～1 900 u 时能降低灌胃后乙型糖尿病小鼠（KKAy）血糖，显著升高灌胃后 0.5 h 血清胰岛素水平，证明乳清蛋白水解多肽能有效降低小鼠空腹血糖、随机血糖和改善糖耐量。

3. 提高记忆能力　有研究利用分子质量集中在 180～1 000 u 的乳清蛋白小分子肽混合物喂食小鼠，探讨乳清蛋白肽对 C57BL/6J 小鼠学习记忆能力的影响，结果显示乳清蛋白肽 1.35% 剂量组能显著提高实验小鼠的空间学习记忆能力。但是其具体发挥生理功效的肽分子序列及其作用机制需要进一步研究。

4. 促进乳酸菌增殖　研究证明，添加乳清蛋白和酪蛋白酶解物对乳酸菌具有增殖的效果。在乳酸菌培养介质中添加乳清蛋白、酪蛋白等可明显改善乳酸菌的生长条件，加入还原剂后不仅某些乳酸菌的耐氧效果提高，还可以显著延长酸奶中嗜酸乳杆菌和双歧杆菌的存活期限。白凤翎等利用胃蛋白酶水解乳清蛋白，对乳清蛋白酶解物促嗜酸乳杆菌增殖作用进行研究，发现水解度为 12.51% 时，乳清蛋白酶解物与经过超滤和凝胶过滤后的分离物对嗜酸乳杆菌 B 有较好的增殖作用，其中分子质量在 1 000 u 以下的酶解物增殖效果最为显著。

5. 促进矿物元素吸收 促矿物元素吸收肽，即矿物元素结合肽，在其中心位置有磷酸化的丝氨酸基团和谷氨酰残基，能与钙、铁和锌等金属离子结合，阻止金属离子与磷酸根反应产生沉淀，增加小肠内可溶性的钙、铁和锌的浓度，从而促进肠道内必需金属离子的吸收。据资料显示，乳清蛋白中的 α-乳白蛋白具有金属离子结合性质，能够促矿物元素的吸收。有研究者采用胰蛋白酶水解乳清蛋白来制备促矿物元素吸收肽，结果表明，在 pH 8.0、底物浓度 7.0%、酶底比 70∶1、水解温度 45℃、水解时间 100 min 的条件下得到活性最强的促矿物元素吸收肽。此条件下水解液中氨基氮含量为 0.272 mg/mL，产生的肽具有最强的体外持钙活性。

(七) 展望

乳源性生物活性肽的诸多功能刺激了功能性食品或药品的开发及商业化。生物活性肽可作为食品添加剂以开发新的功能性食品及新型食品、饮食的补充剂乃至药品应用到人们日常生活中。然而，要想使新的食品或药品的开发及商业化成为可能，必须在如下 3 个方面取得进展。

1. 新的色谱技术或膜分离技术的开发应用 以利于生物活性肽在蛋白质水解液中的富集和大规模的提取。

2. 深入研究并了解乳源性生物活性肽的分子作用机制 以使人们对这些活性肽产生的营养作用及对健康的影响更加了解并更好地利用。

3. 开发新的检测技术 以便人们可以随时了解乳源性生物活性肽在各种功能性食品或药品中的活性，掌握食品中其他成分（如碳水化合物、脂肪等），以及食品加工过程（加热）对其活性的影响。

二、乳脂肪与脂肪酸

牛乳中含有 3%～5% 的脂肪，其中 95%～98% 为甘油三酯，其余为少量的甘油二酯（约 2%）、胆固醇（<0.5%）、磷脂（约 1%）和游离脂肪酸（约 0.1%）。牛乳中的脂肪酸有 400 多种，是脂肪酸组成最复杂的天然脂肪。乳中绝大多数脂肪酸都以微量存在，只有 15 种脂肪酸的含量大于 1%。牛乳中的脂肪组成主要为短链和中链脂肪酸，由于脂肪球直径小，呈高度乳化状态，极易被人体吸收。据统计，乳脂肪的消化率高于玉米油、豆油、葵花油、橄榄油、猪油等其他动植物脂肪。

按碳链的长短，脂肪酸分为短链脂肪酸（short-chain fatty acid，SCFA，C4～C8）、中链脂肪酸（middle-chain fatty acid，MCFA，C10～C16）和长链脂肪酸（long-chain fatty acid，LCFA，>C16）；按是否含有双键，脂肪酸又分为饱和脂肪酸（saturated fatty acid，SFA）和不饱和脂肪酸（unsaturated fatty acid，UFA）。UFA 根据碳链中双键的个数，又分为单不饱和脂肪酸（mono-unsaturated fatty acids，MUFA）和多不饱和脂肪酸（poly-unsaturated fatty acids，PUFA）。其中，PUFA 是指碳链中含有 2 个或 2 个以上双键的直链脂肪酸。按照 PUFA 中第一个双键的位置又将其分为 n-3、n-6、n-7

和 n－9 等系列，目前认为具有重要生物学意义的是 n－3 和 n－6 系列 PUFA。n－3 PU-FA 的第一个双键位于从甲基端起第 3～4 个碳原子之间，成员主要是 C18:3n－3 和其长链代谢产物二十碳五烯酸（eicosapentaenoic acid，EPA，C20:5n－3）及二十二碳六烯酸（docosahexaenoic acid，DHA，C22:6n－3）；而 n－6 PUFA 的第一个双键位于从甲基端起第 6～7 个碳原子之间，成员主要是亚油酸（linoleic acid，C18:2n－6）及其长链代谢产物花生四烯酸（arachidonic acid，C20:4n－6）。C18:3n－3 和 C18:2n－6 主要通过碳链延长和去饱和作用转化为相应的长链代谢产物。

（一）饱和脂肪酸（SFA）

早期的研究认为 SFA 具有提高血液胆固醇含量的作用。因此，长期以来，人们普遍认为减少 SFA 的摄入可以降低血浆胆固醇水平、减少患冠心病的风险。但目前的研究表明，饱和脂肪与胆固醇、冠心病间的关系远比人们最初想象得复杂，心血管疾病的发病原因受多种因素影响，而高血脂与饮食、遗传和一些其他因素都有关。经过 50 年的研究，没有证据表明低 SFA 含量的膳食会延长寿命，而一项包括 5 万名女性、历时 8 年的调查表明：减少脂肪摄入量，增加水果、蔬菜和谷物摄入量的饮食对患冠心病、脑卒中或心血管疾病的风险没有影响。有人曾对 21 个流行病学研究的数据进行荟萃分析（Meta 分析）后发现，没有明显证据支持"膳食中的饱和脂肪与增加患冠心病和心血管疾病有关"这一结论，并指出，用 MUFA 和 PUFA 代替 SFA 对健康有益，但用碳水化合物替代饱和脂肪可能对健康有害。此外，针对单一 SFA 的分析发现，会导致血液总胆固醇和 LDL－C 含量升高的主要是 C12:0、C14:0 和 C16:0 等脂肪酸，且有建议认为在 C18:2n－6 摄入充足时，C16:0 对健康可能没有不利影响，而 C18:0 是中性的，对健康没有不利影响；研究还指出，C12:0～C16:0 对健康的不利影响只有在过量摄入情况下才会出现，而且与食用低脂肪、高碳水化合物日粮相比，这类脂肪酸对机体健康还具有保护作用。

（二）多不饱和脂肪酸（PUFA）

n－3 PUFA 和 n－6 PUFA 都具有重要的生物学功能，在体内脂类代谢、基因表达调控、细胞膜生物功能的发挥、胚胎发育、繁殖机能、免疫机能、神经系统功能、心脑血管健康等方面起着重要作用。n－3 PUFA 在近年备受关注的主要原因是分析发现现代人的膳食中富含 n－6 PUFA 而缺乏 n－3 PUFA，n－6/n－3 已由过去的 1～2 升至 15～17。摄入过量的 n－6 PUFA 或食物中 n－6/n－3 过高会使类二十烷酸（白细胞三烯、前列腺素类、凝血恶烷类）的合成过量，这类物质过量会诱发血栓、动脉粥样硬化、过敏、炎症和细胞增殖等，从而诱发心血管疾病、癌症、炎症和自身免疫性疾病等，而增加 n－3 PUFA摄入量或降低 n－6/n－3 可抑制上述疾病的发生。1999 年召开的"关于推荐 n－3 PUFA 和 n－6 PUFA 食入量及其必要性的研讨会"推荐了成人、妊娠和哺乳期妇女及婴幼儿食品中 n－3 PUFA 和 n－6 PUFA 的摄入量，并一致认为除了从促进婴儿脑的发育和成人心血管健康方面考虑应增加 n－3 PUFA 的摄入量外，还应该降低 n－6 PUFA 摄入量，以防止过量的花生四烯酸及其代谢产物的不利影响。n－6 与 n－3 的比值因疾病种类的不同而异，n－3 的治疗剂量也有赖于不同遗传诱因所致疾病的严重程度，但增加 n－3

PUFA 的摄入量或降低 n-6 与 n-3 的比值有利于减少患这些慢性病的风险。

（三）共轭亚油酸

共轭亚油酸（conjugated linoleic acid，CLA）是天然存在于许多生物体内的多不饱和脂肪酸，是一组含有共轭双键（—C=C—C=C—）的亚油酸的各种几何与位置异构体混合物的总称。在 CLA 众多的异构体中，顺 9 反 11（c-9，t-11）CLA 和反 10 顺 12（t-10，c-12）CLA 具有最强的生物学活性；在人类和动物中，最主要的活性 CLA 异构体为 c-9，t-11 C18:2。天然来源的 CLA 主要存在于反刍动物如牛、羊的乳脂及肉制品中，且多为 c-9，t-11 CLA，是人类膳食中最重要的 CLA 天然来源。因此，采取措施增加反刍动物产品，尤其是牛乳中 CLA 的含量一直是研究热点。

1. 抗肿瘤作用　抗癌作用是 CLA 最引人注目的功能。CLA 对人乳腺癌细胞的生长，人胃腺癌细胞的凋亡，小鼠黑色素瘤细胞的侵袭和黏附，小鼠前胃癌的形成均有抑制作用，可抑制癌的形成以及癌变后的发展。另外，CLA 能调节细胞色素 P540 的生物活性和抑制致癌过程中涉及的如鸟氨酸脱羧酶、蛋白激酶 C 等酶的活性。它也能抑制癌细胞中蛋白质和核酸的合成。c-9，t-11 CLA 的抗癌作用是 CLA 中最引人注目的，无论是在对小鼠、大鼠等实验动物还是对人类肿瘤细胞的研究中，都观察到 CLA 具有广谱抗癌作用。

2. 降血和肝脏胆固醇的作用　CLA 可降低血浆和肝脏中 LDL 的浓度、总胆固醇的含量，抑制动脉粥样硬化的发生。

3. 抗糖尿病　CLA 可以促进 PPARα 与 DNA 的结合，PPARα 的激活可以抑制脂肪合成中的有关基因的表达，促进脂肪氧化、糖的分解，从而可以预防不依赖于胰岛素型的糖尿病的发生。

4. 强化免疫功能　CLA 参与免疫系统调节，强化促有丝分裂剂诱导的淋巴细胞胚细胞样转变、淋巴细胞毒力和巨噬细胞杀伤力。CLA 使脾脏细胞的增生速度加快，CLA 能够促进细胞分裂，阻止肌肉退化，延缓机体免疫机能的衰退，同时能减少炎症反应，并能够线性增加因病毒感染产生免疫应答的 CD8+ 淋巴细胞的百分含量，促进脾脏和血清免疫球蛋白（如 IgG、IgA、IgM）增加。

5. 参与脂肪代谢　CLA 的生物学作用涉及脂肪沉积和氮的分配，是一种新型的营养重分配剂。研究结果表明，CLA 可降低大鼠肝脏中的甘油三酯、游离脂肪酸和白色脂肪组织的水平，而不显著改变棕色脂肪组织水平。Heleb 等证明在啮齿类和猪的日粮中添加 CLA 可降低体脂，增加游离脂肪酸含量，并改善其胴体的品质和机体组成成分，说明 CLA 具有减肥作用。其机制可能是：①抑制脂肪组织的脂合成和脂肪沉积。研究表明 CLA 是一个很好的 PPARα 的配体，与之结合可抑制脂肪合成中有关基因（柠檬酸裂解酶、乙酰-CoA、脂肪酸合成酶）的表达。另外，脂蛋白脂酶活性下降，脂肪沉积减少。②促进脂肪水解。研究表明，CLA 可提高肉毒碱棕榈酰转移酶（脂肪酸 β-氧化的限速酶）、过氧化物酶体乙酰-CoA 氧化酶、解偶联蛋白-3 和激素敏感脂酶（负责脂肪水解的酶）的活性，促进脂肪的转运、氧化和生热作用。③抑制脂肪前体细胞的分化与增生并诱导脂肪细胞的凋亡。④瘦素可能介导 CLA 减少脂肪的作用。在人和鼠中都观察到了 CLA

能迅速降低血液中瘦素水平。⑤缩小脂肪细胞的体积。

6. 改善骨组织代谢　CLA 能够促进骨组织细胞的分裂和再生，促进软骨组织细胞的合成及矿物质在骨组织中的沉积，对骨质的健康有积极作用。

（四）反式脂肪酸

天然食物中，UFA 的双键一般为顺式（cis-），而反式（trans-）双键会在化学合成部分氢化植物油或瘤胃微生物氢化日粮 PUFA 的过程中被引入，从而生成反式脂肪酸（trans fatty acid，TFA）。食物中的 TFA 主要是反式 C18:1 MUFA，研究表明这类脂肪酸会增加患心血管疾病和一些慢性病的风险。由于部分氢化植物油曾被广泛用于食品生成中，分析发现食物中 80% 的 TFA 来自氢化植物油，20% 来自反刍动物产品。部分氢化植物油中 TFA 的含量为 40%～60%，主要为反式双键在 9、10、11 和 12 位的油酸（C18:1 t-9、C18:1 t-10、C18:1 t-11 和 C18:1 t-12），而反刍动物产品中的 TFA 主要是反式双链在 11 位的油酸（C18:1 t-11）。流行病学调查表明：患心血管疾病风险的增加完全是因为工业化产生的 TFA 摄入过量所致，而天然的 TFA 与患心血管疾病风险间呈显著负相关或没有关系。由于 C18:1 t-11 是乳腺和其他组成合成 c-9,t-11 CLA 的前体物，人体可以将 20% 左右的 C18:1 t-11 转化为 c-9,t-11 CLA，从而使 c-9,t-11 CLA 的供应加倍。此外，研究还发现，富含 C18:1 t-11 的牛乳对血浆脂蛋白生物标记物有有益作用。综上所述，目前认为天然的或乳中的 TFA 尤其是 C18:1 t-11 对人体健康无不利影响。

（五）乳脂球膜蛋白

人乳或牛乳中的脂类主要是甘油三酯（triglyceride，TG），其在乳腺分泌细胞的内质网中合成，形成 0.2～15 μm 的微脂肪小滴（micro lipid droplets，MLD）。由于甘油三酯为非极性脂质，在细胞内被由蛋白质和磷脂、鞘糖脂等极性脂质构成的单层膜包裹。MLD 在细胞质内不断聚集，形成胞质脂滴（cytoplasmic lipid droplets，CLDS），进一步聚集后被转运到细胞顶端，在被分泌出细胞时，再被顶端细胞膜包裹，形成被 3 层膜有序包裹的脂肪球，均匀分散在乳汁中。包裹脂肪的 3 层膜被称为乳脂球膜（MFGM），包括内侧的单层膜和外侧的双层生物膜。MFGM 厚度为 10～20 nm，占乳脂球质量的 2%～6%，主要成分为磷脂和膜特异蛋白，占脂肪球膜干重的 90% 以上，还含有胆固醇、酶和其他微量成分。泌乳的生理状况、乳中微生物数量、哺乳期以及季节等都会对 MFGM 组分和稳定性产生影响，此外，挤奶、加工过程等也会改变 MFGM 组分及其结构。MFGM 的健康效应研究发现 MFGM 的成分极为复杂，牛乳产品生产和加工的不同过程可以获得不同组成成分 MFGM 产品，如富含脂质、富含蛋白质的不同组分的产品。

含有不同组分 MFGM 的健康效应研究正在广泛开展，目前受关注的健康效应包括婴幼儿脑部发育和认知功能、生长发育、代谢模式以及感染性疾病。

1. 提高认知能力　在瑞典开展的富含磷脂和胆固醇 MFGM 的临床研究，采用前瞻性随机双盲对照试验，160 名 2 月龄内婴儿被随机分为补充 Arla 公司的产品（牛 Lacprodan

MFGM-10）实验配方奶和普通配方奶喂养至 6 月龄，另 80 名母乳喂养婴儿为对照。每 100 mL 实验配方奶磷脂和胆固醇含量分别为 70 mg 和 8 mg，每 100 mL 普通配方奶分别为 30 mg 和 4 mg。12 月龄时用美国贝利（Bayley）婴幼儿发展评估量表（第 3 版）评分结果显示，MFGM 组认知评分为（105.8±9.2）分，极显著高于普通配方组的（101.8±8.0）分（$P=0.008$），而与母乳喂养组无显著差异（106.4±9.5）（$P=0.73$）。因此，认为在 2～6 月龄配方乳粉中添加 MFGM-10 可减少其喂养婴儿和母乳喂养婴儿在 12 月龄时认知发展上的差异。

2. 改善代谢模式　流行病学资料以及动物模型的研究显示，婴幼儿早期的营养供给与成年后代谢性疾病的发生有密切关联，该观点被称为代谢程序化。观察性研究显示，配方粉喂养儿较母乳喂养儿在成年后有更高的代谢性疾病风险；配方粉喂养儿早期体格增长较快，可能导致成年后超重、Ⅱ 型糖尿病、高血压和高血脂。比较母乳喂养和配方粉喂养儿血浆胆固醇变化轨迹发现，母乳喂养组在婴幼儿早期血浆总胆固醇和 LDL-C 较高，而儿童期的血浆总胆固醇和 LDL-C 较配方粉喂养组低，推测该胆固醇代谢规律可能与成年期代谢性疾病有关。

3. 抗感染作用　轮状病毒或其他病原体导致的急性胃肠道感染是 5 岁以下婴幼儿发病及死亡的主要原因，尤其在发展中国家。母乳喂养可减少这种严重的胃肠道感染疾病的发生或减轻其症状。近年来发现 MFGM 可以减少轮状病毒、幽门螺杆菌和大肠杆菌等在肠道的定植或侵入，被认为可能是母乳的保护机制之一。与母乳中其他蛋白不同的是，MFGM 中含有大量高度糖基化的糖蛋白，具有与母乳其他蛋白不同的生物活性。有研究发现，嗜乳脂蛋白能够调整致脑炎 T 淋巴细胞对少突细胞髓磷脂糖蛋白的应答。这些发现表明食用富含 MFGM 较多的奶产品可能通过调整少突细胞髓磷脂糖蛋白对病原体的应答，从而提高对自身的免疫作用。MFGM 中的黏蛋白在抗感染免疫机制中也起到重要作用，黏蛋白可以与树突状细胞特异性细胞间黏附分子 3 结合非整合素（DC-SIGN）结合，阻断 DC-SIGN 介导的人类免疫缺陷病毒（HIV）感染 CD4$^+$ 的 T 淋巴细胞，进而阻断 HIV 感染，黏蛋白 O 端糖链在抗 HIV 感染过程中具有重要作用。以往认为母乳中 IgA 为主要保护机制，但目前发现，母乳中 IgA 可能主要反映了长期母体免疫记忆。而母乳的黏蛋白通过直接干扰病原体与糖聚合物的黏着，阻止病原体，尤其是某些突变的病原体与碳水化合物受体结合，与母乳中 IgA 共同发挥保护作用。

三、糖类

牛乳中糖类含量约为 5%，其中主要是乳糖，此外还有一些功能性低聚糖。乳糖的消化吸收与乳糖不耐受等健康问题显著相关。越来越多的研究表明乳中的微量低聚糖具有多种重要的生物学功能。

（一）乳糖

乳糖是哺乳动物乳汁中特有的糖类，它是由 1 分子 D-葡萄糖和 1 分子 D-半乳糖以 β-1,4-糖苷键结合而成的双糖，是人体的能量来源之一，对人体具有重要的生理机能，具体表现为促进人体对钙的吸收；调整肠道菌群；参与细胞活动；水解后所产生的半乳糖对婴幼儿的智力发育具有促进作用。由此可见，乳糖与人体的健康密切相关。

1. 甜度和致龋性 糖甜度因化学结构不同而不同，乳糖甜度只是蔗糖的 $20\%\sim40\%$。这是乳糖作为婴幼儿配方乳粉合适能量来源的一个原因，高甜度被认为会刺激食欲和暴食，且会导致形成对甜食偏爱。糖在口腔中经微生物发酵产生有机酸，会腐蚀牙齿釉质产生龋。在所有糖类中，蔗糖最容易致龋，不仅因其易发酵，也因为突变链球菌（口腔菌群中优势种）将蔗糖生成黏性葡聚糖，在牙齿上形成斑块。葡萄糖和麦芽糖相比蔗糖致龋性稍差，而乳糖和半乳糖相比其他单糖很少致龋。

2. 乳糖和糖尿病 糖尿病患者不能够分泌出足够的胰岛素，因此无法刺激体细胞吸收葡萄糖，导致血糖水平升高。膳食糖会增加血液中葡萄糖浓度，刺激胰岛素的分泌，随之降低血糖浓度。血糖水平居高不下会增加心血管疾病风险，但膳食糖类对血糖浓度影响不同。血糖生成指数反映的是摄入标准量特定糖后血糖曲线下面积的大小。葡萄糖的血糖生成指数最高，其次是白面包。双糖中蔗糖和乳糖中分别包含果糖和半乳糖，果糖和半乳糖在肝脏中转化为葡萄糖之后再形成血糖生成指数。这可以作为蔗糖或乳糖的血糖生成指数低于葡萄糖或淀粉的解释。因此没有理由将乳糖从糖尿病患者膳食中排除，它的血糖生成指数甚至比蔗糖都低。

3. 乳糖的消化 初生哺乳动物的小肠特别是空肠中有两种 β-半乳糖苷酶（乳糖酶），其中一种结合到黏膜细胞膜上，另一种在溶酶体的细胞内核上皮细胞质中。后一种酶对乳糖分解作用不重要。刷状缘乳糖酶在妊娠后半期胎儿体内已存在，并在出生后很短时间内达到最大活性。正常情况下，在哺乳动物中，包括人类主体，乳糖酶活力在断奶期下降。引人注意的是，全球只有 20% 的人种的乳糖酶会终身保持高活性。乳糖酶的正常下降是基因控制的，并不是因为断奶后停止摄入乳糖的缘故。乳糖有 α-乳糖和 β-乳糖两种异构体形式，它们的区别在于第一位碳原子羟基位置不同。在水溶液中，α-乳糖和 β-乳糖平衡存在，大约 63% 是 β-乳糖。消化后，乳糖被刷状缘乳糖酶分解成半乳糖和葡萄糖。这两者具有共同的吸收途径，且它们是仅有的主动吸收单糖。乳糖酶优先选择 β-异构体作为底物，这导致倾向于后者的 α-乳糖和 β-乳糖间平衡的移位（变旋）。经过门静脉运转到肝脏后，半乳糖经过莱洛伊尔（Leloir）途径转化为葡萄糖。

4. 乳糖吸收不良和乳糖不耐受症 世界人口大部分人群，刷状缘乳糖酶活力在幼儿早期下降到断奶前水平的 $5\%\sim10\%$。不同人群在不同年龄发生的基因调控乳糖酶活性降低称为乳糖酶不存留。乳糖酶不存留与哺乳动物乳糖酶活性降低模式紧密一致。其他描述乳糖酶不存留的术语是肠乳糖酶缺乏和原发性成人乳糖酶缺失。在后一个术语中，"缺失"这个词实际上不准确，哺乳动物乳糖酶活性下降是优势现象，因此不能看成是缺乏。有鉴于此，采用术语乳糖酶存留和乳糖酶不存留表达成人乳糖酶阳性和阴性更好。发生在不同人群在不同年龄发生的乳糖酶活性降低目前尚不清楚。年龄相关乳糖酶活性下降不能与胃肠疾病引发的乳糖酶活性下降混淆。这种情况称为继发性乳糖酶降低，通常是暂时的，它可由急性胃肠炎或其他胃肠疾病引起。当摄入乳糖量超过乳糖酶分解能力，乳糖未在小肠消化并进入结肠，在结肠被肠道菌群发酵。这可能引起腹部绞痛、胃肠胀气、恶心甚至渗透性腹泻，严重程度取决于进入结肠发酵的乳糖量。吸收不良者在摄入量低时不会产生严重不良反应。乳糖酶不存留者每天摄入乳糖量达到 11 g 时，一日内随餐服用是可以承受的。乳糖不耐受症是指乳糖吸收不良引起的不良反应。因此，这是一个剂量依赖现象。

5. 对矿物质吸收的影响　乳糖刺激钙、镁、锌的肠道吸收。但矛盾的是，小肠乳糖吸收不良的影响，导致乳糖在回肠末梢和近侧结肠部位发酵以及肠腔内容物酸化。这个结果提高了矿物质溶解和吸收水平。对矿物质吸收正向作用的另一种解释是乳糖发酵过程中产生的渗透压能够增强肠道壁的矿物质被动跨膜运转。据推测，乳糖发酵中产生的挥发性脂肪酸被肠细胞以质子形式吸收，随后这些质子又与矿物质发生离子交换。这种对矿物质吸收的正向作用并非乳糖特有，其他碳水化合物也有，只要它们不在小肠上部消化，就会进入回肠末端和结肠，被肠道菌群发酵。

6. 益生作用　肠道菌群由超过 500 种不同细菌构成。它们中有些被认为是有益菌，其他则可能是有害的。肠道菌群代谢活性可大致分为糖分解活性和蛋白质水解活性。前者被认为是有益的，包括形成氢、甲烷和挥发性脂肪酸。挥发性脂肪酸的形成降低肠腔 pH。低 pH 减少继发性胆汁酸形成。胆汁酸对结肠上皮细胞有毒。蛋白质水解形成对人体有毒的产物，包括硫化氢、氨、生物胺以及继发的胆汁酸。已知肠道菌群组成和代谢活性受食物成分影响。益生物是不被消化的食物成分，在肠道发挥选择性刺激特定有限数量的细菌生长或提高活性作用。益生物增加细菌量和粪便量，且作为可溶性饮食纤维来源，减少了益生物在肠道的通过时间，防止便秘。在小肠未被消化的乳糖将作为益生物，作为肠道菌群底物并增强糖分解活性。未被吸收的乳糖具有促双歧性，即刺激双歧杆菌生长。这种菌是母乳喂养婴儿体内的优势菌，被认为对人体有益。

（二）牛乳低聚糖

目前，高通量质谱等先进的分析技术，常被用于鉴定牛乳低聚糖（BMO）的组成和结构，已有 67 种牛乳低聚糖的结构被确定。这些被鉴定的低聚糖中一部分只鉴定了单糖组成，而单糖种类繁多，所以造成糖苷键联结方式可能性较多，使得低聚糖结构的测定极具挑战性。目前已知的 67 种低聚糖中，有 38 个是中性的，29 个是酸性的；其中 29 个酸性低聚糖中，21 个只含有唾液酸，7 个只含有神经氨酸，1 个既含有唾液酸又含有神经氨酸。牛初乳蛋白质含量高，脂肪和糖含量低，不仅含有丰富的营养物质，而且含有大量的免疫因子和生长因子，因此对于牛初乳和常乳中低聚糖的研究也就成为热点。牛初乳与常乳中低聚糖的组成差异性很大，牛初乳中的低聚糖组分随着泌乳期的变化会快速发生变化，如在牛初乳早期，中性低聚糖中的 N-乙酰氨基乳糖和 N-乙酰半乳糖胺含量呈现峰值，占据了 74.0% 的中性低聚糖比例，但是在 7 d 后则完全消失。酸性低聚糖随着泌乳期的延长，其含量会由 32%（初乳）降低到 6%（产乳 30 d），如唾液乳糖随着奶牛泌乳时间的增加，含量逐渐降低。但牛初乳和常乳也有共同点，如 N-乙酰氨基乳糖是二者的主要组成部分，二者含有的酸性低聚糖中，6'-唾液酸基-N-乙酰氨基乳糖和 3'-唾液乳糖含量最多。

目前关于牛乳低聚糖的生物活性研究仍较少，主要的活性有如下几点：

1. 促进双歧杆菌生长　人乳低聚糖能够促进双歧杆菌在婴儿肠道内生长，这些双歧杆菌能够改善人体健康。牛乳低聚糖也能促进具体菌株的生长，且 Ward 在体外试验研究中发现，牛乳低聚糖对婴儿双歧杆菌增殖促进作用要优于人乳低聚糖。因为婴儿双歧杆菌更易于代谢聚合度小于 7 的低聚糖，而牛乳低聚糖的聚合度一般小于 7，因此牛乳低聚糖是婴儿双歧杆菌很好的食物来源。

目前双歧杆菌主导的微生物菌群改善身体健康状况的机制还未得到完全阐明，最简单的解释就是大量双歧杆菌的增殖可以通过空间竞争来阻止其他致病菌的吸附。在以双歧杆菌为主导的消化系统内，空间竞争与低的腹泻发生率有关系；或者，双歧杆菌在婴儿肠道内的增殖提供了改善婴儿生长发育的二次代谢产物，如维生素 B_1、维生素 B_3、叶酸以及一些短链的脂肪酸，经细菌代谢而产生的短链脂肪酸能够通过大肠壁被很好地吸收，同时是大肠细胞很好的能量来源。另一个关于双歧杆菌改善婴儿健康的观点是双歧杆菌能够降低肠道内 pH，使得致病菌不易生存。双歧杆菌能够产生一些化合物如细菌素，这些细菌素能够抑制包括沙门氏菌、李斯特菌、弯曲杆菌、志贺氏菌、霍乱弧菌在内的致病菌。

2. 抑制致病菌　低聚糖能够促进双歧杆菌增殖，增殖后双歧杆菌通过空间竞争、产酸、释放抗菌化合物来抑制致病菌的生长。除此之外，乳中低聚糖也可能直接作用于致病菌。低聚糖被认为是作为正常肠黏膜细胞诱饵的结合位点，从而能够竞争性地抑制致病菌产生感染能力。这种机制，依靠致病菌对肠道黏膜上皮细胞糖复合物的利用，与配方乳粉喂养婴儿相比，可部分减少母乳喂养婴儿腹泻率。中性海藻糖基化的低聚糖还能够抑制消化系统内致病菌的吸附，如空肠弯曲杆菌、大肠杆菌。

在牛乳低聚糖的体外试验中，牛乳低聚糖能够阻止 7 种产肠毒素的大肠杆菌菌株（分离自 6 月龄牛腹泻物）和脑膜炎双球菌到达目标细胞。脑膜炎双球菌能引起脑膜炎和败血病。人乳低聚糖的体外试验中发现，人乳低聚糖也可以阻止大肠杆菌、脑膜炎双球菌和空肠弯曲杆菌到达目标细胞。如小鼠试验中，最常见的引起细菌性腹泻的空肠弯曲杆菌的黏合物在到达肠黏膜前即被人乳低聚糖所降解。相关的研究还证实了含海藻糖基的人乳低聚糖能够吸附人体内的致病菌，例如，母乳中海藻糖基化的低聚糖含量高，因此婴儿很少受空肠弯曲杆菌感染。

3. 抗病毒　研究显示低聚糖有抗病毒的特性。许多病毒是通过唾液酸结合到细胞上，如一些人类轮状病毒依赖唾液酸结合到细胞表面，gp120 蛋白结合到 DC-SIGN 位点是轮状病毒进入树突状细胞的必然步骤，之后病毒将通过 T 淋巴细胞导致病状的发生。而低聚糖可结合 DC-SIGN 位点并且阻碍 HIV-gp120 蛋白的结合，这也就在很大程度上解释了母乳喂养方式会降低 HIV-1 的传播风险的原因。除此之外，人乳低聚糖中含有高含量的乳糖-N-二岩藻六糖（LDFH-I），可降低婴儿病毒性肠炎的发病率。

4. 促进大脑发育　含有唾液酸的低聚糖能够促进婴儿大脑的发育。唾液酸是生成神经节苷脂和中性粒细胞黏附分子所必需的，而神经节苷脂和中性粒细胞黏附分子是神经系统细胞表面的重要组成成分。尽管哺乳动物能够在肝脏内利用葡萄糖合成唾液酸，但是在婴儿期，唾液酸抑制酶活性很低，因而婴儿期大脑的快速发育能力或许会超过婴儿自身合成的能力，因此含有唾液酸的乳低聚糖能够改善大脑发育水平。大量的研究表明，补充一定量的唾液酸可以改善大脑功能。喂养含有唾液酸的仔猪 35 d 后，在迷宫挑战中，其学习能力及记忆力比未喂养的仔猪表现得更出色。

一般来说，因母乳中的唾液酸含量比配方乳粉高，因此母乳喂养的婴儿大脑中，神经节苷脂和糖蛋白（含唾液酸）的含量要比配方乳粉喂养的婴儿高。提高牛乳低聚糖的唾液酸含量，使其作为功能性原料作为人乳低聚糖的替代品或添加到功能性食品中，具有长远发展意义和前景。

四、其他成分

（一）钙

最近几年，相当多的注意力集中到牛乳中钙的生物学利用率方面。通过对实验动物的研究表明，实际上人乳、牛乳和婴儿乳粉中全部的钙都是在胃肠道中被吸收利用的。而且，人乳中钙的生物利用率比牛乳和婴儿乳粉中钙要高，这源于婴儿对母乳钙的吸收效率要高于牛乳或者配方乳粉中钙的吸收率。从牛乳或配方乳粉中吸收的钙绝对量更大，只有低钙含量的牛乳配方粉（363～458 mg/L）的钙吸收量与人乳的相近。

健康成人从牛乳中吸收的平均钙量为 21%～45%。孕妇从牛乳和碳酸钙中吸收的钙相似，为 36%～47%，但是，绝经后妇女从牛乳中吸收钙为 5%～41%。β-半乳糖苷酶缺乏者摄入牛乳后，牛乳钙的吸收率（36.2%），要高于 β-半乳糖苷酶充足人群的牛乳钙的吸收率（25.7%）。

各种乳制品（包括全脂乳、巧克力乳、酸奶、契达干酪和再制干酪）中的钙吸收都很好。因此，在人乳、牛乳和婴儿配方乳粉中，所有的钙都是潜在可吸收利用的。动物和人吸收钙的量由生理因素决定，如胃肠道钙吸收机制的效率，这可能被钙的需求、维生素 D 和年龄影响，也可能受乳中钙浓度的影响。而且，牛乳中的一些成分（乳糖、磷酸肽）可以提高钙的吸收率。

牛乳酪蛋白消化阶段形成的磷酸肽可能促进钙的吸收。这些磷酸肽能够与钙螯合阻止磷酸钙盐的沉积，有助于维持肠道中的可溶性钙的高浓度。有证据表明，摄入含有酪蛋白的食物后，在大鼠和猪的小肠腔中发现了磷酸肽；纯的磷酸肽能够促进大鼠和鸡对钙的吸收，给大鼠饲喂高含量酪蛋白食物观察得到一致的结果。但是人食用牛乳后这些磷酸肽的营养重要性还不清楚。

最近几年的研究提出膳食钙在抗高血压、高胆固醇症、糖尿病、结肠癌和直肠癌方面有保护性作用。然而，在这些情况下，钙的作用缺乏一致性观点，并且需要进一步地研究。

（二）磷

磷是人体必需的营养素，具有许多重要的生物学功能。在整个机体组织和体液中，磷以有机磷和无机磷的形式存在，是很多生物分子的必要成分，包括脂类、蛋白质、碳水化合物和核酸，并且在新陈代谢中起重要作用。磷酸钙是骨骼和牙齿的主要结构成分。因为几乎所有的食品中都包含磷，因此通常不会产生膳食磷缺乏。乳和乳制品如干酪和酸奶是磷很好的膳食来源，一些欧洲国家报道，乳和乳制品对总磷摄入的贡献率为 30%～45%。

在生命开始的最初几周，婴儿调节血浆中钙浓度的能力没有完全发挥，并且低钙血症会导致婴儿手足抽搐，通常人工喂养比母乳喂养更易发生。摄入过多的磷也会产生这种情况，如果给婴儿喂未经加工处理的牛乳，这种牛乳具有高含量的磷，消化后会增加血清无机磷浓度和降低血清中钙离子浓度，会导致婴儿发生低血钙症等。基于这种原因，婴儿配方乳粉的钙磷比应该比牛乳钙磷比（约 1.2∶1）更高，且应更接近人乳钙磷比（约 2.2∶1）。

在动物实验中，高磷或低钙磷比膳食会导致骨丢失。但是，通常认为膳食摄入的磷或钙磷比在更大范围内的变化，对成人的骨骼不会产生不利影响。

（三）镁

镁在各种生理过程中起重要作用，包括蛋白质和核酸的代谢，神经和肌肉的传导，调节肌肉收缩、骨骼生长与代谢和血压，是很多酶的辅助因子。

关于乳中镁的人类生物利用率几乎没有资料报道。婴儿的代谢平衡研究表明 16％～43％的镁从以牛乳及婴儿配方乳粉中吸收，而且乳糖提高了镁的吸收率。在欧洲国家，乳和乳制品对总镁量摄入的贡献率为 16％～21％。

除非在重度营养不良和某些疾病状态下，一般不会产生镁的膳食缺乏。有资料表明，在欧洲许多国家和美国，很多青年人特别是女性没有达到推荐的镁摄入量，这就可能产生不良反应。科学家已经试图证明，低于镁的推荐摄入量（RDA 值）会造成很多慢性病的发生，如心血管疾病、高血压、骨骼发育障碍、骨质疏松症和糖尿病。然而，人们对这个领域的研究结果仍有分歧，需进一步研究。

（四）铁

铁是人体重要的微量元素，它是一系列代谢功能的催化中心。铁为血红蛋白、肌红蛋白、细胞色素及其他蛋白质中血红蛋白的组成成分，在氧的运输、储存、利用方面起着重要作用。铁也是许多酶的辅助因子，缺铁可导致贫血，世界约有 30％的人患有贫血。乳及乳制品中铁含量很低，对膳食铁总量贡献很小。

婴儿对人乳中铁的生物利用率为 49％～70％，但对牛乳中铁的吸收率更低，通常为10％～34％，应经常在婴儿配方乳粉中加入铁强化剂，以弥补牛乳中铁吸收率相对较低的不足。若牛乳配方乳粉中含有 12 mg/L 以硫酸亚铁形式存在的铁，则婴儿对该乳粉中铁的吸收率为 4％～7％，由于此类配方乳粉中铁浓度很高，因此其吸收量相对地比人乳中铁的吸收量高很多。

缺铁是最为普遍的营养缺乏症之一，多见于婴儿和儿童，主要因机体需要量增加且膳食铁摄入不足引起，食用母乳的婴儿若在 4～6 个月后仍不从膳食中补充铁，则其体内储存的铁将被耗尽。建议足月出生的婴儿应在不迟于 4 个月时就在膳食中补充铁，早产儿应在不迟于 2 个月时就补充铁。强化铁牛乳配方乳粉可有效防止缺铁，这可能是由于配方中也加入了一定量的抗坏血酸，能显著促进所添加的铁的吸收。

（五）锌

锌对生长、发育、性成熟、伤口愈合均有重要作用，锌还可能影响到免疫系统的正常功能及其他生理过程。锌是胰岛素和酶的组成成分，在动物的生长发育及繁殖过程中起重要作用。锌也为 DNA、RNA、蛋白质合成所必需，并且是参与重要代谢过程的许多酶的组成成分。对于人体缺锌的首例报道出现在 20 世纪 60 年代初期的中东，缺锌可导致侏儒症、性发育不良及贫血。轻度缺锌不易被发现，但在欧洲国家和美国已出现过，特别是在婴幼儿中较常见。轻度缺锌会导致头发中锌含量低、发育不良、食欲不振、味觉迟钝。牛乳、干酪、酸奶等乳制品都是锌的良好来源。据估计，在欧洲国家和美国，乳及乳制品提供的锌占总摄入量的 19%～31%。

（六）硒

硒是谷胱甘肽过氧化物酶的重要成分。谷胱甘肽过氧化物酶与维生素 E、过氧化物酶、超氧化物歧化酶共同存在于人体的许多组织中，具有抗氧化功能，使细胞免于受到氧化作用的损伤。在我国，土壤中硒含量低的地区缺硒可导致克山病。克山病是一种心肌病，主要易感人群为儿童及育龄妇女。据统计，乳制品提供的硒占日膳食中硒总摄入量的比例如下：英国为 5μg（占总摄入量的 8%）；美国为 13μg（占总摄入量的 10%）；芬兰为 13μg（占总摄入量的 21%～26%）；新西兰为 11μg（占总摄入量的 39%）。

足月出生的婴儿若食用以无强化牛乳生产的配方乳粉，则其硒摄入量接近或低于推荐膳食供给量。而在美国，母乳喂养的婴儿的硒摄入量符合或高于美国的硒推荐膳食供给量。此外，一些研究表明，食用牛乳配方乳粉的婴儿，其体内硒含量比食用母乳的婴儿低。非强化婴儿配方乳粉中硒的含量比母乳中的低，这项发现说明人们应考虑在一些婴儿配方乳粉中加入硒。

（七）维生素 D

由骨骼矿化不充分和脱矿质作用引起的两种骨疾病可能伴随维生素 D 的缺乏。严重的维生素 D 缺乏导致儿童佝偻病和成人骨软化症。儿童佝偻病的特点是：长骨的末端变宽、串珠肋和骨骼畸形，包括额隆起、下肢外翻或内翻（分别引起弓形腿和膝外翻）。骨软化症的标志与佝偻病相比更是全身性的，如肌无力和骨柔软，特别是在脊柱、肩、肋骨和骨盆，骨软化患者各种类型的骨折风险增加，特别是在腕关节和骨盆处更甚。

另外，与维生素 D 缺乏相关的继发性甲状旁腺机能亢进，会促进钙从骨骼中流失，从而导致骨质疏松症。维生素 D 缺乏是引起骨质疏松的一个原因，其病理学还不是完全清楚，似乎涉及与雌激素水平减少相关的维生素 D 代谢和（或）功能损伤。

一些研究显示，除骨质疏松症外，维生素 D 缺乏可能与其他慢性病有关，如结肠癌、乳腺癌和前列腺癌，这是对高纬度地区生活的人进行流行病学调查获得的结果。这已经被大家所认识，但目前没有足够的证据证明维生素 D 缺乏增加癌症的风险性。维生素 D 与一些增殖紊乱也有关系，如牛皮癣、光线性角化病和鳞状细胞癌，这些还需要更多的研究。

维生素 D 缺乏的危险人群在接触日光不足、不能合成每日需要量的地区及人们逃避接触阳光的低纬度地区被发现。目前由于适当补充策略的使用，佝偻病成为一种非常罕见的疾病，虽然在高于北纬 40°和南纬 40°地区的深色皮肤人群中仍具有较高的风险性。深色皮肤的孕妇和哺乳期女性外出穿很多衣服的时候也存在较高的风险性，而且，在老年人更易缺乏维生素 D，常引起骨软化症及骨质疏松。由于维生素 D 缺乏也引起肌无力，导致摔倒次数增加，再加上骨骼脆弱，增加了他们骨折的风险性。另外，皮肤癌的发病率增加也开始使人担忧，而它与接触日光的增多有直接关系，这已经导致了遮光帘的广泛使用。使用遮光帘，特别是皮肤产生胆钙化（甾）醇能力降低的老年人使用更会增加维生素 D 缺乏的额外风险。

第二节　肉与人类健康

牛羊肉是一类营养价值很高的食物，富含优质蛋白质、维生素、矿物质等，是平衡人类膳食的重要营养源，对人类机体发育、智力发育和机体健康等发挥着重要作用。膳食中长期缺乏红肉类食品，可能会导致某些必需氨基酸和矿物元素的缺乏，引起系列健康问题。

一、肉的营养

肉类是人们日常膳食的重要组成部分，不仅提供优质的全价蛋白质，还含有丰富的维生素、矿物质、脂肪酸等营养成分。蛋白质是生命的物质基础。食物中的蛋白质，只有在体内经过消化系统水解成氨基酸，才能被吸收并重新合成人体所需的各种蛋白质，同时新的蛋白质又在不断代谢与分解，时刻处于动态平衡之中。《中国居民膳食指南》建议成人每千克体重每天摄取蛋白质 $1.0 \sim 1.2\,g$，其中一半要来自优质蛋白质。肉类的蛋白质含量在 20% 左右，生物学价值为 75%（人乳 100%、小麦蛋白质 50%），蛋白质净利用率为80%（蛋 100%、小麦 52%），消化率为 94%～97%（植物蛋白质 78%～88%），氨基酸组成与人体最为接近，含有人体必需的所有氨基酸，营养价值非常高。研究表明，适当增加红肉蛋白质摄入量并不会增加血脂水平，甚至对降低血压也有一定好处。

肉类是人体获取 B 族维生素的主要来源，尤其是单纯从素食中无法获取的维生素 B_{12}，人体如果缺乏维生素 B_{12} 就会出现精神和生理上的缺陷，摄食动物内脏是人体获取 B 族维生素的重要途径之一。肉类也是维生素 A、生物素及叶酸的重要来源，猪肝中维生素 A 异常丰富。

肉类可为人体提供多种矿物元素，特别是红肉及内脏富含各种微量元素，且生物利用率更高。缺铁性贫血是常见的营养缺乏症，尤其是儿童和年轻女孩。与禽肉、鱼肉等白肉相比，红肉是血红素铁的良好来源。如果红肉摄入量低于 $90\,g/d$，可使缺铁的概率增加 3倍；拒绝食用红肉或红肉摄入量降低至推荐限量（$71\,g/d$）以下，可能影响铁的供应。锌是金属酶类的重要成分，对细胞生长繁殖、骨骼发育和增强免疫都具有重要作用，且具有进一步的抗氧化特性。猪肉中锌含量丰富，易被吸收，是人体锌的良好来源；每 $100\,g$ 牛肉和羊肉组织中锌的含量分别为 $4.1\,mg$、$3.3\,mg$。动物肝脏中铬、硒、钴、钼等微量元素的含量异常丰富；猪肝中的微量元素硒，能增强人体免疫力，具有抗氧化、防衰老、抑制肿瘤细胞产生等功能。

人类是杂食动物，膳食均衡和多样化是其生命体得以维持和发展的基本原则。在发达国家和我国的相当一部分地区，人们可以摄入充足的蛋白质和热量，如美国，其民众主要通过牛肉等获取更高浓度的维生素与矿物质，但在地球上至少还有 10 亿人没有摄入足够的蛋白质、热量、维生素 B_6、维生素 B_{12} 及锌、铁等营养物质。除了作为一日三餐的主要膳食原料，肉类的重要性主要体现在下述三方面：①提供营养物质，红肉因其特殊的营养性已被广泛食用。②带来满足感、大快朵颐的享受感，加工赋予了肉类非常丰富的感官品质。③促进情感和文化的交流。在许多国家，肉类在当地文化和美食学中占据了比其他食品更重要的地位。尤其是近 30 年来，受国外饮食消费理念的影响，我国传统的摄食模式和饮食文化都受到了的冲击，对肉类食品的消费态度及加工方式都融入了更多的外国元素，但肉类之于膳食的重要性不减过去。

二、肉中脂肪酸

脂肪酸作为肉中一种重要的成分，与人体健康密切相关，目前已在多种动物肉中被研究。本部分内容综述了肉中各类脂肪酸与人体健康的关系，以及影响肉中脂肪酸组成的主要因素，包括地域、种类、饲喂方式、加工条件等，为生产者在品种选择、饲养和加工环节的操作提供一定的理论指导。

（一）脂肪酸与健康的关系

同植物油脂一样，肉中的脂肪酸按照不饱和度也可以分为饱和（SFA）与不饱和（UFA）两种，而不饱和脂肪酸又包括单不饱和（MUFA）和多不饱和（PUFA）。由于各种脂肪酸在机体代谢过程中存在不同程度差异，所以它们都会对人体健康产生有益或有害的影响，下面将分别阐述它们与人体健康的功效关系。

1. SFA 通常情况下人们会认为肉中所有 SFA 都能升高血浆中 LDL－C 水平，这些胆固醇可在血管壁上沉积从而引起动脉粥样硬化，最终导致心血管疾病（CVD）的产生，因此它也被公认为"坏脂肪酸"。而事实上也有一些对人体有益的特殊 SFA。作为反刍动物瘤胃内微生物的代谢产物——丁酸，不仅可以为结肠细胞的生长提供能量，而且通过抑制组蛋白脱乙酰基酶（HDAC）的活性，引起一些特殊基因转录过程发生改变，最终可防止结肠癌的发生。月桂酸虽可以升高血浆的胆固醇水平，但研究也发现月桂酸在人体内能够通过破坏微生物的膜结构使其失去活性，达到抗菌、抑制肿瘤的目的。此外棕榈酸和硬脂酸也可以降低血浆中的胆固醇水平，达到预防心血管疾病的目的，但也有研究认为前者能升高血脂，所以对于这个结论还需要进一步验证。

2. UFA 肉中的 MUFA 以油酸为主，对于其与人体健康的关系一直以来被认为对血浆胆固醇水平保持中性，但近年来人们普遍认为顺式 MUFA 降低血浆胆固醇效果与PUFA相同。总之，不管人们保持什么观点，目前并没有研究证实 MUFA 对机体存在危害，所以 MUFA 仍然属于有益脂肪酸的范畴。此外，肉中也含有许多长链（C20～C22）PUFA，如花生四烯酸（n－6）和二十碳五烯酸（n－3），它们可由膳食中亚油酸和 α－亚

麻酸通过 $\Delta 5$-脱氢酶和 $\Delta 6$-脱氢酶及延伸酶的作用形成，所以肉是 UFA 尤其是 n-3 PUFA 和 n-6 PUFA 的重要来源。

与上述"坏脂肪酸"的作用相反，PUFA 往往能够提高血浆中高密度脂蛋白胆固醇（HDL-C）水平而降低 LDL-C 水平，有效预防高血脂、冠心病、脑血栓等疾病的发生。Hu 等研究也发现 PUFA 尤其是亚油酸（n-6）可有效预防冠心病的发生。然而流行病学及实验研究表明，摄入过多的 n-6 PUFA（如花生四烯酸、γ-亚麻酸）很有可能会诱发癌症，而 n-3 PUFA 的摄入则可以降低这种风险。也有报道认为抗癌机理是由于膳食中的 n-6 PUFA 会转变成前列腺素 PGE_2，它能够促进肿瘤增大；相反，n-3 PUFA 在机体内则能抑制 PGE_2 的产生，因此起到抑制肿瘤的作用，所以肉中含有的 n-3 PUFA 目前正日益受到人们的重视。

3. 脂肪酸组成的平衡　通过对肉中各类脂肪酸与人体健康的关系进行总结，发现 SFA 其实对人体也有好的作用，UFA 尤其是 n-6 PUFA 摄入过多也会对健康产生负面影响，所以，完全不摄入和过多摄入脂肪酸均会影响健康，各类膳食脂肪酸的摄入需要达到一个平衡值，也只有这样才会降低疾病的发生率。中国营养学会建议膳食中 SFA：MUFA：PUFA 应当为 1：1：1。研究也发现膳食中 PUFA/SFA（P/S）和 PUFA 中 n-6/n-3 与各种疾病的发病率呈正相关。对于膳食 PUFA 中 n-6/n-3，世界卫生组织（WHO）推荐为 5～10，我国居民膳食营养素参考摄入量给出适宜摄入量为 4～6，不同地区可能由于饮食习惯的差异 n-6/n-3 也会有所差异，但基本在 10 以下。Simopoulos 认为尽管 n-6/n-3 会随健康状况而调整，但较低的比值对降低许多慢性疾病的效果可能会更好。对于 P/S WHO 的推荐值≥0.4，也有一些国家的相关部门（如英国的卫生与社会安全部）则建议在 0.45 及以上。可见保持膳食脂肪酸的平衡与人体健康的关系已得到国内外一致认可，PUFA 中 n-6/n-3 及 P/S 已成为当前评价肉品营养价值的重要参考指标。

表 8-1 列出了部分畜禽肉中主要部位脂肪酸的组成，从表 8-1 中可以看出，除荣昌猪两部位肉的亚油酸和 CLA 这两个没有相关数据外，所列举的几种畜禽肉都含有丰富的亚油酸和 CLA 两种必需脂肪酸；比较 SFA：MUFA：PUFA 三者比例，发现伊拉兔、三穗鸭和秀山土鸡三种脂肪酸组成相对比较合理，而荣昌猪、玉山黑猪和秦川牛所列举部位 PUFA 偏低，故三者比例不符合膳食推荐要求；就 n-6/n-3 来讲，所列举的 6 种畜禽肉除伊拉兔略低外其他基本都不在膳食推荐的范围内。这些畜禽肉虽只是部分品种的代表，但也说明不同种类肉或不同部位肉中脂肪酸组成都存在一定程度的失衡现象，所以找到影响肉中脂肪酸组成的因素，以此为出发点通过合理方式保持肉中脂肪酸组成的平衡将是今后肉品加工研究的重点。

表 8-1　不同畜禽肉主要部位脂肪酸的组成

动物种类	部位	亚油酸（%）	CLA（%）	SFA（%）	MUFA（%）	PUFA（%）	P/S	n-6/n-3
玉山黑猪	背最长肌	12.73	<0.86	42.76	44.55	13.59	0.32	—
荣昌猪	背最长肌	—	—	41.33	45.55	13.12	0.32	—
	肩颈肉	—	—	43.59	44.56	11.85	0.27	—

（续）

动物种类	部位	亚油酸（%）	CLA（%）	SFA（%）	MUFA（%）	PUFA（%）	P/S	n-6/n-3
三穗鸭	鸭胸肉	27.44	1.09	24.27	45.56	30.17	1.24	21.86
	鸭腿肉	27.56	1.06	24.32	45.58	30.20	1.24	22.97
秀山土鸡	鸡胸肉	18.08	2.21	21.57	54.63	23.80	1.10	8.88
	鸡腿肉	14.52	0.90	38.42	45.52	16.06	0.42	12.10
秦川牛	背最长肌	9.19	0.91	42.18	46.92	10.91	0.26	9.84
	前腿肌	24.78	5.31	37.28	24.98	37.74	1.01	3.52
伊拉兔	背腰肌	24.18	4.23	35.91	23.89	40.21	1.12	3.54
	后腿肌	23.83	4.87	35.31	23.68	41.02	1.16	3.28

注：CLA 为共轭亚油酸；SFA 为饱和脂肪酸；MUFA 为单不饱和脂肪酸；PUFA 为多不饱和脂肪酸；P/S 为多不饱和脂肪酸与饱和脂肪酸之比；n-6/n-3 为 n-6 PUFA 与 n-3 PUFA 之比。

（二）影响肉中脂肪酸组成的主要因素

1. 地域 肌肉脂肪酸的组成因地域不同会出现差异，这可能与地理位置、气候环境和饲喂习惯有关。研究发现我国吉林地区牛肉 SFA 含量（64.31%）显著高于河北、宁夏和贵州地区（都低于 63%），其中贵州牛肉 C16:0 和宁夏牛肉的 C18:0 比例在四个地区中都是最低的；宁夏牛肉 MUFA 比例最高（30.93%），而河北牛肉最低（26.47%）；贵州牛肉 n-3 PUFA 比例（9.03%）是吉林地区的 2 倍多。宁夏和吉林两地区气温低、雨水少，以谷物（n-6 PUFA 多）喂养为主，而河北和贵州地区气候则相反，以牧草（n-3 PUFA 多）喂养为主，这可能是 n-3 PUFA 出现差异的原因。脂肪酸组成地域性不同对于牛肉食品原产地追溯体系的建立将是非常有效的。

2. 种类 不同动物肌肉脂肪酸组成存在差异，可能与脂肪酸在动物体内的代谢方式有关。有研究测定了市售英国猪肉、羊肉和牛肉中脂肪酸含量，发现三种肉的脂肪酸组成基本一致，以 C18:0、C18:2n-6、C18:3n-3、C20:5n-3 等为主。其中猪肉 C18:2n-6（14.2%）显著高于羊肉和牛肉（2.7% 和 2.4%），羊肉 C18:0（18.1%）和 C18:3n-3（1.37%）在三种肉中占据优势。此外，猪肉 n-6/n-3（7.2）和 P/S（0.58）在三种肉中最高，但前者超过了营养学推荐值（<3），后者则达到标准（≥0.4）。虽然猪肉 PUFA 与 SFA 的比例符合膳食要求，但 n-3 PUFA 的含量偏低还有待优化。

3. 部位 肌肉脂肪酸的组成因部位不同也会存在一定程度的差异。通过分析比较葡萄牙 Charneca 原产牛肉的腰最长肌（LL）和半腱肌（ST）肌肉脂肪酸，发现 ST 比 LL 含有较高的 C20～C22 PUFA，如 C20:4n-6、C20:5n-3 和 C22:6n-3。LL 的 SFA 和 MUFA 比例高于 ST，而 PUFA（n-6 和 n-3）较低，故 P/S 也会偏低（0.46），但二者都在膳食推荐的范围内（>0.45）。研究发现 SFA 和 PUFA 分别在中性脂肪和磷脂中含量比较充足，与 ST 相比，LL 中因含有较高的中性脂肪，故 SFA 和 MUFA 含量偏高，同样 ST 中因含有高含量的磷脂，故 PUFA 含量相对较高，由此可以说明二者 P/S 差异的原因。

4. 饲料成分 动物喂养饲料不同也会引起肌肉脂肪酸组成的差异，因为不同饲料脂肪酸组成不同。一般情况，牧草含有较多的 n-3 PUFA，谷物中则含有较多的 n-6 PU-FA。研究发现，与对照组（喂养饲料颗粒）相比，实验组（喂养新鲜苜蓿）C14:0、C16:1、C18:1 的比例显著下降，然而 C20:3n-3、C22:5n-3、丙氨酸、EPA 以及 DHA 的比例则显著增加。此外，PUFA 比例增加 13%，n-6/n-3 下降了 46%，P/S 则上升了 14%。这是由于新鲜苜蓿中含有较高的 n-3 PUFA，添加到饲料中改变了肉中脂肪酸组成，使其朝着对人体健康有利的方向转变。

5. 加工条件 加工条件不同也会对脂肪酸组成造成影响，可能与脂肪酸的稳定性有关。研究发现，加工方式对猪肌肉脂肪酸组成的影响程度没有加工时间显著。与对照相比，C18:3、C20:4 在煮制至中心温度为 65 ℃ 和烤制 15 min 的含量显著高于中心温度 85 ℃ 和烤制 30 min，PUFA 变化趋势也是这样。样品中脂肪酸组成的变化主要受磷脂（PUFA 含量高）和甘油三酯（SFA 和 MUFA 含量高）的影响，因此加工过程中二者的降解都会引起肌肉中脂肪酸组成的改变。PUFA 出现这种变化是因为在较温和的加工条件下，甘油三酯降解程度比磷脂大，然而随着加工强度增强二者降解程度相当，与对照相比有下降但不显著。由此可得出低强度加工 P/S 会比高强度加工时大，更有益于人体健康，而 SFA 和 MUFA 变化则相反，虽然这个值越高越有利于肉的嫩度和风味，但过高的 SFA 会引起心血管疾病，因此选择合适的加工条件对保证肉的品质至关重要。

6. 其他 肉中脂肪酸组成也受性别、日龄和体重等因素的影响。性别对肌肉脂肪酸组成的影响因动物种类而异。研究发现，35 日龄 UFA 比例（68.47%）显著高于 70 日龄和 120 日龄，与之对应 SFA 比例（31.53%）是三个阶段最低；总体上 PUFA 含量随着日龄延长比例逐渐降低，P/S 变化趋势与其一致，不过仍然符合膳食营养要求。原因可能是不同日龄阶段脂肪酸代谢酶的种类及活性不同。体重对该肌肉脂肪酸组成影响主要取决于喂养时间及饲料成分。

鉴于肉中脂肪酸组成对人体健康的重要作用，然而作为每天不可缺少的膳食肉品中各种有益脂肪酸的含量及比例却严重失衡，所以如何提高并保持肉中这些脂肪酸的平衡将是今后研究的方向。在育种环节，可以考虑选择肌肉脂肪酸均衡的优良品种的杂交或通过基因工程方法对涉及动物体内脂肪酸代谢与合成的基因进行有效修饰，使其不受地域、品种、性别差异等因素的影响；在养殖环节，可以考虑饲料与牧草相结合、散养与圈养相结合的饲养方式；在生产环节，选择合理的屠宰时间（日龄、体重），选择科学的加工方式，尽量避免肉中有益脂肪酸在加工环节的损失；此外，也可能还有其他有效的方式。如果肉制品产业链中的研发人员能够着手从影响肉中脂肪酸组成因素出发开发新产品，那么保持肉中有益脂肪酸平衡的目标在未来一定能够实现。

（任大喜 撰稿）

➡ 参考文献

郝颖，汪之和，2006. EPA、DHA 的营养功能及其产品安全性分析 [J]. 现代食品科技，22（3）：180-183.

刘登勇，魏法山，高娜，2015. 红肉、加工肉摄入与人类健康关系的研究进展 [J]. 肉类研究，29（12）：29-34.

刘佩，沈生荣，阮晖，等，2009. 共轭亚油酸的生理学功能及健康意义 [J]. 中国粮油学报，24（6）：161-165.

乔发东，2012. 红肉的健康风险与特殊营养功用 [J]. 食品研究与开发，33（7）：176-180.

孙常文，周清涛，王超，等，2015. 低聚半乳糖概述及其功能效果原理分析 [J]. 食品安全导刊，10（4）：57-58.

孙小琴，2012. 放牧奶牛乳脂肪酸组成及瘤胃脂肪酸代谢规律的研究 [D]. 杨凌：西北农林科技大学.

孙阳恩，帅斌，李发财，等，2014. 低聚半乳糖的功能特性及其在健康食品中的应用 [J]. 食品安全导刊，11（5）：62-63.

王金海，冯珊，朱宏阳，等，2015. 低聚果糖生理作用及应用研究进展 [J]. 海峡药学，27（7）：7-9.

吴蕾，庞广昌，张建辉，2009. 乳源性生物活性肽的研究进展 [J]. 食品研究与开发，30（4）：181-185.

余力，贺稚非，王兆明，等，2014. 肉中脂肪酸组成与健康关系的研究进展 [J]. 食品工业科技，35（22）：359-363.

张波，苏宜香，杨玉凤，2016. 乳脂球膜与婴幼儿脑发育及健康的研究进展 [J]. 中国儿童保健杂志，24（1）：43-47.

张伟，张昊，郭慧媛，等，2011. 乳蛋白与骨骼健康 [J]. 中国乳业，10（4）：42-45.

赵晓珍，2016. 从营养和安全的角度看红肉与健康 [J]. 中国果菜，36（7）：9-12.

Cashman K D，2006. Milk minerals（including trace elements）and bone health [J]. International Dairy Journal，16（11）：1389-1398.

Chen X Y，Gänzle M G，2016. Lactose and lactose-derived oligosaccharides：more than prebiotics？[J]. International Dairy Journal，67：61-72.

Huth P J，Park K M，2012. Influence of dairy product and milk fat consumption on cardiovascular disease risk：a review of the evidence [J]. Advances in Nutrition，3（3）：266-285.

Lock A L，Bauman D E，2004. Modifying milk fat composition of dairy cows to enhance fatty acids beneficial to human health [J]. Lipids，39（12）：1197-1206.

Luciano F B，2009. The impacts of lean red meat consumption on human health：a review [J]. CyTA-Journal of Food，7（2）：143-151.